纺织服装高等教育"十四五"部委级规划教材

U0553749

TEXTILE TESTING TECHNOLOGY

纺织品检测技术

◎ 张海霞　孔繁荣　主编
◎ 贾琳　翟亚丽　副主编

东华大学出版社
·上海·

内 容 提 要

本书是纺织服装高等教育"十四五"部委级规划教材。

全书共分七章,系统介绍纺织品检测的基本要素、方法、程序、大气条件和试样准备、抽样方法、测量方法与仪器特性、试验数据的处理,纺织标准,纤维、纱线、织物、服装的品质检验,纺织品的功能性和安全卫生检测等。全书突出实用性和时代性,强调与相关学科衔接的协调性。

本书既可用作纺织高等院校纺织、服装、轻化及贸易检验类等专业的本科及专科教材,也可供纺织企业、纺织产品质量技术监督部门及出入境检验检疫机构等专业人士和纺织品营销者、消费者参考。

图书在版编目(CIP)数据

纺织品检测技术 / 张海霞,孔繁荣主编. — 上海:
东华大学出版社,2021.5
ISBN 978-7-5669-1888-8

Ⅰ.①纺… Ⅱ.①张… ②孔… Ⅲ.①纺织品-检测-高等学校-教材 Ⅳ.①TS107

中国版本图书馆 CIP 数据核字(2021)第 080397 号

责任编辑:张　静
封面设计:魏依东

出　　　版:东华大学出版社(上海市延安西路 1882 号,200051)
出版社网址:http://dhupress.dhu.edu.cn
天猫旗舰店:http://dhdx.tmall.com
营 销 中 心:021-62193056　62373056　62379558
印　　　刷:句容市排印厂
开　　　本:787 mm×1092 mm　　1/16
印　　　张:19.5
字　　　数:487 千字
版　　　次:2021 年 5 月第 1 版
印　　　次:2021 年 5 月第 1 次印刷
书　　　号:ISBN 978-7-5669-1888-8
定　　　价:79.00 元

前　言

随着纺织工业的迅猛发展,我国已成为纺织品生产和出口大国。近年来,国内外纺织标准发展很快,技术水平不断提高,纺织品质量检验的内容、技术要求不断更新,检测领域不断拓宽。为了适应我国纺织品融入国际市场,提升市场竞争力,快速步入世界纺织品生产和出口强国之列的需要,全面了解和掌握纺织品质量检测的原理、科学方法和检测技术很有必要。本书比较系统地阐述了纺织品质量检测的程序、方法、技术、抽样与试验数据的处理等,有关的试验方法和技术要求尽可能按现行国家标准、行业标准等进行介绍,以适应现代纺织技术、贸易和消费发展的需要。

本书绪论、第一章第一节和第三至第六节由河南工程学院张海霞编写,第一章第二节由郑州海关技术中心郭会清和河南工程学院孔繁荣共同编写,第二、七章由河南工程学院孔繁荣编写,第三章由河南工程学院贾琳编写,第四章由河南工程学院王西贤编写,第五章由河南省纺织产品质量监督检验院刘晓丹和河南工程学院贾琳共同编写,第六章由河南工程学院翟亚丽编写。全书由张海霞统稿。

本书受到河南工程学院校级本科自编教材项目的资助。在本书编写过程中,参考了不少文献资料。在此对这些文献的作者,以及为本书编写、出版提供帮助的同志表示衷心的感谢。

限于编者的能力水平有限,书中难免有不足、疏漏和错误之处。敬请广大读者指正。

编者

2021 年 1 月

目　　录

绪 论

一、纺织品检测技术的研究对象

纺织品泛指经过纺织、印染等加工的纺织工业产品,如各类机织物、针织物、非织造布、线类、绳类、带类等。纺织品的质量优劣与纺织生产的各个环节都有着十分密切的关系,纺织品的质量与纺织品的使用价值密切相关。纺织品检测技术是关于确定或证明纺织品质量是否符合规定标准或交易条件的一门专业性学科,其研究内容主要有以下几个方面:

(1)以纺织品的最终用途和使用条件为基础,分析和研究纺织品的成分、结构、外形、化学性质、物理性质、机械性质等质量属性,以及这些性质对纺织品质量的影响,为拟定纺织品质量指标打下基础。

(2)拟定纺织品质量指标和检验方法,运用各种检测手段,确定纺织品质量是否符合规定标准或交易合同的要求,对纺织品质量做出全面、客观、公正和科学的评价。

(3)研究纺织品检测的科学方法和条件,不断采用新技术,努力提高纺织品检测的科学性、先进性、准确性和可靠性,并提高纺织品检测的工作效率。

(4)根据纺织品的性质和用途,提供适宜的纺织品包装、保管和运输的科学方法,减少意外损耗,增进效益,保护纺织品的使用价值。

(5)探讨提高纺织品质量的途径和方法,及时为纺织品生产部门提供科学的数据资料、科研成果和市场信息,指导纺织品生产和贸易部门向质量效益型方向组织生产和经营,提高纺织品的国内外市场竞争能力,满足日益增长的消费需求。

随着商品经济的发展,纺织品检测技术的研究内容也将不断地发展。

二、纺织品检测的重要作用

纺织品检测是纺织品质量管理的重要手段。纺织品的质量是在纺织品的生产全过程中形成的。各生产要素对于纺织品质量的影响不容忽视。纺织品质量是企业各项工作的综合反映。纺织品生产全过程既包括研制开发、生产制造,又包括检验试验、流通使用,检测作为产品形成的一个重要环节,肩负着把关、监控和报告等重要职责。因此,对纺织品实施各种形式的质量检测,其目的不仅仅是质量把关,防止质量低劣的纺织品流入市场,更重要的是建立一个完善的质量保证体系,充分发挥纺织品质量检测的作用。

纺织品检测是纺织品市场监管的重要手段。对于流通领域的纺织品,我国建立了专门的纺织品质量检测机构,对内贸、外贸纺织品实施质量监管,防止伪劣、残次产品流入市场,以维护纺织品生产部门、贸易部门及消费者的共同利益。纺织品检测的结果不仅能为纺织品生产企业和贸易企业提供可靠的质量信息,而且也是实行优质优价、按质论价的重要依据之一。

纺织品检测在质量公证中发挥着重要作用。质量公证是解决质量争议的有效方法。对于纺织品质量有争议的,可申请"质量公证",即由具备资质的单位或部门,站在第三方立场,公正地处理质量争议问题,对质量相关的不法行为实施仲裁。

三、纺织品检测的基本要素

纺织品检测是依据有关法律、行政法规、标准或其他规定,对纺织品质量进行检测和鉴定的工作。纺织品质量检测机构给出的检测结果或所出具的证书,其科学性、准确性和公正性是质量检测机构工作的根本宗旨,对所有产品进行合格检验是法律赋予检测机构的权力。质量检测机构具有监管职能、指导职能、仲裁职能和技术职能,为了实现这一工作目标,必须对检测工作的各个要素进行有效控制,其检测要素主要包括以下几项:

1. 定标

根据具体的纺织品检测对象,明确技术要求,执行质量标准,制定检测方法,在定标过程中不应出现模棱两可的情况。

2. 抽样

大多数纺织品质量检验属于抽样检验。抽样必须按标准规定进行,使样组具有充分代表性。全数检验不存在抽样问题。

3. 度量

根据纺织品的质量属性,采用试验、测量、测试、化验、分析和官能检验等检测方法,度量纺织品的质量特性。

4. 比较

将纺织品质量属性的测试结果与规定的要求(如质量标准)进行比较。

5. 判定

根据比较的结果,判定纺织品各检验项目是否符合规定的要求,即进行符合性判定。

6. 处理

对于不合格产品要做出明确的处理意见,其中包括适用性判定。适用性判定需要考虑的因素包括:纺织品的使用对象、使用目的和使用场合;产品使用时是否会对人身健康安全造成不利影响;对企业和整个社会经济的影响程度;企业和商业的信誉;产品的市场供需情况;有无触犯有关产品责任方面的法律法规等。对于合格的纺织品不必做适用性判定,但要考虑不同国家或地区对同类产品的质量标准有差别。

7. 记录

记录数据和检测结果,对纺织品质量做出评价,反馈质量信息,不断改进工作。

第一章　纺织品检测的基础知识

本章知识点：

1. 纺织品检验的方法与内容。
2. 国内纺织品检验程序,我国商检机构的基本任务和进出口纺织品检验的程序。
3. 试验用标准大气,试样的调湿、预调湿和试样准备。
4. 纺织品检验的抽样方法和样本容量的确定。
5. 测量方法及其误差,仪器的静态和动态特性。
6. 异常值的判断和处理,试验方法的精密度估计,有效数字和数值修约。

第一节　纺织品检验方法

纺织品检验主要运用各种检测手段,如感官检验、化学检验、物理测试、生物检验等,对纺织品的品质、规格、等级等内容进行检测,确定其是否符合标准或贸易合同的规定。纺织品检验所涉及的范围很广,其检验方法可按检验手段、检验内容、生产工艺流程、检验数量等分类。

一、按纺织品检验手段分

纺织品检验按检验手段可分为官能检验和理化检验两大类。

（一）官能检验

官能检验又称感官检验,是指用人的感官(如手、眼等)测定产品的品质,并与判定基准相比较,以判断检验对象的品质优劣或合格与否的检验。官能检验是一种以人的感觉为主体进行的主观评定方法,它无法排除主观任意性对检验结果的影响。对同一个检验对象,因年龄、性别、生理、心理及所在地域等不同,可能会得到不同的评价结果。官能检验的再现性和可靠性不如仪器检验,而且官能检验主要通过语言对判定对象的质量特性加以描述,缺乏定量的依据。

官能检验在纺织原料、半成品和成品的外观质量检验方面具有十分重要的作用,如纺织品的颜色、光泽、形态、手感、杂质、疵点、表面光洁度等。随着现代科学技术的发展,有些外观质量检验项目(如纱线的条干均匀度、纱疵分级、毛羽、光泽等)实现了仪器检验,并取得了较好的应用效果。

（二）理化检验

理化检验是物理检验和化学检验的统称。

纺织品物理检验是运用各种仪器、仪表、设备、量具等检测手段,测量或比较各种纺织品的物理性质或物理量的数据,并进行系统整理、分析,以确定纺织品物理性质和品质优劣的一种检验方法。纺织品物理检验所涉及的范围很广,如纺织品的长度、宽度、厚度、密度、质量、回潮率、断裂强力、断裂伸长率、耐磨性、透气性、阻燃性等。

纺织品化学检验主要是运用化学检验技术和仪器设备,通过对抽取的纺织品样品进行分析、测试,以确定纺织品的化学特性、化学组成及其含量的一种检验方法。例如,纺织品的纤维组分及其含量的分析与测定,耐酸、耐碱或耐其他化学试剂的性能分析与测定,游离甲醛的测定,染料、浆料及助剂的化学成分及其含量的分析与测定等。

二、按纺织品检验内容分

纺织品检验按检验内容可分为品质检验、规格检验、数量检验、包装检验等。

（一）品质检验

影响纺织品品质的因素概括起来可以分为外观质量和内在质量两个方面。因此,纺织品品质检验大体上也可以划分为外观质量检验和内在质量检验两个方面。

1. 外观质量检验

纺织品外观质量主要通过各种形式的外观检验进行分析,如纱线的黑板条干、杂质、疵点等检验,以及织物的经纬向疵点、纬斜、破洞等检验。纺织品外观质量检验大多采用官能检验法。评定时,首先对试样进行必要的预处理,然后在规定的观察条件下（灯光、观察位置等）对试样进行官能评价。这类检验通常是在对照标样的情形下进行的。由于官能检验带有较多的人为影响因素,所以已有一些外观质量检验项目用仪器检验替代了人的官能检验,如纱线的条干均匀度、纱疵分级、毛羽、白度等检验。

2. 内在质量检验

纺织品的内在质量是决定其使用价值的一个重要因素。内在质量检验是指借助仪器设备进行产品物理力学性能的测定和化学性质的分析。内在质量检验的方法和手段很多,其详细分类见表1-1。

表 1-1　纺织品内在质量检验方法分类

检验方法		主要检验内容
物理力学性能检验	物理量的测定	线密度、卷曲、捻度、织物组织、幅宽、厚度、密度、紧度、质量、孔隙率、回潮率等
	力学性能检验	拉伸、撕破、顶破、摩擦、压缩、弯曲、剪切等性能
	保形性与色牢度检验	起球、勾丝、尺寸变化率、悬垂、抗折皱、染色牢度等
	热学性能检验	隔热、保暖、阻燃、抗熔融等
	光学性能检验	双折射、光泽、防紫外线等
	电学性能检验	比电阻、静电、防电磁辐射等
	声学性能检验	声速模量、吸声、丝鸣等
分析检验	定性分析检验	纤维鉴别,以及染料、浆料和其他助剂的成分分析等
	定量分析检验	纤维含量、含油率、甲醛含量、pH 值,以及染料、浆料和其他助剂的含量测定,生物检验等

（二）规格检验

纺织品的规格一般是指按各类纺织品的外形、尺寸（如织物的匹长、幅宽）、花色（如织物的组织、图案、配色）、式样（如服装造型、款式）和标准量（如织物单位面积质量）等属性划分的类别。

纺织品的规格及其检验方法在有关的纺织产品标准中都有明确的规定，生产企业应按规定的规格要求组织生产，检验部门则根据规定的检验方法和要求对纺织品规格做全面检查，以确定其是否符合有关标准的规定，以此作为对纺织品质量考核的一个重要方面。

（三）数量检验

各种不同类型的纺织品的计量方法和计量单位是不同的，纺织纤维和纱线通常按质量计量，机织物按长度计量，服装按数量计量。如果按长度计量，必须考虑大气温湿度对纺织品长度的影响，检验时应加以修正。如果按质量计量，则应考虑到包装材料质量和水分等其他非纤维物质对纺织品质量的影响。常用的质量计量方法主要有以下几种：

（1）毛重，它指纺织品本身质量加上包装质量。

（2）净重，它指纺织品本身质量，即除去包装物质量后的纺织品实际质量。

（3）公定质量，它指纺织品在公定回潮率下的质量，简称公量，其计算公式如下：

$$公量 = 净重 \times \frac{1 + 公定回潮率}{1 + 实际回潮率} \tag{1-1}$$

常见纺织品的公定回潮率见表 1-2，实际回潮率按有关标准规定进行测试。

表 1-2　常见纺织品的公定回潮率

纺织品	公定回潮率（%）	纺织品	公定回潮率（%）
棉纤维、棉纱线、棉缝纫线、棉织物	8.5	粘胶纤维、富强纤维、莫代尔纤维、莱赛尔纤维、铜氨纤维	13.0
洗净毛（同质毛）、精纺毛纱、长毛绒织物	16.0	醋酯纤维	7.0
洗净毛（异质毛）、粗纺毛纱、绒线、针织绒线、毛机织物、毛针织物	15.0	涤纶	0.4
分梳山羊绒	17.0	锦纶	4.5
山羊绒纱、山羊绒织物	15.0	腈纶	2.0
兔毛、骆驼绒/毛、牦牛绒/毛、羊驼绒/毛	15.0	维纶	5.0
马海毛	14.0	丙纶、氯纶	0.0
苎麻、亚麻、大麻、罗布麻、剑麻	12.0	氨纶	1.3
黄麻	14.0	芳纶 1313	5.0
桑蚕丝、柞蚕丝	11.0	芳纶 1414（高模量）	3.5

（续表）

纺织品	公定回潮率（%）	纺织品	公定回潮率（%）
木棉纤维	10.9	芳纶 1414（其他）	7.0
椰壳纤维	13.0	聚乳酸纤维	0.5
壳聚糖纤维	17.5	碳纤维、玻璃纤维、金属纤维	0.0

（四）包装检验

纺织品包装检验是根据贸易合同、标准或其他有关规定，对纺织品的外包装、内包装及包装标志进行检验。纺织品包装既要保证纺织品质量、数量完好无损，又要使用户和消费者便于识别。纺织品包装检验的主要内容是核对纺织品的商品标志、运输包装（俗称大包装或外包装）和销售包装（俗称小包装或内包装）是否符合贸易合同、标准及其他有关规定。

三、按纺织品生产工艺流程分

纺织品检验按纺织品的生产工艺流程可分为预先检验、工序检验、成品检验、出厂检验、库存检验、监督检验、第三方检验等。

（一）预先检验

预先检验是指加工投产前对原料、坯料、半成品等进行的检验，如棉纺织厂的原棉检验、单唛试纺等。

（二）工序检验

工序检验又称中间检验，是在一道工序加工完毕并准备做制品交接时进行的检验，如棉纺织厂纺部试验室对条子、粗纱等制品进行的质量检验。

（三）成品检验

成品检验是对最终产品的质量进行全面检查，以判定其质量等级或合格与否。检验时，要对成品质量缺陷做全面记录，并加以分类整理，对于包含可以修复但不影响产品使用价值的缺陷的不合格产品，应及时将其交有关部门修复，同时也要防止具有严重缺陷的产品流入市场。

（四）出厂检验

对于成品检验后立即出厂的产品，成品检验就是出厂检验。对于成品检验后需入库储存较长时间的产品，出厂前应对产品质量再进行一次全面检查，尤其是色泽、虫蛀、霉变、强力方面的质量检验。

（五）库存检验

由于热、湿、光照、鼠咬、虫蛀等外界因素的作用，纺织品在储存期间其质量会发生变化，因此要对库存纺织品进行定期或不定期的检验，以防止质量变异情况出现。

（六）监督检验

监督检验又称质量审查，一般由诊断人员负责诊断企业的产品质量、质量检验职能和质量保证体系的效能，或者由法定的质量检验机构对生产企业、流通领域的商品及产品质量保证体系进行监督检验。

（七）第三方检验

由可以充分信任的第三方对产品质量进行检验，以证实产品质量是否符合标准或贸易合同的规定。纺织品生产企业为表明其产品质量符合规定的要求，可以申请第三方检验以示公正。近年来，提供测试、检验、认证服务的第三方检验机构不断增多，如我国出入境检验检疫机构、纺织产品质量技术监督检验机构及具有资质的各类检测公司等。

四、按纺织品检验数量分

纺织品检验按被检验产品的数量可分为全数检验和抽样检验两种。

（一）全数检验

全数检验是对受检批（总体）中的所有个体进行检验，也称全面检验或100％检验。这种方法可提供较多的质量信息，适用于批量小、质量特性单一、精密、贵重的关键产品，但不适用于批量很大、质量特性复杂、需要进行破坏性检验的产品。

（二）抽样检验

抽样检验是按照规定的抽样方案，随机地从受检批（总体）中抽取少量个体进行检验，并以抽样检验的结果推断总体的质量。这种方法适用于批量大、价值低、检验项目多的产品。

纺织品检验中，织物外观疵点一般采用全数检验方式，而内在质量大多采用抽样检验方式。

第二节　纺织品检验程序

一、国内纺织品检验程序

（一）国家监督抽查检验

监督抽查是指质量技术监督部门为监督产品质量，依法组织对在中华人民共和国境内生产、销售的产品进行有计划的随机抽样、检验，并对抽查结果公布和处理的活动。监督抽查分为由国家市场监督管理总局组织的国家监督抽查和县级以上地方质量技术监督部门组织的地方监督抽查。监督抽查的产品主要是涉及人体健康和人身、财产安全的产品，影响国计民生的重要工业产品，以及消费者、有关组织反映有质量问题的产品。国家市场监督管理总局负责制定年度国家监督抽查计划，并通报省级质量技术监督部门。

1. 抽样

抽样人员应当是承担监督抽查的部门或者检验机构的工作人员。抽样人员应当熟悉相关法律、法规、标准和有关规定，并经培训考核合格后方可从事抽样工作。

抽样人员不得少于2名。抽样前，应当向被抽查企业出示组织监督抽查的部门开具的监督抽查通知书或者相关文件复印件和有效身份证件，向被抽查企业告知监督抽查性质、抽查产品范围、实施规范或者实施细则等相关信息。

监督抽查的样品应当由抽样人员在市场上或者从企业成品仓库内待销的产品中随机抽取，不得由企业抽样。样品应当是有产品质量检验合格证明或者以其他形式表明合格的产品。

有下列情形之一的,抽样人员不得抽样:

(1) 被抽查企业无监督抽查通知书或者相关文件复印件所列产品的。

(2) 有充分证据证明拟抽查的产品是不用于销售的。

(3) 产品不涉及强制性标准要求,仅按双方约定的技术要求加工生产,且未执行任何标准的。

(4) 有充分证据证明拟抽查的产品为企业用于出口,并且出口合同对产品质量另有规定的。

(5) 产品或者标签、包装、说明书标有"试制""处理"或者"样品"等字样的。

(6) 产品抽样基数不符合抽查方案要求的。

有下列情形之一的,被抽查企业可以拒绝接受抽查:

(1) 抽样人员少于 2 人的。

(2) 抽样人员无法出具监督抽查通知书、相关文件复印件或者有效身份证件的。

(3) 抽样人员姓名与监督抽查通知书不符的。

(4) 被抽查企业和产品名称与监督抽查通知书不一致的。

(5) 要求企业支付检验费或者其他任何费用的。

抽样人员封样时,应当采取防拆封措施,以保证样品的真实性,同时使用规定的抽样文书,详细记录抽样信息,由抽样人员和被抽查企业有关人员签字,并加盖被抽查企业公章。抽取的样品需送至承担检验工作的检验机构的,应当由抽样人员负责携带或者寄送;样品需要封存在企业的,由被抽查企业妥善保管,企业不得擅自更换、隐匿、处理已抽查封存的样品。

2. 检验

检验机构接收样品时,应当检查、记录样品的外观、状态、封条有无破损及其他可能对检验结果或者综合判定产生影响的情况,并确认样品与抽样文书的记录是否相符,对检验和备用样品分别加贴相应标识后入库。

检验原始记录必须如实填写,保证真实、准确、清晰,并留存备查;不得随意涂改,更改处应当经检验人员和报告签发人共同确认。对需要现场检验的产品,检验机构应当制定现场检验规程,并保证对同一产品的所有现场检验遵守相同的规程。检验机构应当出具抽查检验报告。检验报告应当内容真实齐全、数据准确、结论明确。

检验结果为合格的样品,应当在检验结果异议期满后及时退还被抽查企业;检验结果为不合格的样品,应当在检验结果异议期满 3 个月后退还被抽查企业;样品因检验造成破坏或者损耗而无法退还的,应当向被抽查企业说明情况。

3. 异议复检

组织监督抽查的部门应当及时将检验结果和被抽查企业的法定权利书面告知被抽查企业,也可以委托检验机构告知。在市场上抽样的,应当同时书面告知销售企业和生产企业,并通报被抽查产品生产企业所在地的质量技术监督部门。被抽查企业对检验结果有异议的,可以自收到检验结果之日起 15 日内向组织监督抽查的部门或者其上级质量技术监督部门提出书面复检申请。

对需要复检并具备检验条件的,处理企业异议的质量技术监督部门或者指定检验机构应当按原监督抽查方案对留存的样品或抽取的备用样品组织复检,并出具检验报告,于检验工作完成后 10 日内做出书面答复,复检结论为最终结论。

4. 结果处理

组织监督抽查的部门应当汇总分析监督抽查结果,依法向社会发布监督抽查结果公告,向地方人民政府、上级主管部门和同级有关部门通报监督抽查情况;对无正当理由拒绝接受监督抽查的企业,予以公布;对监督抽查发现的重大质量问题,组织监督抽查的部门应当向同级人民政府进行专题报告,同时报上级主管部门。

负责监督抽查结果处理的质量技术监督部门(负责后处理的部门)应当向抽查不合格产品的生产企业下达责令整改通知书,限期改正。企业应当自收到责令整改通知书之日起,查明不合格产品产生的原因,查清质量责任,根据不合格产品产生的原因和负责后处理的部门提出的整改要求,制定整改方案,在 30 日内完成整改工作,并向负责后处理的部门提交整改报告,提出复查申请;不能按期完成整改的,可以申请延期一次,并应在整改期满 5 日前申请延期,延期不得超过 30 日。

监督抽查不合格产品生产企业应当自收到检验报告之日起停止生产、销售不合格产品,对库存的不合格产品及检验机构按照规定退回的不合格样品进行全面清理,对已出厂、销售的不合格产品依法进行处理,并向负责后处理的部门书面报告有关情况。对因标签、标志或者说明书不符合产品安全标准的产品,生产企业在采取补救措施且能保证产品安全的情况下,方可继续销售。

负责后处理的部门接到企业复查申请后,应当在 15 日内组织符合法定资质的检验机构按照原监督抽查方案进行抽样复查。监督抽查不合格产品生产企业整改到期无正当理由不申请复查的,负责后处理的部门应当组织进行强制复查。监督抽查不合格产品生产企业有下列逾期不改正的情形的,由省级以上质量技术监督部门向社会公告:

(1)监督抽查产品质量不合格,无正当理由拒绝整改的;

(2)监督抽查产品质量不合格,在整改期满后,未提交复查申请,也未提出延期复查申请的;

(3)企业在规定期限内向负责后处理的部门提交了整改报告和复查申请,但并未落实整改措施且产品经复查仍不合格的。

（二）公证检验

2020 年度,我国共有 1 032 家棉花加工企业共计 474 万吨的棉花进行了公证检验。除了棉花之外,我国还对非棉纤维(如桑蚕干茧、生丝、山羊绒和麻类纤维等)进行公证检验。公证检验由中国纤维质量监测中心(中国纤维检验局)统一组织实施,有期货棉公证检验、交易棉公证检验、仪器化公证检验和监管棉花公证检验。下面以棉花质量仪器化公正检验为例介绍其检验程序。

中国纤维检验局(中纤局)对仪器化公证检验实行统一领导,统一组织实施,统一受理申报,统一检验证书,统一经费核算。省级专业纤维检验机构(省级机构)对辖区内承检机构实施仪器化公证检验的工作质量进行监督检查。

1. 样品交接与验收

承检机构与加工企业在加工旺季原则上每天交接上一工作日的样品;加工淡季由承检机构与加工企业协商确定样品交接频次。在加工企业进行样品交接时,承检机构样品管理员应核查以下项目:加工企业样品管理员是否取得岗位资格证书,每个样品中是否夹有条码卡,条码卡打印是否正确,样品大小是否符合要求,样品交接单和样品交接卡填写是否规范、真实、准确,人员签字是否完整,检验批是否有混装现象。对不符合仪器化公证检验要求的样品,承检机构样品管理员应要求加工企业进行改正,例如条码和样品分离、缺样、样品质量不够等不具备改正条件的不再受理检验。

承检机构还应派出从事棉花感官检验的人员,按每个检验批 3‰～5‰的比率,现场核查样品和实物能否对应,并填写"棉花仪器化公证检验样品真实性核查记录表"("核查记录表"),对样品和实物有差异的,相应样品不予接收。承检机构在运输样品过程中应当保证样品外观形态不受破坏,防止样品受到雨淋、污染和丢失等。样品管理员在运输样品过程中应当戴棉布帽子,穿棉布服装,采取必要措施加强防护管理,防止混入异性纤维。样品到达实验室后,样品管理员按检验批号逐样出袋装盒,核对检验批号,依据"样品交接单",人工或使用可编程条码识读仪对样品条码卡和样品个数进行清点,记录检验批号、样品车号、样品盒数和盒号。

2. 感官检验

感官检验开始前,由样品管理员与感官检验负责人进行样品交接。感官检验负责人应逐批核查样品数量是否与样品管理员记录数量一致,每个样品中是否夹有条码。核查无误的,由感官检验负责人记录,并在棉花质量管理信息系统(信息系统)中如实输入企业交接数量和实收数量。

感官检验应在符合 GB/T 13786 规定的棉花分级室内,将检验样品放置在分级台上进行检验。

锯齿加工细绒棉感官检验依据 GB 1103.1 进行,检验内容包括轧工质量、异性纤维定性检验。轧工质量为感官检验员对照轧工质量实物标准进行检验。感官检验中发现异性纤维的,在信息系统中的相应项目选择"有",并在备注栏中注明异性纤维的详细信息。感官检验人员在检验过程中应当戴棉布帽子,穿棉布服装,采取必要措施加强防护管理,防止混入异性纤维。

为避免感官检验人员疲劳导致的检验误差,感官检验人员每检验 2 h 应至少休息 15 min,每日检验总时长不得超过 8 h。每只样品经感官检验后,需将条码卡重新夹入样品,装入该检验批的样品盒中。

3. 样品平衡

每个检验批感官检验结束后,感官检验负责人与样品平衡管理员进行样品交接。样品平衡管理员应逐批核查样品数量是否与感官检验负责人记录数量一致,条码卡是否夹入样品,每盒样品数量是否能保证平衡效果。

样品平衡期间,温湿度环境应符合如下条件:温度(20±2)℃、相对湿度(65±3)%。温湿度持续超出中纤局规定的允差范围 4 h 的,温湿度环境重新满足条件要求后,应重新计算样品平衡时间。样品自进入平衡间直到 HVI 检验完毕,应始终处于恒温恒湿环境中。

样品平衡前,样品平衡管理员应在每个样品盒中抽取一个样品检验回潮率。对回潮率超过 6.5%的样品,应当进行 48 h 平衡,或先进行预调湿处理,再进行 24 h 平衡。

样品平衡时间达到 24 h 后,样品平衡管理员在每个样品盒中抽取 1 个样品检验回潮率并记录,判断样品是否符合 HVI 检验要求(即样品的吸放湿平衡点在 6.5%～8.8%)。不符合要求的,应在保证样品平衡间温湿度正常后,继续对样品平衡 24 h。样品平衡 48 h 后,样品回潮率仍然不在 6.5%～8.8%范围的,由样品平衡管理员记录样品实际回潮率,上报技术负责人,由技术负责人将相关情况书面上报中纤局,作为调整样品吸放湿平衡范围的依据。该检验批样品可正常进行检验,检验后整批样品需妥善保存备查。

4. HVI 检验

HVI 检验必须严格按照《HVI 大容量纤维测试仪校准规范》和《HVI 大容量纤维测试仪

操作工作规程》进行。

待检样品为细绒棉的,使用细绒棉短/弱、长/强样品进行校准。检验过程中,必须每隔 2 h 进行 HVI 校准检查。校准检查通过的,可以继续检验。校准检查不能通过的,应当检查温湿度环境、标准棉样、操作过程是否存在问题。实验室使用 2 台以上(含 2 台)HVI 进行检验的,应使用同一套长强及马克隆校准棉样进行校准。校准样品和标准样品应按照规定要求使用,其中长强校准样品和标准样品测试 15 把梳子后应废弃,马克隆值校准样品和标准样品使用 3 次后应废弃。

HVI 检验指标包括颜色级、长度、长度整齐度、断裂比强度、马克隆值、反射率(Rd)、黄度(+b),其中反射率(Rd)、黄度(+b)指标测试 4 次,取平均值(每得到 2 次结果,应将样品翻面,再进行测试)。HVI 检验过程中,严禁为取得主观期望值,多次重测某个样品。每日检验结束后及时清洁 HVI 机台,清理恒温恒湿机组过滤网和 HVI 废棉箱,保证 HVI 仪器状态良好。

5. 检验数据管理及发布

每个样品的条码信息、感官检验轧工质量、异性纤维定性检验数据、HVI 检验数据自动传输至承检机构数据库,形成相应棉包完整的检验数据。技术负责人应对检验数据进行审核。审核无误的,由信息系统管理员发布和上传检验数据。承检机构可通过网络传输、拷贝或邮件方式向企业提供检验数据。仪器化公证检验应当在企业样品到达实验室 5 个工作日内完成。实验室当日完成的检验数据应当在 24:00 前完成上传。

二、进出口纺织品检验程序

我国进出口商品检验检疫管理体制是由《中华人民共和国进出口商品检验法》(简称《商检法》)确定的,在这个体制中,检验主体有三个层次,分别为国务院设立的进出口商品检验部门(国家商检部门)、国家依法设立的进出口商品检验机构和进出口商品检验鉴定机构。国家商检部门是检验主体的第一层次,为国家商检机构和检验机构的管理层,主管全国进出口商品检验工作,如海关总署;国家依法设立的进出口商品检验机构是指国家商检部门设立的进出口商品检验机构,如海关总署设在各地的出入境检验检疫机构管理各所辖地区的进出口商品检验工作,以及法律、行政法规规定的其他检验机构实施法律、行政法规规定的进出口商品或者检验项目;进出口商品检验鉴定机构必须经国家商检部门许可,检验鉴定业务的内容是提供检验鉴定服务,接受申请人委托以第三方身份公正地从事进出口商品检验鉴定业务,对进出口商品进行检验鉴定,出具检验鉴定证书,并承担相应的法律责任。

(一)商检机构的主要任务

按我国商检法规定,我国商检机构基本任务有三项。

1. 法定检验

法定检验是商检机构和经国家商检部门许可的检验机构,根据国家的法律和行政法规的规定,对列入目录的进出口商品以及法律、行政法规规定需经出入境检验检疫机构检验的其他进出口商品实施的检验,签发检验或检疫证书,作为海关放行的凭证。海关总署依照《商检法》的规定,制定、调整必须实施检验的进出口商品目录并公布实施,列入目录的进口商品凡未经检验的不准销售和使用,列入目录的出口商品凡未经检验合格的不准出口。法定检验是必须实施的进出口商品检验,是确定列入目录的进出口商品是否符合国家技术规范的强制性要求的合格评定活动,其合格评定程序包括抽样、检验和检查,评估、验证和合格保证,注册、认可和批准,以及以上各项的组合。

2. 监督管理

监督管理是国家商检部门、商检机构对进出口商品执行检验把关的重要方式之一,其主要工作范围包括:商检机构对《商检法》规定必须经商检机构检验的进出口商品以外的进出口商品,根据国家规定实施抽查检验;商检机构根据便利对外贸易的需要,可以按照国家规定对列入目录的出口商品进行出厂前的质量监督管理和检验;为进出口货物的收发货人办理报检手续的代理人办理报检手续时,应当向商检机构提交授权委托书;国家商检部门可以按照国家有关规定,通过考核,许可符合条件的国内外检验机构承担委托的进出口商品检验鉴定业务;国家商检部门和商检机构依法对经国家商检部门许可的检验机构的进出口商品检验鉴定业务活动进行监督,可以对其检验的商品进行抽查检验;国务院认证认可监督管理部门根据国家统一的认证制度,对有关的进出口商品实施认证管理;认证机构可以根据国务院认证认可监督管理部门同外国有关机构签订的协议或者接受外国有关机构的委托进行进出口商品质量认证工作,准许在认证合格的进出口商品上使用质量认证标志;商检机构依照《商检法》对实施许可制度的进出口商品实行验证管理,查验单证,核对货物是否相符;商检机构根据需要,对检验合格的进出口商品,可以加施商检标志或者封识。

3. 公证鉴定

凡是以第三者地位,持公正科学态度,运用各种技术手段和工作经验,检验、鉴定和分析判断,做出正确的、公正的检验、鉴定结果和结论,或提供有关的数据,签发检验、鉴定证书或其他有关证明的,都属于进出口商品的鉴定业务范围。鉴定业务的范围十分广泛,商检机构签发的各类证明材料是对外贸易关系人进行索赔、理赔的重要依据。

(二)进出口纺织品检验的程序

进出口商品检验是指由国家设立的检验机构或向政府注册的独立机构,对进出口货物的质量、规格、卫生、安全、数量等进行检验、鉴定,并出具证书的工作。我国进出口商品检验工作主要有四个环节:报检(接受报检)、抽样、检验和签发证书。

1. 报检(接受报检)

报检是实施进出口纺织商品检验程序的第一个环节,指的是对进出口商品的申请人(包括买方、卖方、承运人等贸易相关关系人)向商检机构报请检验,对其进出口商品的品质、数量、质量、包装等进行检验、鉴定工作。报检时,根据基本要求和专项要求填写《出/入境货物报检单》,如图 1-1 所示。入境货物还需同时提交外贸合同、发票、提单、装箱单等有关资料,出境货物还需要提交外贸合同、销售确认书或订单、信用证、发票及装箱单等有关资料。

报检方式有自理报检和代理报检两种。自理报检是指出口商或进口商自行向出入境检验检疫机构申请,办理报检手续;代理报检是指专门从事代理报检业务的企业或出入境快件运营企业接受出口商或进口商的委托,为其办理报检手续。

检验机构按规定对报检人或委托人提供的有关资料和证单进行审核,对符合要求的报检正式受理的过程,称为接受报检。接受时对申请人的报检资格进行审核,对报检内容、各个环节是否符合相关法律、法规和规章的要求进行审核,同时审核单证是否齐全、真实,是否按规定的时间、地点进行报检等。

2. 抽样

商检机构接受报检之后,由具有一定技术水平和业务知识的人员从已接受报检的产品中,

中华人民共和国出入境检验检疫
出境货物报检单

报检单位(加盖公章):					
报检单位登记号:		联系人:	电话:	报检日期: 年 月 日	

发货人	(中文)				
	(外文)				
收货人	(中文)				
	(外文)				

货物名称(中/外文)	H.S.编码	产地	数/重量	货物总值	包装种类及数量

运输工具名称号码		贸易方式		货物存放地点	
合同号		信用证号		用途	
发货日期		输往国家(地区)		许可证/审批号	
启运地		到达口岸		生产单位注册号	
集装箱规格、数量及号码					

合同、信用证订立的检验检疫条款或特殊要求	标记及号码	随附单据(划"√"或补填)	
		□合同	□包装性能结果单
		□信用证	□许可/审批文件
		□发票	□
		□换证凭单	□
		□装箱单	□
		□厂检单	□

需要证单名称(划"√"或补填)		*检验检疫费	
□品质证书 ___正___副	□植物检疫证书 ___正___副	总金额(人民币元)	
□重量证书 ___正___副	□熏蒸/消毒证书 ___正___副		
□数量证书 ___正___副	□出境货物换证凭单	计费人	
□兽医卫生证书 ___正___副	□出境货物通关单		
□健康证书 ___正___副		收费人	
□卫生证书 ___正___副			
□动物卫生证书 ___正___副			

报检人郑重声明:
1. 本人被授权报检。
2. 上列填写内容正确属实,货物无伪造或冒用他人的厂名、标志、认证标志,并承担货物质量责任。

领取证单	
日期	
签名:	签名

注:有"*"号栏由出入境检验检疫机关填写

[1-2 (2001.1.1)*1]

中华人民共和国出入境检验检疫
入境货物报检单

报检单位(加盖公章):					
报检单位登记号:		联系人:	电话:	报检日期	

收货人	(中文)		企业性质(划"√")	□合资□合作□外资	
	(外文)				
发货人	(中文)				
	(外文)				

货物名称(中/外文)	H.S.编码	原产国(地区)	数/重量	货物总值	包装种类及数量

运输工具名称号码		合同号	
贸易方式		贸易国别(地区)	提单/运单号
到货日期		启运国家(地区)	许可证/审批号
卸毕日期		启运口岸	入境口岸
索赔有效期至		经停口岸	目的地
集装箱规格、数量及号码			

合同订立的特殊条款以及其他要求	标记及号码	货物存放地点	
		用途	自营自销
随附单据(划"√"或补填)		*外商投资财产(划"√")	□是□否
□合同	□到货通知单	*检验检疫费	
□发票	□装箱单		
□提/运单	□质保书	总金额(人民币元)	
□兽医卫生证书	□理货清单		
□植物检疫证书	□磅码单	计费人	
□动物检疫证书	□验收报告		
□卫生证书	□	收费人	
□原产地证	□		
□许可/审批文件	□		

报检人郑重声明:
1. 本人被授权报检。
2. 上列填写内容正确属实。

领取证单	
日期	
签名:	签名

注:有"*"号栏由出入境检验检疫机关填写

◆国家出入境检验检疫局制
[1-1 (2013.1.1)]

图 1-1　出/入境货物报检单

按照事先已确定的抽样方案,随机抽取部分单位产品组成样本,根据这部分样本的检验结果推断批量产品的整体质量。

抽取的样品应直接送到实验室,并组织验收、登记和保管。不同的样品应当采用不同的保管措施,以免样品损坏,影响检验结果。出口商品检验合格的,其样品应保存到合同期满终止;涉及索赔的,其样品应保存到索赔案件终止;合同中未约定索赔期限的,其样品一般保存半年以上。进口商品检验不合格的,需保留足够的样品,或收货人保留全部货物,直到索赔完毕;合同中未约定索赔期限的,其样品保存1年;与原发证书有较大差异的,应在抽样检验后保留1份样品。

3. 检验

检验是指商检机构接受报检之后,根据检验方案,在规定的地点对报检货物实施检验,并对检测结果进行处理的行为。检验方案通常依据商品检验约定,而约定同时是外贸合同中不可缺少的一部分,内容包括:检验检疫机构,检验依据(如国际惯例、国家技术规范强制性要求、标准、合同规定的检验项目或凭样成交等),合格评定程序(如检验规程、检验方法、检验流程等),检验对象的特性、状态(如规格、型号、包装等),商品数量、质量计算方法等,以及索赔有效期的检验索赔条款等。

(1)检验机构。检验机构的选择应考虑有关国家的法律法规、商品的性质、交易条件和交易习惯,另外还与检验时间和地点有一定的关系。一般规定:在出口国检验时,应由出口国的检验机构进行检验;在进口国检验时,由进口国的检验机构负责。但在某些情况下,双方也可以约定由买方派出检验人员到产地或出口地点验货,或者约定由双方派人员进行联合检验。

（2）检验的地点和时间。①出口国检验，它分为产地检验和装运地（港）检验。在我国，对于法定检验的商品，一般是产地检验并出具检验证书，口岸检验实施查验。②进口国检验，它分为卸货地检验和用户所在地检验。③出口国检验，进口国复验。采用此种做法时，卖方办理交货是以装运地（港）检验机构出具的检验证书作为卖方以托收方式或以信用证方式收取或议付货款的一种凭证，货物运抵目的地（港）后由双方约定的检验机构复验，并出具证明。如发现货物不符合同规定，并证明这种不符情况属卖方责任，买方有权在规定的时间内凭复验证书向卖方提出异议和索赔。这种做法对买卖双方都比较公平合理，我国进出口贸易中一般采用这种做法。

（3）检验标准和方法。根据《商检法》规定，凡列入目录的进出口商品，均须按照国家技术规范的强制性要求进行检验，尚未制定国家技术规范的强制性要求的，可以参照国家商检部门指定的国外有关标准进行检验。一般来说，签订进口商品合同时应尽量采用国际标准或国外先进标准，对于检验标准中已有抽样、检验方法的，则应具体订明抽样方法和检验方法。

（4）品质、数量和质量。品质检验是利用感官检验、理化检验等检测手段对进出口商品的品质进行检测，包括质量和规格检验。数量检验是按合同规定的计量单位对被检货物的件数、长度、面积或体积等进行检验。质量检验一般是对纺织原料的质量进行检验。

国际上通用的惯例一般采用下列做法：第一种是以离岸品质、数量为基准，即由卖方在装运地（港）货物装运前，主动申请相关的检验机构对出口的货物品质和数量、质量等进行检验，检验后出具检验证书，但这种做法中，买方对货物没有复验权，对买方而言相对不利；第二种是以到岸品质、数量为基准，即货物运抵目的地（港）后，由当地的检验机构检验，并以其出具的检验证书为最后的法律依据，如果商品的品质和数量、质量等与合同规定不符，买方凭当地的检验机构出具的检验证书可以向卖方提出索赔。

（5）包装。包装检验是指对进出口商品的内外包装标志、包装材料、衬垫物进行检查，对运输包装和危险货物包装实施性能鉴定和使用鉴定。

4. 签证放行

商检机构在执行法定检验和其他检验后，根据检验、鉴定结果，对外或对内签发各种检验证书，如品质检验证书、质量检验证书、数量检验证书、卫生检验证书、产地检验证书等。商品检验证书是买卖双方交接货物、结算货款和处理索赔、理赔的主要依据，也是通关纳税、结算运费的有效凭证，要求做到"货证相符、事证相符、证证相符"。

海关根据检验证书放行，签发《出/入境货物通关单》，也可以通过检验机构发送至海关的证明文件的电子数据进行通关处理，签发《电子通关单》。

进出口纺织商品委托检验程序与进出口纺织商品法定检验程序不同。进出口纺织商品法定检验的程序是规范、统一的，不能做随意的更改或变通，而进出口纺织商品委托检验程序是灵活多变的，虽然委托、鉴定、签证及证书格式等方面都有一定的规范要求，但可根据委托人的要求或意愿进行调整或更改。

委托检验是指对外贸易关系人、国内外检测机构或其他有关单位委托第三方独立的公证检验鉴定机构（经国家商检部门许可），对进出口商品的品质、数量、包装、装运技术条件、残损、价值等进行的检验鉴定。进出口纺织商品委托检验业务的范围非常广泛，包括：进出口纺织商品的品质、数量、质量及包装鉴定；进出口纺织商品的残损鉴定；外商投资财产价值鉴定；抽取和签封各类样品、签发价值证明书等。

进出口纺织商品委托检验涉及较多的品质、数量、质量及包装鉴定的检验程序与法定检验的相关程序相同,而其他委托检验项目因种类不同而不同。

（三）河南进口纺织品检验程序

为规范进出口纺织品的检验监督,各地进出口商品检验监督管理机关会根据相关文件制定相应的监管作业指导书。下面以郑州海关为例,介绍河南进出口纺织品检验程序:

1. 进口纺织原料检验

本部分适用于对河南进口纺织原料,包括天然纤维类、化学纤维类、纱线类、长丝类等进口纺织原料的检验监管,但不适用于进口棉花。

（1）报检单证审查。施检部门负责人受理进口纺织原料的报检单证,根据业务分工,在CIQ2000系统上把单证分给施检人员。施检人员对企业提供的报检单证进行符合性审查,要求完整、有效、一致和合法。应提供的单证包括:入境货物报检申请单,合同（信用证）、发票、提单、装箱单,品质检测报告或证明性材料,入境货物调离通知单。提供的单证不符合要求的,告知报检人立即纠正。

（2）检验出证。进口纺织原料原则上实施逐批抽样检验的监管模式。进口纺织原料抽样依据 GB/T 2828.1 执行。

外观检验主要检验进口纺织原料外观表面是否存在不符合标准或合同规定的或影响使用的缺陷,包装是否完好,唛头标记是否和报检单证一致。检验完毕,按规定做好检验原始记录。

进口纺织原料按照合同标准或国家标准规定进行品质检验,抽样送有资质的实验室进行安卫环项目检测。对于连续进口同类产品,收货方信誉良好的,可根据实际情况抽批进行安卫环项目检测。

施检人员依据外观检验结果和检测报告的检验结果,判定是否符合标准及合同要求。外观检验和品质检验结果中任意一项不合格的,判定该批货物不合格。对检验不合格但可进行技术处理的,处理后重新检验合格,方可放行;不能进行处理的,做退货或销毁处理。

检验完毕后,施检人员应在流程期内及时拟制相关单证。检验合格的拟制《入境货物检验检疫证明》,检验不合格的拟制《入境货物检验检疫通知单》。进口商有特殊要求的,按照相关规定办理。单证审核及签发按照《检验检疫证单审核签发作业指导书》执行。

施检人员在检验过程中的所有原始记录、企业的报检资料和单证按有关程序规定,由检务部门归档、保存。施检人员负责所辖进口纺织原料检验的统计工作。

（3）监督管理。建立健全进口企业档案,档案内容包括企业相关资质证明（工商营业执照、税务登记证、品牌代理授权书等）及产品质量相关资料。按照《关于开展进口工业产品质量安全风险信息监测采集和评估工作试点工作的通知》（质检检函[2012]385 号）要求,及时上报不合格信息。按照诚信管理的有关要求,对进口纺织原料企业和进口商进行监管。按照质量分析的工作要求,将全年进口纺织原料的质量分析报送检验处。

（4）检验依据。GB/T 2828.1—2012《计数抽样检验程序　第 1 部分:按接收质量限（AQL）检索的逐批检验抽样计划》,GB/T 14464—2017《涤纶短纤维》,GB/T 16602—2008《腈纶短纤维和丝束》,GB/T 398—2018《棉本色纱线》,SN/T 0473—1995《进出口含脂毛检验规程》,SN/T 0478—2003《进出口洗净毛、碳化毛检验规程》,SN/T 0497—2003《进出口羊毛条检验规程》,SN/T 0769—2011《进出口高旦聚酯单丝检验规程》,SN/T 0612—1996《进出口涤纶丝、锦纶丝检验规程》。

2. 进口纺织品检验

本部分适用于对河南进口纺织织物、纺织制品、服装等进口纺织品的检验监管。

（1）报检单证审查。施检人员对企业提供报检单证进行符合性审查，要求完整、有效、一致和合法。应提供的单证包括：入境货物报检申请单，合同（信用证）、发票、提单、装箱单、相关质量安全检测报告或证明性材料，发货人或国内收货人出具的符合性声明。提供单证不符合要求的，告知报检人立即纠正。

（2）检验实施。检验人员应在规定期限内，在货物存放地实施检验。核查货物包装、数量、标识等与报检单证的符合性。发现不符的，不能实施抽样，并及时与报检人确认。符合的则依据标准及合同要求抽样检验标识标签，同时抽取实验室检测样品。对于连续进口同类产品，收货方信誉良好的，可根据实际情况抽批检测。样品、礼品、暂准入境及其他非贸易性进口纺织品免予检验，但是法律、行政法规另有规定的除外。检验完毕，按规定做好检验原始记录。

进口纺织织物、纺织制品按照 SN/T 1931.2 的要求进行抽样。进口服装按照 SN/T 1932.2 的要求进行抽样。标识标签检验按照 GB 5296.4 的要求进行检验。按照 GB 18401 和 GB 5296.4 的要求，对抽取的样品送实验室进行检测，检测项目有甲醛含量、pH 值、可分解芳香胺染料、色牢度、异味、纤维成分含量等。

实验室检测和标识标签检验结果均合格的，判定该批货物合格；实验室检测和标识标签检验结果中任意一项不合格的，判定该批货物不合格。检验完毕后，施检人员应在流程期内及时拟制相关单证。检验合格的出具《入境货物检验检疫证明》，检验不合格的出具《入境货物检验检疫通知单》。不合格但可以进行技术处理的，处理后重新检验合格，方可销售或者使用；不能进行技术处理或处理后重新检验不合格的，不得销售或使用，应实施退运或销毁处理。

（3）监督管理。建立健全进口企业档案，档案内容包括企业相关资质证明（工商营业执照、税务登记证、品牌代理授权书等）及产品质量相关资料。按照《关于开展进口工业产品质量安全风险信息监测采集和评估工作试点工作的通知》要求，及时上报不合格信息。按照诚信管理的有关要求，对进口纺织品企业进行监管。

（4）检验依据。GB 18401—2010《国家纺织产品基本安全技术规范》，SN/T 1649—2012《进出口纺织品安全项目检验规范》，GB/T 5296.4—2012《消费品使用说明　第 4 部分：纺织品和服装》，SN/T 1931—2007《进出口机织物检验规程》，SN/T 1932—2008《进出口服装检验规程》，GB/T 406—2018《棉本色布》，GB/T 411—2017《棉印染布》，GB/T 5325—2009《精梳涤棉混纺本色布》，GB/T 5326—2009《精梳涤棉混纺印染布》，GB/T 20039—2005《涤与棉混纺色织布》，GB/T 22702—2019《童装绳索和拉带测量方法》，GB/T 22705—2019《童装绳索和拉带安全要求》，GB 20400—2006《皮革和毛皮有害物质限量》，GB/T 11746—2008《簇绒地毯》，SN/T 1563—2005《进出口棉短绒检验规程》，SN/T 1361—2015《进出境棉花检疫规程》，GB/T 22864—2020《毛巾》，GB/T 8878—2014《棉针织内衣》，GB/T 22849—2014《针织 T 恤衫》。

第三节　纺织品检验的大气条件和试样准备

一、试验用标准大气

纺织品的物理和力学性能常常随着测试环境而变化，为了使纺织品在不同时间、不同地点的检测结果具有可比性,必须对纺织品检验用大气条件做出统一规定。我国国家标准GB/T 6529对纺织品调湿和试验用标准大气做了明确规定,见表1-3。

表1-3　纺织品调湿和试验用标准大气

大气类型	温度		相对湿度	
	温度/℃	容差/℃	相对湿度/%	容差/%
标准大气	20.0	±2.0	65.0	±4.0
特定标准大气	23.0	±2.0	50.0	±4.0
热带标准大气	27.0	±2.0	65.0	±4.0

纺织品检验一般采用标准大气条件,可选标准大气(含特定标准大气、热带标准大气)仅在有关各方同意的情况下使用。

二、试样的调湿、预调湿和试样准备

(一)试样的调湿和预调湿

试样放在空气中会不断地和空气中的水分子进行交换,当试样在大气条件一定的环境中放置一定时间后,吸湿和放湿作用逐渐减小,最后达到平衡状态,此时试样的回潮率称为平衡回潮率。随着试样平衡回潮率的变化,其物理和力学性能(如质量、强伸度、耐磨性、热学特性、光学特性、电学特性等)也有所变化。因此,在测试纺织品物理和力学性能前,应将试样放置在标准大气环境中一定时间,让空气能畅通地流过该试样,以使试样的回潮率与标准大气环境达到平衡,这种处理过程称为调湿。除非另有规定,试样的质量递变量不超过 0.25% 时,方可认为达到平衡状态。在标准大气环境下调湿时,试样连续称量时间间隔为 2 h;当采用快速调湿时,试样连续称量时间间隔为 2～10 min。通常,一般纺织材料调湿 24 h 以上即可,合成纤维调湿 4 h 以上即可。调湿过程不能间断,若被迫间断,必须重新按规定调湿。

纺织材料在同样条件下由放湿过程达到平衡较由吸湿过程达到平衡时的平衡回潮率高,这种由吸湿滞后现象带来的平衡回潮率误差,会影响纺织材料性能的测试结果。为此,纺织品试样的调湿平衡统一规定为吸湿平衡。当试样在调湿前比较潮湿时(实际回潮率接近或高于标准大气下的平衡回潮率),为了确保试样能在吸湿状态下达到调湿平衡,需要进行预调湿。预调湿是在调湿之前将试样放置于相对湿度为 10.0%～25.0%、温度不超过 50.0 ℃ 的大气条件下,使之接近平衡。

(二)试样准备

试样是从抽样获得的样本中按规定方法制备的供测试用的样品。制备试样时,也要考虑其代表性。对于织物来说,试样裁取是否有代表性,关系到检验结果的准确程度。实验室样品的裁取应避开布端(匹头),一般要求在距布端至少 2 m 以上的部位随机剪取一定长度的整幅织物(如果是开匹,可以不受此限),所取样品应平整、无皱、无明显疵点,其长度和花型能保证试样的合理排列。

将实验室样品按规定进行预调湿和调湿处理,然后在实验室样品上距离布边 1/10 幅宽以上处剪取试样,幅宽超过 100 cm 时,距布边 10 cm 以上即可。为了在有限的样品上取得尽可

能多的信息,试样剪取通常采用梯形法,即经向和纬向的各试样均不含有相同的经纬纱线,或至少保证其试验方向不含有相同的经纬纱线而非试验方向不含完全相同的经纬纱线。在试验要求不太高的情况下,可采用平行排列法,保证试验方向不含相同经纬纱线,而另一方向可以相同。但应注意试样横向为试验方向时(如单舌法撕破强力),不能采用竖向的平行排列法。仲裁检验应采取梯形法。

当试样沾有油污和附有加工中加入的表面活性剂、浆料、合成树脂等物,由此影响该试样的调湿或特性测试结果时,必须采用适当的方法,选择适当的溶剂,除去这些沾附物,这种处理称为试样精制或试样净化。因此,试样精制也是试样准备的一项重要内容。控制试验环境和做好试样准备,以及科学的抽样和测试结果处理,都是确保纺织品质量分析与检验结果准确性的基础工作。

第四节　纺织品检验的抽样方法

一、抽样检验

纺织品检验是对产品质量进行的一种测定、比较与判定活动。质量检验根据检验的数量分为全数检验和抽样检验两类。

全数检验亦称全检或百分之百检,是指对批中的所有个体或材料进行的全部检查。全数检验适用于批量小、质量特性单一、精密、贵重、重型的关键产品,但不适用批量很大、低廉、质量特性复杂、需要进行破坏性试验的产品质量检验。由于纺织品的质量特性十分复杂,检验项目以破坏性试验为主,所以除外观质量检验可采用全数检验之外,绝大多数检验项目都采用抽样检验方法。

抽样检验是按照规定的抽样方案,随机地从一批或一个过程中抽取少量个体或材料进行的检验,是纺织品检验的主要形式。其主要特点是检验量少,比较经济,有利于检验人员集中精力抓好关键质量。带有破坏性的检验只能采用抽样检验。抽样检验必须设计合理的抽样方案,其理论基础是概率论和数理统计学。

实施抽样检验,抽样(也称作取样)是关键。纺织品的抽样是根据技术标准或操作规程所规定的方法和抽样工具,从整批产品中随机地抽取一小部分在成分和性质上都能代表整批产品的样品。抽样的目的在于用尽可能小的样本所反映的质量状况来统计推断整批产品的质量水平。子样的检验结果能在多大程度上代表被测对象总体的特征,取决于子样试样量的大小和抽样方法。

在纺织产品中,总体内单位产品之间或多或少总存在质量差异,试样量越大,即试样中所含个体数量越多,所测结果越接近总体的结果(真值)。试样量多大才能达到检验结果所需的可信程度,可以用统计方法确定。但不管所取试样量有多大,所用仪器如何准确,如果取样方法本身缺乏代表性,其检验结果也是不可信的。要保证试样对总体的代表性,就要采用合理的抽样方法,既要尽量避免抽样的系统误差,即排除倾向性抽样,又要尽量减小随机误差。为此,应采用随机抽样方法。

二、抽样方法

纺织品检验常用的随机抽样方法有简单随机抽样、系统抽样、分层抽样和阶段性抽样。

（一）简单随机抽样（又称纯随机取样）

简单随机抽样是指从总体中抽取若干个样品（子样），使总体中每个单位产品被抽到的机会相等，也称为纯随机取样。即从批量为 N 的批中抽取 n 个单位产品组成样本，共有 C_N^n 种组合，每种组合被抽到的概率相等。简单随机抽样对总体不经过任何分组排队，完全凭着偶然的机会从中抽取。从理论上讲，简单随机抽样最符合抽样的随机原则，因此，它是抽样的基本形式。

简单随机抽样在理论上虽然最符合随机原则，但在实际中有很大的偶然性，尤其是当总体的变异较大时，简单随机抽样的代表性就不如经过分组再抽样的代表性强。

程序举例：

（1）批量 $N=100$，把 100 个产品分别编号为 $1 \sim 100$。

（2）样本量 $n=5$。

（3）得到随机数，如 3，32，38，89，17。

（4）从 100 个产品中，找到第 3 号、32 号、38 号、89 号、17 号产品，构成该批样本。

随机数产生方法：①掷骰子法；②查表法，如随机数表；③利用随机发生器，如有奖储蓄、有奖销售中用来确定获奖号码的随机发生器等。

（二）系统抽样（又称等距取样、规律性取样）

系统抽样是先把总体按一定的标志排队，然后按相等的距离抽取，也称为等距取样。系统抽样法相对于简单随机抽样而言，可使子样较均匀地分配在总体之中，可以使子样具有较好的代表性。但是，如果产品质量有规律地波动，并且波动周期与抽样间隔相近，则会产生系统误差。

程序举例：

（1）确定抽样间隔：$N=100$，$n=6$，则抽样间隔为 17。

（2）确定随机数：由[1，17]查随机数表得 9。

（3）得到抽取样品号码：9，26，43，60，77，94。

（三）分层抽样（又称代表性取样）

分层抽样是运用统计分组法，把总体划分成若干个代表性类型组，然后在组内采取简单随机抽样法或系统抽样法，分别从各组中抽样，再把各部分子样合并成一个子样，又称为代表性取样。

分层的原则是按实际情况，如按生产时间、原材料、安装设备、操作工人等进行分组。各组抽样数目可按各组内的变异程度确定，变异大的组多取一些，变异小的组少取一些，没有统一的比例，或以各部分占总体的比例来确定各组应取的数目。

（四）阶段性抽样（又称阶段性随机取样）

阶段性抽样是从总体中取出一部分子样，再从这部分子样中抽取试样。从一批货物中取得试样可分为三个阶段，即批样、实验室样品、试样。进行相关检验的纺织品，首先要取得批样或实验室样品，进而再制成试样。

批样：从待检验的整批货物中取得一定数量的包数（或箱数）。

实验室样品：从批样中用适当方法缩小成实验室用的样品。

试样：从实验室样品中，按一定的方法取得供测试各项物理力学性能、化学性能的样品。

例:细绒棉检验抽样方法(按批检验)

(1)成包皮棉每 10 包抽 1 包,不足 10 包按 10 包计。从每个取样棉包抽取检验样品约 300 g,形成品质检验批样;抽取回潮率检验样品约 100 g,形成回潮率检验批样。

(2)从批样中多部位随机取出少量原棉(约 200～250 g),形成实验室样品。

(3)将实验室样品稍加扯松混合均匀后平铺在工作台上,形成厚薄均匀、面积约为 0.25 m² 的棉层,用多点取样法从两面抽取试验样品。

三、抽样检验方案及分类

实施抽样检验,必须事先确定抽样方案。通常把样本大小 n、合格判定数 Ac 这样一组用于抽样检验的规定称为抽样方案。抽样方案种类很多,根据其不同特征,可进行如下分类:

（一）按质量指标及相应的判定规则分

抽样方案按单位产品的质量指标及相应的判定规则可分为计数抽样方案和计量抽样方案。

1. 计数抽样方案

计数抽样方案是用计数方法检验样本中单位产品质量,将其区分为合格品或不合格品,然后将不合格品数 d 与判定数组比较,以判断该批产品是否合格。计数抽样方案的优点是使用方便、经济,适用于像纺织品之类有多项质量指标的产品,缺点是所需要的样本较大,质量信息未能充分利用。

所谓判定数组是由合格判定数 Ac(即判定批合格的样本中不合格品数的上限标准,简记为 A)和不合格判定数 Re(即判定批不合格的样本中不合格品数的下限标准,简记为 R)所组成。

2. 计量抽样方案

计量抽样方案是采用计量方法获取样本的均值或标准差,再根据判定规则判定该批产品是否合格。计量抽样方案具有样本较小、可充分利用检验样本所获得的质量信息等优点,缺点是使用程序较繁琐、计算复杂,只适用于单项质量指标的抽样检验。

（二）按抽取样本的次数分类

抽样方案按抽取样本的次数可分为一次、二次和多次抽样方案。

1. 一次抽样方案

一次抽样方案是仅从受检批中抽取一个样本,根据样本检验结果,判定该批产品是否合格。一次抽样方案操作原理如图 1-2 所示。

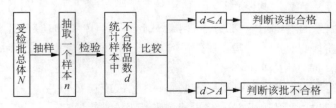

图 1-2　一次抽样方案操作原理示意

一次抽样方案比较简单，使用方便，因此应用广泛，但样本相对较大，抽样检验工作量也大。

2. 二次抽样方案

二次抽样方案是先抽第一个样本进行检验，若据此可判断该批产品合格与否，则终止检验；否则再抽第二个样本，再次检验，用两次检验结果综合判断该批产品合格与否。二次抽样方案操作原理如图 1-3 所示。

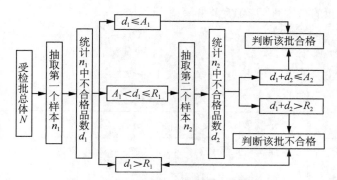

图 1-3　二次抽样方案操作原理示意

多次抽样方案的操作原理与二次抽样方案基本相同。

二次和多次抽样方案的平均检验样本比一次抽样方案小，能节省检验费用，但管理较复杂，需要专门培训质检人员，不适用于价值较低的纺织品。

（三）按抽样方案是否调整分类

抽样方案可分为调整型抽样方案与非调整型抽样方案两类。

1. 调整型抽样方案

调整型抽样方案是由正常方案、加严方案及放宽方案和一组转移规则组成的检查体系。根据连续若干批产品质量的变化情况，根据转移规则及时地进行正常、加严、放宽等抽样方案间的调整转移，以控制批产品的质量。调整型抽样方案可充分利用一系列已检批的质量信息，在保证批质量的前提下，达到减少成本、降低检验费用的目的。

2. 非调整型抽样方案

非调整型抽样方案一般不利用产品的历史质量，使用中也没有调整规则，适用于孤立批产品的检验。孤立批是指单个提交的受检批或不能利用最近已检批的质量信息的连续提交的受检批。

四、样本（子样）容量的确定

样本容量的确定包括抽取包数的确定和试验次数的确定。为了控制和消除试样误差，试样量大小（样本容量）在大多数情况下是根据数理统计方法确定的。

1. 抽取包数的确定

如从 N 包纤维中要抽取 n 包检验，抽取包数 n 可由下式求得：

$$n = \frac{t^2_{(\alpha, \nu_2)}}{\left(\dfrac{E}{CV} + \dfrac{t_{(\alpha, \nu_1)}}{\sqrt{N}}\right)^2} \tag{1-2}$$

式中：$t_{(\alpha, \nu_1)}$ 为自由度 $\nu_1 = N-1$ 的 t 变量；$t_{(\alpha, \nu_2)}$ 为自由度 $\nu_2 = n-1$ 的 t 变量；E 为允许偏差率，又称相对不确定度或保证误差率；CV 为变异系数。

式(1-2)是一个迭代公式，其计算步骤：

(1) 在给定的总包数 N 和合适的显著性水平 α 的条件下，由 α（双测）和 $\nu_1 = N-1$ 查表得 $t_{(\alpha, \nu_1)}$。

(2) 由历史资料积累得知待测性能的包间不匀率，即变异系数 CV。

(3) 由所测性能的重要性，选定允许偏差率 E。

(4) 任给一个 n_0，查表得 $t_{(\alpha, \nu_2)}$（$\nu_2 = n_0 - 1$），代入式(1-2)算出 n，把 n 赋给 n_0，重新查得 $t_{(\alpha, \nu_2)}$，代入式(1-2)算出 n'，检查 $|n' - n| \leqslant 1$，迭代就此终止。

在 5% 的显著性水平下，t 与 n 的关系如表 1-4 所示。

表 1-4 t 值表

n	t	n	t	n	t	n	t
4	3.18	12	2.20	20	2.09	28	2.05
5	2.78	13	2.18	21	2.09	29	2.05
6	2.57	14	2.16	22	2.08	30	2.04
7	2.45	15	2.14	23	2.07	31～40	2.03
8	2.36	16	2.13	24	2.07	41～60	2.01
9	2.31	17	2.12	25	2.06	61～120	1.99
10	2.26	18	2.11	26	2.06	121～230	1.97
11	2.23	19	2.10	27	2.06	＞230	1.96

例：羊毛公量检验取样包数的确定。现有羊毛 500 包，由历史资料得到包与包间净毛率变异系数 $CV = 20\%$，允许偏差率 $E = 5\%$，显著性水平 $\alpha = 5\%$ 时应抽取多少包？

解：当 $N = 500$ 包，$\alpha = 5\%$ 时，查表 1-4 得 $t_{(\alpha, 499)} = 1.96$

不妨先取 $n_0 = 51$，查表 1-4 得 $t_{(\alpha, 50)} = 2.01$

代入式(1-2)，计算得 $n = \dfrac{2.01^2}{\left(\dfrac{5}{20} + \dfrac{1.96}{\sqrt{500}}\right)^2} = 35.4$

取 $n = 36$，查表 1-4 得 $t_{(\alpha, 35)} = 2.03$

代入式(1-2)，计算得 $n' = \dfrac{2.03^2}{\left(\dfrac{5}{20} + \dfrac{1.96}{\sqrt{500}}\right)^2} = 36.1$

$|n' - n| \leqslant 1$，迭代终止，故当总包数 $N = 500$ 时，应抽取包数 $n = 37$。

一般迭代两次即能达到给定精度要求，因为 t 值主要取决于显著性水平 α。允许偏差率 E 的确定视待测性能的重要程度确定，一般试验取 $E = \pm3\%$ 左右，在要求误差小的场合，如公量检验取 $E = \pm5\%$；样品离散性大的项目，如羊毛纤维强力试验取 $E = \pm4\%$ 或 $E = \pm5\%$。要求待测性能参数每次测试的变异系数 CV 相对稳定。

2. 试验次数的确定

从纺织品总体中按照一定方法取出代表性子样后,子样中的个体数目仍然相当大,不可能将子样中所有个体一一测试。子样中所需试验的个体数目 n 可由下式求得:

$$n = \frac{t^2 \cdot CV^2}{E^2} \tag{1-3}$$

当子样内试验次数足够大时,计算试验次数在不同显著性水平下的 t 值,如表 1-5 所示。

表 1-5 不同显著性水平下的 t 值表

显著性水平 α	t（双侧有限）	t（单侧有限）
0.10	1.645	1.282
0.05	1.960	1.645
0.01	2.576	2.326

如取 $\alpha = 5\%$,则 $n = \dfrac{t^2 \cdot CV^2}{E^2} = \dfrac{1.96^2 \cdot CV^2}{3^2} = 0.427CV^2$

如取 $\alpha = 1\%$,则 $n = \dfrac{t^2 \cdot CV^2}{E^2} = \dfrac{2.576^2 \cdot CV^2}{3^2} = 0.737CV^2$

一般 CV 值是根据试样以往的大量试验结果进行估计的。当 CV 值未估计时,可先指定一个试验次数 n,根据 n 次试验求得 CV 值,然后代入式(1-3)求得的值为 n',如果 $n' < n$,则认为试验结果符合要求;如果 $n' > n$,则需要补做 $(n' - n)$ 次试验。

第五节 测量方法与仪器特性

一、测量方法

用于纺织品测试的仪器,大部分属于测量和计数两大类。计数意味着测量结果之间不连续的分隔,每个被计数的数字都是非常严格而确定的,也就是说,计数仪器上所反映的每位数字都是明确肯定的。测量则是把被测对象与规定作为单位的同类量做比较的过程,测量结果以被测量与测量单位的比值表示,所以测量仪器上所得到的数字的最后一位是估计出来的,包含误差,这些测量数字的有效位数要视所用仪器的精密程度而定。用作比较被测量的设备和装置,称为测量仪器。

测量的基本方法可以分为两类:直接读数法和比较测量法。

1. 直接读数法

被测量直接由测量仪器指示出来,仪器的刻度就是被测量的值,这种方法称为直接读数法,如用电表测量电压、用强力仪测量纤维强力等。

2. 比较测量法

当被测量与标准量进行比较而决定其大小时,称为比较测量法,主要包括以下三种方法:

(1) 零位法。测量时,被测量对仪器的作用或效应由另一个已知标准量的作用或效应平衡,使仪器指示为零值。如图1-4所示,标准电源E加在电位器AC的两端,电位器上的滑臂位置改变可以改变BC两端的电压U_{BC}。当加入被测电压U_X时,移动电位器滑臂使$U_{BC}=U_X$,则检流计G的读数为零,这时滑臂在电位器上所指出的数值,即为被测量U_X的大小。零位法是一种较为精确的测量方法,其测量准确程度与零位检测器的灵敏度有关,检流计愈灵敏,测量结果误差愈小。

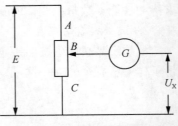

图1-4　零位法测量原理示意

(2)替代法。用已知标准量代替被测量,使仪器指示值不发生改变,称为替代法。这时,已知标准量的大小就等于被测量。如图1-5所示,E为电源电压,R_X为被测电阻,R_S为标准电阻,其阻值可连续调节。测量时,先将开关S拨向1,电路与R_X接通,电流表A上读得电流数为I_1;然后将开关S拨向2,调节标准电阻R_S的阻值,使电流表A的读数与I_1相同,由此可得$R_X=R_S$。采用替代法测量电阻阻值时,测量结果的准确程度取决于标准电阻的准确度,与电源电压是否准确无关。

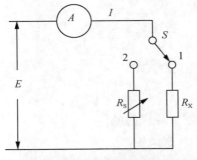

图1-5　替代法测量原理示意

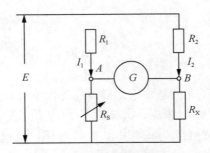

图1-6　桥式法测量原理示意

(3)桥式法。如图1-6所示,R_1、R_2为固定阻值电阻,R_X为被测电阻,R_S为已知标准电阻,R_S的阻值可以连续调节。测量时,在电桥一臂放入被测电阻R_X,调节标准电阻R_S的阻值,使电桥A点和B点的电位相等,电桥处于平衡状态,检流计G的读数为零。由此可得:

$$R_X = R_S \times \frac{R_2}{R_1} \tag{1-4}$$

桥式法是零位法的一种特殊形式,电阻测量范围由R_2和R_1的比值决定。

实际测量中应用较多的是直接读数法,因为它测量简单,所需时间短。零位法所需时间较长,但所得结果较为准确。

二、测量误差

在生产实践与科学研究中,经常需要使用各种仪器和方法检验产品或研究对象的某种性能。然而,不论是怎样的测量,都只能做到一定的准确程度。随着科学技术的发展,这种准确度会越来越高,但测量结果仍然不是被测对象的真值,只能是真值的近似反映。测量结果的准确度通常用测量误差表示,误差愈小,测量就愈准确。如果能掌握那些不可避免的测量误差产生的原因及其规律,就有可能加以改善,从而得到一定的测量准确性。

（一）误差的表示

测量误差可用绝对误差和相对误差两种指标表示。

1. 绝对误差

绝对误差 Δx 是测量值 x 和真值 μ_0 之间的差值，可用下式表示：

$$\Delta x = x - \mu_0 \tag{1-5}$$

事实上，真值 μ_0 是不知道的，一般可用量具或高一级准确度的仪器进行校核，得到仪器测量误差范围 Δx，再由测量值 x 估计真值所在的区间，即：

$$\mu_0 = x \pm \Delta x \tag{1-6}$$

在实际检测中，若没有显著的系统误差，则只要检测的次数足够，根据数理统计理论，就可用所测数据的算术平均值代表其真值。

2. 相对误差

绝对误差不能用作误差大小的相对比较，因而要有相对误差的概念。相对误差 r 是绝对误差 Δx 与真值 μ_0 的比值，其表示式：

$$r = \frac{\Delta x}{\mu_0} \times 100\% \tag{1-7}$$

实际计算时，可以近似地用测量值 x 代替分母中的真值 μ_0，对计算结果影响不大。相对于绝对误差而言，相对误差更能反映检测结果的准确性。

（二）误差的来源

测量误差的来源主要有测量方法与仪器误差、环境条件误差、人员操作误差和试样误差等。

1. 测量方法与仪器误差

测量方法与仪器误差是指由于仪器设计所依据的理论不完善，或假设条件与实际测量情况不一致所造成的误差，以及由于仪器结构不完善、仪器校正与安装不良所造成的误差。

由于仪器结构上的原因，可能出现的误差主要有以下几种：

（1）零值误差：仪器零点未调好，测量结果在整个范围内的绝对误差为一常数。如图 1-7 所示，横坐标为输入量（即被测量值），纵坐标为输出量（即仪器指示值），A 为理想情况下两者的关系，B 为存在零值误差时的情况。

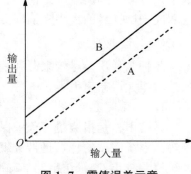

图 1-7　零值误差示意

（2）校准误差：仪器刻度未校准，指示结果系统偏大或偏小，相对误差为一常数。如图 1-8 所示，A 为理想情况下输出量与输入量之间的关系，B 为存在校准误差时的情况。

（3）非线性误差：仪器输入量与输出量之间不符合线性转换关系。如图 1-9 所示，A 为输出量与输入量之间存在理想线性转换关系，B 为存在非线性误差时的情况。

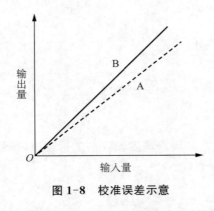

图 1-8　校准误差示意　　　　　　　图 1-9　非线性误差示意

（4）迟滞误差：仪器输入量由小到大和由大到小，在同一测量点仪器输出量的差异，或仪器进程示值与回程示值之间的差异，简称进回程差。如图 1-10 所示，A 为进程曲线，B 为回程曲线。

（5）示值变动性：对同一被测对象进行多次重复测量，其测量结果的不一致性。

此外，不同温度条件下仪器性能的变化，以及在相同测量条件下仪器性能随时间的变化，也会使测量结果产生误差。

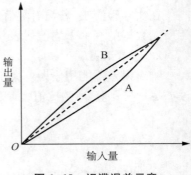

图 1-10　迟滞误差示意

2. 环境条件误差

环境条件误差是指测量环境条件变化，如温湿度改变、电磁场影响、外来机械振动、电源干扰等所产生的误差，其中环境温湿度变化还会引起试样本身物理力学性能的变化。

3. 人员操作误差

人员操作误差是指由于试验人员操作方法不规范所造成的误差，包括读数视差等。

4. 试样误差

试样误差是指由于总体中个体性质的离散性，取样方法不当、取样代表性不够和试验个体数不足等产生的误差。试样误差是除仪器误差外另外一个影响测量结果准确性的重要因素，它取决于试样量的大小和抽样方法。

（三）误差的分类

各种测量误差尽管来源和表现形式有所不同，但就其性质而言，可以分为系统误差、随机误差和粗大误差三大类。

1. 系统误差

系统误差是指测量过程中保持恒定或遵循某种变化规律的误差，如仪器零值误差、校准误差等。系统误差的特点是带有规律性，一般可以修正或消除。系统误差决定了测量的准确度，系统误差越小，测量结果的准确度越高。

系统误差的消除方法主要有以下几种：

（1）校正值法：预先对系统误差进行研究，掌握系统误差的规律，以确定相应校正方法。如仪器刻度不准，可预先用量具或准确度高一级的仪器进行校核，得出测量范围内各测量点的误差校正值；环境温湿度对测量对象的影响，可乘以温度修正系数或相对湿度修正系数加以消除:利用标准样品进行测试校准,在测量结果中乘以修正系数。

(2)正负误差补偿法:进行两次测量,使系统误差一次为正值,一次为负值,取两次测量结果平均,使结果与系统误差无关。如天平两臂长度不完全相等,称量时若将物体和砝码左右盘交换位置,取两次读数平均,则可得到物体的真实质量。

(3)替代法:将被测量用已知标准量置换,使置换后的仪器指示值或平衡状态保持不变,则被测量等于已知标准量。

2. 随机误差

随机误差是指对同一被测对象进行多次重复测量,其测量结果不一致所呈现的误差。其特点是每次测量的结果中,误差出现的大小和正负都是随机的,但多次测量结果的误差分布仍符合一定的统计规律。进行多次重复测量取其平均,可减小随机误差,并对可能出现的误差范围进行估计。实践表明,随机误差遵循正态分布规律,可按正态分布特征处理。随机误差决定了测量的精密度,随机误差越小,测量结果的精密度越高。

3. 粗大误差

粗大误差又称疏忽误差,是指明显超出规定条件下预期的误差。粗大误差是指测量过程中,由于失误或异常试样所造成的误差,没有任何规律可循。测试结果出现异常值,需要根据一定的法则进行处理。

三、仪器的静态和动态特性

(一)仪器的静态特性

仪器的静态特性是指被测量不变或缓慢变化时仪器所表现的特性。描述仪器静态特性,主要有以下指标:

(1)测量范围。仪器在误差允许条件下的测量值范围,称为仪器的测量范围。

(2)灵敏度。单位被测量变化所引起的仪器读数的变化,称为仪器的灵敏度,以 S 表示。

$$S = \frac{\Delta a}{\Delta A} \tag{1-8}$$

式中:Δa 为指针位移或仪器读数的变化;ΔA 为被测量的变化。

例如,天平秤盘中加放 1 mg 砝码所引起的指针偏移量,称为天平的灵敏度,单位为"分度/mg"。有时用感量表示天平灵敏度,其数值为灵敏度 S 的倒数,单位为"mg/分度",又称为天平的分度值。

测试系统的输入量与输出量为线性关系时,灵敏度为常数,等于转换直线的斜率。测试系统的输入量与输出量为非线性关系时,灵敏度等于曲线在被测点的斜率。

(3)准确度。仪器测量结果与被测对象真值之间的接近程度,称为仪器的准确度,有时也称为精确度。准确度是仪器系统误差与随机误差的综合反映,用仪器的误差范围表示。

(4)精密度。仪器在规定条件下对被测量进行多次测量,所得结果之间的一致程度,称为仪器的精密度。精密度表示测量中随机误差的大小,用仪器的示值变动误差表示。

(5)稳定性。在规定条件下,仪器保持其性能不变的特性,称为仪器的稳定性。通常,稳定性是对时间而言的,反映经过较长时间仪器性能的变化。

（6）可靠性。仪器在规定条件和时间内，保持能完成规定功能的能力，称为仪器的可靠性。仪器可靠性是由组成仪器各部件的故障率和使用寿命决定的。

（二）仪器的动态特性

仪器的动态特性是指仪器对快速变化的被测信号的响应能力。

一般的仪器或测试系统可由传感器、信号处理单元和指示记录装置组成。测试系统的动态特性是测试系统各组成部分的动态特性的总体表现。

传感器是一种能量转换器，可以将一种被测物理量转换为其他形式的物理量，多数情况下转换为电量。常用的传感器有电阻式传感器、电容式传感器、光电式传感器等。传感器的动态特性常用它的频率响应表示。

信号处理单元包括测量放大、信号变换电路等。电路中的电容、电感等具有记忆能力的元件参数，对测试系统的动态特性有很大影响。如电容式均匀度试验仪，加入电阻、电容组成的低通滤波电路，可以消除纱条不匀信号中的高频成分，抑制短片段不匀，使记录的纱条不匀曲线明显地表示出纱条长片段不匀变化。

指示记录装置中各运动部件的质量和弹性，是决定指示和记录部分动态特性的重要因素。记录仪器的种类很多，如笔式记录仪、光电振子录波仪、阴极射线示波器等，其动态响应特性各不相同，使用者可根据被测对象的变化频率加以选择。

仪器或测试系统动态特性的测试方法主要有以下两种：

（1）阶跃信号响应法。在测试系统输入端送入阶跃信号 $x(t)$，该系统输出信号 $y(t)$ 随时间而变化的情况如图 1-11 所示。

图 1-11 阶跃信号响应法示意

理想测试系统输入端加上阶跃信号，其前沿快速上升，输出信号也是阶跃的。非理想测试系统由于存在惯性和阻尼，输出信号前沿以一定斜率上升，然后逐渐趋向稳定值。

（2）频率响应法。在测试系统输入端加以振幅不变的正弦信号，当信号频率发生变化时，输出信号与输入信号振幅比的变化如图 1-12 所示。

图 1-12 频率响应法示意

当输入信号频率变化时，理想测试系统输出信号与输入信号振幅比为常数。一般测试系统往往只在某个频率范围内，输出信号与输入信号的振幅比保持不变，输出信号与输入信号之间存在一定相位移。因此，可以用输出信号与输入信号的振幅比和频率的关系（即系统的幅频特性），以及输出信号与输入信号之间的相位移和频率的关系（即系统的相频特性），表示测试系统的动态特性。

第六节　试验数据的处理

一、异常值的判断和处理

（一）异常值的处理方式

在试验结果数据中,有时会发现个别数据比其他数据明显过大或过小,这种数据称为异常值。异常值的出现可能是被试验总体固有随机变异性的极端表现,它属于总体的一部分;也可能是由于试验条件和试验方法的偏离所产生的后果,或者是由于观测、计算、记录中的失误而造成的,它不属于总体。

异常值的处理一般有以下几种方式:

（1）异常值保留在样本中,参加其后的数据分析。

（2）剔除异常值,即把异常值从样本中排除。

（3）剔除异常值,并追加适宜的测试值计入。

（4）找到实际原因后修正异常值。

（二）异常值的判断

判断异常值首先应从技术上寻找原因,如技术条件、观测、运算是否有误,试样是否异常,如果确信是不正常原因造成的,应舍弃或修正,否则可以用统计方法判断。对于检出的高度异常值应舍弃,一般检出异常值可根据问题的性质决定取舍。

判断一般检出异常值和高度异常值要依据检出水平 α 和剔除水平 α^*。检出水平是指作为检出异常值的统计检验显著性水平;剔除水平是指作为判断异常值为高度异常的统计检验显著性水平。除特殊情况外,剔除水平一般采用 1% 或更小,而不宜采用大于 5% 的值。在选用剔除水平的情况下,检出水平可取 5% 或再大些。

目前国际上通用的异常值检验方法有奈尔(Nair)检验法、格拉布斯(Grubbs)检验法、狄克逊(Dixon)检验法等,这些方法都是常态分布样本异常值的判断方法。检验步骤一般如下:

（1）判别前先将测量值由小到大排列为 $x_1, x_2, \cdots, x_{n-1}, x_n$,其中 x_1 为最小值,x_n 为最大值。

（2）选择检验方法,按上侧、下侧或双侧情形计算统计量的值。根据以往经验,异常值均为高端值的选择上侧情形,均为低端值的选择下侧情形,在两端均可能出现的选择双侧情形。上侧情形和下侧情形统称为单侧情形。

（3）根据检出水平查表得临界值,将统计量的值与临界值进行比较,由此判断最大值或最小值是否为异常值;再根据剔除水平查表得临界值,进一步判断该异常值是否为高度异常。

样本中检出异常值的个数上限应做规定,当超过这个上限时,此样本的代表性应进行慎重研究和处理。在允许检出异常值个数大于 1 的情况下,可重复使用判断异常值的规则,即将检出的异常值剔除后,余下的测量值可继续检验,直到不能检出异常值,或检出的异常值个数超过上限为止。

1. 奈尔(Nair)检验法

奈尔检验法适用于经过长期经验累积,已知试样总体标准差 σ 的情况。本法可重复使用,剔除 1 个以上的异常值。

(1) 上侧情形。计算统计量:

$$R_n = (x_n - \bar{x})/\sigma \tag{1-9}$$

式中: $\bar{x}$ 为试样平均值; x_n 为最大值; σ 为总体标准差。

确定检出水平 α,由表 1-6 查出 n 和 α 所对应的 $R_{1-\alpha}$ 值。若 $R_n > R_{1-\alpha}$,判断 x_n 为异常值。

在给出剔除水平 α^* 的情况下,由表 1-6 查出 n 和 α^* 所对应的 $R_{1-\alpha^*}$ 值。若 $R_n > R_{1-\alpha^*}$,判断 x_n 为高度异常。

(2) 下侧情形。计算统计量:

$$R'_n = (\bar{x} - x_1)/\sigma \tag{1-10}$$

式中: $\bar{x}$ 为试样平均值; x_1 为最小值; σ 为总体标准差。

与上侧情形相似,以 R'_n 代替 R_n,判断最小值是否为检出异常值或高度异常值。

(3) 双侧情形。分别计算上述 R_n 与 R'_n 值,确定检出水平 α,由表 1-6 查出 n 和 $\alpha/2$ 所对应的 $R_{1-\alpha/2}$ 值。当 $R_n > R'_n$,且 $R_n > R_{1-\alpha/2}$ 时,判断 x_n 为异常值;当 $R'_n > R_n$,且 $R'_n > R_{1-\alpha/2}$ 时,判断 x_1 为异常值。

在给出剔除水平 α^* 的情况下,用同法判断 x_n 或 x_1 是否为高度异常。

表 1-6　奈尔检验法的临界值

n	90%	95%	97.5%	99%	99.5%	n	90%	95%	97.5%	99%	99.5%
3	1.497	1.738	1.955	2.215	2.396	20	2.500	2.732	2.945	3.207	3.392
4	1.696	1.941	2.163	2.431	2.618	21	2.519	2.750	2.963	3.224	3.409
5	1.835	2.080	2.304	2.574	2.764	22	2.538	2.768	2.980	3.240	3.425
6	1.939	2.184	2.408	2.679	2.870	23	2.555	2.784	2.996	3.256	3.440
7	2.022	2.267	2.490	2.761	2.952	24	2.571	2.800	3.011	3.270	3.455
8	2.091	2.334	2.557	2.828	3.019	25	2.587	2.815	3.026	3.284	3.468
9	2.150	2.392	2.613	2.884	3.074	26	2.602	2.829	3.039	3.298	3.481
10	2.200	2.441	2.662	2.931	3.122	27	2.616	2.843	3.053	3.310	3.493
11	2.245	2.484	2.704	2.973	3.163	28	2.630	2.856	3.065	3.322	3.505
12	2.284	2.523	2.742	3.010	3.199	29	2.643	2.869	3.077	3.334	3.516
13	2.320	2.557	2.776	3.043	3.232	30	2.656	2.881	3.089	3.345	3.527
14	2.352	2.589	2.806	3.072	3.261	31	2.668	2.892	3.100	3.356	3.538
15	2.382	2.617	2.834	3.099	3.287	32	2.679	2.903	3.111	3.366	3.543
16	2.409	2.644	2.860	3.124	3.312	33	2.690	2.914	3.121	3.376	3.557
17	2.434	2.668	2.883	3.147	3.334	34	2.701	2.924	3.131	3.385	3.566
18	2.458	2.691	2.905	3.168	3.355	35	2.712	2.934	3.140	3.394	3.575
19	2.480	2.712	2.926	3.188	3.374	36	2.722	2.944	3.150	3.403	3.584

（续表）

n	90%	95%	97.5%	99%	99.5%	n	90%	95%	97.5%	99%	99.5%
37	2.732	2.953	3.159	3.412	3.592	49	2.829	3.047	3.249	3.498	3.675
38	2.741	2.962	3.167	3.420	3.600	50	2.836	3.053	3.255	3.504	3.681
39	2.750	2.971	3.176	3.428	3.608	55	2.868	3.084	3.284	3.532	3.708
40	2.759	2.980	3.184	3.436	3.616	60	2.897	3.112	3.311	3.557	3.733
41	2.768	2.988	3.192	3.444	3.623	65	2.924	3.137	3.335	3.580	3.755
42	2.776	2.996	3.200	3.451	3.630	70	2.948	3.160	3.357	3.601	3.775
43	2.781	3.001	3.207	3.458	3.637	75	2.970	3.181	3.377	3.620	3.794
44	2.792	3.011	3.215	3.465	3.644	80	2.991	3.201	3.396	3.638	3.812
45	2.800	3.019	3.222	3.472	3.651	85	3.010	3.219	3.414	3.655	3.828
46	2.808	3.026	3.229	3.479	3.657	90	3.028	3.236	3.430	3.671	3.843
47	2.815	3.033	3.235	3.485	3.663	95	3.045	3.253	3.446	3.635	3.857
48	2.822	3.040	3.242	3.491	3.669	100	3.061	3.268	3.460	3.699	3.871

2. 格拉布斯（Grubbs）检验法

格拉布斯检验法适用于未知总体标准差,检出异常值的个数不超过 1 的情形。

（1）上侧情形。计算统计量：

$$G_n = (x_n - \bar{x})/S \tag{1-11}$$

式中：$\bar{x}$ 和 S 分别为样本平均值和标准差；x_n 为最大值。

确定检出水平 α,由表 1-7 查出 n 和 α 所对应的 $G_{1-\alpha}$ 值。若 $G_n > G_{1-\alpha}$,判断 x_n 为异常值。

在给出剔除水平 α^* 的情况下,由表 1-7 查出 n 和 α^* 所对应的 $G_{1-\alpha^*}$ 值。若 $G_n > G_{1-\alpha^*}$,判断 x_n 为高度异常。

（2）下侧情形。计算统计量：

$$G'_n = (\bar{x} - x_1)/S \tag{1-12}$$

式中：$\bar{x}$ 和 S 分别为样本平均值和标准差；x_1 为最小值。

与上侧情形相似,以 G'_n 代替 G_n,判断最小值是否为检出异常值或高度异常值。

（3）双侧情形。分别计算上述 G_n 与 G'_n 值,确定检出水平 α,由表 1-7 查出 n 和 $\alpha/2$ 所对应的 $G_{1-\alpha/2}$ 值。当 $G_n > G'_n$,且 $G_n > G_{1-\alpha/2}$ 时,判断 x_n 为异常值;当 $G'_n > G_n$,且 $G'_n > G_{1-\alpha/2}$ 时,判断 x_1 为异常值。

在给出剔除水平 α^* 的情况下,用同法判断 x_n 或 x_1 是否为高度异常。

表 1-7　格拉布斯检验法的临界值

n	90%	95%	97.5%	99%	99.5%	n	90%	95%	97.5%	99%	99.5%
3	1.148	1.153	1.155	1.155	1.550	5	1.602	1.672	1.715	1.749	1.764
4	1.425	1.463	1.481	1.492	1.496	6	1.729	1.822	1.887	1.944	1.973

n	90%	95%	97.5%	99%	99.5%	n	90%	95%	97.5%	99%	99.5%
7	1.828	1.938	2.020	2.097	2.139	26	2.502	2.681	2.844	3.029	3.157
8	1.909	2.032	2.126	2.221	2.274	27	2.519	2.698	2.859	3.049	3.178
9	1.977	2.110	2.215	2.323	2.387	28	2.534	2.714	2.876	3.068	3.199
10	2.036	2.176	2.290	2.410	2.482	29	2.549	2.730	2.893	3.085	3.218
11	2.088	2.234	2.355	2.485	2.564	30	2.563	2.745	2.908	3.103	3.236
12	2.134	2.285	2.412	2.550	2.636	35	2.628	2.811	2.979	3.178	3.316
13	2.175	2.331	2.462	2.607	2.699	40	2.682	2.866	3.036	3.240	3.381
14	2.213	2.371	2.507	2.659	2.755	45	2.727	2.911	3.085	3.292	3.435
15	2.247	2.409	2.549	2.705	2.806	50	2.768	2.956	3.128	3.336	3.483
16	2.279	2.443	2.585	2.747	2.852	55	2.801	2.992	3.166	3.376	3.524
17	2.309	2.475	2.620	2.785	2.932	60	2.837	3.025	3.199	3.411	3.560
18	2.335	2.504	2.651	2.821	2.968	65	2.866	3.055	3.230	3.442	3.592
19	2.361	2.532	2.681	2.854	2.894	70	2.893	3.082	3.257	3.471	3.622
20	2.385	2.557	2.709	2.884	3.001	75	2.917	3.107	3.282	3.496	3.648
21	2.408	2.580	2.733	2.912	3.031	80	2.940	3.130	3.305	3.521	3.673
22	2.429	2.603	2.758	2.939	3.060	85	2.961	3.151	3.327	3.543	3.695
23	2.448	2.624	2.781	2.963	3.087	90	2.981	3.171	3.347	3.563	3.716
24	2.467	2.644	2.802	2.987	3.112	95	3.000	3.189	3.336	3.582	3.736
25	2.486	2.663	2.822	3.009	3.135	100	3.017	3.207	3.383	3.600	3.754

3. 狄克逊（Dixon）检验法

狄克逊检验法可以重复使用，检出 1 个以上异常值。

（1）单侧情形。计算统计量 D 和 D'，计算公式与样本数 n 有关。

$n=3\sim7$：

$$D=\frac{x_n-x_{n-1}}{x_n-x_1}, \quad D'=\frac{x_2-x_1}{x_n-x_1} \tag{1-13}$$

$n=8\sim10$：

$$D=\frac{x_n-x_{n-1}}{x_n-x_2}, \quad D'=\frac{x_2-x_1}{x_{n-1}-x_1} \tag{1-14}$$

$n=11\sim13$：

$$D=\frac{x_n-x_{n-2}}{x_n-x_2}, \quad D'=\frac{x_3-x_1}{x_{n-1}-x_1} \tag{1-15}$$

$n > 13$：

$$D = \frac{x_n - x_{n-2}}{x_n - x_3}, \quad D' = \frac{x_3 - x_1}{x_{n-2} - x}$$

(1-16)

确定检出水平 α，由表 1-8 查出 n 和 α 所对应的 $D_{1-\alpha}$ 值。检验高端时，若 $D > D_{1-\alpha}$，判断 x_n 为异常值；检验低端时，若 $D' > D_{1-\alpha}$，判断 x_1 为异常值。

在给出剔除水平 α^* 的情况下，用同法判断 x_n 或 x_1 是否为高度异常。

表 1-8　狄克逊检验法的临界值

n	90%	95%	99%	99.5%	n	90%	95%	99%	99.5%
3	0.886	0.941	0.988	0.994	17	0.438	0.490	0.577	0.605
4	0.679	0.765	0.889	0.926	18	0.424	0.475	0.561	0.589
5	0.557	0.642	0.780	0.821	19	0.412	0.462	0.547	0.575
6	0.482	0.560	0.698	0.740	20	0.401	0.450	0.535	0.562
7	0.434	0.507	0.637	0.680	21	0.391	0.440	0.524	0.551
8	0.479	0.554	0.683	0.725	22	0.382	0.430	0.514	0.541
9	0.441	0.512	0.635	0.677	23	0.374	0.421	0.505	0.532
10	0.409	0.477	0.597	0.639	24	0.367	0.413	0.497	0.524
11	0.517	0.576	0.679	0.713	25	0.360	0.406	0.489	0.516
12	0.490	0.546	0.642	0.675	26	0.354	0.399	0.486	0.508
13	0.467	0.521	0.615	0.649	27	0.348	0.393	0.475	0.501
14	0.492	0.546	0.641	0.674	28	0.342	0.387	0.469	0.495
15	0.472	0.525	0.616	0.647	29	0.337	0.381	0.463	0.489
16	0.454	0.507	0.595	0.624	30	0.332	0.376	0.457	0.483

（2）双侧情形。分别计算上述 D 与 D' 值，确定检出水平 α，由表 1-9 查出 n 和 α 所对应的 $\widetilde{D}_{1-\alpha}$ 值。当 $D > D'$，且 $D > \widetilde{D}_{1-\alpha}$ 时，判断 x_n 为异常值；当 $D' > D$，且 $D' > \widetilde{D}_{1-\alpha}$ 时，判断 x_1 为异常值。

在给出剔除水平 α^* 的情况下，用同法判断 x_n 或 x_1 是否为高度异常。

表 1-9　双侧狄克逊检验法的临界值

n	95%	99%	n	95%	99%
3	0.970	0.994	8	0.608	0.717
4	0.829	0.926	9	0.564	0.672
5	0.710	0.821	10	0.530	0.635
6	0.628	0.740	11	0.619	0.709
7	0.569	0.680	12	0.583	0.660

（续表）

n	95%	99%	n	95%	99%
13	0.557	0.638	22	0.468	0.554
14	0.586	0.670	23	0.459	0.535
15	0.565	0.647	24	0.451	0.526
16	0.546	0.627	25	0.443	0.517
17	0.529	0.610	26	0.436	0.510
18	0.514	0.594	27	0.429	0.502
19	0.501	0.580	28	0.423	0.495
20	0.489	0.567	29	0.417	0.489
21	0.478	0.555	30	0.412	0.483

二、试验方法的精密度估计

（一）试验方法的精密度

精密度是指对被测对象进行多次测量，所得结果的一致程度，可用重复性和再现性表示。

重复性是指在同一实验室内，由同一操作者，在相同试验条件和较短时间间隔内，用同一仪器机台与试验方法，对同一试样进行试验时结果的一致性。按统计方法计算的重复性数值以 r 表示。

再现性是指在不同实验室内，由不同操作者、不同仪器机台，用同一试验方法，对同一试样进行试验时结果的一致性。按统计方法计算的再现性数值以 R 表示。

通过一定的方法确定某试验项目的试验方法精密度 r 和 R 后，在日常测试中，试验人员对同一子样做两次测定，试验结果的差值应小于 r；两个实验室对同一子样各做一次测定，试验结果的差值应小于 R。

每个实验室和水平的组合称为精密度试验的一个单元。由 p 个实验室进行 q 个水平的试验，每个试验单元包括 n 个重复试验结果，如表 1-10 所示。此表中，实验室序数 $i=1, 2, \cdots, p$；水平序数 $j=1, 2, \cdots, q$。

表 1-10　p 个实验室、q 个水平的试验数据

序数	1	2	...	i	...	p
1						
2						
...						
j				x_{ijk}		
...						
q						

由于涉及统计检验和重复性 r、再现性 R 的计算,都是在某个水平上分别进行的,为简便起见,现仅就其中一个水平的试验结果进行分析,所得数据列出表格,如表 1-11 所示。此表中,实验室序数 $i=1, 2, \cdots, p$;实验室内试样试验的重复序数 $k=1, 2, \cdots, n$。计算各实验室所得测试结果的平均值 $\bar{x}_i$ 和方差 S_i^2:

$$\bar{x}_i = \frac{\sum\limits_{k=1}^{n_i} x_{ik}}{n_i} \tag{1-17}$$

$$S_i^2 = \frac{\sum\limits_{k=1}^{n_i} (x_{ik} - \bar{x}_i)^2}{n_i - 1} \tag{1-18}$$

式中:x_{ik} 为第 i 个实验室的第 k 个测试结果。

表 1-11 某个水平下各实验室的试验结果

序数	1	2	$\cdots$	i	$\cdots$	p
1	x_{11}	x_{21}		x_{i1}		x_{p1}
2	x_{12}	x_{22}		x_{i2}		x_{p2}
$\cdots$						
k				x_{ik}		
$\cdots$						
n	x_{1n}	x_{2n}		x_{in}		x_{pn}
平均值	$\bar{x}_1$	$\bar{x}_2$		$\bar{x}_i$		$\bar{x}_p$
方差	S_1^2	S_2^2		S_i^2		S_p^2

当重复数 n 为 2,即每个子样只做两次试验时,可采用极差平方 W_i^2 代替方差 S_i^2:

$$W_i^2 = (x_{i1} - x_{i2})^2 \tag{1-19}$$

式中:W_i 为第 i 个实验室两次重复测试结果的极差。

(二)重复性和再现性的计算

1. 异常值的检验与处理

在进行重复性 r 值和再现性 R 值的计算前,要对试验数据进行异常值检验。一般用格拉布斯法检验实验室内每个单元内测试结果中的异常值,用格拉布斯法或狄克逊法检验各实验室平均值中的异常值,用科克伦(Cochron)法检验各实验室方差中的异常值。判别时都采用双侧检验。格拉布斯法和狄克逊法前已述及,现介绍异常方差检验方法中的科克伦法。

对于某一水平,p 个实验室得到 p 个 S_i 值,找出其中的最大值 $S_{\max}$,并求取 p 个 S_i^2 之和,计算以下统计量:

$$C_{(p, n)} = \frac{S_{\max}^2}{\sum\limits_{i=1}^{p} S_i^2} \tag{1-20}$$

当 $n=2$ 时,用级差法计算以下统计量:

$$C_{(p, n)} = \frac{W_{\max}^2}{\sum\limits_{i=1}^{p} W_i^2} \tag{1-21}$$

式中:$W_{\max}^2$ 为极差平方中的最大值;$\sum\limits_{i=1}^{p} W_i^2$ 为 p 个极差平方之和。

科克伦方差检验的临界值如表 1-12 所示,其中 p 为方差个数,即实验室个数;n 为重复测定次数。若 $C_{0.05(p, n)} < C_{(p, n)} \leqslant C_{0.01(p, n)}$,检验结果为异常值;若 $C_{(p, n)} > C_{0.01(p, n)}$,检验结果为高度异常。

表 1-12　科克伦方差检验的临界值

p	$n=2$		$n=3$		$n=4$		$n=5$		$n=6$	
	1%	5%	1%	5%	1%	5%	1%	5%	1%	5%
2	—	—	0.995	0.975	0.979	0.939	0.959	0.906	0.937	0.877
3	0.993	0.967	0.942	0.871	0.883	0.798	0.834	0.746	0.793	0.707
4	0.968	0.906	0.864	0.768	0.781	0.684	0.721	0.629	0.676	0.590
5	0.928	0.841	0.788	0.684	0.696	0.598	0.633	0.544	0.588	0.506
6	0.883	0.781	0.722	0.616	0.626	0.532	0.564	0.480	0.520	0.445
7	0.838	0.727	0.664	0.561	0.568	0.480	0.508	0.431	0.466	0.397
8	0.794	0.680	0.615	0.516	0.521	0.438	0.463	0.391	0.423	0.360
9	0.754	0.638	0.573	0.478	0.481	0.403	0.425	0.358	0.387	0.329
10	0.718	0.602	0.536	0.445	0.447	0.373	0.393	0.331	0.357	0.303
11	0.684	0.570	0.504	0.417	0.418	0.348	0.366	0.308	0.332	0.281
12	0.653	0.541	0.475	0.392	0.392	0.326	0.343	0.288	0.310	0.262
13	1.624	0.515	0.450	0.371	0.369	0.307	0.322	0.271	0.291	0.246
14	0.599	0.492	0.427	0.352	0.349	0.291	0.304	0.255	0.274	0.232
15	0.575	0.471	0.407	0.335	0.332	0.276	0.288	0.242	0.259	0.220
16	0.553	0.452	0.388	0.319	0.316	0.262	0.274	0.230	0.246	0.208
17	0.532	0.434	0.372	0.305	0.301	0.250	0.261	0.219	0.234	0.198
18	0.514	0.418	0.356	0.293	0.288	0.240	0.249	0.209	0.223	0.189
19	0.496	0.403	0.343	0.281	0.276	0.230	0.238	0.200	0.214	0.181
20	0.480	0.389	0.330	0.270	0.265	0.220	0.229	0.192	0.205	0.174
21	0.465	0.377	0.318	0.261	0.255	0.212	0.220	0.185	0.197	0.167
22	0.450	0.365	0.307	0.252	0.246	0.204	0.212	0.178	0.189	0.160
23	0.437	0.354	0.297	0.243	0.238	0.197	0.204	0.172	0.182	0.158
24	0.425	0.343	0.287	0.235	0.230	0.101	0.197	0.166	0.176	0.149
25	0.413	0.234	0.278	0.228	0.222	0.185	0.190	0.160	0.170	0.144

检出异常值和高度异常值后,需调查能否从技术上的差错得到合理解释。若能以一种合理的原因解释,该数据可以修正或剔除;若未能从技术上找到差错原因,保留异常值而剔除高度异常值。该法可重复使用,直至检验结果无异常值为止。

2. 重复性 r 值的计算

若各实验室的重复次数相同时,重复性方差 S_r^2 可以用下式求得:

$$S_r^2 = \frac{1}{p} \sum_{i=1}^{p} S_i^2 \tag{1-22}$$

式中: S_i 为各实验室测试值的方差; p 为实验室个数。

重复性方差 S_r^2 实际上代表室内方差的平均。

当 $n=2$ 时,可用极差平方 W_i^2 计算重复性方差,因为 $W_i^2 = 2S_i^2$,所以:

$$S_r^2 = \frac{1}{2p} \sum_{i=1}^{p} W_i^2 \tag{1-23}$$

重复性 r 值可用下式计算:

$$r = f \cdot \sqrt{2} \cdot \sqrt{S_r^2} = 2.83\sqrt{S_r^2} \tag{1-24}$$

式中: f 为与自由度有关的系数,ISO 5725 中规定 $f=2$。

3. 再现性 R 值的计算

再现性 R 值可用下式计算:

$$R = f \cdot \sqrt{2} \cdot \sqrt{S_L^2 + S_r^2} = 2.83\sqrt{S_R^2} \tag{1-25}$$

式中: S_L^2 为室间方差; S_r^2 为重复性方差; S_R^2 为再现性方差。

当各实验室重复次数相同且都等于 n 时,室间方差 S_L^2 可由下式计算:

$$S_L^2 = S_{\bar{x}}^2 - \frac{1}{n} S_r^2 \tag{1-26}$$

式中: $S_{\bar{x}}^2$ 为各实验室间平均值的方差。

在以上计算中,当 S_L^2 为负值时,取 $R = r$。

(三) 重复性和再现性的应用

重复性和再现性是衡量相应条件下试验方法精密度的定量指标,可用来衡量在相应条件下试验结果精密度是否达到要求。

1. 衡量实验室内精密度是否达到要求

(1) 两个重复测定值比较时,其容许差为重复性 r。若两次测定值之差小于容许差,则测定精密度合格,取平均值为最终值;若大于或等于容许差,要查原因并复测。

(2) 一组重复测定最大值和最小值比较时,其容许差为 $r \times \dfrac{K_n}{2.83}$。 K_n 值与测定值个数 n 有关,如表 1-13 所示。

表 1-13　K_n 值

n	2	3	4	5	6	7	8	9	10	15	20
K_n	2.83	3.40	3.74	3.98	4.16	4.32	4.44	4.55	4.65	5.00	5.24

若最大值和最小值之差小于容许差,则测定结果合格,取该组平均值为最终值;若大于或等于容许差,则测定精密度不合格,其中至少有一个测定值为异常值,可用异常值检验方法检查并去除异常值后,重新衡量。

(3) 同一实验室内,在重复性条件下进行两组测试,第一组进行 n_1 次测试,第二组进行 n_2 次测试,两组平均值之间的容许差为 $r\sqrt{\dfrac{1}{2n_1}+\dfrac{1}{2n_2}}$。若 n_1 和 n_2 均为1,则容许差简化为 r。

2. 衡量实验室间精密度是否达到要求

(1) 两个实验室各做一次测定,容许差为 R。若其结果差值小于容许差,则测定精密度合格,取两值平均值为最终值;若大于或等于容许差,则测定精密度不合格,要重新测定。

(2) 两个实验室各重复测定两次,首先进行室内精密度检验,合格后,得到两个实验室平均值容许差为 $\sqrt{R^2-\dfrac{r^2}{2}}$。若试验结果小于容许差,则测定精密度合格,取 $\bar{x}_1$ 与 $\bar{x}_2$ 的平均值为最终值;若大于容许差,则测定精密度不合格,要查原因并重新测定。

(3) 两个实验室各重复测定 n_1、n_2 次,首先进行室内精密度检验,合格后,将两个实验室平均值比较,其容许差为 $\sqrt{R^2-r^2\left(1-\dfrac{1}{2n_1}-\dfrac{1}{2n_2}\right)}$。

(4) 用标准样衡量实验室测定结果是否符合要求时,同一实验室对标准样重复测定 n 次,首先进行室内精密度检验,合格后,将平均值与标准值比较,其容许差为 $\dfrac{1}{\sqrt{2}}\sqrt{R^2-r^2\left(\dfrac{n-1}{n}\right)}$。

三、有效数字和数值修约

在实际测量中,测量方案不仅要明确测量方法、测量条件等要素,还有一个重要的要素是对有效数字和数值修约规则的规定。

(一) 有效数字

所谓的有效数字,只能具有一位可疑值,即只能保留一位不准确数字,其余数字均为准确数字。

1. 确定有效数字位数的方法

(1) 数字 1～9 都是有效数字。

(2) 数字最前面的"0"作为数字定位,不是有效数字。

(3) 数字中间的"0"和小数末尾的"0"都是有效数字。

(4) 以"0"结尾的正整数,有效数字的位数不确定,此时应根据测量结果的准确度,按实际有效位数确定。

2. 测量和计算过程中有效数字位数的确定

(1) 记录测量数据时,一般按仪器或器具的最小分度值读数。对于需要做进一步运算的读数,则应在按最小分度值读取后再估读一位。

（2）有效数字进行加、减法运算时,各数字小数点后所取的位数以其中位数最少的为准,其余各数应修约成比该数多一位,然后计算。两个量相乘（相除）的积（商）,其有效数字位数与各因子中有效数字位数最少的相同。

（二）数值修约规则

在数据处理中,当有效数字位数确定后,对有效数字位数之后的数字要进行修约。数值修约的依据是国家标准GB/T 8170。下面简要介绍有关数字的修约规则（修约间隔为0.1）：

（1）拟舍弃数字的最左一位数字小于5,则舍去,保留其余各位数字不变;拟舍弃数字的最左一位数字大于5,则进一,即保留数字的末位数字加1。

例:将12.3498修约到个数位,得12;修约到一位小数,得12.3;修约到两位小数,得12.35。

（2）拟舍弃数字的最左一位数字为5,且其后有非"0"数字时进一,即保留数字的末位数字加1;拟舍弃数字的最左一位数字为5,且其后无数字或皆为"0"时,所保留的末位数字为奇数则进1,为偶数则舍弃。

例:将12.3598修约到一位小数,得12.4;将12.350修约到一位小数,得12.4;将12.25修约到一位小数,得12.2。

（3）负数修约时,先将它的绝对值按上述规则进行修约,然后在所得值前面加上负号。

（4）不允许连续修约。应根据拟舍弃数字中最左一位数字的大小,按上述规则一次修约完成。如将15.4748修约为两位有效数字,则应修约成15,而不能修约成16。

数值修约规则可总结如下:"四舍六入五考虑,五后非零应进一,五后皆零视前位,五前为偶应舍去,五前为奇则进一,负数修约原则同,不要连续做修约。"

思　考　题

1. 纺织品检验按检验内容如何分类? 按纺织品生产工艺流程如何分类?
2. 简述我国棉花进行仪器化公证检验的程序。
3. 简述我国商检机构的主要任务。
4. 简述我国进出口商品的检验程序。
5. 纺织品检测中的大气条件如何规定? 为何要进行调湿、预调湿?
6. 在纺织品检测中,抽样方法主要有哪些?
7. 试述样本容量确定的内容和方法。
8. 测量的基本方法有哪些? 分析测量误差的来源及其消除方法。
9. 表示仪器静态特性和动态特性的指标主要有哪些?
10. 如何判断异常值? 异常值的处理方式有哪些?
11. 何为重复性和再现性? 如何估计试验方法的精密度?

第二章 纺 织 标 准

本章知识点：

1. 标准的基本概念、对象和本质，纺织标准体系的构成。
2. 标准的分类、构成和制定，我国标准与国际标准的一致性程度。
3. 质量监督和质量认证的基本概念，纺织产品的质量认证和质量认证标志。

第一节　纺织标准及其分类

一、标准的基本概念

（一）标准的定义

制定标准的目的是为各种活动或其结果提供规则、指南或特性。

（1）国际标准化组织（ISO）对标准的定义：标准是为在一定的范围内获得最佳秩序，对活动或其结果规定共同的和重复使用的规则、指导原则或特性的文件。

（2）国家标准 GB/T 20000.1 对标准的定义：标准是通过标准化活动，按照规定的程序经协商一致制定，为各种活动或其结果提供规则、指南或特性，供共同使用和重复使用的文件。

（3）世界贸易组织技术性贸易壁垒协议（WTO/TBT 协议）对标准的定义：标准是由公认机构批准的、非强制性的、为了通用或反复使用的目的，为产品或相关加工和生产方法提供规则、指南或特性的文件。标准也可以包括或专门规定用于产品、加工或生产方法的术语、符号、包装标志或标签要求。

（二）标准的对象和本质

标准的对象是重复性概念和重复性事物。可以说，如果在人类的整个生产、生活中没有"重复出现"的事物，标准就失去了它存在的必要性。正因为事物被不断重复去做，剔除在这个过程中的偶发因素，人们希望在大量被重复的过程中，获得某些统一的、规律性的认识，并把这些认识保留下来，便于为更多的人理解和使用。

标准的本质属性在于统一，反映的是需求的扩大和统一。单一的产品或单一的需求不需要标准，对同一需求的重复和无限延伸才需要标准。

（三）纺织标准及其体系

纺织标准是以纺织科学技术和纺织生产实践的综合成果为基础，经有关方面协商一致，由主管方面批准，以特定形式发布，作为纺织生产、纺织品流通领域共同遵守的准则和依据。

行业内的标准按照其内在联系形成了一个有机整体——纺织标准体系。我国的纺织标准体系分为五个层次:第一层是纺织行业通用基础标准;第二层是分类基础标准;第三层是专业基础标准;第四层是产品通用标准;第五层是产品标准。各层次标准各具功能,同时彼此之间相互联系。例如,第五层即产品标准是针对不同的产品建立的个性标准,从中提取它们的共性,即可作为第四层——产品通用标准。

二、标准的分类

标准从不同的目的和角度出发,依据不同的准则,有不同的分类方法,由此形成不同的标准种类。

(一)按制定标准的主体划分

1. 国际标准

国际标准是由众多具有共同利益的独立主权国参加组成的世界性标准化组织,通过有组织的合作和协商,制定、通过并公开发布的标准,或者经国际标准化组织确认并公布的其他国际组织制定的标准。在国际上得到公认的标准化组织有国际标准化组织(ISO)、国际电工委员会(IEC)和国际电信联盟(ITU),目前 ISO 在其网站公布认可的其他国际组织有 50 个,但只有经过 ISO 确认并列入 ISO 国际标准年度目录的标准才是国际标准,与纺织生产关系密切的有国际毛纺织协会(IWTO)和国际化学纤维标准化局(BISFA)等。

ISO 是目前世界上最大的和最具权威的标准化机构,在它下设的 167 个技术委员会中,属于纺织行业的有第 38、第 72、第 133 技术委员会,分别负责制定纤维、纱线、织物的试验方法标准,纺织机械的有关标准,服装系列的有关标准。IWTO 成立于 1927 年,是代表世界羊毛生产、毛纺工业及相关领域贸易利益的非政府性国际组织。BISFA 成立于 1928 年,是人造纤维生产厂商的国际联合组织,其主要任务是制定各种人造纤维交易时的技术规则;该组织是唯一一个在世界范围内以制定人造纤维标准为目标的组织,是 ISO 确认的国际标准化组织之一。

2. 区域标准

区域标准是由区域性国家集团或标准化团体,为其共同利益而制定、发布的标准。这里的"区域"是指按照地理、经济或政治进行划分的区域,具有一定影响力的如欧洲标准化委员会(CEN)、欧洲电工标准化委员会(CENELEC)、欧洲电信标准学会(ETSI)、计量与认证委员会(EASC)、太平洋区域标准大会(PASC)、亚洲标准化咨询委员会(ASAC)等机构在其各自的区域内建立的标准。区域标准在使用过程中有些会逐步变为国际标准。

3. 国家标准

国家标准是由国家标准化组织,经过法定程序制定、发布的标准,在该国范围内适用,如中国国家标准(GB)、美国国家标准(ANSI)、日本工业标准(JIS)等。我国的国家标准由国务院标准化行政主管部门制定并在全国范围内实施,其种类按照专业进行划分。

我国标准与相应国际标准的一致性程度分为等同、修改和非等效。等同(IDT)是指某个文件与所采用的另一个文件的技术内容和文本结构相同的一致性程度;修改(MOD)是指某个文件与所采用的另一个文件存在已被明确指出并说明原因的技术性差异,和(或)已清晰阐述或比较两个文件之间文本结构变化的一致性程度。非等效(NEQ)是指某个文件与另一个文件存在未清晰说明的技术内容和(或)文本结构的差别,或只保留另一个文件中少量或不重要条款的一致性程度。与国际标准一致性程度为非等效的我国标准,不属于采用国际标准。

4. 行业标准

行业标准是由行业标准化组织制定,由国家主管部门批准、发布的标准,以达到全国各行业范围内的统一。根据《中华人民共和国标准化法》(简称《标准化法》)的规定,对没有推荐性国家标准、需要在全国某个行业范围内统一的技术要求,可以制定行业标准。行业标准由国务院有关行政主管部门制定,报国务院标准化行政主管部门备案。在我国,教育行业、医药行业、煤炭行业、纺织行业、化工行业等都根据行业自身的特点,建立了一系列的行业标准。

5. 地方标准

地方标准是在国家的某个行政区域通过并公开发布的标准。对没有国家标准和行业标准而又需要在省、自治区、直辖市范围内统一的下列要求,可以制定地方标准:(1)工业产品的安全、卫生要求;(2)药品、兽药、食品卫生、环境保护、节约能源、种子等法律、法规规定的要求;(3)其他法律、法规规定的要求。地方标准由省、自治区、直辖市人民政府标准化行政主管部门报国务院标准化行政主管部门备案,由国务院标准化行政主管部门通报国务院有关行政主管部门。

6. 团体标准

团体标准是由社会团体协调相关市场主体共同制定,满足市场和创新需要的标准,为市场自主制定的标准。团体标准的制定主体是依法成立的学会、协会、商会、联合会、产业联盟等社会团体。

7. 企业标准

企业标准是企业在生产经营活动中为协调统一的技术要求、管理要求和工作要求所制定的标准。企业标准是企业根据自己的生产经营活动而设计制定的,它属于内部标准,仅限于该企业,以及与它有相关约定的其他企业使用,一般不对外。企业标准由企业法人代表或法人代表授权的主管领导批准、发布。

(二)按标准的约束力划分

1. 强制性和推荐性标准

为保障人体健康、人身和财产安全的标准和法律、行政法规定强制执行的标准都是强制性标准;推荐性标准是推荐使用的标准,若不使用,不构成法律责任。一般地,中国强制性国家标准的代号为"GB",推荐性国家标准的代号为"GB/T"。其他标准以此类推,行业标准中的推荐性标准也是在行业标准代号后面加"T"字,如"FZ/T"即纺织行业推荐性标准,不加"T"字即为强制性行业标准。

2. 世界贸易组织的技术法规和标准

WTO/TBT协议中,"技术法规"指强制性文件,是规定技术的法规,或者直接规定技术要求,或者通过引用标准、技术规范或规程规定技术要求,或者将标准、技术规范或规程的内容纳入法规;"标准"指的是自愿性标准。"技术法规"体现国家对贸易的干预,"标准"则反映市场对贸易的要求。ISO/IEC指南2定义的标准可以是强制性的,也可以是自愿性的。

3. 欧盟的指令和标准

欧盟对涉及产品安全、工业安全、人体健康、保护消费者和保护环境方面的技术要求制定新方法指令,其性质是技术法规,各成员国依法强制实施;协调标准是指"不同标准化机构各自针对同一标准化对象特性的标准,按照这些标准提供的产品、过程或服务具有互换性,提供的试验结果或资料能够相互理解"。欧洲"协调标准"尽管与强制性"新方法指令"相对应,但其性质是自愿性标准,企业按自愿原则采用。

（三）按标准化对象的基本属性分

1. 技术标准

技术标准指对标准化领域中需要协调统一的技术事项所制定的标准。技术标准包括基础标准、产品标准、设计标准、工艺标准、检验和试验标准、设备和工艺装备标准,以及安全、环境标准等。纺织标准从内容上看大多属于技术标准。

2. 管理标准

管理标准指对标准化领域中需要协调统一的管理事项所制定的标准。管理标准包括管理基础标准、技术管理标准、经济管理标准、行政管理标准等。

3. 工作标准

工作标准指对工作的责任、权利、范围、质量要求、程序、效果、检查方法、考核办法所制定的标准,如岗位工作标准、岗位作业标准、作业指标书等。

（四）按标准的信息载体分

1. 标准文件

标准文件有不同的形式,包括标准、技术规范、规程,以及技术报告、指南等,其主要作用是提出要求或做出规定,作为某一领域的共同准则。

2. 标准样品

标准样品是具有足够均匀的一种或多种化学的、物理的、生物学的、工程技术的或感官的等性能特征,经过技术鉴定,并附有说明有关性能数据证书的样品,其作用是提供实物,作为质量检验、鉴定的对比依据,作为测量设备检定、校准的依据,以及作为判断测试数据准确性和精确度的依据。

三、标准的编号

完整的标准编号包括标准代号、顺序号和年代号（四位数组成）三个部分。

我国标准代号由大写汉字拼音字母构成,如国家标准代号 GB、纺织行业标准代号 FZ、机械行业标准代号 JS、公安行业标准代号 GA、地方标准代号 DB、企业标准代号 Q。国际和外国标准代号采用英文大写字母,如国际标准代号 ISO、英国标准代号 BS、日本工业标准代号 JIS、美国材料试验协会标准代号 ASTM、欧盟标准代号 EN。

第二节 纺织标准的制定和内容

纺织标准的制定情况复杂,涉及面广,如原料资源的合理利用、工艺技术与设备的先进性、现代化管理及产品本身的竞争力等,是一项技术性、政策性很强的工作。应根据国家和纺织工业在不同时期的标准规划和年度计划,遵循标准化工作的基本原理,有原则、有程序地制定、编写纺织标准。

一、标准的制定与修订过程

标准的制定与修订是相伴而生的。标准的制定与修订过程大致包括预阶段（准备阶段）、立项阶段、起草阶段、征求意见阶段、审查阶段、批准阶段、出版(使用)阶段、复审阶段、废止或申请修订阶段。

二、确定标准内容的原则

标准由各类要素构成。一项标准的要素按照性质可分为资料性要素和规范性要素,资料性要素如封面、目次、前言和引言等,规范性要素如标准名称、范围、规范性引用文件等,为标准中的重要内容,其选择的原则如下:

(一)目的性原则

每个产品的技术特性和质量要求有很多,大部分是在产品设计文件和工艺文件中规定的,产品标准中只对其质量必须满足和具备的一些主要性能和特性进行规定。选择哪些特性作为标准的技术内容,完全取决于编写标准的目的。

1. 适用性目的

应根据用户对产品功能的要求和产品本身的特性,着重规定为满足使用要求必须具备的主要质量特性。这是制定标准最重要的目的。

2. 相互理解的目的

为了保证标准正确实施,应对标准有一个共同的理解。为此,要对标准中用到的术语进行定义,要有统一的抽样和试验方法,要有规范的使用说明。在术语的定义中,应特别注意对行业专用术语的定义,以及在其他行业中使用,但其含义在纺织行业中有变化的术语的定义,以免引起误解或产生歧义。

3. 健康、安全或资源利用的目的

这个方面包括对有害物质的限量标准和对原材料的使用和控制标准,如生态纺织品标准中对甲醛、重金属、致癌染料的含量做了严格的限定,目的在于让消费者使用健康无害的纺织品。

4. 认证和对原料及品种控制的目的

为了通过认证,可以提出其他要求,可单独成章,也可形成专门适用于认证的标准。为了达到控制,可以对一些原材料的要求进行分级。

(二)性能原则

在确定编写标准目的的基础上,对标准中所描述事物的性能进行表述。在这个过程中,应遵从以下的性能原则:

1. 性能特点

主要指产品的使用功能,它是产品在使用过程中才能显示出来的特征,如产品的耐用性、色牢度、舒适性等。

2. 描述特性

描述产品的具体特征,它是在实物上或图纸上显示出来的特征,如原材料成分、面料的规格(经纬密度、织物组织、单位面积质量、幅宽、厚度)等。

3. 性能特性优先

根据国际惯例,只要有可能,技术要求应由性能特性表达,而不要用设计和描述特性进行表达,这样会为技术发展留出空间。例如,规定颜色牢度时,只对色牢度的内容、相应的测试方法、对测试结果的评级做出规定,但不规定所采用的染色工艺。这样,企业可以根据要达到的色牢度要求,合理选择染料、染色工艺,并对被染对象提出应达到的质量要求。

4. 选择的依据

在标准中,对于产品的性能以哪一种特性表述最为合适,必须经过认真考虑,权衡利弊。这是因为对于有些性能特性,可能会引入复杂的试验,甚至短期内无法测量。

除了上述原则以外,还有一些例外情况。例如我国的 GB/T 18401 中,除了对各类纺织产品提出了基本的安全技术规范,还对相应指标的检测方法提出了具体的要求,也就是说,检测方法也必须统一、规范化。

（三）可证实性原则

标准中所规定的技术要求可以用具体的试验方法加以验证。

1. 可验证

标准中所规定的技术要求应能够通过现有检测方法在短时间内加以验证。这里的"短时间内实现验证"的观点非常重要,否则相关技术要求会因为不现实而可能被取缔。

2. 应量化

标准中规定的技术要求应尽可能用准确数值定量表示。对不能定量表述的技术要求(如外观质量、颜色等),必要时可以辅以实物样作为比较基准。

3. 难以被试验方法证实时不列入标准

如果没有一种试验方法能在较短时间内证实产品是否符合某些要求(如产品寿命),则不应列入标准。

三、编写标准的方法

编写标准可按照 GB/T 1.1—2020《标准化工作导则　第 1 部分:标准化文件的结构和起草规则》的规定进行自主研制,也可以采用国际标准。

（一）自主研制标准

根据科学技术研究及实践经验的综合成果进行标准的编写。首先确定标准对象、制定标准的目的,然后确定标准中的核心部分即规范性技术要素和一般要素,最后编写标准中的资料性要素。

（二）采用国际标准

以国际标准为蓝本进行标准的编写,标准中的文本结构框架、技术指标等是以某个国际标准为基础而形成的。首先准备一份与国际标准原文一致的译文,再结合我国国情进行适用性的调查和研究,在确定一致性程度后,以译文为蓝本,按照 GB/T 1.1 和 GB/T 20000.2—2009《标准化工作指南　第 2 部分:采用国际标准》的规定,编写与该国际标准等同的我国标准。

四、标准的结构与层次

标准的结构与层次应视标准的具体内容确定。根据标准内容的多少,可以形成一个单独标准或者几个相关联的系列标准。这里主要讨论单独标准的结构与层次。

（一）标准的结构

每个标准的内容可能不同,但其构成大体一样。根据 GB/T 1.1,每项标准都是由各种要素组成的。要素根据性质可以分为资料性要素和规范性要素,按照需求状态可以分为必备要素和可选要素。标准中的要素类型与内容见表2-1。

表2-1　标准中的要素类型与内容

划分原则	要素类型	要素允许包括的内容
按照要素的性质	资料性要素	封面、目次、前言、引言、规范性引用文件、参考文献、索引
	规范性要素	总体原则、范围、分类和编码、核心技术要素、其他技术要素、术语和定义、符号和缩略语
按照要素的需求状态	必备要素	核心技术要素、封面、前言、规范性引用文件、范围、术语和定义
	可选要素	必备要素之外的所有其他要素

资料性要素是标识标准、介绍标准、提供标准附加信息的要素,当声明符合标准时,这些要素中的内容无需遵守。规范性要素是声明符合标准而应遵循的条款要素,是标准的核心部分,只要符合标准中的规范性要素,即可认为符合该项标准。

（二）标准的层次

标准的层次可划分为部分、章、条、段、列项和附录等形式。每个标准所具有的层次及其设置视标准篇幅的多少及内容的繁简确定。

1. 部分

“部分”是标准被起草、批准发布的系列文件之一。当一个标准包含较多内容时,一般将其分类说明,各大类即为部分,其通常置于前言中,既方便标准的管理,又方便标准的使用。

2. 章

“章”是标准内容划分的基本单元,是标准划分出的第一层次。标准正文中的各“章”构成标准的规范性要素。对各个标准和标准的每个部分可以划分出章,每章应有标题。

3. 条

“条”是章的细分。凡“章”下面有编号的层次均称为“条”,可多层次设置,一般不超过5层。

4. 段

“段”是“章”或“条”的具体内容和说明,没有编号,这是区别“段”与“条”的明显标志。为了不在引用时产生混淆,应该避免在“章”标题或“条”标题与下一层次“条”之间设“段”。

5. 列项

“列项”是对具体内容的分述,可在任意“段”中出现,需要同时具备两个要素,即一段后跟冒号的文字(引语)和被引出的并列的各项。引语可以是一个句子,也可以是一个句子的前半部分,此时该句子的其余部分由列项中的各项完成。在“列项”中的每一项前,应加破折号或圆点,也可以使用后带半圆括号的小写拉丁字母编号。在字母编号的“列项”中,如果需要进行细分,可以使用后带半圆括号的阿拉伯数字进行标识。

6. 附录

“附录”分为规范性附录和资料性附录两类。每个“附录”应有编号,它由“附录”二字和表明顺序的大写拉丁字母组成,字母从“A”开始,例如“附录A”。即使只有一个“附录”,也要进行编号。标号下方应注明“附录”的性质,下面一行设有“附录”标题。“附录”中仍可设章、条、段和列项等内容。

表 2-2 所示为一个具体的标准文件示例，用以说明标准的结构和层次。

表 2-2　标准文件示例

1 范围 　　本标准规定了……	6 包装 　　………… 　　产品包装不应有以缺陷： 　　—图案模糊；折皱、破损；
2 规范性引用文件	7 标签
3 术语和定义	产品的标签应包括：
4 要求	a) 厂名厂址
4.1 内在质量要求	b) 产品名称
4.1.1 纤维含量	c) 纤维成份及其含量
4.1.2 尺寸变化率	d) 产品规格
4.1.2.1 水洗尺寸变化率	附录 A（规范性附录）疵点补充说明
4.1.2.2 干洗尺寸变化率	A.1
4.2 外观质量要求 　　………… 　　…………	A.2 附录 B（资料性附录）
5 试验方法	B.1
5.1 纤维含量	B.2
5.2 水洗尺寸变化率	

第三节　纺织品质量监督和质量认证

一、纺织品质量监督

产品质量监督也称国家质量监督，它是指国家通过其授权的法定机构，根据政府的法令或规定，对产品质量和企业保证质量所具备的条件进行的监督活动。

（一）质量监督的基本类型

1. 国家监督

国家监督是由国家通过立法授权特定的国家机关，以国家名义代表人民政府进行的产品质量监督。国家监督是从国家整体利益出发进行的监督，是行使国家权力的监督，具有法律的权威性，受国家强制力保护，不受部门和行业的限制。

2. 行业监督

行业监督是产品的主管部门和企业的主管部门对本行业、本系统产品质量进行的监督。行业监督是政府有关部门在各自的职责范围内进行的产品质量监督。行业监督与国家监督的主要区别是，行业监督的主管部门不能依照《中华人民共和国产品质量法》（简称《产品质量法》）的规定，行使行政处罚权。

3. 社会（群众）监督

《产品质量法》规定：（1）任何单位和个人有权对违反《产品质量法》规定的行为，向产品质量监督部门或者其他有关部门检举。产品质量监督部门和有关部门应当为检举人保密，并按省、自治区、直辖市人民政府的规定给予奖励（《产品质量法》第十条）。（2）消费者有权就产品质量问题，向产品的生产者、销售者查询，向产品质量监督部门、工商行政管理部门及有关部门申诉,接受申诉的部门应当负责处理(《产品质量法》第二十二条)。(3)保护消费者权益的社会组织可以就消费者反映的产品质量问题建议有关部门负责处理、支持消费者对因产品质量造成的损害向人民法院起诉(《产品质量法》第二十三条)。

（二）质量监督的基本形式

1. 抽查型产品质量监督

抽查型产品质量监督是指国家(政府)质量监督机构通过对市场或企业抽取的样品,按照技术标准进行监督检验,判定其质量是否合格,从而采取强制措施,责成企业改进不合格产品,直至达到技术标准要求,并将这种形式的检验结果和分析报告通过电台、电视、报纸和杂志等媒介公布于众。其主要特征:(1)监督抽查的目的是了解一个时期的产品质量状况,为政府加强对产品质量的宏观控制提供依据;(2)监督抽查一般采用突然性的随机抽样方法,事先不通知受检企业,这样可以保证抽取的样品具有代表性,防止弄虚作假情况的发生;(3)监督抽查讲究实效,抓好质量监督的事后处理工作,对于抽查到的不合格产品,责令商业部门停止销售,生产企业进行质量改进,限期达到标准要求,并对有关企业和责任人做出必要的处罚。

2. 评价型产品质量监督

评价型产品质量监督是指国家(政府)质量监督机构通过对企业生产条件、产品质量的考核,颁发某种产品质量证书,确认和证明该产品已达到的质量水平。对于考核合格、获得证书的产品要加强监督,考查其质量是否保持应有的水平。评选优质产品,发放生产许可证,以及新产品鉴定等,均属于这种形式的质量监督。其主要特征:(1)按照国家规定的条例、细则和标准对产品进行检验,同时对企业质量保证条件进行审查、评定;(2)直接由政府主管部门颁发相应内容的证书;(3)允许在产品及合格证上使用相应的标志;(4)实行有一定内容的事后监督和处理,稳定提高产品质量。

3. 仲裁型产品质量监督

仲裁型产品质量监督是指国家(政府)质量监督机构站在第三方立场,公正处理质量争议中的问题,实施对质量不法行为的监督,促进产品质量的提高。其主要特征:(1)监督的对象仅限于有质量争议的产品范围;(2)只对有质量争议的一批或一个产品进行监督检验,并按照标准或有关规定做出科学判定;(3)由受理仲裁的质量监督管理部门进行调节和裁决;(4)具有较强的法制性,由败诉方承担质量责任。

二、纺织品质量认证

（一）质量认证的基本定义和种类

质量认证也叫合格评定,是国际上通行的管理产品质量的有效方法,由可以充分信任的第三方证实某一经鉴定的产品或服务符合特定标准或规范性文件的活动。

通过质量认证可以得到认证证书和认证标志。认证证书指的是产品、服务、管理体系通过认证所获得的证明性文件,包括产品认证证书、服务认证证书和管理体系认证证书。认证标志是指证明产品、服务、管理体系通过认证的专有符号、图案或者符号、图案及文字的组合,包括产品认证标志、服务认证标志和管理体系认证标志。质量认证按认证的对象分为产品质量认证和质量体系认证。

1. 产品质量认证

产品质量认证的对象是特定产品,包括服务。认证的依据或者说获准认证的条件是,产品

（服务）质量要符合指定标准的要求，质量体系要满足指定质量保证标准的要求。证明批准认证的方式是颁发产品认证证书和认证标志。认证标志可用于批准认证的产品上。

产品质量认证包括合格认证和安全认证两种。合格认证是以产品标准为依据，当要求认证的产品质量符合产品标准的全部要求时，方可批准认证的产品适用"合格认证标志"。实行合格认证的产品，必须符合《标准化法》规定的国家标准或行业标准的要求。安全认证依据安全标准和产品标准中的安全性能项目进行，经批准认证的产品可使用"安全认证标志"。实行安全认证的产品，必须符合《标准化法》中有关强制性标准的要求。对于关系国计民生的重大产品和有关人身安全健康的产品，必须实行安全认证。

2. 产品质量体系认证

质量体系认证中，认证的对象是企业的质量体系，或者说是企业的质量保证能力。质量管理体系认证是依据国际通用的质量和质量管理标准，经国家授权的独立认证机构，对组织的质量体系进行审核，通过注册及颁发证书来证明组织的质量体系和质量保证能力符合要求。质量体系认证通常以 ISO 9000 族标准为依据，也就是经常提到的 ISO 9000 质量体系认证。

产品质量认证的对象不是企业的质量体系，而是企业生产的某种产品；认证所依据的标准不是质量管理标准，而是相关的产品标准；认证的结论不是证明企业质量体系是否符合质量管理标准，而是证明产品是否符合产品标准。

（二）纺织产品质量认证标志

1. 生态纺织品——信心纺织品标志

国际环保纺织协会（Oeko-Tex Associationa）由德国海恩斯坦研究院和奥地利纺织研究院创立。1992 年，该协会制定了纺织品标准 Oeko-Tex Standard 100。Oeko-Tex 标准认证（即 Oeko-Tex Standard 100）是影响最广的纺织品生态标签，经过该协会成员测试的产品如果符合 Oeko-Tex Standard 100 规定的条件，可以获得授权在其产品上悬挂该标志。

Oeko-Tex Standard 100 标签产品提供了产品生态安全的保证，满足了消费者对健康生活的要求，其禁止和限制使用纺织品上已知的可能存在的有害物质，包括 pH 值、甲醛、可萃取重金属、镍、杀虫剂/除草剂、含氯苯酚、色牢度、气味等。

2. 羊毛标志

国际羊毛局授权的纺织品认证标志是羊毛产品质量和信心的保证。纯羊毛标志于 1964 年在美国、西欧和日本推出，为 100% 纯新羊毛，允许 0.3% 偶然性存在的外来纤维。后来又引入了两个与其他纤维混纺的标志，即高比例羊毛混纺标志和羊毛混纺标志。悬挂高比例羊毛混纺标志的产品，其混纺单纱中只允许有一种非羊毛纤维，混纺股线中则允许每根单纱里的非羊毛纤维不同，同时要求产品中的纯新羊毛含量大于等于 50%。羊毛混纺标志推出于 1999 年，羊毛产品含有 30%～49% 的纯新羊毛，单纱中只允许有一种非羊毛纤维。

带有这些标志的产品需要经过严格的检测，符合国际羊毛局的高质量标准，除了对羊毛纤维含量进行检测，产品还需要经过如拉伸、顶破、耐磨、起球等性能测试，并满足认证需要的标准要求。

3. JIS 认证

JIS 是日本的国家级标准中最重要、最权威的标准，是由日本工业标准调查会（JISC）组织制定和审议的。根据日本工业标准化法的规定，JIS 涉及各个工业领域，包括建筑、机械、电气、冶金、运输、化工、采矿、纺织、造纸、医疗设备、陶瓷及日用品、信息技术等。纺织品中的缝纫线、坐垫、女士罩衣、衬衣、睡衣、学生服装和运动衫、运动裤经认证符合 JIS 的规定,可获准使用"JIS"标志。

4. 有机棉认证

有机棉认证主要有 OCS(Organic Content Standard)和 GOTS(Global Organic Textile Standard)。OCS 为纺织品交易所(Textile Exchange)的《有机含量标准》,用于追溯和验证最终产品中有机生长原料的含量。该组织是一个全球性的非营利性组织,成立于 2002 年,总部设在得克萨斯州。GOTS 为《全球有机纺织标准》,是由国际天然纺织品协会(IVN)、日本有机棉协会(JOCA)、美国有机贸易协会(OTA)和英国土壤协会(SA)组成的 GOTS 国际工作组(IWG)共同制定和发布的,目的是确保有机纺织品从收获到原材料,再到加工,以及到最后产品包装的规范性,以便给最终的消费者带来可信赖的产品。

5. BCI 认证

BCI(Better Cotton Initiative)是良好棉花发展协会的良好棉花种植推广项目,协会总部位于瑞士的日内瓦,为非营利的国际性会员组织机构。BCI 致力于改进棉花种植方式,推广棉花产业的可持续发展,使得良好棉花在全球范围内成为主流的可持续发展的大宗商品。BCI 有七大生产原则:最大限度地减少作物保护措施的有害影响,促进水资源管理与保护,关注土壤健康,负责任地使用土地并加强生物多样性,关注并保护纤维质量,促进体面劳动,运行有效的管理体系。

6. GRS 认证

GRS(Global Recycled Standard)属于再生材料制品的标准认证,由纺织品交易所(Textile Exchange)发起,并由第三方认证机构进行认证。GRS 认证的目的是确保相关产品上的声明是正确的,同时确保产品在良好的工作环境下,以及对环境冲击和化学影响最小化的情况下生产作业,以增加产品(包括成品和半成品)中可回收或再生材料的使用,同时减少或消除其生产所造成的危害。申请 GRS 认证必须符合可追溯(Traceability)、环境保护(Environmental)、社会责任(Social)、再生标志(Label)及一般原则(General)五方面的要求。

思 考 题

1. 什么是标准? 不同定义下的标准之间有何联系?
2. 纺织标准体系的构成如何?
3. 标准如何进行分类? 试举出一例完整的标准编号。
4. 我国标准与国际标准的一致性程度如何?
5. 标准的制定有哪些阶段、依据和原则,有几个层次?
6. 什么是产品质量监督? 如何进行质量监督?
7. 质量认证的种类有哪些? 你所知道的纺织产品质量认证标志有哪些?

第三章 纤维的品质检验

本章知识点：

1. 锯齿加工细绒棉、皮辊加工细绒棉等棉纤维的品质检验。
2. 苎麻精干麻、精细亚麻等麻纤维的品质检验。
3. 绵羊毛、洗净绵羊毛等羊毛纤维的品质检验。
4. 粘胶短纤维、涤纶短纤维等化学短纤维的品质检验。
5. 燃烧法、显微镜法、溶解法、含氯含氮呈色反应法、熔点法、密度梯度法、红外光谱法和双折射法等纤维定性鉴别方法。
6. 纤维定量化学分析试验通则、手工分解法、三组分纤维混合物等纤维定量分析方法。
7. 电子显微镜、红外光谱、X射线衍射、热分析等纤维结构测试分析技术。

纺织纤维是制成纺织品的基本原料。为了优化使用各种纤维原料，提高产品质量，真正做到优质优用、优质优价，就必须对纺织纤维的各项性能进行科学测试，对其进行合理评价。本章主要介绍常见纤维的品质检验及常见的纤维结构测试分析技术。

第一节 棉纤维的品质检验

棉花品质检验是纺织工业生产的基础，也是进出口棉花的技术依据。合理地评定棉花品质，不仅有利于商业贸易，而且可对纺织厂合理利用原棉、优化资源配置起到指导作用。按初加工方法不同，棉花可分为锯齿棉和皮辊棉两种，国家标准 GB 1103.1 和 GB 1103.2 分别给出了两种棉花的品质检验。

一、锯齿加工细绒棉的品质检验

国家标准 GB 1103.1—2012《棉花 第 1 部分：锯齿加工细绒棉》规定了锯齿加工细绒棉的质量要求、抽样、检验方法、检验规则等，适用于生产、收购、加工、贸易、仓储和使用的锯齿加工细绒棉。

（一）抽样

抽样应具有代表性，分籽棉抽样和成包皮棉抽样。

1. 籽棉抽样

（1）收购籽棉抽样。收购籽棉采取多点随机取样方法。

1 t 及以下抽取 1 个样品；1 t 以上、5 t 及以下抽取 3 个样品；5 t 以上、10 t 及以下抽取 5 个样品；10 t 以上抽取 7 个样品。每个样品不少于 1.5 kg。

（2）籽棉大垛抽样。籽棉大垛采取不同方位、多点、多层随机取样方法，取样深度不小于 30 cm。

以垛为单位抽样：10 t 及以下大垛抽 3 个样品；10 t 以上、50 t 以下大垛抽 5 个样品；50 t 以上大垛抽 7 个样品。每个样品不少于 1.5 kg。

2. 成包皮棉抽样

（1）按批抽样。

① 质量检验抽样。含杂率检验抽样按每 10 包（不足 10 包的按 10 包计）抽 1 包。从每个取样棉包的压缩面开包后，去掉棉包表层棉花，再均匀取样，形成一个总质量不少于 600 g 的含杂率检验样品。再往棉包内层，在距棉包外层 10~15 cm 处，抽取回潮率检验样品约100 g，装入密封容器内密封，形成回潮率检验批样。

② 品质检验抽样。按每 10 包（不足 10 包的按 10 包计）抽 1 包。从每个取样棉包的压缩面开包后，去掉棉包表层棉花，抽取完整成块样品约 300 g，形成品质检验批样。

③ 品质检验和质量检验同时进行，含杂率检验样品可从品质检验批样中抽取，回潮率检验样品按照质量检验抽样的规定执行。

④ 成包皮棉严禁在包头抽取样品。

⑤ 成包前检验抽样。棉花加工单位可以从总集棉主管道观察窗抽样。在整批棉花的成包过程中，每 10 包（不足 10 包的按 10 包计）抽样一次。每次随机抽取约 300 g 样品供回潮率、颜色级、轧工质量、长度、马克隆值和含杂率检验。每次再随机抽取不少于 2 kg 样品，合并后作为该批棉花异性纤维含量的检验批样。

（2）逐包检验抽样。逐包检验抽样仅适用于包重为（227±10）kg 的棉包。使用专用取样装置，在每个棉包的两个压缩面中部分别切取长 260 mm、宽 105 mm 或 124 mm、质量不少于 125 g 的切割样品。取样时，将每个切割样品按层平均分成两半，其中一个切割样品中对应棉包外侧的一半和另一个切割样品中对应棉包内侧的一半合并形成一个检验用样品，剩余的两半合并形成棉花加工单位备用样品。棉花样品应保持原切取的形状、尺寸，即样品为长方形且平整不乱。

（3）棉花交易时异性纤维检验抽样。棉花交易时，要求对批量交易成包皮棉中的异性纤维进行定量或定性检验的，可由交易有关方面协商确定具体的抽样方法和抽样数量。

（二）锯齿加工细绒棉的质量要求

1. 颜色级

（1）颜色级划分。依据棉花黄色深度，将棉花划分为白棉、淡点污棉、淡黄染棉和黄染棉四种类型。依据棉花明暗程度，将白棉分为五个级别，淡点污棉分为三个级别，淡黄染棉分为三个级别，黄染棉分为两个级别，共 13 个级别。白棉三级为颜色标准级。

颜色级用两位数字表示，第一位对应级别，第二位对应类型。棉花的颜色级代号如表 3-1 所示。

（2）颜色级文字描述。颜色级文字描述对应的籽棉形态是籽棉分摘、分晒、分存、分售等"四分"的依据。棉花的颜色级文字描述如表 3-2 所示。

表 3-1　棉花的颜色级代号

级别	类型			
	白棉	淡点污棉	淡黄染棉	黄染棉
一级	11	12	13	14
二级	21	22	23	24
三级	31	32	33	—
四级	41	—	—	—
五级	51	—	—	—

表 3-2　棉花的颜色级文字描述

颜色级	颜色特征	对应的籽棉形态
白棉一级	洁白或乳白,特别明亮	早、中期优质白棉,棉瓣肥大,有少量的一般白棉
白棉二级	洁白或乳白,明亮	早、中期好白棉,棉瓣大,有少量雨锈棉和部分的一般白棉
白棉三级	白或乳白,稍亮	早、中期一般白棉和晚期好白棉,棉瓣大小都有,有少量雨锈棉
白棉四级	色白略有浅灰,不亮	早、中期失去光泽的白棉
白棉五级	色灰白或灰暗	受到较重污染的一般白棉
淡点污棉一级	乳白带浅黄,稍亮	白棉中混有雨锈棉、少量僵瓣棉,或白棉变黄
淡点污棉二级	乳白带阴黄,显淡黄点	白棉中混有部分早、中期僵瓣棉或少量轻霜棉,或白棉变黄
淡点污棉三级	灰白带阴黄,有淡黄点	白棉中混有部分早、中期僵瓣棉或少量轻霜棉,或白棉变黄、霉变
淡黄染棉一级	阴黄,略亮	中、晚期僵瓣棉、少量污染棉和部分霜黄棉,或淡点污棉变黄
淡黄染棉二级	灰黄,显阴黄	中、晚期僵瓣棉、部分污染棉和霜黄棉,或淡点污棉变黄、霉变
淡黄染棉三级	暗黄,显灰点	早期污染僵瓣棉、中晚期僵瓣棉、污染棉和霜黄棉,或淡点污棉变黄、霉变
黄染棉一级	色深黄,略亮	比较黄的籽棉
黄染棉二级	色黄,不亮	较黄的各种僵瓣棉、污染棉和烂桃棉

（3）颜色分级图。颜色级的分布和范围由颜色分级图表示。图 3-1 所示为棉花颜色分级图。

（4）颜色级实物标准。根据颜色级文字描述和颜色分级图,可制作颜色级实物标准。制备白棉四个级、淡点污棉两个级、淡黄染棉两个级、黄染棉一个级的颜色级实物标准,均为每一级的底线标准。每个类型的最低级不制作颜色级实物标准。颜色级实物标准分保存本、副本和仿制本。保存本为副本每年更新的依据;副本为仿制本制作的依据。副本和仿制本应每年更新,并保持各级程度的稳定。颜色级实物标准是感官评定颜色级的依据。副本和仿制本使用期限为 1 年(自当年 9 月 1 日至次年 8 月 31 日)。

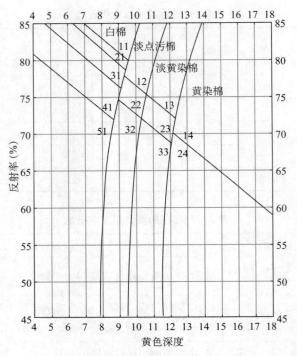

图 3-1　棉花颜色分级图

2. 轧工质量

（1）轧工质量划分。根据皮棉外观形态粗糙程度、所含疵点种类及数量的多少,轧工质量分好、中、差三档,分别用 P1、P2、P3 表示。棉花轧工质量分档条件如表 3-3 所示,轧工质量参考指标如表 3-4 所示。

表 3-3　棉花轧工质量分档条件

轧工质量分档	外观形态	疵点种类及程度
好	表面平滑,棉层蓬松、均匀,纤维纠结程度低	带纤维籽屑少,棉结少,不孕籽、破籽很少,索丝、软籽表皮、僵片极少
中	表面平整,棉层较均匀,纤维纠结程度一般	带纤维籽屑多,棉结较少,不孕籽、破籽少,索丝、软籽表皮、僵片很少
差	表面不整,棉层不均匀,纤维纠结程度较高	带纤维籽屑很多,棉结稍多,不孕籽、破籽较少,索丝、软籽表皮、僵片少

表 3-4　棉花轧工质量参考指标

轧工质量分档	索丝、软籽表皮、僵片[粒/(100 g)]	破籽、不孕籽[粒/(100 g)]	带纤维籽屑[粒/(100 g)]	棉结[粒/(100 g)]	疵点总粒数[粒/(100 g)]
好	≤230	≤270	≤800	≤200	≤1 500
中	≤390	≤460	≤1 400	≤300	≤2 550
差	>390	>460	>1 400	>300	>2 550

疵点包括索丝、软籽表皮、僵片、破籽、不孕籽、带纤维籽屑及棉结七种，疵点检验按 GB/T 6103 执行。轧工质量参考指标仅作为制作轧工质量实物标准和指导棉花加工企业控制加工工艺的参考依据。

（2）轧工质量实物标准。轧工质量实物标准是评等棉花轧工质量的依据。根据轧工质量分档条件和轧工质量参考指标制作轧工质量实物标准，每一档均为底线标准。轧工质量实物标准分保存本、副本和仿制本，其制作与保存和颜色级实物标准一致。

3. 长度

棉花长度以 1 mm 为级距，具体分级如下：

25 毫米，包括 25.9 mm 及以下；26 毫米，包括 26.0～26.9 mm；27 毫米，包括27.0～27.9 mm；28 毫米，包括 28.0～28.9 mm；29 毫米，包括 29.0～29.9 mm；30 毫米，包括30.0～30.9 mm；31 毫米，包括 31.0～31.9 mm；32 毫米，包括 32.0 mm 及以上。

规定 28 毫米为长度标准级。

4. 马克隆值

棉花马克隆值是棉花细度和成熟度的综合反映，是棉花的重要内在指标。棉花马克隆值分三个级，即 A、B、C 级，其中 B 级又分为 B1、B2 两档，C 级又分为 C1、C2 两档。B 级为马克隆值标准级。

棉花马克隆值分级分档范围见表 3-5。

表 3-5 棉花马克隆值分级分档范围

分级	分档	范围
A 级	A	3.7～4.2
B 级	B1	3.5～3.6
	B2	4.3～4.9
C 级	C1	3.4 及以下
	C2	5.0 及以上

5. 回潮率

棉花公定回潮率为 8.5%，回潮率最高限度为 10.0%。

6. 含杂率

锯齿加工细绒棉的标准含杂率为 2.5%。

7. 断裂比强度

锯齿加工细绒棉的断裂比强度分档及代号如表 3-6 所示。

8. 长度整齐度指数

锯齿加工细绒棉的长度整齐度指数分档及代号如表 3-7 所示。

9. 危害性杂物

（1）采摘、交售、收购和加工棉花中的要求。在棉花采摘、交售、收购和加工中，严禁混入危害性杂物。采摘、交售棉花，禁止使用易产生异性纤维的非棉布口袋，禁止使用有色的或非棉线、绳扎口。收购、加工棉花时，发现混有金属、砖石、异性纤维及其他危害性杂物的，必须挑拣干净。

（2）成包皮棉异性纤维含量。成包皮棉异性纤维含量分档及代号如表3-8所示。

表 3-6　锯齿加工细绒棉的断裂比强度分档及代号

分档	代号	断裂比强度（cN/tex）
很强	S1	≥31.0
强	S2	29.0～30.9
中等	S3	26.0～28.9
差	S4	24.0～25.9
很差	S5	＜24.0

表 3-7　锯齿加工细绒棉的长度整齐度指数分档及代号

分档	代号	长度整齐度指数（%）
很高	U1	≥86.0
高	U2	83.0～85.9
中等	U3	80.0～82.9
低	U4	77.0～79.9
很低	U5	＜77.0

表 3-8　成包皮棉异性纤维含量分档及代号

分档	代号	成包皮棉异性纤维含量（g/t）
无	N	0.00
低	L	＜0.30
中	M	0.30～0.70
高	H	＞0.70

（三）检验方法

1. 颜色级检验

颜色级检验分感官检验和纤维快速测试仪检验。

（1）颜色级感官检验。颜色级感官检验是对照颜色级实物标准，并结合颜色级文字描述，确定颜色级。颜色级检验应在棉花分级室内进行。分级室应符合 GB/T 13786 的规定。逐样检验颜色级。检验时，正确握持棉样，使样品表面密度和标准表面密度相似，在实物标准旁进行对照，确定颜色级，逐样记录检验结果。

（2）颜色级纤维快速测试仪检验。颜色级纤维快速测试仪检验是指按 GB/T 20392 的规定，对抽取的检验用样品逐样检验。

按批检验时,计算批样中各颜色级的百分比(结果修约到一位小数),有主体颜色级的,要确定主体颜色级;无主体颜色级的,确定各颜色级所占百分比。逐包检验时,逐包出具反射率、黄色深度、颜色级检验结果。

2. 轧工质量检验

依据轧工质量实物标准,并结合轧工质量分档条件,通过感官确定轧工质量档次。轧工质量检验应在棉花分级室内进行。分级室应符合 GB/T 13786 的规定。逐样检验轧工质量。检验时,正确握持棉样,使样品表面密度和标准表面密度相似,在实物标准旁进行对照,确定轧工质量档次,逐样记录检验结果。

按批检验时,计算批样中轧工质量各档次的百分比(结果修约到一位小数)。逐包检验时,逐包出具轧工质量档次检验结果。

3. 长度检验

棉花长度检验分手扯尺量法检验和纤维快速测试仪(HVI)检验,以 HVI 检验为准。

棉花手扯长度实物标准作为校准手扯尺量长度的依据。手扯长度实物标准根据 HVI 测定的棉花上半部平均长度结果定值。采用手扯尺量法检验时,按 GB/T 19617 的规定执行,并经常采用棉花手扯长度实物标准进行校准。

使用 HVI 检验时,按 GB/T 20392 的规定执行。

按批检验时,计算批样中各试样长度的算术平均值及各长度级的百分比,长度平均值对应的长度级定为该批棉花的长度级。逐包检验时,逐包出具长度级检验结果。长度检验结果修约到一位小数。

4. 马克隆值检验

按批检验时,马克隆值可以按 GB/T 6498 的规定,使用常规气流仪检验,也可以按 GB/T 20392 的规定,使用 HVI 检验。按 GB/T 6498 检验时,按批样数量的 30% 随机抽取马克隆值试验样品,逐样测试马克隆值;按 GB/T 20392 检验时,逐样测试马克隆值。各个试验样品根据马克隆值分别确定其马克隆值级及档次。计算批样中各马克隆值级所占的百分比,其中百分比最大的马克隆值级定为该批棉花的主体马克隆值级;计算批样中各档百分比及各档平均马克隆值。检验结果按主体马克隆值级及各级、各档所占百分比和各档的平均马克隆值出证。

逐包检验时,马克隆值采用 HVI 检验。按 GB/T 20392 的规定执行,逐包出具马克隆值及相应值级和档次检验结果。

马克隆值检验结果修约到一位小数。

5. 异性纤维含量检验

异性纤维含量检验仅适用于成包皮棉,采用手工挑拣方法。棉花加工单位对成包前抽取的异性纤维检验批样进行检验,其结果作为该批样所对应的棉包的异性纤维含量检验结果。

异性纤维含量检验结果保留两位小数。

6. 断裂比强度检验

断裂比强度按 GB/T 20392 的规定逐样检验。按批检验时,计算批样中各档百分比及各档平均值。逐包检验时,逐包出具断裂比强度值和档次检验结果。

断裂比强度检验结果保留一位小数。

7. 长度整齐度指数检验

长度整齐度指数按 GB/T 20392 的规定逐样检验。按批检验时，计算批样中各档百分比及各档平均值。逐包检验时，逐包出具长度整齐度指数和档次检验结果。

长度整齐度指数检验结果保留一位小数。

8. 含杂率检验

收购时可机检或估验，估验结果应经常与 GB/T 6499 的检验结果对照。对估验结果有异议时，以 GB/T 6499 的检验结果为准。成包皮棉含杂率检验按 GB/T 6499 的规定执行。

含杂率检验结果修约到一位小数。

9. 回潮率检验

回潮率检验按 GB/T 6102.1 或 GB/T 6102.2 的规定执行。对检验结果有异议时，以 GB/T 6102.1 的检验结果为准。

回潮率检验结果修约到一位小数。

10. 籽棉折合皮棉的公定质量检验

每份试样称取 1 kg。籽棉试样用锯齿衣分试轧机轧花，要求不出破籽。将轧出的皮棉称量，称量结果精确到 1 g。

籽棉公定衣分率按式（3-1）计算，结果保留一位小数。

$$L_0 = \frac{G}{G_0} \times \frac{(100-Z) \times (100+R_0)}{(100-Z_0) \times (100+R)} \times 100 \tag{3-1}$$

式中：L_0 为籽棉公定衣分率（%）；G 为从籽棉试样轧出的皮棉质量（g）；G_0 为籽棉试样质量（g）；Z 为轧出皮棉实际含杂率（%）；Z_0 为皮棉标准含杂率（%）；R_0 为棉花公定回潮率（%）；R 为轧出皮棉实际回潮率（%）。

有一个以上试样时，以每个试样的籽棉公定衣分率的算术平均值作为籽棉平均公定衣分率，结果保留一位小数。

籽棉折合皮棉的公定质量按式（3-2）计算，结果保留一位小数。

$$W_L = L \times W_0 \tag{3-2}$$

式中：W_L 为籽棉折合皮棉的公定质量（kg）；W_0 为籽棉质量（kg）；L 为相应籽棉公定衣分率（%）。

11. 成包皮棉公定质量检验

逐包或多包称量成包皮棉毛重。称量毛重的衡器精度不低于 1‰。称量时，应尽量接近衡器最大量程。

根据批量大小，从批中抽取有代表性的棉包 2～5 包，开包称取包装物质量，计算单个棉包包装物的平均质量，修约到 0.01 kg。

按式（3-3）计算每批棉花净重，修约到 0.001 t。

$$W_2 = \frac{W_1 - N \times M}{1\,000} \tag{3-3}$$

式中：W_2 为批棉花净重（t）；W_1 为批棉花毛重（kg）；N 为批棉花棉包数量；M 为单个棉包包装物平均质量（kg）。

按式（3-4）计算每批棉花的公定质量，修约至 0.001 t。

$$W = W_2 \times \frac{(100 - \bar{Z}) \times (100 + R_0)}{(100 - Z_0) \times (100 + \bar{R})} \tag{3-4}$$

式中：W 为批棉花公定质量(t)；$\bar{Z}$ 为批棉花平均含杂率(%)；$\bar{R}$ 为批棉花平均回潮率(%)。

（四）检验规则

1. 检验项目

（1）籽棉收购检验项目。锯齿加工细绒棉的籽棉收购时，需要检验的项目包括颜色级、长度、回潮率、含杂率、籽棉公定衣分率、籽棉折合皮棉的公定质量。

（2）成包皮棉检验项目。按批检验项目包括颜色级、轧工质量、异性纤维、长度、马克隆值、回潮率、含杂率、公定质量；如采用 HVI 检验，增加反射率、黄色深度、长度整齐度指数、断裂比强度。逐包检验项目包括轧工质量、异性纤维、反射率、黄色深度、颜色级、马克隆值、长度、长度整齐度指数、断裂比强度。

2. 检验顺序

（1）籽棉收购检验顺序。锯齿加工细绒棉的籽棉收购检验顺序为危害性杂物、抽样、试轧衣分率、回潮率、含杂率、颜色级、长度、籽棉称量。

（2）成包皮棉检验顺序。成包皮棉质量检验顺序为毛重、皮重、净重、回潮率、含杂率、公定质量。

成包皮棉品质检验顺序为轧工质量、颜色级、异性纤维、马克隆值、长度；采用 HVI 检验时，先感官检验轧工质量、异性纤维，再使用 HVI 检验反射率、黄色深度、颜色级、马克隆值、长度、长度整齐度指数和断裂比强度。

3. 成包皮棉组批规则

（1）按批检验。棉花加工单位对成包皮棉进行组批，应具有主体颜色级、长度级（不应超过 3 个连续长度级）、主体马克隆值级，不符者应挑包整理。

成批棉花可以分证，不宜合证。如零星棉包需要合证，主体颜色级、长度级及主体马克隆值级必须相同，回潮率相差不超过 1%，含杂率相差不超过 0.5%。合证后的回潮率、含杂率按加权平均计算。

（2）逐包检验。逐包检验的成包皮棉，卖方可按检验结果和买方需求组批销售。

二、皮辊加工细绒棉的品质检验

国家标准 GB 1103.2 规定了皮辊加工细绒棉的质量要求、抽样、检验方法、检验规则等，适用于生产、收购、加工、贸易、仓储和使用的皮辊加工细绒棉。

（一）抽样

皮辊加工细绒棉的品质检验中，抽样参见锯齿加工细绒棉的抽样。

（二）质量要求

1. 品级

棉花品级是棉花品质优劣的一个综合性指标，它反映了棉纤维的内在质量。不同品级的棉纤维，有不同的使用价值和经济价值。

（1）品级划分。按照 GB 1103.2 的规定，皮辊加工细绒棉根据成熟程度、色泽特征、轧工质量分为七个级,即一至七级。三级为品级标准级。

皮辊加工细绒棉的品级条件见表 3-9。

表 3-9 皮辊加工细绒棉的品级条件

品级	籽棉	皮辊棉		
		成熟程度	色泽特征	轧工质量
一级	早、中期优质白棉,棉瓣肥大,有少量的一般白棉和带黄尖、黄线的棉瓣,杂质很少	成熟好	色洁白或乳白,丝光好,稍有淡黄染	黄根、杂质很少
二级	早、中期好白棉,棉瓣大,有少量轻雨锈棉和个别僵棉瓣,杂质少	成熟正常	色洁白或乳白,有丝光,有少量淡黄染	黄根、杂质少
三级	早、中期一般白棉和晚期好白棉,棉瓣大小都有,有少量雨锈棉和个别僵棉瓣,杂质稍多	成熟一般	色白或乳白,稍见阴黄,稍有丝光,淡黄染、黄染稍多	黄根、杂质稍多
四级	早、中期较差的白棉和晚期白棉,棉瓣小,有少量僵瓣或轻霜、淡灰棉,杂质较多	成熟稍差	色白略带灰、黄,有少量污染棉	黄根、杂质较多
五级	晚期较差的白棉和早、中期僵瓣棉,杂质多	成熟较差	色灰白带阴黄,污染棉较多,有糟绒	黄根、杂质多
六级	各种僵瓣棉和部分晚期次白棉,杂质很多	成熟差	色灰黄,略带灰白,各种污染棉、糟绒多	杂质很多
七级	各种僵瓣棉、污染棉和部分烂桃棉,杂质很多	成熟很差	色灰暗,各种污染棉、糟绒很多	杂质很多

皮辊加工细绒棉的品级条件参考指标见表 3-10。

表 3-10 皮辊加工细绒棉的品级条件参考指标

品级	成熟系数 ≥	断裂比强度(cN/tex) ≥	轧工质量	
			黄根率(%) ≤	毛头率(%) ≤
一级	1.6	30	0.3	0.4
二级	1.5	28	0.3	0.4
三级	1.4	28	0.5	0.6
四级	1.2	26	0.5	0.6
五级	1.0	26	0.5	0.6

注:断裂比强度的测试条件为 3.2 mm 隔距,HVICC 校准水平。

(2)品级实物标准。根据品级条件和品级条件参考指标,制作品级实物标准。品级实物标准分基本标准和仿制标准。同级籽棉在正常轧工条件下轧出的皮棉产生同级皮辊棉基本标准(符合表 3-10 中轧工质量参考指标要求,视为正常轧工条件)。

基本标准分保存本、副本、校准本。保存本为基本标准每年更新的依据;副本为品级实物标准仿制的依据;校准本用于仿制标准损坏、变异等情况下的修复、校对。仿制标准根据基本标准副本的品级程度进行仿制。仿制标准是评定棉花品级的依据。

各级实物标准都是底线。黄棉、灰棉、拔杆剥桃棉,由各产棉省、自治区、直辖市参照基本标准副本的品级程度制作参考棉样。最高品级不高于四级。

基本标准和仿制标准应每年更新,并保持各级程度的稳定。基本标准和仿制标准使用期限为 1 年(自当年 9 月 1 日至次年 8 月 31 日)。

2. 含杂率

皮辊加工细绒棉的标准含杂率为 3.0%。

3. 长度、马克隆值、回潮率、断裂比强度、长度整齐度指数、危害性杂物

皮辊加工细绒棉的长度、马克隆值、回潮率、断裂比强度、长度整齐度指数、危害性杂物的质量要求,参见锯齿加工细绒棉相应的质量要求。

(三)检验方法

品级检验应在棉花分级室内进行,分级室应符合 GB/T 13786 的规定,以品级实物标准结合品级条件确定。

逐样检验品级。检验时,手持棉样,压平、握紧,使棉样密度与品级实物标准密度相近,在实物标准旁进行对照确定品级,逐样记录检验结果。计算批样中各品级的百分比(计算结果修约到 1 位小数)。有主体品级的,要确定主体品级,检验结果按主体品级和各相邻品级所占百分比出证;无主体品级的,按各品级所占百分比出证。

逐包检验时,逐包出具品级检验结果。

皮辊加工细绒棉的长度、马克隆值、异性纤维含量、断裂比强度、长度整齐度指数、含杂率、回潮率、籽棉折合皮棉的公定质量、成包皮棉公定质量的检验方法,参见锯齿加工细绒棉的相关检验方法。

(四)检验规则

1. 检验项目

(1)籽棉收购检验项目。皮辊加工细绒棉的籽棉收购时,需要检验的项目包括品级、长度、回潮率、含杂率、籽棉公定衣分率、籽棉折合皮棉的公定质量。

(2)成包皮棉检验项目。按批检验项目包括品级、异性纤维、长度、马克隆值、回潮率、含杂率、公定质量;如采用 HVI 检验,增加长度整齐度指数、断裂比强度。逐包检验项目包括品级、异性纤维、马克隆值、长度、长度整齐度指数、断裂比强度。

2. 检验顺序

(1)籽棉收购检验顺序。皮辊加工细绒棉的籽棉收购检验顺序为危害性杂物、抽样、试轧衣分率、回潮率、含杂率、品级、长度、籽棉称量。

(2)成包皮棉检验顺序。皮辊加工细绒棉成包皮棉质量检验顺序为毛重、皮重、净重、回潮率、含杂率、公定质量。

皮辊加工细绒棉成包皮棉品质检验顺序为品级、异性纤维、马克隆值、长度;采用 HVI 检验时,先用感官法检验品级、异性纤维,再使用 HVI 检验马克隆值、长度、长度整齐度指数和断裂比强度。

3. 成包皮棉组批规则

(1)按批检验。棉花加工单位对成包皮棉进行组批,应具有主体品级、长度级(不应超过 3 个连续长度级)、主体马克隆值级,不符者应挑包整理。

成批棉花可以分证,不宜合证。如零星棉包需要合证,主体品级、长度级及主体马克隆值级必须相同,回潮率相差不超过 1%,含杂率相差不超过 0.5%。合证后的回潮率、含杂率按加权平均计算。

（2）逐包检验。逐包检验的成包皮棉,卖方可按检验结果和买方需求组批销售。

第二节　麻纤维的品质检验

麻纤维是天然纤维素纤维,本节主要介绍苎麻精干麻和精细亚麻的品质检验。

一、苎麻精干麻的品质检验

在麻类纤维中,苎麻品质优良,有较好的光泽,呈青白色,纤维素含量较高,约 65%～75%。苎麻按加工工艺可分为生苎麻(原麻)、精干麻、麻球、麻落绵(落麻)。生苎麻是从苎麻茎上剥下,再经刮制而成的韧皮,即苎麻原麻。苎麻精干麻是原麻经生物或化学工艺脱胶后的麻纤维。

国家标准 GB/T 20793 规定了苎麻精干麻的技术要求、抽样数量、取样方法和试验方法等,适用于苎麻精干麻的分级和分等。

（一）抽样

1. 抽样数量

抽样数量按每个交货批(同品种、同等级、同一加工工艺为一批)的包数确定。2 包及以下者取 1 包,5 包及以下者取 2 包,10 包及以下者取 3 包,25 包及以下者取 4 包,350 包及以下者取 5 包,350 包以上者取 6 包。

2. 取样方法

按 GB/T 5881 执行。

（二）苎麻精干麻的分等与分级

1. 苎麻精干麻的分等

苎麻精干麻按单纤维线密度分为一等、二等、三等,低于三等为等外品。单纤维线密度小于或等于 5.56 dtex(公制支数在 1 800 及以上)为一等。单纤维线密度小于或等于 6.67 dtex(公制支数在 1 500 及以上)为二等。单纤维线密度小于或等于 8.33 dtex(公制支数在 1 200 及以上)为三等。

2. 苎麻精干麻的分级

苎麻精干麻按外观品质和技术要求分为一级、二级、三级,低于三级为级外品。苎麻精干麻的外观品质条件如表 3-11 所示。苎麻精干麻的技术指标见表 3-12。

表 3-11　苎麻精干麻的外观品质条件

级别	外观特征		分级符合率（%）
	脱胶	疵点	
一级	色泽及脱胶均匀,纤维柔软松散,硬块、硬条、夹生、红根极少	斑疵、油污、铁锈、杂质、碎麻极少	一级≥90
二级	色泽及脱胶较均匀,纤维较柔软松散,硬块、硬条、夹生、红根较少	斑疵、油污、铁锈、杂质、碎麻较少	二级以上≥90
三级	色泽及脱胶稍差,纤维欠柔软松散,硬块、硬条、夹生、红根稍多	斑疵、油污、铁锈、杂质、碎麻稍多	三级以上≥90

表 3-12 苎麻精干麻的技术指标要求

级别	束纤维断裂强度 (cN/dtex)	残胶率(%)	含油率(%)	白度(度)	pH 值
一级	≥4.50	≤2.50	0.60～1.00		
二级	≥4.00	≤3.50	0.50～1.20	≥50	6.0～8.5
三级	≥3.50	≤4.50	0.50～1.50		

以表 3-11 规定的外观品质条件和表 3-12 规定的技术指标要求为定级依据,以其中最低的一项定级。

成包中精干麻的最高回潮率不得超过 13%。各等级苎麻精干麻不允许掺夹杂物。标准样品根据分级规定的外观品质条件中的外观特征制作,每套标准样品分为一级、二级、三级,置于样品盒中。标准样品均为各级的底线,与文字标准具有同等效力,是苎麻精干麻定级的依据。仿制标准样品应以制作的基本标准样品为依据。

(三)试验方法

1. 单纤维线密度检验

苎麻单纤维线密度的试验方法按 GB/T 5884 执行。

2. 束纤维断裂强度检验

苎麻束纤维断裂强度的试验方法按 GB/T 5882 执行。

3. 残胶率检验

苎麻残胶率的试验方法按 GB/T 5889 执行。将麻样随机分取做成每个干重约 5 g 的试样共三个(精干麻先经脱脂处理),分别放于已知质量的称量瓶中,烘至恒重。取出,迅速放于干燥器中冷却,称重并记录。之后将试样分别放入加有 150 mL 浓度为 20 g/L 的氢氧化钠溶液的三角烧瓶中,装好球形冷凝管沸煮 3 h。取出试样,在分样筛中洗净,分别放入已知质量的称量瓶中,烘至恒重后取出,并迅速放入干燥器中冷却,称重并记录。按式(3-5)计算试样的残胶率。

$$W_c = \frac{G_0 - G_0'}{G_0} \times 100 \tag{3-5}$$

式中:W_c 为试样的残胶率(%);G_0 为试样的干重(g);G_0' 为提取残胶后的试样干重(g)。

4. 白度检验

在混合均匀并整理后的麻样中,随机抽取一定质量的试样两份,每份试样测量 20 次。检验方法按 GB/T 5885 执行。

5. 回潮率检验

从麻把中迅速随机抽取试样三份,每份试样质量约 50 g。检验方法按 GB/T 9995 执行。

6. pH 值检验

苎麻 pH 值的试验方法按 GB/T 7573 执行。

7. 含油率检验

取 5 g 左右的试样三份,分别放于已知质量的接收瓶中,烘至恒重。取出,迅速放于干燥器中冷却,称量并记录。将称量后的试样放于 250 mL 油脂浸抽器内(水浴温度 70～90 ℃),

试样高度应低于溢流口约 10~15 mm,接收瓶中加入 150 mL 石油醚(沸点 60~90 ℃),在恒温下进行抽取,控制回流速度为 4~6 次/h,从提取液开始滴落计时,抽取 3 h。完成后,取出试样,回收溶剂。将试样置于通风柜内风干,放入已知质量的接收瓶中,烘至恒重。取出,迅速放入干燥器中冷却,称量并记录。按式(3-6)分别计算每个样品的含油率,以三个样品含油率的算术平均值作为该批的含油率检验结果。

$$Q = \frac{m_1 - m_2}{m_1} \times 100 \tag{3-6}$$

式中:Q 为含油率(%);m_1 为样品测试前干燥质量(g);m_2 为样品测试后干燥质量(g)。

8. 外观品质检验

将随机抽取的精干麻麻包打开,逐把对照标准样品进行检验,分出一级、二级、三级,将各级麻分别称量,并记录。按式(3-7)计算麻把分级符合率。

$$H = \frac{m_h}{m} \times 100 \tag{3-7}$$

式中:H 为分级符合率(%);m_h 为分级麻把质量(kg);m 为麻把总质量(kg)。

9. 公量检验

公量检验以批为单位。每批称量并记录毛重。根据批量大小,按规定的取样数量,称取包装物的质量,计算单个麻包包装物的平均质量。按式(3-8)计算每批麻纤维净重,修约至三位小数。

$$m_2 = \frac{m_1 - m \times N}{1\ 000} \tag{3-8}$$

式中:m_2 为净重(t);m_1 为毛重(kg);m 为单个麻包包装物平均质量(kg);N 为麻包数量。

按式(3-9)计算每批麻纤维公量,修约至三位小数。

$$m = m_2 \times \frac{100 + R_0}{100 + R} \tag{3-9}$$

式中:m 为公量(t);m_2 为净重(t);R_0 为苎麻公定回潮率,$R_0 = 12\%$;R 为苎麻实测回潮率(%)。

二、精细亚麻的品质检验

在麻纤维中,亚麻是人类最早使用的天然植物纤维。精细亚麻指的是亚麻经处理后,分裂度达到 2 000 公支及以上的亚麻纤维。分裂度是指亚麻纤维的分裂程度,通常以公制支数(公支)表示。

GB/T 34784 规定了精细亚麻的质量要求、抽样及试验方法等,适用于精细亚麻的分等。

(一)抽样

采取随机取样方法,从一批待测精细亚麻中随机抽取一定数量的麻包,作为批样,再从批样中取出一定的纤维作为实验室样品。所取的实验室样品应具有整批麻包的代表性。

抽样数量按每个交货批(同类别、同等级、同一加工工艺为一批)的包数确定。2 包及以下者取 1 包,5 包及以下者取 2 包,10 包及以下者取 3 包,25 包及以下者取 4 包,350 包及以下者取 5 包,350 包以上者取 6 包。采用开包多点方法均匀地抽取精细亚麻作为实验室样品,每包内取样点不少于 3 个,每包中抽取的纤维质量根据抽样包数计算,实验室样品总质量约 500 g。

从实验样品中,取 2 份(每份约 50 g)回潮率试样;取 2 份(每份约 100 mg)长度、短纤维率试样;取约 200 mg 分裂度试样;取约 200 mg 断裂强度试样;取 2 份(每份约 5 g)硬并丝率试样;取 2 份(每份约 5 g)含杂率试样;取 2 份(每份约 5 g)白度试样。

（二）精细亚麻技术指标

1. 精细亚麻的分类

精细亚麻依据纤维分裂度的大小分类:分裂度在 3 000 公支及以上时为第一类;分裂度大于等于 2 500 公支、小于 3 000 公支)时为第二类;分裂度大于等于 2 000 公支,小于 2 500 公支时为第三类。

2. 精细亚麻的分等

精细亚麻依纤维长度、断裂强度、短纤维率、含杂率、硬并丝率、白度等质量指标为依据分等,分为一等、二等、三等,低于三等的为等外。判定等级时,以其中最低的一项定等,具体分等质量要求见表 3-13。

表 3-13　精细亚麻的分等质量要求

类别	分裂度 X(公支)	等级	纤维长度(mm)≥	断裂强度(cN/dtex)≥	短纤维率(%)≤	含杂率(%)≤	硬并丝率(%)≤
一类	X≥3 000	一等	30	4.8	20	1.0	5.0
		二等	26	4.5	24	1.5	8.0
		三等	24	4.2	28	2.0	8.0
二类	2 500≤X<3 000	一等	30	4.5	22	1.0	5.0
		二等	25	4.3	26	1.5	8.0
		三等	22	4.0	30	2.0	8.0
三类	2 000≤X<2 500	一等	28	4.5	25	1.0	5.0
		二等	25	4.3	28	1.5	8.0
		三等	22	4.0	31	2.0	8.0

注 1:精细亚麻的白度要求大于等于 50 度,原色麻不考核白度。
注 2:X 表示测定值。

（三）试验方法

1. 长度、短纤维率试验方法

（1）用手扯法将试样整理三遍。将试样沿直线从长到短,从左到右均匀顺直地平铺在玻璃板上(下衬黑绒板)。用镊子拣除麻束中的硬并丝、杂质。轻轻梳理,除净麻束中的游离纤维。将梳下的游离纤维整理后归入试样。用镊子将纤维叠成一端整齐,长纤维在下,短纤维在上,宽约 15 mm 的麻束。

（2）在黑绒板上压出一条直线痕迹,手持试样整齐端,将另一端拢成笔尖状。将麻束头端压在绒板上,沿绒板直线痕迹把麻束中的纤维由长至短,由左到右,均匀、顺直地排列在黑绒板上,剔除缠结纤维,形成纤维长度分布图,排列宽度约 220~240 mm。

(3) 将纤维长度分布图复制到透明计算纸上。沿纤维长度分布图底线,以 10 mm 为间距,从左到右,将纤维长度分布图分割为 22~24 组,记录各组纤维长度组中值 L_i。

(4) 按式(3-10)计算纤维长度。

$$L = \frac{\sum_{i=1}^{n} L_i}{n} \tag{3-10}$$

式中:L 为纤维平均长度(mm);L_i 为各组纤维长度组中值(mm);n 为分组数。

以两次平行试验的算术平均值为结果。数值修约按 GB/T 8170 执行,修约至小数点后一位。

(5) 在纤维长度分布图(图 3-2)上,作 $L_1 B_1 \perp OB$,且 $L_1 B_1 = 16$ mm,按式(3-11)计算短纤维率。

$$D = \frac{B_1 B}{OB} \times 100\% \tag{3-11}$$

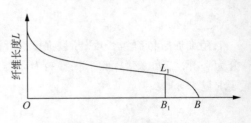

图 3-2　纤维长度分布图

式中:D 为短纤维率(%);$B_1 B$ 为纤维长度分布图中 16 mm 以下长度的纤维对应的底边长度(mm);OB 为纤维长度分布图的底边长度(mm)。

以两次平行试验的算术平均值为结果。数值修约按 GB/T 8170 执行,修约至小数点后一位。

2. 分裂度试验方法

(1) 用手扯法将试样整理三遍,形成一端整齐的试样。将试样沿直线均匀顺直地平铺在玻璃板上(下衬黑绒板)。用镊子拣除麻束中的硬并丝、杂质。轻轻梳理,除净麻束中的游离纤维。将梳下的游离纤维整理后归入试样中。用镊子将纤维叠成一端整齐,长纤维在下,短纤维在上,宽约 15 mm 的麻束。舍去 25 mm 以下的纤维。

(2) 将纤维沿直线从左到右,从长到短,均匀、顺直地平铺在玻璃板上,按其长短均匀分成五组。每组用镊子整理成一端整齐,长纤维在下,短纤维在上的小束,宽约 10~15 mm。

(3) 将五组麻束分别垂直摆放在切断器上(整齐端露出夹板外约 5 mm),理直拉平,切取 10 mm 长的纤维,顺次放在玻璃板上。

(4) 从每小束切取的试样中各称取 5 mg 试样。

(5) 数出纤维根数。若一根纤维分劈有若干纤维,分劈长度在 5 mm 以上的,记作 1 根;分劈不足 5 mm 长的,2 根记作 1 根。

(6) 按式(3-12)、式(3-13)计算分裂度。

$$N_i = \frac{10 \times n_i}{g_i} \tag{3-12}$$

式中:N_i 为第 i 小束纤维的分裂度(公支);n_i 为第 i 小束纤维的根数;g_i 为第 i 小束纤维的质量(mg)。

$$N_m = \frac{\sum_{i=1}^{n} N_i}{n} \tag{3-13}$$

式中：N_m 为样品分裂度（公支）；N_i 为第 i 小束纤维的分裂度（公支）；n 为试验小束数。

数值修约按 GB/T 8170 执行，修约至整数。

3. 断裂强度试验方法

(1) 用手扯法将试样整理成一端整齐，长纤维在下，短纤维在上，宽度约 10～15 mm 的麻束。用镊子拣除麻束中的硬并丝、杂质，轻轻梳理，除净麻束中的游离纤维及 25 mm 以下的纤维。将麻束按纤维长短在玻璃板上一层层叠合在一起。沿横向分成 10 束，每小束约 2 mg。

(2) 从绒板上夹取一根纤维（分叉的纤维不取），放在上、下夹持器的中间位置进行测试（夹持距离 10 mm，拉伸速度 5 mm/min，预加张力 0.3 cN）。若纤维在夹持器内滑脱或断裂，或在离夹口边 1 mm 内断裂，数据剔除。每小束测试 20 根，共 200 根。

(3) 按式(3-14)计算平均断裂强力。

$$\bar{F} = \frac{\sum_{i=1}^{n} F_i}{n} \tag{3-14}$$

式中：$\bar{F}$ 为单根纤维的平均断裂强力（cN）；F_i 为第 i 根纤维的断裂强力（cN）；n 为试验根数。

(4) 按式(3-15)计算平均断裂强度。

$$\bar{F}_T = \frac{\bar{F}}{D_T} \tag{3-15}$$

式中：$\bar{F}_T$ 为平均断裂强度（cN/dtex）；D_T 为线密度（dtex）。

平均断裂强力和平均断裂强度的数值修约均按 GB/T 8170 执行，修约至小数点后两位。

4. 回潮率试验方法

按 GB/T 9995 的规定执行。

5. 白度试验方法

按 GB/T 5885 的规定执行。

6. 硬并丝率试验方法

(1) 称量试样质量。用镊子拣出硬并丝，称量硬并丝质量。

(2) 按式(3-16)计算硬并丝率。

$$P = \frac{m_s}{m_t} \times 100\% \tag{3-16}$$

式中：P 为硬并丝率（%）；m_s 为硬并丝的质量（mg）；m_t 试样的质量（mg）。

取两次试验的平均值为试验结果。数值修约按 GB/T 8170 执行，修约至小数点后一位。

7. 含杂率试验方法

(1) 称量试样质量。用镊子拣出杂质，称量杂质质量。

(2) 按式(3-17)计算含杂率。

$$Q = \frac{m_z}{m_x} \times 100\% \tag{3-17}$$

式中:Q 为含杂率(%);m_z 为杂质的质量(mg);m_x 为试样的质量(mg)。

以两次试验的平均值为试验结果。数值修约按 GB/T 8170 执行,修约至小数点后一位。

第三节 羊毛纤维的品质检验

羊毛品种繁多,品质差异大。为了有效利用原毛和便于毛纺工业加工,在羊毛的生产、流通和使用过程中,把羊毛按品质进行分等和分支。本节主要介绍绵羊毛和洗净绵羊毛的品质检验。

一、绵羊毛的品质检验

国家标准 GB 1523 规定了绵羊毛的型号、规格(等级)、技术要求、检验方法等,适用于绵羊毛(包括超细绵羊毛、细绵羊毛、半细绵羊毛、改良绵羊毛、土种绵羊毛)的生产、交易、加工、质量监督和进出口检验中的质量鉴定。

绵羊毛按纤维细度可以分为超细羊毛、细羊毛、半细羊毛,其中:纤维直径在 19.0 μm 及以下的同质毛为超细羊毛;纤维直径在 19.1~25.0 μm 的同质毛为细羊毛;纤维直径在25.1~55.0 μm 的同质毛为半细羊毛。

绵羊毛纤维直径与品质支数对应值见表 3-14。

表 3-14 绵羊毛纤维直径与品质支数对应值

品质支数(S)	32	36	40	44	46	48	50	56	58	60	64
羊毛直径(μm)	55.1~67.0	43.1~55.0	40.1~43.0	37.1~40.0	34.1~37.0	31.1~34.0	29.1~31.0	27.1~29.0	25.1~27.0	23.1~25.0	21.6~23.0
品质支数(S)	66	70	80	90	100	110	120	130	140	150	
羊毛直径(μm)	20.1~21.5	19.1~20.0	18.1~19.0	17.1~18.0	16.1~17.0	15.1~16.0	14.1~15.0	13.1~14.0	12.1~13.0	11.1~12.0	—

生长在改良过程中的杂交绵羊身上,未达到同质的毛纤维,称为改良羊毛;生长在未经改良,具有原始品种特征的绵羊身上的毛纤维,称为土种羊毛。

（一）羊毛的技术要求

1. 同质羊毛的技术要求

同质羊毛按型号、规格进行分类,具体如表 3-15 所示。

表 3-15 同质羊毛按型号、规格分类

型号	规格	考核指标						
		平均直径(μm)	长度			粗腔毛或干死毛根数百分数(%)≤	疵点毛质量分数(%)≤	植物性杂质质量分数(%)≤
			毛丛平均长度(mm)≥	最短毛丛长度(mm)≥	最短毛丛个数百分数(%)≤			
YM/14.5	A	≤15	70	40	2.5	粗腔毛 0.0	0.5	1.0
	B		65					
	C		50					

（续表）

型号	规格	平均直径（μm）	考核指标			粗腔毛或干死毛根数百分数（%）≤	疵点毛质量分数（%）≤	植物性杂质质量分数（%）≤
			长度					
			毛丛平均长度（mm）≥	最短毛丛长度（mm）≥	最短毛丛个数百分数（%）≤			
YM/15.5	A	15.1~16.0	70	40	2.5	粗腔毛 0.0	0.5	1.0
	B		65					1.5
	C		50					
YM/16.5	A	16.1~17.0	72					1.0
	B		65					1.5
	C		50					
YM/17.5	A	17.1~18.0	74					1.0
	B		68					1.5
	C		50					
YM/18.5	A	18.1~19.0	76					1.0
	B		68					1.5
	C		50					
YM/19.5	A	19.1~20.0	78					1.0
	B		70					1.5
	C		50					
YM/20.5	A	20.1~21.0	80					1.0
	B		72					1.5
	C		55					
YM/21.5	A	21.1~22.0	82	50	3.0			1.0
	B		74					1.5
	C		55					
YM/22.5	A	22.1~23.0	84					1.0
	B		76					1.5
	C		55					
YM/23.5	A	23.1~24.0	86					1.0
	B		78					1.5
	C		60					
YM/24.5	A	24.1~25.0	88					1.0
	B		80					1.5
	C		60					
YM/26.0	A	25.1~27.0	90	60			2.0	1.0
	B		82					1.5
	C		70					
YM/28.0	A	27.1~29.0	92					1.0
	B		84					1.5
	C		70					
YM/31.0	A	29.1~33.0	110	70	4.5	干死毛 0.3		1.0
	B		90					1.5
YM/35.0	A	33.1~37.0	110					1.0
	B		90					1.5
YM/41.5	A	37.1~46.0	110					1.0
	B		90					1.5
YM/50.5	A	46.1~55.0	110					1.0
	B		90					1.5
YM/55.1	A	≥55.1	60	—	—	干死毛 1.5		—
	B		40	—	—	干死毛 5.0		—

2. 异质羊毛的技术要求

异质羊毛分为改良羊毛和土种羊毛。改良羊毛的技术要求如表 3-16 所示；土种羊毛的技术要求按相关标准执行。

表 3-16　改良羊毛的技术要求

类别	毛丛平均长度(mm)≥	粗腔毛或干死毛根数百分数(%)≤
改良一等	60	1.5
改良二等	40	5.0

（二）羊毛的品质评定

（1）主观评定羊毛的型号、规格时，可跨上、下各一档；如有争议，则以客观检验结果为准。

（2）毛丛强度介于 25～20 N/ktex 的为弱节毛，低于 20 N/ktex 的为严重弱节毛。

（3）净毛率按照实际检测结果标注。

（4）边肷毛质量分数≤1.5%。

（5）花毛应单独包装，并加以说明。

（6）头腿尾毛、草刺毛及其他有使用价值的疵点毛，分别单独包装，并加以说明。

（7）印记毛、重度污染毛应拣出，单独包装，并加以说明。

（三）检验方法

1. 取样

（1）取样方法。

① 品质样品的取样。品质样品采用开包方式扦取，在毛包两端和中间部位，分别随机扦取能代表本批羊毛品质的样品。

② 批样的扦取。用于检验的毛包应逐包过磅并钻芯。钻芯方向应平行于毛包打包方向或垂直于套毛堆叠方向，钻孔深度应大于毛包长度的 50%，钻孔点距离毛包边缘应大于 75 mm。所有钻芯样品应在 8 h 内称取质量，精确至 0.1 g。应去除钻芯样品中的所有包装材料，并将钻芯样品放入密闭的容器内。称取的批样样品质量记作 W。

③ 子样的扦取。批样称取质量后进行混样。混样可采用机械和人工两种方法进行。待样品充分混合均匀后进行分样。将批样平铺在工作台上，铺成的样品厚度在 30～60 mm。可用两分法、四分法等方法，将样品分成 16 等份，再从每份中随机扦取样品至其质量为 200 g，共 5 个子样。也可用多点取样方法，即在铺好的样品上均匀找 20 个点进行取样，再将样品翻转使其反面朝上，均匀找 20 个点进行取样，直至样品质量为 200 g，共 5 个子样。其余部分作为备样保存。

将扦取的子样和剩余样品称取质量，精确至 0.1 g。将 5 个子样质量和剩余样品质量相加得到的质量记作 W_b。W/W_b 为子样质量修正系数。

（2）取样数量。

① 品质样品。每 20 包取 1 包，从中取不少于 1 kg 样品。不足 20 包按 20 包计。100 包以上，每增加 30 包增取 1 包。不足 30 包按 30 包计。每批样品总质量不少于 15 kg。将所取的羊毛品质样品称取质量，记作 W_p。

② 批样。钻芯扦取的批样总质量不少于 1 200 g。

③ 子样。扞取的子样质量为 200 g。

2. 检验方法

(1) 直径检验。在收购环节可采取主观方法判定;如有争议,则以客观检验结果为准。

① 投影显微镜法。从至少两份已洗净烘干的子样中随机分别扞取等量的毛纤维。如果是 2 份子样,则每份质量为 15 g;如果是 3 份子样,则每份质量为 10 g。组成 30 g 的试样并充分混合,按照 GB/T 10685 进行检验。

② 气流仪法。这是一种快速测试羊毛纤维线密度的方法。从至少 2 份已洗净烘干的子样中随机分别扞取等量的毛纤维。如果是 2 份子样,其每份质量为 15 g;如果是 3 份子样,则每份质量为 10 g。组成 30 g 的试样并充分混合。将样品用毛型杂质分析机开松、除杂后进行预调湿,在低温烘箱中烘至回潮率为 10% 以下,再放入标准大气条件下平衡 6 h,随机称取 (2.500±0.004) g 试样,至少 2 份。然后按照 GB 1523 的规定执行。

当使用一台气流仪时,每批至少测试 2 份试样,分别读取 4 个读数。若 4 个读数的极差大于表 3-17 规定的允许误差,则加测 1 份试样。若 6 个读数的极差仍大于表 3-17 规定的允差范围,再加测 3 份试样,以 6 份试样读数的算术平均值作为该批纤维的直径检验结果(精确至 0.1 μm)。

表 3-17　使用一台气流仪的试验允许误差

纤维平均直径(μm)	测试 2 份试样的允许误差(μm)	测试 3 份试样的允许误差(μm)
<26	0.3	0.4
≥26	0.4	0.6

当使用两台气流仪时,每批至少测试 2 份试样,分别读取 4 个读数。若 4 个读数的极差大于表 3-18 规定的允许误差,则加测 2 份试样;若 8 个读数的极差仍大于表 3-18 规定的允差范围,再加测 2 份试样,以 6 份试样读数的算术平均值作为该批纤维的直径检验结果(精确至 0.1 μm)。

表 3-18　使用两台气流仪的试验允许误差

纤维平均直径(μm)	测试 2 份试样的允许误差(μm)	测试 4 份试样的允许误差(μm)
<26	0.3	0.5
≥26	0.4	0.7

当羊毛直径在 17.0 μm 以下、37.0 μm 以上时,不宜使用气流仪进行测试。

③ 光学纤维直径分析仪法。按 GB/T 21030 进行检验。

④ 激光纤维直径分析仪法。按 IWTO-12 进行检验。

(2) 毛丛自然长度和毛丛强度。毛丛自然长度按 GB/T 6976 进行检验;毛丛强度按 GB/T 27629 进行检验。

(3) 粗腔毛或干死毛含量、疵点毛和边肷毛。粗腔毛或干死毛含量按 GB/T 14270 进行检验。疵点毛和边肷毛检验时,将所取的羊毛品质样品平铺在工作台上,从中分拣出疵点毛和边肷毛,分别称取质量,并求其疵点毛和边肷毛的质量分数。

(4) 净毛率和净毛含量。

① 去除包装物和捆扎物后的羊毛质量的计算。全批货物的毛包均应称计毛包质量,精确

至 0.01 kg,并扣除包装物和捆扎物质量,计算货物去除包装物和捆扎物后的羊毛质量。

② 子样的洗涤和烘干。分六次对子样进行洗涤,即:

第一次:漂洗(水温 35~45 ℃),1 min。

第二次:洗涤[水温(52±3) ℃],3 min。

第三次:漂洗(水温 35~45 ℃),1.5 min。

第四次:洗涤[水温(52±3) ℃],3 min。

第五次:漂洗(水温 35~45 ℃),1.5 min。

第六次:漂洗(水温 35~45 ℃),1.5 min。

洗涤后应收集筛网上的短毛及所有杂质,用洗涤分离法去除泥沙和其他外来杂质,将收集的短毛和植物性杂质合并至子样内。如洗涤时有羊毛纤维和植物性杂质的散失情况,需对损失进行修正。散失的羊毛纤维和植物性杂质的平均损失不得大于洗涤子样质量的 0.3%。

将洗涤后的子样脱水,放入(105±2) ℃烘箱内烘至恒重,称重精确至 0.01 g。如在非标准大气下进行烘干,则样品的质量应进行温湿度修正,修正系数见 GB 1523 中表 B.1 和表 B.2。在箱外称重,应进行浮力和对流修正。测定浮力和对流效应影响的方法参见 GB 1523 中附录 B。

③ 乙醇萃取物、灰分、植物性杂质和总碱不溶物含量。乙醇萃取物、灰分、植物性杂质和总碱不溶物含量的试验方法及计算公式按 GB 1523 中 5.3.3 执行。

二、洗净绵羊毛的品质检验

国家标准 GB/T 19722 规定了洗净绵羊毛的技术要求、试验方法等,适用于鉴定绵羊毛的细毛、半细毛、改良毛和土种毛洗净毛的品质检验。

（一）技术要求

1. 分类

洗净绵羊毛按支数毛、级数毛和土种毛分为三类,分别用字母"Z"(支数洗净毛)、"J"(级数洗净毛)和"T"(土种洗净毛)表示。

洗净绵羊毛在类别内以其实测平均直径和平均长度数值表示,平均直径用品质支数表示。

2. 型号及技术要求

洗净绵羊毛根据其直径离散、粗腔毛率的实测指标,支数毛分 A、B、C、D、E 五个型号,级数毛分 A、B、C、D 四个型号,土种毛分 A、B、C 三个型号,具体技术要求分别见表 3-19、表 3-20 和表 3-21。

表 3-19　支数洗净绵羊毛技术要求

型号		直径离散(%)	粗腔毛率(%)
Z(支数洗净毛)	A	≤23.0	≤0.05
	B	23.1~25.0	≤0.10
	C	25.1~27.0	≤0.20
	D	27.1~29.0	≤0.30
	E	>29.0	>0.3

表 3-20 级数洗净绵羊毛技术要求

型号		直径离散(%)	粗腔毛率(%)
Z(级数洗净毛)	A	≤24.0	≤1.0
	B	24.1～26.0	≤3.5
	C	26.1～30.0	≤7.0
	D	>30.0	>7.0

表 3-21 土种洗净绵羊毛技术要求

型号		直径离散(%)	粗腔毛率(%)
Z(土种洗净毛)	A	24.0～29.0	≤8.0
	B	25.0～32.0	≤10.0
	C	>32.0	>10.0

蓬松度比照合约小样,羊毛色度指标可作为参考。

成包后回潮率<17%,支数毛公定回潮率为16%,级数毛和土种毛公定回潮率为15%。公定含油脂率为1%。

含残碱率不能超过0.6%,不允许有沥青、油漆、麻丝、化学纤维、棉花及其他杂物。黄残毛、毡片毛、污块毛、皮块毛、草刺毛、疥癣毛等疵点毛应选出,分别处理。

3. 直径与品质支数

洗净绵羊毛直径与品质支数对应值如表3-22所示。

表 3-22 洗净绵羊毛直径与品质支数对应值

品质支数(S)	70	66	64	60	58	56	50	48	46	44	40	36
羊毛直径(μm)	18.1～20.0	21.1～21.5	21.6～23.0	23.1～25.0	25.1～27.0	27.1～29.0	29.1～31.0	31.1～34.0	34.1～37.0	37.1～40.0	40.1～43.0	43.1～55.0

(二)试验方法

1. 抽样数量及方法

(1)抽样数量。品质检验样品和回潮率检验样品按包数的20%抽取。

(2)钻芯取样。如果毛包是硬包,公量和细度试验采用钻芯样品。钻芯管子插入方向必须与打包压缩方向一致。取样点应在毛包的顶部和底部随机位置,须离开边缘75 mm以上。钻芯深度必须达到毛包长度的47%以上。每包样品质量不少于80 g,总质量不少于1.5 kg。所取样品立即装入密封的塑料袋内。

(3)手工取样。如果无条件钻芯取样或毛包是软包或散毛,也可采取手工取样。随机从软包内30 cm深处迅速抽取,每包样品质量不少于80 g;扦取散毛的回潮率样品,要从散毛的不同部位随机扦取,每批样品不少于10个。所取样品立即装入密封的塑料袋内。品质样品每批不少于4 kg。

2．样品处理

（1）公量样品。将样品及时称量（不迟于 8 h，精确至 0.01 g）。从每份样品中称取回潮率试样 50 g，多余样品为品质样品。

（2）品质样品。用多点法将品质样品分成 2 份作为实验室样品，1 份做检验用，1 份做备样。按 GB/T 14269 的规定，从实验室样品中抽取试验试样。试验试样为 3 个，其中 2 个做平行试验，1 个留作备样。

3．公量检验

（1）质量检验。将毛包逐包过秤，称计羊毛质量（精确至 0.5 kg），每批回皮不少于 3 包，按式（3-18）计算总净质量，精确至 0.1 kg。

$$m_n = m_g - (m_b \times N) \tag{3-18}$$

式中：m_n 为全批总净质量（kg）；m_g 为平均皮质量（kg）；m_b 为全批总毛质量（kg）；N 为总包数。

（2）回潮率检验。回潮率检验按 GB/T 9995 执行。

（3）检验包公量检验。按式（3-19）计算检验包公量，精确到 0.1 kg。

$$m_f = m_n \times \frac{(1+R) \times (1+J_p)}{(1+r) \times (1+J_e)} \tag{3-19}$$

式中：m_f 为检验包公量（kg）；m_n 为检验包总净质量（kg）；R 为公定回潮率（%）；r 为实测回潮率（%）；J_p 为公定含油脂率（%）；J_e 为实测含油脂率（%）。

（4）盈亏率检验。按式（3-20）计算盈亏率，精确到 0.1%。

$$\beta = \frac{m_f - m_e}{m_e} \times 100 \tag{3-20}$$

式中：β 为盈亏率（%）；m_f 为检验包公量（kg）；m_e 为检验包发票净质量（kg）。

4．纤维长度检验（排图法）

纤维长度检验按照 GB/T 19722 的规定执行。

5．纤维直径检验

纤维直径检验按 GB/T 10685 执行，也可按 GB/T 11603 执行，仲裁检验按 GB/T 10685 执行。

6．粗腔毛率检验

粗毛指直径在 52.5 μm 及以上的毛纤维；腔毛指髓腔长 50 μm 及以上，髓腔宽为纤维直径 1/3 及以上的毛纤维。

使用做细度检验的片子或另制片子，在投影仪下测量粗腔毛根数，计算粗腔毛率。每片测量 1 000 根，以两片的平均数为结果。

7．含油脂率、植物质含量、灰分含量、残碱率、色度检验

含油脂率检验按 GB/T 6977 执行；植物质含量检验按 GB/T 6977 执行；灰分含量检验按 GB/T 6977 执行；残碱率检验按 GB/T 7569 执行；色度试验按 GB/T 17644 执行。

8．外观疵点检验

把全部剩余的实验室样品称量（精确至 0.01 kg），然后把样品放在标准光源或自然光下，用肉眼分拣黄残片、毡片毛和其他疵点毛，并称其质量（精确至 0.01 kg）。

按式(3-21)分别计算各类疵点毛含量(精确至0.1%)。

$$C = \frac{m_C}{m} \times 100 \tag{3-21}$$

式中:C 为各类疵点毛含量(%);m_C 为各类疵点毛质量(kg);m 为试样质量(kg)。

第四节　化学短纤维的品质检验

化学短纤维产品出厂前必须根据不同品种对其进行品质检验,然后根据检验结果对照标准规定进行品质评定。不同品种的化学纤维分等考核项目和质量指标有所不同,在有关标准中均有具体的规定。

化纤的质量指标一般包括纤维的断裂强度、断裂伸长率、长度偏差、线密度偏差以及超长、倍长纤维及疵点含量等。粘胶纤维还要包括湿强度与湿伸长指标以及钩接强度和残硫量;维纶要包括缩醛度与水中软化点、色相、异性纤维含量;腈纶要包括上色率;涤纶要包括沸水收缩率、强度不匀率、伸长不匀率等。另外,卷曲数、回潮率等也列为化纤的质量指标。这些质量指标与纺织工艺和纱线、织物的质量关系都很密切。

化纤的种类比较多,本节重点介绍粘胶短纤维和涤纶短纤维的品质检验。

一、粘胶短纤维的品质检验

国家标准GB/T 14463规定了粘胶短纤维的产品分类、技术要求、试验方法、检验规则等,适用于以棉浆、木浆为原料生产的线密度为1.10~6.70 dtex的本色有光、半消光、消光常规纺织用粘胶短纤维的品质检验。其他用途的粘胶短纤维可参照使用。

(一)粘胶短纤维的分类

粘胶短纤维按照长度和线密度可以分为棉型、中长型和毛型、卷曲毛型。

棉型粘胶短纤维:线密度为1.1~2.2 dtex。

中长型粘胶短纤维:线密度为2.2~3.3 dtex。

毛型粘胶短纤维:线密度为3.3~6.7 dtex。

卷曲毛型粘胶短纤维:线密度为3.3~6.7 dtex,并经过卷曲加工。

产品光泽以消光程度表示,分为有光、半消光和消光。

(二)技术要求和评等规定

1. 技术要求

粘胶短纤维按照产品性能可以分为优等品、一等品和合格品,低于合格品的为等外品。

粘胶短纤维的含油率由供需双方协商决定。粘胶短纤维的公定回潮率为13%,产品回潮率应控制在8%~13%。回潮率平均值超过14%的批或单个试样的回潮率超过15%的部分不得出厂。回潮率低于8%的产品须征得用户同意,方能出厂。

棉型粘胶短纤维分等规定见表3-23。中长型粘胶短纤维分等规定见表3-24。毛型和卷曲毛型粘胶短纤维分等规定见表3-25。

表 3-23　棉型粘胶短纤维分等规定

项目名称		优等品	一等品	合格品
干断裂强度(cN/tex)	≥	2.15	2.00	1.90
湿断裂强度(cN/tex)	≥	1.20	1.10	0.95
干断裂伸长率(%)		$M_1 \pm 2.0$	$M_1 \pm 3.0$	$M_1 \pm 4.0$
线密度偏差率(%)	±	4.00	7.00	11.00
长度偏差率(%)	±	6.0	7.0	11.0
超长纤维率(%)	≤	0.5	1.0	2.0
倍长纤维含量[mg/(100 g)]	≤	4.0	20.0	60.0
残硫量[mg/(100 g)]	≤	12.0	18.0	28.0
疵点含量[mg/(100 g)]	≤	4.0	12.0	30.0
油污黄纤维含量[mg/(100 g)]	≤	0	5.0	20.0
干断裂强力变异系数(%)	≤	18.0	—	
白度(%)		$M_2 \pm 3.0$	—	

注 1：M_1 为干断裂伸长率中心值,不得低于 19%。

注 2：M_2 为白度中心值,不得低于 65%。

注 3：中心值亦可根据用户需求确定,一旦确定,不得随意改变。

表 3-24　中长型粘胶短纤维分等规定

项目名称		优等品	一等品	合格品
干断裂强度(cN/tex)	≥	2.10	1.95	1.80
湿断裂强度(cN/tex)	≥	1.15	1.05	0.90
干断裂伸长率(%)		$M_1 \pm 2.0$	$M_1 \pm 3.0$	$M_1 \pm 4.0$
线密度偏差率(%)	±	4.00	7.00	11.00
长度偏差率(%)	±	6.0	7.0	11.0
超长纤维率(%)	≤	0.5	1.0	2.0
倍长纤维含量[mg/(100 g)]	≤	4.0	30.0	60.0
残硫量[mg/(100 g)]	≤	12.0	18.0	28.0
疵点含量[mg/(100 g)]	≤	4.0	12.0	30.0
油污黄纤维含量[mg/(100 g)]	≤	0	5.0	20.0
干断裂强力变异系数(%)	≤	17.0	—	
白度(%)		$M_2 \pm 3.0$	—	

注 1：M_1 为干断裂伸长率中心值,不得低于 19%。

注 2：M_2 为白度中心值,不得低于 65%。

注 3：中心值亦可根据用户需求确定,一旦确定,不得随意改变。

表 3-25　毛型和卷曲毛型粘胶短纤维分等规定

项目名称		优等品	一等品	合格品
干断裂强度(cN/tex)	≥	2.05	1.90	1.75
湿断裂强度(cN/tex)	≥	1.10	1.00	0.85
干断裂伸长率(%)		$M_1 \pm 2.0$	$M_1 \pm 3.0$	$M_1 \pm 4.0$
线密度偏差率(%)	±	4.00	7.00	11.00
长度偏差率(%)	±	7.0	9.0	11.0
倍长纤维含量[mg/(100 g)]	≤	8.0	50.0	120.0
残硫量[mg/(100 g)]	≤	12.0	20.0	35.0
疵点含量[mg/(100 g)]	≤	6.0	15.0	40.0
油污黄纤维含量[mg/(100 g)]	≤	0	5.0	20.0
干断裂强力变异系数(%)	≤	16.0	—	
白度(%)		$M_2 \pm 3.0$	—	
卷曲数[个/(25 cm)]		$M_3 \pm 2.0$	$M_3 \pm 3.0$	

注 注 1：M_1 为干断裂伸长率中心值,不得低于 18%。

注 2：M_2 为白度中心值,不得低于 55%。

注 3：M_3 为卷曲数中心值,由供需双方协商确定,卷曲数只考核卷曲毛型粘胶短纤维。

注 4：中心值亦可根据用户需求确定,一旦确定,不得随意改变。

2. 评等规定

以表 3-21 至表 3-23 规定的项目及回潮率、含油率作为粘胶短纤维出厂检验项目,其中表 3-21 至表 3-23 规定的性能项目为评等考核项目。

对于同一规格的产品,原则上以同一机台每班或每天的连续生产量组成一个检验批;如需另行组批,应在取样前确定。

各性能项目的测定值或计算值按 GB/T 8170 中的修约值比较法与表 3-21 至表 3-23 规定的性能指标的极限数值进行比较,评定每项等级。最终以检验批中性能项目中最低项的等级定为该产品的等级。

(三)试验方法

取样及试样制备按 GB/T 14334 的规定执行;断裂强度、断裂伸长率、断裂强力变异系数测定按 GB/T 14337 的规定执行;线密度偏差率测定按 GB/T 14335 的规定执行;长度偏差率、超长纤维率、倍长纤维含量测定按 GB/T 14336 的规定执行;残硫量测定按 FZ/T 50014 的规定执行;疵点测定按 GB/T 14339 的规定执行;油污黄纤维测定按 GB/T 14339 的规定执行;白度测定按 FZ/T 50013 的规定执行;含油率测定按 GB/T 6504 规定的萃取法或核磁共振法执行;卷曲数测定按 GB/T 14338 的规定执行;数值修约按 GB/T 8170 的规定执行。

二、涤纶短纤维的品质检验

国家标准 GB/T 14464 规定了涤纶短纤维的定义、分类、技术要求、试验方法、检验规则等,适用于线密度为 0.8～6.0 dtex、圆形截面的半消光或有光的本色涤纶短纤维,其他类型的涤纶短纤维可参照使用。

涤纶短纤维按照长度和线密度可以分为棉型、中长型和毛型。

（1）棉型：线密度为 0.8～<2.2 dtex。

（2）中长型：线密度为 2.2～<3.3 dtex。

（3）毛型：线密度为 3.3～<6.0 dtex。

（一）技术要求和评等规定

1. 技术要求

涤纶短纤维按照其性能指标分为优等品、一等品和合格品三个等级，具体性能项目及指标见表 3-26。

表 3-26　涤纶短纤维的性能项目及指标

项目	棉型			中长型			毛型		
	优等品	一等品	合格品	优等品	一等品	合格品	优等品	一等品	合格品
断裂强度（cN/dtex） ≥	5.5	5.3	5.0	4.6	4.4	4.2	3.8	3.6	3.3
断裂伸长率（%）	$M_1\pm$4.0	$M_1\pm$5.0	$M_1\pm$8.0	$M_1\pm$6.0	$M_1\pm$8.0	$M_1\pm$12.0	$M_1\pm$7.0	$M_1\pm$9.0	$M_1\pm$13.0
线密度偏差率（%）	±3.0	±4.0	±8.0	±4.0	±5.0	±8.0	±4.0	±5.0	±8.0
长度偏差率（%）	±3.0	±6.0	±10.0	±3.0	±6.0	±10.0	—	—	—
超长纤维率（%） ≤	0.5	1.0	3.0	0.3	0.6	3.0	—	—	—
倍长纤维含量[mg/(100 g)] ≤	2.0	3.0	15.0	2.0	6.0	30.0	5.0	15.0	40.0
疵点含量[mg/(100 g)] ≤	2.0	6.0	30.0	3.0	10.0	40.0	5.0	15.0	50.0
卷曲数[个/(25 mm)]	$M_2\pm$2.5	$M_2\pm$3.5		$M_2\pm$2.5	$M_2\pm$3.5		$M_2\pm$2.5	$M_2\pm$3.5	
卷曲率（%）	$M_3\pm$2.5	$M_3\pm$3.5		$M_3\pm$2.5	$M_3\pm$3.5		$M_3\pm$2.5	$M_3\pm$3.5	
180 ℃干热收缩率（%）	$M_4\pm$2.0	$M_4\pm$3.0	$M_4\pm$3.0	$M_4\pm$2.0	$M_4\pm$3.0	$M_4\pm$3.5	≤5.5	≤7.5	≤10.0
比电阻（Ω·cm） ≤	$M_5\times$10⁸	$M_5\times$10⁹		$M_5\times$10⁸	$M_5\times$10⁹		$M_5\times$10⁸	$M_5\times$10⁹	
10%定伸长强度（cN/dtex）	3.0	2.6	2.3	—	—	—	—	—	—
断裂强力变异系数（%） ≤	10.0	15.0	13.0	—	—	—	—	—	—

注 1：M_1 为断裂伸长率中心值，棉型在 18.0%～35.0%范围内选定，中长型在 25.0%～40.0%范围内选定，毛型在 35.0%～50.0%范围内选定，确定后不得任意更改。

注 2：M_2 为卷曲数中心值，由供需双方在 8～14 个/(25 mm)范围内选定，确定后不得任意更改。

注 3：M_3 为卷曲率中心值，由供需双方在 10.0%～16.0%范围内选定，确定后不得任意更改。

注 4：M_4 为 180 ℃干热收缩率中心值，棉型在≤7.0%范围内选定，中长型在≤10.0%范围内选定，确定后不得任意更改。

注 5：$1.0 \leqslant M_5 < 10.0$。

涤纶短纤维的含油率由供需双方协商确定。

包装件平均净质量和公定质量的偏差率不超过±0.5%。定重产品的包装件名义净质量与公定质量的偏差率不超过±1％，且批平均实际质量不少于名义净质量；非定重产品的包装件质量与同批定重产品名义净质量的偏差率不超过±5％。

2. 评等规定

在一定范围内采用周期性取样组成检验批号。一个生产批可由一个检验批组成，也可由若干检验批组成。

表3-26中的所有项目均为考核项目，并按规定的试验方法进行试验。性能项目的测定值或计算值按 GB/T 8170 中的修约值比较法与表3-26中的指标值进行比较，以检验批性能项目指标中最低项的等级定为该批产品的等级。

（二）试验方法

1. 主要指标的测定

断裂强度、断裂伸长率、10％定伸长强度、断裂强力变异系数测定按 GB/T 14337 的规定执行；线密度偏差率测定按 GB/T 14335 的规定执行，仲裁时执行方法 A；长度偏差率、超长纤维率、倍长纤维含量测定按 GB/T 14336 的规定执行；疵点含量测定按 GB/T 14339 的规定执行；180 ℃干热收缩率测定按 FZ/T 50004 的规定执行；比电阻测定按 GB/T 14342 的规定执行；含油率测定按 GB/T 6504 的规定执行；回潮率按测定 GB/T 6503 的规定执行；二氧化钛含量测定按 FZ/T 50027 的规定执行。

2. 质量差异的测定

（1）对于批样品，按 GB/T 14334 的规定得到包装件的净质量。

（2）对于实验室样品，按 GB/T 6503 的规定得到实际回潮率。

（3）利用式(3-22)～式(3-25)计算 N 个包装件的质量差异。

$$m_1 = \frac{\sum_{i=1}^{n} m_{1i}}{N} \qquad (3-22)$$

$$m = m_1 \times \frac{1 + R_0}{1 + R} \qquad (3-23)$$

$$A = \frac{m_1 - m}{m} \times 100\% \qquad (3-24)$$

$$B = \frac{m_A - m}{m} \times 100\% \qquad (3-25)$$

式中：m_1 为包装件平均净质量（kg）；m_{1i} 为每个包装件净质量（kg）；m 为包装件公定质量（kg）；R_0 为涤纶的公定回潮率，其值为 0.4％；R 为实测回潮率（％）；A 为包装件平均净质量和公定质量的偏差率（％）；B 为包装件名义净质量和公定质量的偏差率（％）；m_A 为包装件名义质量（kg）。

第五节　纤维定性鉴别

在纺织生产和纺织品检验中，常常要对纤维材料进行鉴别。纤维鉴别是根据各种纤维特有的物理、化学等性能,采用不同的分析方法对样品进行测试,再通过对照标准照片、标准图谱及标准资料进行的。

常用的鉴别方法有燃烧法、显微镜法、溶解法、含氯含氮呈色反应法、熔点法、密度梯度法、红外光谱法和双折射率法等。通常情况下,先采用显微镜法将待测纤维进行大致分类。天然纤维素纤维(如棉、麻等)、部分再生纤维素纤维(如粘纤等)、动物纤维(如羊毛、羊绒、兔毛、驼绒、羊驼毛、马海毛、蚕丝等),因其独特的形态特征,用显微镜法即可鉴别。合成纤维及其他纤维经显微镜初步鉴别后,再采用燃烧法、溶解法等一种或几种方法做进一步确认,最终确定待测纤维的种类。FZ/T 01057.1 至 FZ/T 01057.7 共七个标准分别规定了纺织纤维鉴别试验方法的通用说明、燃烧法、显微镜法、溶解法、含氯含氮呈色反应法、熔点法、密度梯度法;FZ/T 01057.8 和 FZ/T 01057.9 分别规定了纺织纤维鉴别试验方法的红外光谱法和双折射率法。

一、燃烧法

燃烧法是根据纤维靠近火焰、接触火焰和离开火焰时的状态及燃烧时产生的气味和燃烧后残留物特征来鉴别纤维类别的。这种方法适用于各种纺织纤维的初步鉴别,但不适用于经过阻燃整理的纤维。

(一)试验方法

1. 试样的准备

试样的抽取和准备按 FZ/T 01057.1 的规定执行。

2. 试验程序

(1)从样品上取少许试样,用镊子夹住,缓慢靠近火焰,观察纤维对热的反应(如熔融、收缩等)情况并做记录。

(2)将试样移入火焰中,使其充分燃烧,观察纤维在火焰中的燃烧情况并做记录。

(3)将试样撤离火焰,观察纤维离火后的燃烧状态并作记录。

(4)当试样火焰熄灭时,嗅闻其气味并做记录。

(5)待试样冷却后观察残留物的状态,用手轻捻残留物并做记录。

(二)纤维的燃烧

各种纤维的燃烧特征见表 3-27。

表 3-27　纤维的燃烧特征

纤维种类	燃烧状态			燃烧时的气味	残留物特征
	靠近火焰时	接触火焰时	离开火焰时		
棉	不熔不缩	立即燃烧	迅速燃烧	燃纸味	呈细而软的灰黑絮状
麻	不熔不缩	立即燃烧	迅速燃烧	燃纸味	呈细而软的灰白絮状
蚕丝	熔融卷曲	卷曲、熔融、燃烧	略带闪光燃烧,有时自灭	烧毛发味	呈松而脆的黑色颗粒

（续表）

纤维种类	燃烧状态			燃烧时的气味	残留物特征
	靠近火焰时	接触火焰时	离开火焰时		
动物毛绒	熔融,卷曲	卷曲,熔融燃烧	燃烧缓慢,有时自灭	烧毛发味	呈松而脆的黑色焦炭状
竹纤维	不熔不缩	立即燃烧	迅速燃烧	燃纸味	呈细而软的灰黑絮状
粘纤、铜氨纤维	不熔不缩	立即燃烧	迅速燃烧	燃纸味	呈少许灰白色灰烬
莱赛尔纤维、莫代尔纤维	不熔不缩	立即燃烧	迅速燃烧	燃纸味	呈细而软的灰黑絮状
醋纤	熔缩	熔融燃烧	熔融燃烧	醋味	呈硬而脆不规则黑块
大豆蛋白纤维	熔缩	缓慢燃烧	继续燃烧	特异气味	呈黑色焦炭状硬块
牛奶蛋白改性聚丙烯腈纤维	熔缩	缓慢燃烧	继续燃烧,有时自灭	烧毛发味	呈黑色焦炭状,易碎
聚乳酸纤维	熔缩	熔融,缓慢燃烧	继续燃烧	特异气味	呈硬而黑的圆珠状
涤纶	熔缩	熔融燃烧,冒黑烟	继续燃烧,有时自灭	有甜味	呈硬而黑的圆珠状
腈纶	熔缩	熔融燃烧	继续燃烧,冒黑烟	辛辣味	呈黑色不规则小珠,易碎
锦纶	熔缩	熔融燃烧	自灭	氨基味	呈硬淡棕色透明圆珠状
维纶	熔缩	收缩燃烧	继续燃烧,冒黑烟	特有香味	呈不规则焦茶色硬块
氯纶	熔缩	熔融燃烧,冒黑烟	自灭	刺鼻气味	呈深棕色硬块
偏氯纶	熔缩	熔融燃烧,冒烟	自灭	刺鼻药味	呈松而脆的黑色焦炭状
氨纶	熔缩	熔融燃烧	开始燃烧,后自灭	特异气味	呈白色胶状
芳纶 1414	不熔不缩	燃烧,冒黑烟	自灭	特异气味	呈黑色絮状
乙纶	熔缩	熔融燃烧	熔融燃烧,液态下落	石蜡味	呈灰白色蜡片状
丙纶	熔缩	熔融燃烧	熔融燃烧,液态下落	石蜡味	呈灰白色蜡片状
聚苯乙烯纤维	熔缩	收缩燃烧	继续燃烧,冒黑烟	略有芳香味	呈黑而硬的小球状
碳纤维	不熔不缩	像烧铁丝一样发红	不燃烧	略有辛辣味	呈原有状态

(续表)

纤维种类	燃烧状态			燃烧时的气味	残留物特征
	靠近火焰时	接触火焰时	离开火焰时		
金属纤维	不熔不缩	在火焰中燃烧并发光	自灭	无味	呈硬块状
石棉	不熔不缩	在火焰中发光，不燃烧	不燃烧，不变形	无味	不变形，纤维略变深
玻璃纤维	不熔不缩	变软，发红光	变硬，不燃烧	无味	变形，呈硬珠状
酚醛纤维	不熔不缩	像烧铁丝一样发红	不燃烧	稍有刺激性焦味	呈黑色絮状
聚砜酰胺纤维	不熔不缩	卷曲燃烧	自灭	带有浆料味	呈不规则硬而脆的粒状

二、显微镜法

显微镜法是利用显微镜观察未知纤维的纵面和横截面形态，再对照纤维的标准照片和形态描述来鉴别纤维类别的。

（一）试验方法

1. 纵面观察

将适量纤维均匀平铺于载玻片上，加上一滴透明介质（注意不要带入气泡），盖上盖玻片，放在生物显微镜的载物台上，在放大 100～500 倍的条件下观察其形态，与标准照片或标准资料对比进行鉴别。

2. 横截面观察

先将一小束纤维试样梳理整齐，利用哈氏切片器或回转式切片机将其制作成切片，然后将切好的纤维横截面切片置于载玻片上，加上一滴透明介质（注意不要带入气泡），盖上盖玻片，放在生物显微镜的载物台上，在放大 100～500 倍的条件下观察其形态，与标准照片或标准资料对比进行鉴别。

（二）纤维的横截面、纵面形态

各种纤维的横截面、纵面形态特征见表 3-28。常用纺织纤维横截面和纵面的显微照片见二维码。

常用纺织纤维横截面和纵面的显微照片

表 3-28　各种纤维的横截面、纵面形态特征

纤维名称	横截面形态	纵面形态
棉	有中腔，呈不规则的腰圆形	扁平带状，稍有天然转曲
丝光棉	有中腔，近似圆形或不规则腰圆形	近似圆柱状，有光泽和缝隙
苎麻	腰圆形，有中腔	纤维较粗，有长形条纹及竹状横节
亚麻	多边形，有中腔	纤维较细，有竹状横节
大麻	多边形、扁圆形、腰圆形等，有中腔	纤维直径及形态差异很大，横节不明显

（续表）

纤维名称	横截面形态	纵面形态
罗布麻	多边形、腰圆形等	有光泽，横节不明显
黄麻	多边形，有中腔	有长形条纹，横节不明显
竹纤维	腰圆形，有空腔	纤维粗细不匀，有长形条纹及竹状横节
桑蚕丝	三角形或多边形，角是圆的	有光泽，纤维直径及形态有差异
柞蚕丝	细长三角形	扁平带状，有微细条纹
羊毛	圆形或近似圆形（或椭圆形）	表面粗糙，有鳞片
白羊绒	圆形或近似圆形	表面光滑，鳞片较薄且包覆较完整，鳞片间距较大
紫羊绒	圆形或近似圆形，有色斑	除具有白羊绒形态特征外，有色斑
兔毛	圆形、近似圆形或不规则四边形，有髓腔	鳞片较小与纤维纵向呈倾斜状，髓腔有单列、双列、多列
羊驼毛	圆形或近似圆形，有髓腔	鳞片有光泽，有的有通体或间断髓腔
马海毛	圆形或近似圆形，有的有髓腔	鳞片较大有光泽，直径较粗，有的有斑痕
驼绒	圆形或近似圆形，有色斑	鳞片与纤维纵向呈倾斜状，有色斑
牦毛绒	椭圆形或近似圆形，有色斑	表面光滑，鳞片较薄，有条状褐色色斑
粘纤	锯齿形	表面平滑，有清晰条纹
莫代尔纤维	哑铃形	表面平滑，有沟槽
莱赛尔纤维	圆形或近似圆形	表面平滑，有光泽
铜氨纤维	圆形或近似圆形	表面平滑，有光泽
醋纤	三叶形或不规则锯齿形	表面光滑，有沟槽
牛奶蛋白改性聚丙烯腈纤维	圆形	表面光滑，有沟槽和（或）微细条纹
大豆蛋白纤维	腰子形（或哑铃形）	扁平带状，有沟槽和疤痕
聚乳酸纤维	圆形或近似圆形	表面平滑，有的有小黑点
涤纶	圆形或近似圆形及各种异形截面	表面平滑，有的有小黑点
腈纶	圆形，哑铃状或叶状	表面光滑，有沟槽和（或）条纹
变性腈纶	不规则哑铃形、蚕茧形、土豆形等	表面有条纹
锦纶	圆形或近似圆形及各种异形截面	表面光滑，有小黑点
维纶	腰子形（或哑铃形）	扁平带状，有沟槽
氯纶	圆形、蚕茧形	表面平滑
偏氯纶	圆形或近似圆形及各种异形截面	表面平滑

（续表）

纤维名称	横截面形态	纵面形态
氨纶	圆形或近似圆形	表面平滑,有些呈骨形条纹
芳纶 1414	圆形或近似圆形	表面平滑,有的带有疤痕
乙纶	圆形或近似圆形	表面平滑,有的带有疤痕
丙纶	圆形或近似圆形	表面平滑,有的带有疤痕
聚四氟乙烯纤维	长方形	表面平滑
碳纤维	不规则的炭末状	黑而匀的长杆状
金属纤维	不规则的长方形或圆形	边线不直,黑色长杆状
石棉	不均匀的灰黑糊状	粗细不匀
玻璃纤维	透明圆珠形	表面平滑、透明
酚醛纤维	马蹄形	表面有条纹,类似中腔
聚砜酰胺纤维	似土豆形	表面似树叶状

常用纺织纤维的溶解性能

三、溶解法

溶解法是利用纤维在不同温度下的不同化学试剂中的溶解特性来鉴别纤维的。

将少量纤维试样置于试管或小烧杯中,注入适量溶剂或溶液,在常温(20～30 ℃)下摇动 5 min(试样和试剂的用量比至少为 1∶50),观察纤维的溶解情况。

对有些在常温下难溶解的纤维,需做加热沸腾试验:将装有试样和溶剂的试管或小烧杯加热至沸腾并保持 3 min,观察纤维的溶解情况。在使用如乙酸乙酯、二甲亚砜等易燃性溶剂时,为防止溶剂燃烧或爆炸,须将试样和溶剂放入小烧杯中,在封闭电炉上加热,并于通风橱内进行试验。

每个试样取样两份进行试验,如溶解结果差异显著,应重新试验。

常用纺织纤维的溶解性能见二维码。

四、含氯含氮呈色反应法

含有氯、氮元素的纤维用火焰、酸碱法检测,会呈现特定的呈色反应。

（一）含氯试验

取干净的铜丝,用细砂纸将其表面的氧化层除去,将铜丝在火焰中烧红并立即与试样接触,然后将铜丝移至火焰,观察火焰是否呈现绿色。如试样含氯,就会呈现绿色的火焰。

（二）含氮试验

在试管中放入少量切碎的纤维,并用适量碳酸钠覆盖,在酒精灯上加热试管,试管口放上红色石蕊试纸。如红色石蕊试纸变蓝色,说明纤维中有氮元素存在。

（三）部分含氯含氮纤维的呈色反应

部分含氯含氮纤维的呈色反应如表 3-29 所示。

表 3-29　部分含氯含氮纤维的呈色反应

纤维名称	Cl（氯）	N（氮）
蚕丝	无	有
动物毛绒	无	有
大豆蛋白纤维	无	有
牛奶蛋白改性聚丙烯腈纤维	无	有
聚乳酸纤维	无	有
腈纶	无	有
锦纶	无	有
氯纶	有	无
偏氯纶	有	无
腈氯纶	有	无
氨纶	无	有

五、熔点法

合成纤维在高温作用下,大分子间的键接结构产生变化,由固态转变为液态。通过目测和光电检测,从外观形态的变化测出纤维的熔融温度即熔点。不同种类的合成纤维具有不同的熔点,熔点法即依此鉴别纤维类别。

（一）试验方法

取少量纤维放在两片盖玻片之间,置于熔点仪显微镜的电热板上,然后调焦,使纤维成像清晰。

升温速率约 $3 \sim 4$ ℃/min,在升温过程中仔细观察纤维形态变化,当发现玻片中的大多数纤维熔融时,记录此时的温度即纤维熔点。

如果采用偏光显微镜,调节起、检偏振镜的偏振面相互垂直,使视野黑暗,然后放置试样,使纤维的几何轴在直交的起偏振镜和检偏振镜间的 45°位置上。熔融前纤维发亮,而其他部分黑暗,当纤维一开始熔融,亮点即消失,记录这时的温度即纤维熔点。

每个试样测定三次,取其平均值,修约至整数。

（二）常见合成纤维的熔点

常见合成纤维的熔点如表 3-30 所示。

表 3-30　常见合成纤维的熔点

纤维名称	熔点范围（℃）	纤维名称	熔点范围（℃）
醋纤	$255 \sim 260$	三醋纤	$280 \sim 300$
涤纶	$255 \sim 260$	氨纶	$228 \sim 234$
腈纶	不明显	乙纶	$130 \sim 132$

纤维名称	熔点范围(℃)	纤维名称	熔点范围(℃)
锦纶 6	215～224	丙纶	160～175
锦纶 66	250～258	聚四氟乙烯纤维	329～333
维纶	224～239	腈氯纶	188
氯纶	202～210	维氯纶	200～231
聚乳酸纤维	175～178	聚对苯二甲酸丙二醇酯纤维（PTT）	228
聚对苯二甲酸丁二酯纤维（PBT）	226		

六、密度梯度法

由于各种纤维的密度不同，测定未知纤维的密度，并将其与已知纤维密度对比，可鉴别未知纤维的类别，这就是密度梯度法。将两种密度不同而能互相混溶的液体混合，然后以一定流速连续注入密度梯度管，由于液体分子的扩散作用，最终形成一个密度自上而下递增并呈连续性分布的梯度密度液柱。用标准密度玻璃小球标定液柱的密度梯度，并画出小球密度-液柱高度的关系曲线（应符合线性分布）。随后将被测纤维小球投入密度梯度管，待其平衡静止后，根据其所在高度，查小球密度-液柱高度曲线，即可求得纤维密度。

（一）试验方法

1. 密度梯度管的配制与标定

（1）轻、重液体密度的确定。轻、重两种溶液的密度可根据待测样品的密度范围而定。在实际测定时，轻液的密度比待测样品的密度略低，重液的密度比待测样品的密度略高，这样可保证密度梯度管上下限值在要求的范围内。配制完毕，要在恒温槽内用密度计对溶液的密度进行校正。

（2）轻、重液体体积的确定。根据轻、重两种溶液质量相等的原理，有如下等式：

$$V_A \times \rho_A = V_B \times \rho_B \tag{3-26}$$

式中：V_A 为重液的体积（mL）；ρ_A 为重液的密度（g/cm^3）；V_B 为轻液的体积（mL）；ρ_B 为轻液的密度（g/cm^3）。

一般，重液体积 V_A 配梯度管总体积的一半，即 200 mL，轻液的体积 V_B 可由式（3-26）求得。轻、重两种溶液可直接选用纯溶剂，但在更多情况下，需要把两种纯溶剂配成混合液才能满足要求。若两种液体的体积具有加合性，则配制轻、重混合液所需纯溶剂的用量可由式（3-27）确定：

$$V_1\rho_1 + V_2\rho_2 = (V_A + V_B)\rho \tag{3-27}$$

式中：ρ 为混合液密度（g/cm^3）；ρ_1 为四氯化碳密度，$\rho_1 = 1.596$ g/cm^3；ρ_2 为二甲苯密度，$\rho_2 = 0.843$ g/cm^3；V_1 为四氯化碳体积（mL）；V_2 为二甲苯体积（mL）。

$(V_A + V_B)$ 可由式（3-26）求得的轻液体积加上重液体积求得，ρ_1、ρ_2、ρ 均为已知，故可由一个二元一次方程组求得 V_1 和 V_2。

（3）轻、重溶液的配制。按计算值量取两种溶液于量筒中，混合摇匀后，用密度计校正液体的密度。如密度偏低，则滴加重液；反之，滴加轻液。反复调整，直至密度达到要求。

（4）密度梯度管的配制与标定。根据相关计算公式分别求出轻、重液的体积，用量筒量取，分别倒入梯度管配制装置的两只三角烧瓶内（轻液瓶在后，重液瓶在前）。开动磁力搅拌器，打开开关，先将液体内部的气泡清除，然后调节液体流量，使液体以低于 5 mL/min 的流速沿梯度管的管壁缓缓流入梯度管中。待液体全部流入梯度管，盖上盖子，将梯度管缓缓移入密度梯度测定仪中，投入标准密度玻璃小球，在（25±0.5）℃下平衡 2 h 后即可使用测高仪测定玻璃小球的高度（精确至 1 mm），画出该梯度管的密度-高度曲线。该曲线应具有良好线性，否则需重新配制。

2. 纤维密度的测定

（1）将试样整理成束，捻紧后制成直径为 2～3 mm 的纤维小球 5 个，剪下备用。

（2）将纤维小球放入称量瓶，在烘箱中于（100±2）℃下烘 1 h，热稳定性差的样品应在真空干燥箱内于（30±2）℃下干燥 0.5 h。取出后盖上称量瓶盖子，放入干燥器中冷却 10 min。

（3）把干燥后的纤维小球放入装有少量二甲苯的离心管中，在离心机上（转速 2 000 r/min）离心脱泡 2 min，备用。

（4）将经过脱泡处理的纤维小球投入已标定的密度梯度管内，在其下沉时若有牵连，可用金属细丝轻轻拨开。一般 3 h 即可达到平衡。但某些纤维可能需要较长时间才能达到平衡。

（5）用测高仪逐一测出纤维小球的高度，并做记录。

（6）由密度-高度关系曲线查出每个纤维小球的密度值，并求其平均值，计算结果修约至小数点后两位。

（二）常用纺织纤维的密度

常用纺织纤维的密度如表 3-31 所示。

表 3-31　常见纺织纤维的密度

纤维名称	密度（g/cm³）	纤维名称	密度（g/cm³）
棉	1.54	锦纶	1.14
苎麻	1.51	维纶	1.24
亚麻	1.5	偏氯纶	1.70
蚕丝	1.36	氨纶	1.23
羊毛	1.32	乙纶	0.96
粘纤	1.51	丙纶	0.91
铜氨纤维	1.52	石棉	2.10
醋纤	1.32	玻璃纤维	2.46
涤纶	1.38	酚醛纤维	1.31
腈纶	1.18	聚砜酰胺纤维	1.37
变性腈纶	1.28	氯纶	1.38

（续表）

纤维名称	密度(g/cm³)	纤维名称	密度(g/cm³)
芳纶 1414	1.46	牛奶蛋白改性聚丙烯腈纤维	1.26
莫代尔纤维	1.52	大豆蛋白纤维	1.29
莱赛尔纤维	1.52	聚乳酸纤维	1.27

七、红外光谱法

当一束红外光照射到被测试样上时,样品将吸收一部分光能并转变为分子的振动能和转动能。借助仪器将光能吸收值与相应的波数作图,可获得试样的红外光谱,其中的每个特征吸收谱带都包含试样分子中基团和化学键的信息。不同物质有不同的红外光谱。红外光谱法就是利用这种原理,将未知纤维与已知纤维的标准红外光谱进行比较来鉴别纤维类别的。

（一）试样准备

试样的抽取和准备按 FZ/T 01057.1 的规定执行。

（二）试验方法

1. 制样

制样方法主要有溴化钾压片法和薄膜法两种,其中薄膜法又由于铸膜方式的不同分为溶解铸膜法和熔融铸膜法。一般来讲,溴化钾压片法适用于可用切片器切成粉末的纤维;溶解铸膜法适用于锦纶 6、锦纶 66(溶于甲酸)、氯纶(溶于二氯甲烷)、二醋纤(溶于丙酮)、三醋纤(溶于二氯甲烷)等纤维;熔融铸膜适用于热塑性合成纤维。可根据实际情况选择制样方法。

（1）溴化钾压片。将纤维(或其制品经拆解后的纱线纤维)整理成束,用切片器将纤维切成长度小于 20 μm 的粉末,取 2～3 mg 与约 100 mg 溴化钾混合,在玛瑙研钵中研磨 2～3 min,将研磨均匀的混合物全部移至溴化钾压模中,在约 14 MPa 压力下,抽真空压制 2～3 min,即可得到一片透明的样片备用。

（2）溶解铸膜。将纤维试样溶解在合适的溶剂中,然后在晶体板(溴化钾或 KRS-5)上,用玻璃棒涂膜,待溶剂完全挥发后备用。

（3）熔融铸膜。将纤维试样夹在聚四氟乙烯板中,置于两块加热板之间,在压机上压制成透明的薄膜备用。

2. 光谱测定

（1）根据需要及样品和仪器类型,选择合适的扫描条件,如图谱形式、扫描次数、量程范围、坐标形式、分辨率和图形处理功能等。必要时,可对相关扫描条件进行调整,以获得理想的图谱。

（2）将制备好的试样薄片(膜)放置在仪器的样品架上,启动扫描程序,记录 4 000～400 cm⁻¹ 波数范围的红外光谱。

也可采用衰减全反射法(ATR)对样品进行快速鉴别,但由于该方法的局限性,其试验结果仅供参考,不作为最终鉴别依据。

3. 纤维鉴别

将试样的红外光谱与标准红外光谱进行比较,根据其主要吸收谱带及特征频率判断纤维的种类。纤维红外光谱的主要吸收谱带及其特征频率见表 3-32。常用纺织纤维的红外光谱见二维码。

常用纺织纤维的红外光谱

表 3-32　纤维红外光谱的主要吸收谱带及其特征频率

纤维种类	制作方法	主要吸收谱带及其特性波数(cm^{-1})
纤维素纤维	K	3 450～3 200, 1 640, 1 160, 1 064～980, 983, 761～667, 610
动物毛纤维	K	3 450～3 300, 1 658, 1 534, 1 163, 1 124, 926
蚕丝	K	3 450～3 300, 1 650, 1 520, 1 220, 1 163～1 149, 1 064, 993, 970, 550
醋酯纤维	K	3 500, 2 960, 1 757, 1 600, 1 388, 1 239, 1 023, 900, 600
壳聚糖纤维	K	3 434, 2 892, 1 660, 1 380, 1 076, 611
聚乳酸纤维	K	3 000, 2 950, 1 760, 1 460, 1 388, 2 118, 1 086, 781, 757, 704
大豆蛋白纤维	K	3 391, 2 943, 1 660, 1 534, 1 436, 1 019, 848
牛奶蛋白改性聚丙烯腈纤维	K	3 341, 2 935, 2 245, 1 665, 1 534, 1 450, 539
牛奶蛋白改性聚乙烯醇纤维	K	3 300, 2 940, 1 660, 1 535, 1 445, 1 237, 1 146, 1 097, 1 019, 850
聚酯纤维	K	3 040, 3 258, 2 208, 2 079, 1 957, 1 724, 1 242, 1 124, 1 090, 780, 725
腈纶	K	2 242, 1 449, 1 250, 1 175
锦纶 6	K	3 300, 3 050, 1 639, 1 540, 1 475, 1 263, 1 200, 687
锦纶 66	K	3 300, 1 634, 1 527, 1 473, 1 276, 1 198, 933, 689
锦纶 610	F	3 300, 1 634, 1 527, 1 475, 1 239, 1 190, 936, 689
锦纶 1010	F	3 300, 1 635, 1 535, 1 467, 1 237, 1 190, 941, 722, 686
维纶	K	3 300, 1 449, 1 242, 1 149, 1 099, 1 020, 848
氯纶	K	1 333, 1 250, 1 099, 971～962, 690, 614～606
聚偏氯乙烯纤维	F	1 408, 1 075～1 064, 1 042, 885, 752, 599
氨纶	K	3 300, 1 730, 1 590, 1 538, 1 410, 1 300, 1 220, 769, 510
乙纶	K	2 925, 2 868, 1 471, 1 460, 730, 719
丙纶	K	1 451, 1 475, 1 357, 1 166, 997, 972
聚四氟乙烯纤维	K	1 250, 1 149, 637, 625, 555
芳纶 1313	K	3 072, 1 642, 1 602, 1 528, 1 482, 1 239, 856, 818, 779, 718, 684
芳纶 1414	K	3 057, 1 647, 1 602, 1 545, 1 516, 1 399, 1 308, 1 111, 893, 865, 824, 786, 726, 664
聚芳砜纤维	K	1 587, 1 242, 1 316, 1 147, 1 104, 876, 835, 783, 722
聚砜酰胺纤维	K	1 658, 1 589, 1 522, 1 494, 1 313, 1 245, 1 147, 1 104, 783, 722
酚醛纤维	K	3 340～3 200, 1 613～1 587, 1 235, 826, 758

纤维种类	制作方法	主要吸收谱带及其特性波数（cm^{-1}）
聚碳酸酯纤维	K	1 770，1 230，1 190，1 163，833
维氯纶	K	3 300，1 430，1 329，1 241，1 177，1 143，1 092，1 020，690，614
腈氯纶	K	2 324，1 255，690，624
玻璃纤维	K	1 413，1 043，704，451
碳纤维	K	无吸收
不锈钢金属纤维	K	无吸收

注：制作方法一栏中的 K 是指溴化钾压片法，F 是指熔融铸膜法。

八、双折射率法

由于纺织纤维具有双折射性质，利用偏振光显微镜可分别测得平面偏光振动方向的平行于纤维长轴方向的折射率和垂直于纤维长轴方向的折射率，两者相减即得双折射率。由于不同纺织纤维的双折射率不同，因此可以用双折射率大小来鉴别纤维。

（一）试验方法

1. 偏振光显微镜中心校正

旋转载物台 90°，观察试样位置是否变动；如有变动，应调节物镜上方的校正螺丝。

2. 起偏振片的振动面校正

纤维的放置位置以目镜十字线为准，应使起偏振片的振动面与十字线的任一线的方向一致。检偏振片与起偏振片成正交位置时视野最黑暗，说明起偏振片的振动面与十字线的任一线方向一致，否则需进行校正。使和浸没法测定纤维的双折射率，在校正好起偏振片方向（与十字线平行）后，将检偏振片移去。

3. 阿贝折光仪校正

在（20±2）℃的恒温室中，用三级水进行校正。

4. 制样

将单根纤维放在载玻片上，再加上一滴浸油覆以盖玻片备用。试验用浸油是由 α-溴代萘与石蜡油按不同比例混合而成的一系列具有不同折射率的浸油，推荐每种浸油的折射率相互递差为 0.01。

5. 平行折射率的测定

将载玻片置于载物台上，先用低倍镜头找出纤维，再用 400～500 倍镜头观察。调整焦距，观察贝克线变化情况。视野中，贝克线向纤维外围移动，则浸液折射率高于纤维折射率，应更换为折射率低的浸液；反之，贝克线向内移动，则改用折射率高的浸液。如此反复试验，直至贝克线消失，此时纤维的折射率与浸油的折射率相等。由于浸油的折射率已知，故可得出纤维的平行折射率 $n_{//}$。

6. 垂直折射率的测试

转动载物台 90°，用上述方法测出纤维的垂直折射率 $n_{\perp}$。

7. 纤维的鉴别

根据纤维的平行折射率和垂直折射率,计算纤维的双折射率,并对照表3-34给出的常见纤维的折射率,对纤维进行鉴别。

(二)常见纤维的折射率

常见纤维的折射率[温度(20±2)℃,相对湿度(65±2%)]见表3-33。

表 3-33　常见纺织纤维的折射率

纤维名称	平行折射率, $n_{/\!/}$	垂直折射率, $n_{\perp}$	双折射率, $\Delta n = n_{/\!/} - n_{\perp}$
棉	1.576	1.526	0.050
麻	1.568~1.588	1.526	0.042~0.062
桑蚕丝	1.591	1.538	0.053
柞蚕丝	1.572	1.528	0.044
羊毛	1.549	1.541	0.008
普通粘胶纤维	1.540	1.510	0.030
富强纤维	1.551	1.510	0.041
铜氨纤维	1.552	1.521	0.031
醋酯纤维	1.478	1.473	0.005
涤纶	1.725	1.537	0.188
腈纶	1.510~1.516	1.510~1.516	0.000
改性腈纶	1.535	1.532	0.003
锦纶	1.573	1.521	0.052
维纶	1.547	1.522	0.025
氯纶	1.548	1.527	0.021
乙纶	1.570	1.522	0.048
丙纶	1.523	1.491	0.032
酚醛纤维	1.643	1.630	0.013
玻璃纤维	1.547	1.547	0.000
木棉纤维	1.528	1.528	0.000

第六节　纤维定量分析技术

混纺产品中的纤维含量测试方法有两种。一种为化学分析方法,即使用不同的化学试剂溶解相应的原料加以鉴定,如涤/棉混纺产品、棉/粘混纺产品等。利用各种纤维对不同化学试剂的溶解性能不同,选择适当的试剂,把混纺产品中某个或几个纤维组分溶解,从溶解失重或不溶解纤维的质量计算出各纤维组分的含量。另一种为物理分析方法。对一些化学成分相同或基本相同的混纺产品,如棉/麻、羊绒/羊毛等混纺产品,不能用化学分析方法测定其成分含量,通常用人工识别或图像分析软件,分别测其根数和直径,进而计算各组分的含量,也可利用混纺纤维的吸湿速率及对染料的吸附性不同来测其混纺含量。本节主要介绍利用化学分析方法的纤维定量分析。

一、纤维定量化学分析试验通则

GB/T 2910.1 规定,混合物的组分经鉴定后,选择适当的试剂去除一种组分,将残留物称重,根据质量损失计算出可溶组分的比例。一般情况下,先去除含量较大的纤维组分。该方法适用于任何形式纺织品的纤维。

1. 试剂

所用试剂为石油醚、蒸馏水或去离子水。

2. 设备

玻璃砂芯坩埚(容量为 30~40 mL,微孔直径为 90~150 μm 的烧结式圆形过滤坩埚,且应带有一个磨砂玻璃瓶塞或表面玻璃皿);抽滤装置;装有变色硅胶的干燥器;能保持温度为 (105±3)℃的烘箱;精度 0.000 2 g 或以上的分析天平;索式萃取器:容积(mL)为试样质量(g)的 20 倍,或其他能获得相同结果的仪器。

3. 取样和样品的预处理

(1) 取样。按 GB/T 10629 的规定取实验室样品,使其具有代表性,并足以提供全部所需试样,每个试样至少 1 g。织物样品中可能包括不同组分的纱,取样时需考虑到这一点。

(2) 实验室样品预处理。将样品放在索式萃取器内,用石油醚萃取 1 h,每小时至少循环 6 次。待样品中的石油醚挥发后,把样品浸入冷水中浸泡 1 h,再在(65±5)℃的水中浸泡 1 h。两种情况下,浴比均为 1∶100,不时地搅拌溶液,再抽干、过滤或离心脱水,以除去样品中的多余水分,然后自然干燥样品。

如果用石油醚和水不能萃取掉非纤维物质,需用适当方法去除,而且要求纤维组分无实质性改变。对某些未漂白的天然植物纤维(如黄麻、椰壳纤维),石油醚和水的常规预处理并不能除去全部的天然非纤维物质,但即便如此,也不采用附加预处理,除非该样品含有不溶于石油醚和水的整理剂。

4. 一般试验步骤

(1) 通用程序。

a. 烘干。在密闭的通风烘箱内进行全部烘干操作,烘干温度为(105±3)℃,时间一般不少于 4 h,但不能超过 6 h,烘至试样恒重。

b. 试样的烘干。将称量瓶和试样连同放在旁边的瓶盖一起烘干。烘干后,盖好瓶盖,再从烘箱内取出,并迅速移入干燥器内。

c. 坩埚和残留物的烘干。将过滤坩埚连同放在旁边的瓶盖一起放在烘箱内烘干。烘干后拧紧坩埚磨口瓶塞,并迅速移入干燥器内。

d. 冷却。将全部烘干的试样、称量瓶、坩埚等进行冷却操作,直至完全冷却,冷却时间不得少于 2 h,将干燥器放在天平旁边。

e. 称重。冷却后,从干燥器中取出称量瓶或坩埚,并在 2 min 内称取质量,精确到 0.000 2 g。

（2）试验步骤。从预处理后的实验室样品中取样,每个试样约 1 g,将纱线或分散的布样切成 10 mm 左右长。把称量瓶里的试样烘干,在干燥器内冷却,然后称重。再将试样移到规定的玻璃器具中,立即将称量瓶再次称重。从两次称重差值求出试样的干燥质量,并用显微镜观察残留物,检查是否已将可溶纤维完全去除。

5. 结果计算

（1）净干质量百分率。以净干质量为基础,混合物中不溶纤维和可溶纤维的净干质量百分率,按式(3-28)和式(3-29)计算。

$$P_1 = \frac{100m_1 d}{m_0} \tag{3-28}$$

$$P_2 = 100 - P_1 \tag{3-29}$$

式中:P_1 为不溶纤维的净干质量百分率($\%$);P_2 为溶解纤维的净干质量百分率($\%$);m_1 为不溶纤维干量(g);m_0 为试样干量(g);d 为不溶纤维质量变化的修正系数(1.00)。

（2）结合公定回潮率的不溶纤维含量百分率。以净干质量为基础,结合公定回潮率的质量百分率,按式(3-30)计算。

$$P_m = \frac{100P_1(1+0.01a_1)}{P_1(1+0.01a_2)+(100-P_1)(1+0.01a_1)} \tag{3-30}$$

式中:P_m 为不溶纤维结合公定回潮率的质量百分率($\%$);P_1 为不溶纤维的净干质量百分率($\%$);a_1 为可溶纤维的公定回潮率($\%$);a_2 为不溶纤维的公定回潮率($\%$)。

（3）结合公定回潮率及预处理中非纤维物质和纤维物质的损失率的质量百分率。以净干质量为基础,结合公定回潮率及预处理中非纤维物质和纤维物质的损失率的不溶纤维及可溶纤维的质量百分率,按式(3-31)和式(3-32)计算。

$$P_A = \frac{100P_1[1+0.01(a_2+b_2)]}{P_1[1+0.01(a_2+b_2)]+(100-P_1)[1+0.01(a_1+b_1)]} \tag{3-31}$$

$$P_B = 100 - P_A \tag{3-32}$$

式中:P_A 为混合物中不溶纤维结合公定回潮率及非纤维物质去除率的净干质量百分率($\%$);P_1 为不溶纤维的净干质量百分率($\%$);a_1 为可溶纤维的公定回潮率($\%$);a_2 为不溶纤维的公定回潮率($\%$);b_1 为预处理中可溶解纤维的质量损失率($\%$);b_2 为预处理中不可溶解纤维的质量损失率($\%$);P_B 为可溶纤维的质量百分率($\%$)。

二、手工分解法

手工分解法适用于可以通过手工分离出不同种类纤维的纺织品。

1. 原理

鉴别出纤维组分的纺织品,通过适当的方法去除非纤维物质后,用手工分解法分解纺织品中不同种类纤维,并干燥、称重,计算每一种纤维的质量百分率。

2. 设备

称量瓶,干燥器,干燥烘箱,分析天平,索式萃取器,挑针,捻度仪。

3. 试验步骤

(1) 纱线的分析。取预处理的试样不少于 1 g。对于比较细的纱线,取最小长度为 30 m。将纱线剪成合适的长度,用挑针分解纤维(必要时,可使用捻度仪)。将分解后的纤维放入已知质量的称量瓶内,在(105±3)℃烘箱内烘至恒重,然后按上一小节的通用程序进行烘干、冷却和称重。

(2) 织物的分析。远离布边,取预处理的试样不少于 1 g。对于机织物,小心修剪试样边缘,防止散开,平行地沿经纱或纬纱裁剪,或沿针织物的横列或纵行裁剪。将分解出来的不同种类纤维放入已知质量的称量瓶中,在(105±3)℃烘箱内烘至恒重,然后按上一小节的通用程序进行烘干、冷却和称重。

4. 结果计算

各组分的纤维含量以其占混合物的质量百分率表示,计算结果以净干质量为基础。

(1) 净干质量百分率。不考虑预处理过程中纤维质量的损失,纤维净干质量百分率按式(3-33)计算。

$$P_1 = \frac{100m_1}{m_1 + m_2} = \frac{100}{1 + \dfrac{m_2}{m_1}} \tag{3-33}$$

式中:P_1 为第一组分净干质量百分率(%);m_1 为第一组分净干质量(g);m_2 为第二组分净干质量(g)。

(2) 各组分纤维质量百分率。对于各组分纤维质量百分率的计算,通过公定回潮率和预处理过程中纤维质量损失的修正系数进行调整,参见式(3-31)和式(3-32)。

三、三组分纤维混合物的定量分析方法

GB/T 2910.2 规定了各种三组分纤维混合物的定量化学分析方法。

1. 分析方法

混合物的组分经过定性鉴别后,用适当的预处理方法去除非纤维物质,然后使用一个或一个以上下述提到的溶解方法。除非在技术上有困难,最好去除含量较多的纤维组分,使含量较少的纤维组分成为最后的不溶残留物。

通常来说,根据混合物中不同的纤维成分,确定三组分纤维混合物定量化学分析方法。一般有以下四种方法:

(1) 方法 1。取两个试样,将第一个试样中的组分 a 溶解,将第二个试样中的组分 b 溶解。分别对两个试样的不溶残留物称重,根据溶解失重,可以计算出每个溶解组分的质量百分率。组分 c 的质量百分率可从差值中求得。

(2) 方法 2。取两个试样,将第一个试样中的组分 a 溶解,将第二个试样组分 a 和 b 溶解。对第一个试样的不溶残留物称重,根据其溶解失重,可以计算出组分 a 的质量百分率。对第二个试样的不溶残留物称重,可以计算出组分 c 的质量百分率。组分 b 的质量百分率可从差值中求得。

（3）方法 3。取两个试样，将第一个试样中的组分 a 和 b 溶解，将第二个试样中的组分 b 和 c 溶解。两个试样的不溶残留物相当于组分 c 和组分 a，可以分别计算出组分 c 和组分 a 的质量百分率。组分 b 的质量百分率可从差值中求得。

（4）方法 4。取一个试样，将其中的一个组分溶解去除，然后将另外两个组分组成的不溶残留物称重，从溶解失重计算出溶解组分的质量百分率。再将不溶残留物中的一个组分去除，称取不溶组分的质量，根据溶解失重，可计算出第二种溶解组分的质量百分率。

如果可以选择，建议采用前三种方法中的一种。采用化学分析方法时，应注意选择试剂，要求试剂仅能将要溶解的纤维去除，而保留下其他纤维。为了使误差概率降到最小，建议选用至少两种化学分析方法。

试剂和设备、调湿和实验大气、取样和预处理、试验步骤等，都参见上一小节的纤维定量化学分析试验通则。

2. 结果计算

混合物中各组分的含量以其占混合物的质量百分率表示，计算结果以纤维净干质量为基础，首先结合公定回潮率计算，其次结合预处理中和分析中的质量损失计算。

（1）方法 1 中纤维净干质量百分率的计算。方法 1 中，不考虑预处理中纤维的质量损失，按式（3-34）、式（3-35）和式（3-36）计算纤维净干质量百分率。

$$P_1 = \left[\frac{d_2}{d_1} - d_2 \frac{r_1}{m_1} + \frac{r_2}{m_2}\left(1 - \frac{d_2}{d_1}\right)\right] \times 100 \tag{3-34}$$

$$P_2 = \left[\frac{d_4}{d_3} - d_4 \frac{r_2}{m_2} + \frac{r_1}{m_1}\left(1 - \frac{d_4}{d_3}\right)\right] \times 100 \tag{3-35}$$

$$P_3 = 100 - (P_1 + P_2) \tag{3-36}$$

式中：P_1 为第一组分净干质量百分率（第一个试样溶解在第一种试剂中的组分）（%）；P_2 为第二组分净干质量百分率（第二个试样溶解在第二种试剂中的组分）（%）；P_3 为第三组分净干质量百分率（在两种试剂中都不溶解的组分）（%）；m_1 为第一个试样经预处理后的干重（g）；m_2 为第二个试样经预处理后的干重（g）；r_1 为第一个试样经第一种试剂溶解去除第一个组分后的残留物干重（g）；r_2 为第二个试样经第二种试剂溶解去除第二个组分后的残留物干重（g）；d_1 为质量损失修正系数（第一个试样中不溶的第二组分在第一种试剂中的质量损失）；d_2 为质量损失修正系数（第一个试样中不溶的第三组分在第一种试剂中的质量损失）；d_3 为质量损失修正系数（第二个试样中不溶的第一组分在第二种试剂中的质量损失）；d_4 为质量损失修正系数（第二个试样中不溶的第三组分在第二种试剂中的质量损失）。

d_1、d_2、d_3、d_4 的值见 GB/T 2910 各部分。

（2）方法 2 中纤维净干质量百分率的计算。方法 2 中，不考虑预处理中纤维的质量损失，根据式（3-37）、式（3-38）和式（3-39）计算纤维净干质量百分率。

$$P_1 = 100 - (P_2 + P_3) \tag{3-37}$$

$$P_2 = 100 \times \frac{d_1 r_1}{m_1} - \frac{d_1}{d_2} \times P_3 \tag{3-38}$$

$$P_3 = \frac{d_4 r_2}{m_2} \times 100 \tag{3-39}$$

式中：P_1 为第一组分净干质量百分率（第一个试样溶解在第一种试剂中的组分）（%）；P_2 为第二组分净干质量百分率（第二个试样在第二种试剂中和第一个组分同时溶解的组分）（%）；P_3 为第三组分净干质量百分率（在两种试剂中都不溶解的组分）（%）；m_1 为第一个试样经预处理后的干重（g）；m_2 为第二个试样经预处理后的干重（g）；r_1 为第一个试样经第一种试剂溶解去除第一个组分后的残留物干重（g）；r_2 为第二个试样经第二种试剂溶解去除第一、二组分后的残留物干重（g）；d_1 为质量损失修正系数（第一个试样中不溶的第二组分在第一种试剂中的质量损失）；d_2 为质量损失修正系数（第一个试样中不溶的第三组分在第一种试剂中的质量损失）；d_4 为质量损失修正系数（第二个试样中不溶的第三组分在第二种试剂中的质量损失）。

d_1、d_2、d_4 值的见 GB/T 2910 各部分。

（3）方法 3 中纤维净干质量百分率的计算。方法 3 中，不考虑预处理中纤维的质量损失，根据式（3-40）、式（3-41）和式（3-42）计算纤维净干质量百分率。

$$P_1 = \frac{d_3 r_2}{m_2} \times 100 \tag{3-40}$$

$$P_2 = 100 - (P_1 + P_3) \tag{3-41}$$

$$P_3 = \frac{d_2 r_1}{m_1} \times 100 \tag{3-42}$$

式中：P_1 为第一组分净干质量百分率（第一个试样溶解在第一种试剂中的组分）（%）；P_2 为第二组分净干质量百分率（第一个试样溶解在第一种试剂中的组分和第二个试样溶解在第二种试剂中的组分）（%）；P_3 为第三组分净干质量百分率（第二个试样在第二种试剂中溶解的组分）（%）；m_1 为第一个试样经预处理后的干重（g）；m_2 为第二个试样经预处理后的干重（g）；r_1 为第一个试样经第一种试剂溶解去除第一、二组分后的残留物干重（g）；r_2 为第二个试样经第二种试剂溶解去除第二、三组分后的残留物干重（g）；d_2 为质量损失修正系数（第一个试样中不溶的第三组分在第一种试剂中的质量损失）；d_3 为质量损失修正系数（第二个试样中不溶的第一组分在第二种试剂中的质量损失）。

d_2、d_3 的值见 GB/T 2910 各部分。

（4）方法 4 中纤维净干质量百分率的计算。方法 4 中，不考虑预处理中纤维的质量损失，根据式（3-43）、式（3-44）和式（3-45）计算纤维净干质量百分率。

$$P_1 = 100 - (P_2 + P_3) \tag{3-43}$$

$$P_2 = 100 \times \frac{d_1 r_1}{m} - \frac{d_1}{d_2} \times P_3 \tag{3-44}$$

$$P_3 = \frac{d_3 r_2}{m} \times 100 \tag{3-45}$$

式中:P_1 为第一组分净干质量百分率(第一个溶解的组分)(%);P_2 为第二组分净干质量百分率(第二个溶解的组分)(%);P_3 为第三组分净干质量百分率(不溶解的组分)(%);m 为试样经预处理后的干重(g);r_1 为经第一种试剂溶解去除第一组分后的残留物干重(g);r_2 为经第一、二种试剂溶解去除第一、二组分后的残留物干重(g);d_1 为质量损失修正系数(第二组分在第一种试剂中的质量损失);d_2 为质量损失修正系数(第三组分在第一种试剂中的质量损失);d_3 为质量损失修正系数(第三组分在第一、二种试剂中的质量损失)。

d_1、d_2 的值见 GB/T 2910 各部分;如果可能的话,d_3 宜通过进一步的实验方法得出。

(5) 各组分结合公定回潮率和预处理中质量损失的质量百分率的计算。

按式(3-46)~式(3-51)计算结合公定回潮率和预处理中质量损失的各组分的质量百分率。

$$A = 1 + \frac{a_1 + b_1}{100} \tag{3-46}$$

$$B = 1 + \frac{a_2 + b_2}{100} \tag{3-47}$$

$$C = 1 + \frac{a_3 + b_3}{100} \tag{3-48}$$

$$P_{1A} = \frac{P_1 A}{P_1 A + P_2 B + P_3 C} \times 100 \tag{3-49}$$

$$P_{2A} = \frac{P_2 A}{P_1 A + P_2 B + P_3 C} \times 100 \tag{3-50}$$

$$P_{3A} = \frac{P_3 A}{P_1 A + P_2 B + P_3 C} \times 100 \tag{3-51}$$

式中:P_{1A} 为第一组分结合公定回潮率和预处理中质量损失的净干质量百分率(%);P_{2A} 为第二组分结合公定回潮率和预处理中质量损失的净干质量百分率(%);P_{3A} 为第三组分结合公定回潮率和预处理中质量损失的净干质量百分率(%);P_1、P_2 和 P_3 为根据式(3-34)、式(3-45)计算出来的第一、二、三组分净干质量百分率(%);a_1、a_2 和 a_3 分别为第一、二、三组分的公定回潮率(%);b_1、b_2 和 b_3 分别为第一、二、三组分的预处理中质量损失百分率(%)。

当采用特殊预处理时,如可能,宜提供每种组分的纯净纤维进行特殊预处理测得 b_1、b_2 和 b_3 的值。纯净纤维不含非纤维物质,除去正常含有的天然伴生物质或加工过程中带来的物质,这些以漂白或未漂白状态存在的物质在待分析材料中可以找到。

如果待分析材料不是由干净独立的纤维组成的,则宜使用相似的干净的纤维混合物测定得到 b_1、b_2 和 b_3 的平均值。一般预处理使用石油醚和水萃取,则预处理中质量损失修正系数 b_1、b_2、b_3,除了未漂白的棉、未漂白的苎麻、未漂白的大麻为 4% 和聚丙烯为 1% 外,通常可以忽略。

对于其他纤维说,按惯例,一般预处理在计算中不考虑质量损失。

（6）手工分解法的计算。手工分解法中，不考虑预处理中纤维质量损失，按式（3-52）～式（3-54）计算纤维净干质量百分率。

$$P_1 = \frac{100m_1}{m_1 + m_2 + m_3} = \frac{100}{1 + \frac{m_2 + m_3}{m_1}} \tag{3-52}$$

$$P_2 = \frac{100m_2}{m_1 + m_2 + m_3} = \frac{100}{1 + \frac{m_1 + m_3}{m_2}} \tag{3-53}$$

$$P_3 = 100 - (P_1 + P_2) \tag{3-54}$$

式中：P_1、P_2 和 P_3 分别为第一、二、三组分的净干质量百分率（%）；m_1、m_2 和 m_3 分别为第一、二、三组分的净干质量（g）。

第七节　纤维结构测试技术

纤维的结构层次一般包括大分子结构、聚集态结构和形态结构。大分子结构又包括纤维大分子链的近程结构和远程结构，主要包括单基、聚合度、大分子的构型和构象等。聚集态结构指大分子与大分子之间的几何排列，又称三次结构或超分子结构。纤维的聚集态结构主要包括纤维大分子之间的作用力和纤维大分子的排列状态，即纤维的结晶度和取向度。纤维的形态结构主要包括微观形态结构和宏观形态结构，指可以利用测试手段观察到的纤维截面和纵向形态。随着科技的发展，人们利用越来越多的新型测试技术来检测纤维的结构。本节主要介绍电子显微镜测试技术、红外光谱测试技术、X 射线衍射测试技术和热分析测试技术及其在纺织纤维结构检测方面的应用。

一、电子显微镜测试技术

显微镜的分辨能力可根据下列公式计算：

$$\delta = 0.61\lambda/A \tag{3-55}$$

式中：λ 为光波的波长；A 为物镜的数值孔径。

$$A = n\sin\alpha \tag{3-56}$$

式中：n 为试样和物镜间介质的折射率（空气 1、水 1.33、甘油 1.47）；α 为试样和射入物镜边缘光线间的夹角。

利用可见光的光学显微镜的分辨能力可达 $1\sim0.2\ \mu m$。若要提高显微镜的分辨能力，可采用更短波长的光源及提高数值孔径。由于数值孔径值的变化范围很小，因此对分辨能力的影响是有限的，要获得高分辨率的图像可采用波长极短的电子束。采用波长比光波短得多的电子束为光源的电子显微镜具有极高的分辨本领，其应用已扩展到自然科学的各个领域，可对材料的显微组织形态、晶体结构和微区化学成分等方面进行分析，研究材料结构与性能的关系。光学显微镜和电子显微镜对纺织纤维的分辨范围如图 3-3 所示。

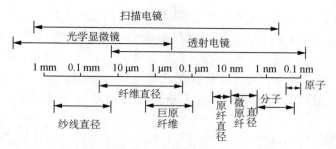

图 3-3　光学显微镜和电子显微镜对纺织纤维的分辨范围

可应用于纺织材料研究的电子显微镜主要有扫描电子显微镜、透射电子显微镜等。

（一）扫描电子显微镜

扫描电子显微镜（Scanning Electron Microscope，SEM）简称扫描电镜，其成像原理类似电视摄影显像方式，是用细聚焦电子束在样品表面扫描时激发的某些物理信号来调制成像的，它具有样品制备简单、放大倍数连续调节范围大、景深大、分辨率较高等特点。在纺织科学领域，SEM 以接收纺织材料的二次电子信号观察形貌为主，可有效地进行样品表面形态的分析。

1. 扫描电子显微镜的结构和工作原理

（1）扫描电子显微镜的结构。扫描电子显微镜由电子光学系统、扫描系统、信号检测系统、图像显示系统和试样放置系统五部分组成，其结构如图 3-4 所示。

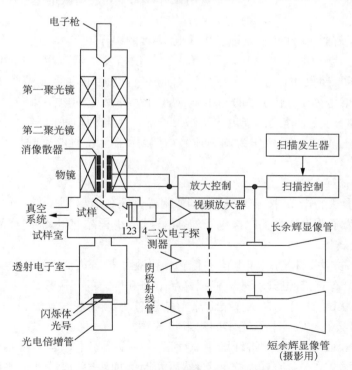

图 3-4　扫描电子显微镜（SEM）结构示意

电子光学系统包括电子枪、二级或三级缩小电磁透镜及光阑、合轴线圈、消像散器等辅助装置。其作用是提供一束直径足够小、亮度足够高的扫描电子束。

扫描系统使电子束以不同速度和方式在试样表面扫描,以适应各种观察方式的需要和获得合理的信噪比。镜筒中电子束的扫描与显像管中电子束的扫描是由同一扫描发生器驱动的,因此两者完全同步扫描,形成逐点对应的图像。扫描方式包括面扫描、点扫描和线扫描。面扫描用于观察试样的表面形貌或某元素在试样表面的分布;点扫描用于对试样表面的特定部位做 X 射线元素分析;线扫描是在元素分析时用来观察沿某一直线的分布状况。

入射电子束和试样作用时会产生各种不同的信号,必须采用相应的信号探测器把这些信号转换成电信号加以放大。从试样出来的电子,撞击并进入闪烁体,当金属圆筒加＋250 V 电压时,接收低能二次电子;加－250 V 电压时,接收背散射电子。当电子打到闪烁体上时,产生光子。光子通过光导管传送到光电倍增管的阴极上,通过光电倍增管,信号被放大为微安数量级,再送至前置放大器放大成足够功率的输出信号,送至视频放大器,而后直接调制显像管的栅极电位,即可得到一幅可供观察和照相的图像。

图像显示系统的作用是将已放大的被检信号显示成相应的图像,并加以记录。为了达到图像观察和图像记录两个目的,一般扫描电镜都采用一只长余辉显像管来显示图像,一只短余辉显像管来记录图像。显像管分辨率越高表示所能显示的像素越多,图像就越清晰。

试样放置系统主要包括试样室,它位于电子光学系统之下紧靠物镜的地方。试样室容积很大,可以配置具有 x 轴、y 轴、z 轴、旋转角和倾斜角 5 个自由度的试样座,也能够安装供进行动态观察的拉伸台、弯曲台、加热台等专用试样座,以及 X 射线能谱仪和 X 射线波谱仪等附件。

（2）扫描电子显微镜的工作原理。电子枪发出的电子在高压电场作用下加速,经过三级电磁透镜形成一微细电子束,聚焦于试样表面。扫描发生器产生的扫描信号供给电子光学系统的扫描线圈,使聚焦电子束在 X、Y 方向扫描,同时也供给显像管上的扫描线圈,使显像管中的电子束也做 X、Y 方向的同步扫描,因此,样品上的电子束位置同显像管上的电子束位置一一对应。被加速的高能电子束激发样品产生各种物理信号,其强度随样品表面特征不同而变化,经检测放大后可作为调制信号,在显示器上获得能反映样品表面特征的扫描图像。

2. 纺织材料试样制备

对各类不同形状的样品,按不同观察要求,制样方法各有区别。制样时,不同的试样要进行不同的处理。为了获得清晰的二次电子像,防止或减少样品充电,需对样品表面进行导电处理,如喷镀导电金属等。

（1）试样制备方法。利用扫描电镜进行物质微观结构分析时,样品本身的形貌和样品制备工艺对成像质量有直接的影响,故应根据样品形态和性质的不同采用相应的制备工艺。

① 对于粉末状试样,可先在试样架上涂上黏合剂,然后将粉末状试样压粘在试样架上,待黏合剂干燥后,用吹气球吹掉黏合不牢的粉末状试样。

② 观察纤维表面形态时,可将纤维用双面胶粘在样品架上。若要观察纤维试样断面,通常是将纤维用双面胶粘在台阶式试样架上,然后切断断面观察,以求断面平整;也可以先切取纤维横向切片,然后用双面胶粘在平台式试样架上,经喷涂后用于观察。由于在切断纤维时会产生纤维变形或刀片划痕,因此可将纤维经过液氮冷冻折断,再对纤维进行处理。

③ 对于织物试样,可剪成小片后用双面胶粘在试样架上,再进行处理、观察。

（2）试样导电处理方法。

① 真空镀膜法。在真空镀膜仪中,金属在真空中加热到急剧蒸发,蒸发的金属附着于样品表面。

② 溅射镀膜法。在惰性气体的低真空中进行辉光放电时,由于离子冲击,阴极位置（金属）有飞散现象,称为溅射。这时把样品放在阴极附近,飞来的金属原子（或分子）就会附着在金属表面而形成薄膜。用这种方法形成金属薄膜称为溅射镀膜法,现已得到广泛应用。

③ 其他方法。除上述两种方法外,还可采用消静电剂代替喷镀金属层来改善试样导电性能,这种方法简化了试样的准备工作。用于扫描电子显微镜观察的样品,有时也可以用复型法制备。

3. 扫描电镜在纺织材料分析中的应用

扫描电子显微镜的二次电子信号主要应用于形貌观察,背散射电子的衍射信息可应用于材料的结晶学研究,特征 X 射线和俄歇电子可用于成分分析。

（1）试样表面形态的观察。由于扫描电镜具有放大倍数大、分辨率高、景深大、图像清晰、立体感强、样品制备较容易等特点,所以它特别适用于纤维的表面形态观察。用扫描电镜也可以直观地研究纤维在纺纱过程中彼此之间的关系和形态,纱线在织物中的排列形态和彼此之间的分布关系,观察分析纱线和织物的结构。用扫描电镜还可观察各种改性用添加剂在纤维中的分散情况,研究添加剂分散情况与纤维性能之间的关系。

使用生物、化学或物理的手段对纤维试样进行刻蚀后,也能用于扫描电镜观察。刻蚀花样常常反映材料结晶和超分子结构取向的情况。

（2）微区化学成分分析。扫描电子显微镜配备 X 射线能谱（EDS）和 X 射线波谱成分分析等电子探针附件,可对样品微区化学成分进行定性或半定量分析。

目前应用于材料失效分析的电子探针基本工作方式:

① 对样品表面选定微区进行定点的全谱扫描定性或半定量分析,以及对其中所含元素浓度进行定量分析。

② 电子束沿样品表面选定的直线轨迹做所含元素浓度的线扫描分析。

③ 电子束在样品表面进行扫描,并以特定元素的 X 射线信号调制阴极射线管荧光屏亮度,给出该元素浓度分布的扫描图像。

（3）纤维断裂的动态研究。扫描电镜的大场深和大视场可清晰显示纤维断裂面的三维形貌,而在较高放大倍数下还能观察断裂面局部区域的微细结构,这种图像有助于研究裂缝的产生、发展,以及寻找裂缝源。

（二）透射电子显微镜

用波长极短的电子束作为光源,用电磁透镜聚焦成像的电子光学仪器叫作透射电子显微镜（Transmitting Electron Microscope，TEM）,简称透射电镜。

1. 透射电子显微镜的结构

透射电子显微镜在结构上是由电子光学系统、真空系统和电气系统三大部分组成的。

（1）电子光学系统。透射电镜的整个电子系统从结构上看类似于透射光学显微镜,自上而下地排列着由电子枪、聚光镜等组成的照明部分,由物镜、中间镜、投影镜及试样室等组成的成像放大部分,以及由观察室、观察屏和照相装置等组成的显像部分,如图 3-5 所示。

在照明部分,电子枪发出电子束。聚光镜具有增强电子束的密度和再一次将发散的电子

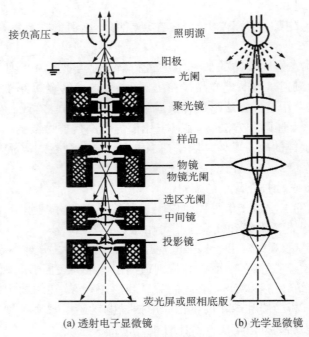

接负高压 照明源
阳极
光阑
聚光镜
样品
物镜
物镜光阑
选区光阑
中间镜
投影镜
荧光屏或照相底版

(a) 透射电子显微镜　　　　(b) 光学显微镜

图 3-5　透射电镜的结构和光路示意

会聚起来的作用，从而使射到试样上的电子束截面变小，电子束直径、强度和电子动能满足显微镜要求。对放大倍率为数十万倍的高性能电镜，为得到一束几乎平行的、直径为几个微米的电子束来照射试样，需要第一、第二聚光镜。

成像放大部分由物镜、中间镜、投影镜和试样室组成。物镜是放大率很高的短距透镜，作用是放大电子像。透射电镜分辨本领的好坏，很大程度上取决于物镜的优劣。中间镜和投射镜的作用是将来自物镜的电子像放大，最后显示在观察屏上，得到高放大倍率的电子像。物镜、中间镜和投射镜三者的放大倍数相乘为透射电镜的总放大倍率。中间镜除了起放大镜作用外，还起衍射镜的作用。试样室内的试样台承载试样和移动试样，设有试样倾斜旋转装置。在特殊情况下，试样室内可分别装设加热、冷却、变形试样台，以便对试样进行动力学研究。

显像部分由用于观察的荧光屏和照相机构组成。观察屏和照相底板放在投射镜的像平面上。由于电镜的焦深大，尽管观察屏和照相底板相隔十几厘米，在观察屏上聚焦后，将屏掀起，在照相底板上照相，照片依然清晰。

（2）真空系统和电源系统。真空系统保证了电子在整个通道中只与试样发生作用。在大多数电镜中，照相室和观察室之间都装有单独气阀，照相室可单独抽真空和放气。电源系统由稳压、稳流及保护电路组成，提供透射电镜各部分所需的电源。

2. 试样制备

为了能够用透射电镜研究纺织材料，必须制备足以允许电子穿透的薄样品。一般来说，电子束穿透固体样品的能力主要取决于加速电压（或电子能量）和样品的原子序数。加速电压越高，样品原子序数越低，电子束可穿透的样品厚度越大。对于透射电镜常用的 $50 \sim 100$ kV 电子束来说，样品厚度宜控制在 $100 \sim 200$ nm。

目前普遍采用的样品制备方法是制备所谓的"复型",即把样品表面显微组织浮雕复制到一种很薄的膜上,然后把复制薄膜(复型)放到透射电镜中,对其组织结构进行间接的观察。常用的复型材料是塑料和真空蒸发沉积碳膜,它们都是非晶体。

(1)纤维表面复型的试样制备方法。一般可用二级复型法制作纤维样品,如用 Formvar-C 二级复型。

常温时,Formvar(聚乙烯醇缩甲醛)能在丙酮作用下变软,用作中间复型材料较为理想。Formvar-C 二级复型程序如图 3-6 所示。

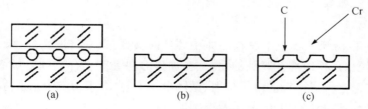

图 3-6 Formvar-C 二级复型程序

如图 3-6(a),首先在玻璃片上制得厚度约 25 μm、均匀的 Formvar 膜,用丙酮浸湿,同时将在丙酮中浸过数分钟的纤维置于膜上,用玻璃片加压,室温下使 Formvar 薄膜干燥变硬;如图 3-6(b),去除纤维得到附于玻璃片上的中间复型;如图 3-6(c),进行金属铬投影和喷碳。

由于碳膜非常薄,为保护碳膜不破裂,需用石蜡制作碳膜的支托层,然后再用二氯乙烷将 Formvar 溶解,对二氯乙烷温和加热溶解石蜡,碳膜飘浮于二氯乙烷溶液中,用铜网捞出,烘干后即可用于透射电镜观察。

(2)超薄切片法。超薄切片法是用超薄切片机将包埋在固化介质中的试样进行超薄切片,然后把切片放入透射电镜,是观察样品内部结构最直接的方法。

用于透射电镜的切片厚度必须在 200 nm 以下,这一方面是因为电子穿透物质的能力非常弱;另一方面是因为电镜的场深大,若切片超出一定厚度,图像相互重叠,无法观察到内部结构。

纤维试样的超薄切片法包括包埋、修形、切片及电子染色等过程。

首先将纤维包埋于某种介质中形成柱状。包埋介质必须是一种强力黏结剂,如环氧树脂等。然后对柱状介质的形状进行修整,放入超薄切片机切片。按进刀方式的不同,超薄切片机有机械式和热膨胀式两种类型,热膨胀式精度较高,可切得 100 nm 甚至 10 nm 以下的超薄切片。

直接将切片用于观察,还不能得到满意衬度的电子图像,必须对试样进行合理的电子染色,使重金属原子渗入试样,以增强试样对电子束的散色能力,并且渗入的重金属分布应随试样各部位结构不同而不同,从而得到不同的电子密度,大大增强图像的衬度,较好地显示出样品的结构。例如研究羊毛角朊结构时,由于羊毛角朊中的二硫键在无定形基质中的含量比其在有序结构的微纤中多得多,因而可用四氧化锇(OsO_4)对试样进行电子染色,使羊毛角朊中包含二硫键多的区域具有更大的电子密度,提高衬度。

透射电镜的操作十分方便。只要转动旋钮,就能方便地改变相应透镜的放大倍数或聚焦。利用装在镜筒外的样品移动杆,控制样品在一个精确的平面上平移,以选择不同的视域供观察并记录。

3. 透射电镜在纤维结构测试中的应用

（1）纤维内部结构的观察。透射电子信号可用于了解纤维内部结构，直接观察纤维的微纤结构和基本原纤结构，如用透射电镜研究角朊纤维内部结构。破碎降解也是分析纤维内部结构的一种方法。这种方法使用机械、超声波或其他物理方法，并用酸、碱或其他化学试剂对样品进行化学降解，将纤维破碎降解，然后通过一定的处理，用透射电镜观测碎片的形态结构。

（2）纤维一般形貌的观察。透射电子显微镜作为一种高分辨率、高倍率的显微镜，可以利用其质厚衬度成像，对样品进行形貌观察。用透射电子显微镜研究材料微观组织时，样品制备方法有复型法和薄膜法。

（3）纤维物相的分析。当电子波在晶体中传播时会受到原子散射，这些散射线只有在满足劳厄方程或布拉格条件时才能得到加强，并在加强方向上产生合成的电子散射束，即"电子衍射线"。利用透射电子显微镜的电子衍射、微区电子衍射、会聚束电子衍射等技术，可对样品进行物相分析，以确定材料的物相、晶系及空间群。

（4）研究晶体中存在的结构缺陷。电子受到的散射强弱与样品厚薄有关，而晶体的衍衬像起源于晶体的取向对电子的衍射能力。在同一入射条件下，由于晶体的取向不同，其对电子的衍射能力不同，因此所产生的电子衍射线强弱不同，利用这些衍射光得到的像衬度为"衍衬像"。借助透射电子显微镜的衍衬像和高分辨电子显微术，可以观察晶体中存在的结构缺陷，确定缺陷的种类，估算缺陷密度。

二、红外光谱测试技术

红外光谱（Infrared Spectrometry，IR）是一种选择性吸收光谱，通常是指有机物分子在一定波长的红外线照射下，选择性地吸收其中某些频率的光能后，用红外光谱仪记录所得到的吸收谱带。红外光谱分析是研究物质分子结构与红外吸收间关系的一种重要手段，可有效地应用于分子结构的分析，它在高聚物结构测定方面得到越来越广泛的应用，是高聚物表征和结构性能研究的基本手段之一。

红外光谱法主要研究在振动中伴随有偶极矩变化的化合物。除了单原子和同核分子外，几乎所有的有机化合物在红外光区均有吸收。红外吸收带的波长位置与吸收谱带的强度，反映了物质分子结构特点，可以用来鉴定未知物的结构或确定其化学基团；而吸收谱带的吸收强度与分子组成或化学基团的含量有关，可以用来进行定量分析和纯度鉴定。由于红外光谱分析特征性强，可测定气体、液体、固体试样，并具有试样量少、分析速度快、不破坏试样的特点，因此，红外光谱法常用于鉴定化合物和测定分子结构，并进行定性和定量分析。

（一）红外光谱法基本原理

红外光谱波数范围约为 12 800～10 cm^{-1}，或按波长的不同，将红外线分为近红外（0.75～2.5 μm）、中红外（2.5～25 μm）与远红外（25～1 000 μm）三个区域。近红外线处于可见光区到中红外光区之间，该光区的吸收带主要是由低能电子跃迁、含氢原子团伸缩振动的倍频及组合频吸收产生的。近红外辐射最重要的用途是对物质进行定量分析，它的测量准确度及精密度与紫外线、可见吸收光谱相当。中红外线与分子内部的物理过程及结构关系最为密切，绝大多数有机化合物和无机离子的基频吸收带出现在中红外光区。由于基频振动是红外光谱中吸收最强的振动,它对于解决分子结构和化学组成中的各种问题最为有效,因而中红外区是红外光谱中应用最广泛的部分,常用于分子结构的研究与化学组成的分析。

（二）红外光谱仪

红外光谱仪是记录通过样品的红外光的透射率或吸光度随波数变化的装置,主要有色散型红外分光光度计和干涉型傅里叶变换红外光谱仪两类,目前以后者为主。

典型的傅里叶变换红外光谱仪由五个部分组成,即红外光源、干涉仪系统、样品室、红外探测器系统、数据处理及显示系统,如图 3-7 所示。

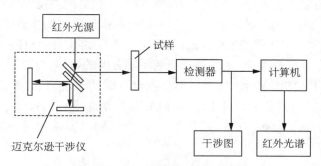

图 3-7 傅里叶变换红外光谱仪结构框图

傅里叶变换红外光谱仪属大型精密仪器,是利用光相干性原理设计的干涉型红外分光光度计。它用迈克尔逊干涉仪,使光谱信号做到"多路传输",它首先得到光源的干涉图,然后根据傅里叶变换函数,利用计算机将干涉信号转换成普通光谱信号,即将以光程差为函数的干涉图像转换成以波长为函数的光谱图,因此能在同一时刻收集光谱中所有频率的信息,在 1 min 内能对全部光谱扫描近千次,大大提高了灵敏度和工作效率。

傅里叶变换红外光谱仪测量具有时间短、输出能量大、波数精度高、光谱范围宽、数据处理功能多、分辨能力高及样品取用量少等优点。

（三）制样

制样方法对红外光谱图的质量影响很大。试样制备时,一般要注意:试样的浓度或厚度要适当,否则吸收光谱过强或过弱,影响光谱图质量;试样要保持干燥,水分会对光谱产生干扰;试样必须纯净,杂质会使光谱分析变得复杂;与标准红外光谱对照时,必须选择相同的制备方法。

常用以下几种制样方法:

（1）液态试样。对于液体试样,可以装入密封液槽后进行分析。由于大部分有机溶剂在红外区均有很多较强的吸收谱带,所以很少用溶液法测量高聚物的红外光谱图。

（2）固态试样。对于不同的固态试样,可采用不同的试样制备方法,如卤化物压片法、薄膜法、糊状法及衰减全反射法等。在纺织材料研究中,以卤化物压片法和衰减全反射法的应用最多。

① 卤化物压片法。在卤化物压片法中,使用最多的是溴化钾压片法,即把固体试样磨细至 2 μm 左右;称取 1～2 mg 的干燥样品,以 1 mg 样品对 100～200 mg 溴化钾的比例称取干燥溴化钾粉末,并倒在玛瑙研钵中进行研磨,直至完全混匀;称取 200 mg 混匀的混合物,放进压模,然后用模具加压,形成透明的试样片。

压片法操作简单,需要样品少,较易控制样品的厚度和光谱的强度。压片法在固体样品中是比较常用的一种方法,有很多优点。但采用压片法时,应注意几点:一是由于碱金属卤化物具有一定的吸湿性,$3\mu m$ 区和 $6.1\mu m$ 区常受到干扰,因此在解释 O—H、N—H 键的伸展振动吸收和 C=C、C=N 伸展振动吸收时须小心,为避免这种干扰,有时将样品和聚乙烯粉末或石蜡粉混合压成薄片进行测定;二是碱金属卤化物会和样品发生离子交换,产生相应的杂质吸收峰;三是样品在压片过程中会发生物理变化(如晶型改变)或化学变化(部分分解),使谱图面貌出现差异;四是如溴化钾吸湿性较强,即使在干燥箱中进行样品的混磨,其红外光谱中仍不可避免地出现水的特征吸收峰,为去除水分的干扰,可以在相同条件下研磨纯溴化钾粉末,制成一个补偿片。

② 薄膜法。对于热塑性高分子材料,可以热压成膜,但压膜时要注意膜的两面不能太光滑,否则会产生光干涉现象。对于可溶于溶剂的试样,选择适当溶剂溶解试样,然后将溶剂倒在玻璃片上,待溶剂挥发后形成均匀薄膜。对于熔点低且不易分解的试样,可以用熔融法制取薄膜。

③ 糊状法。先将试样磨细(约 $2\mu m$),然后混合石蜡油、六氯丁二烯等糊剂,调成糊状,均匀涂在溴化钾片上或可拆液槽后窗片上。选择糊剂时,要注意它的吸收区域不能干扰试样的红外光谱。糊状法的优点是简单迅速,适用于大多数固态试样,缺点是不适用于做定量分析,试样难于回收。

(四) 红外光谱法在纺织材料研究中的应用

红外光谱法在纺织材料研究中的应用主要有纤维鉴别、高聚物结构分析、混纺纤维的定量分析、分析纤维变化和织物树脂整理、高聚物结晶度的测定等,其中最常用的是纤维鉴别及分析纤维变化和织物树脂整理。

1. 纤维鉴别

不同结构的高聚物都有其特征吸收光谱。根据样品红外谱图上出现的特征吸收峰的位置,并对照高聚物的红外光谱系统表,可鉴别出未知样品为何种高聚物。主要纺织纤维的基团特征吸收谱带如表 3-34 所示。

表 3-34 主要纺织纤维的基团特征吸收谱带

振动形式	波数(cm^{-1})	振动形式	波数(cm^{-1})
OH 伸缩振动(形成氢键)	3 500～3 300	OH 面内变形振动(纤维素)	1 325
C=N 伸缩振动(聚丙烯腈)	2 240	OH 面外变形振动(纤维素)	640
C=O 伸缩振动(聚酯)	1 725	C—O 伸缩振动(纤维素)	1 110
C—O 伸缩振动(聚酯)	1 250, 1 110	N—H 伸缩振动(酰胺基)	3 320～3 270
苯环 C=O 伸缩振动	1 650, 1 500	N—H 面内变形振动(酰胺基)	1 530
苯环 C—H 面外变形振动	1 900～700	C—Cl 伸缩振动-聚氯乙烯	635
CH 变形振动(纤维素)	1 370	—	—

2. 测定高聚物主链结构

以聚丁二烯为例。聚丁二烯具有三种不同的异构体,即顺式-1,4、反式-1,4 和 1,2 加成链结构。这三种结构的红外光谱图有很大的差异,其谱线的吸收带各不相同。这三种异构体在高聚物中的含量强烈地影响高聚物的性能,因而对异构体进行定量测定非常必要。要定量测定三种异构体的含量,必须找到这三种结构的纯组分标准样品,根据郎伯-比尔定律分别测得三个吸收带的光密度,用已测得的光密度测量高聚物中各异构体的含量。

3. 结晶度测定

高聚物结晶时,常常会出现非晶态高聚物所没有的新的红外吸收谱带,即"晶带"。当高聚物的晶体熔融时,该谱带的强度将有所下降。在高聚物熔融完毕时所出现的特有吸收谱带为"非晶带"。比较高聚物在高度结晶时及它在熔融状态下的红外光谱,根据这些光谱的差别,可通过测量一个结晶带和一个非晶带的相对吸收强度的方法来计算高聚物的结晶度。

4. 取向度测定

高分子链上的某些官能团具有一定的方向性,它对振动方向不同的红外光有不同的吸收率,也会表现出二色性。这种二色性叫作红外二色性。红外二色性所反映的是纤维大分子的取向情况。因此,可用红外二色性研究大分子链的取向结构。

5. 纤维内不同化学成分的测量

根据不同化学键的特征吸收峰不同,其特征吸收峰增强或减弱可用于分析化学成分的变化,并可以根据不同处理后结构和成分的变化推断出纺织材料的性质变化。

6. 混纺比测定

在混纺纱的混纺比测定中,首先选定某一特征吸收谱带作为测定依据,这个特征吸收谱带只在混纺纱的一种纤维中存在,其他纤维中是没有的。然后做出各种不同混纺比的混纺纱的红外光谱,由这些光谱可得出光密度与混纺比的对应关系图。以后,在同一台仪器上(仪器不同,对应关系要重做)可以对某一未知混纺比的纱线作红外光谱,从中读出光密度,根据关系图可直接找到该纱线的混纺比。

7. 染整剂含量测定

通过衰减全反射法等表面分析方法,还可测定染整剂含量。

三、X 射线衍射测试技术

X 射线衍射法是获取物质中结构信息的重要研究方法之一,在研究高分子材料的固态结构,尤其是研究晶体内在结构方面显示出诸多优势。在纺织材料的研究中,X 射线衍射法有着广泛的应用,如鉴别纤维、测定晶体结构、研究晶体的完善性、测定晶体取向及颗粒大小分析等。

(一)X 射线的性质

德国物理学家伦琴偶然发现了非可见,但能使照相底片感光,使荧光物质发光,并有极大穿透能力的射线,即 X 射线。1912 年,劳厄等人利用晶体作为天然光栅,发现了晶体的 X 射线衍射现象,并确定了 X 射线的电磁波性质及波长范围为 0.001~10 nm。

X 射线具有波长短、光子能量大两个基本特性,所以 X 射线与物质相互作用时产生的效应和可见光完全不同。在物质的微观结构中,原子和分子的距离(0.1~1 nm)正好落在 X 射线的波长范围内,所以物质(特别是晶体)对 X 射线的散射和衍射能够反映丰富的微观结构信息,因此,X 射线衍射方法是当今研究物质微观结构的主要方法。

(二)X 射线衍射试验方法

1. 照相法

利用单色 X 射线照射纤维试样,并采用垂直于 X 射线的平板照相机记录衍射线。照相法时间长,往往需要 10~20 h;衍射线强度靠照片的黑度估计,准确度不高;但设备简单,价格便宜,在

试样非常少的时候,如 1 mg 左右时,也可以进行分析。纤维高聚物 X 射线衍射图有以下两种:

(1)粉末图。构成纤维的高聚物中,大都是结晶不完善的小结晶或小晶区,如果它们在纤维试样中的分布是完全混乱的,则该纤维试样在宏观上呈现各向同性。当一束单色 X 射线照射到这些纤维试样上发生衍射时,可得到与低分子晶体的粉末图相似的衍射图,即粉末图,如图 3-8(a)所示。

(2)纤维图。大多数纤维中的微晶粒不是杂乱无章排列的,而是沿纤维轴向分布,但周向无取向,分布概率相同。当一束平行单色 X 射线照射到伸直平行的纤维束上时,其中能满足布拉格定律的晶面都发生衍射,衍射图由一系列分布在层线上的衍射斑点构成。由于实际纤维不是完全取向的,衍射斑点扩展成干涉弧,干涉弧越宽,晶体的取向度越低,这种图形称为纤维图,如图 3-8(b)所示。根据层线间的距离可算出沿纤维轴向的等同周期,把所有的衍射点指标化后,可以求出单胞参数,进一步分析可推导出晶体的结构。

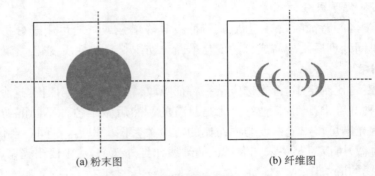

(a)粉末图　　　　　　　　　　(b)纤维图

图 3-8　纤维高聚物 X 射线衍射图

2.X 射线衍射仪结构

X 射线衍射强度也可以通过样品在气体中产生的电离作用或在固态中产生的荧光作用制成各种辐射探测器进行测量。用辐射探测器进行 X 射线衍射强度记录工作的全套设备叫作 X 射线衍射仪,它主要由 X 射线发生装置(包括 X 光管、发散狭缝和 X 光入射线)、测角仪、计数管及记录仪等组成,如图 3-9 所示。

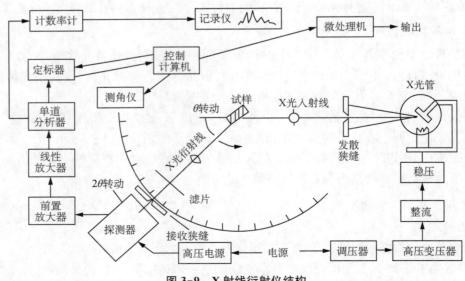

图 3-9　X 射线衍射仪结构

3. 试样及其制备

（1）粉末试样。粉末试样的粒度必须很小（10 μm 以下）。在试样制备中，最好不要在粉末中加黏结剂，可直接把粉末放在试样板的凹槽中，然后用适当的压力把它压实，并使其表面光滑。

（2）线材样品。对于纤维等线材试样，须将它们平行密集地排列在试样板上，然后使纤维轴与衍射仪轴呈直角，将试样插在试样架上。

（3）薄膜样品。将薄膜一层层黏合至所需的厚度，但一定要保证层与层间贴合紧密，不要有空隙或折缝。

（三）X 射线衍射法在纺织材料研究中的应用

1. 纤维鉴别

不同种类纤维的 X 射线衍射图有各自的特征，因此可以用来鉴别纤维。棉和黄麻纤维的 X 射线衍射图如图 3-10 所示。

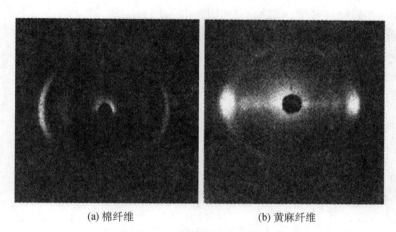

(a) 棉纤维　　　　　　　　(b) 黄麻纤维

图 3-10　棉和黄麻纤维的 X 射线衍射图

2. 纤维结晶度测定

纤维总的 X 射线衍射强度是其晶区与非晶区衍射强度之和，若比较出晶态部分和非晶态部分的散射强度，就可以求出晶态部分和非晶态部分的质量或质量之比，此即 X 射线衍射法测结晶度的原理。

（1）由无定形散射强度测定结晶度。假设无定形部分含量正比于无定形散射晕圈的强度，那么如果能获得 100％的无定形样品，则可以此样品为标准求得结晶度 X_c。

$$X_c = \frac{W_a - W_a'}{W_a} = \frac{I_a - I_a'}{I_a} \tag{3-57}$$

式中：W_a、I_a 分别为 100％的无定形试样的质量和散射晕圈的积分强度；W_a'、I_a' 分别为待测试样的无定形部分的质量和散射晕圈的积分强度。

如果改变无定形部分含量后，散射曲线形状不变，只是峰值发生变化，可用某一特定 2θ 处的非晶散射峰值之比来表示无定形部分含量。

（2）测定结晶度的经验方法。测得各种纤维素纤维的衍射强度曲线，然后将它们化为标准强度曲线,由于各种纤维素纤维的化学组成相同,各种样品的标准强度曲线下的面积相等。

目前常见的方法是根据有关面积为比例计算出结晶度。例如将棉纤维制成粉末样,用 X 射线衍射仪收集 X 射线衍射曲线,其经过修正后的曲线如图 3-11 所示。确定晶区-非晶区分界线的方法:将 $2\theta=6°$、$32°$ 及 $51°$ 等处连接成光滑曲线作为分界线。设衍射曲线下的总面积为 S,衍射曲线与分界线之间的面积为 S_c,则该样品的结晶度:

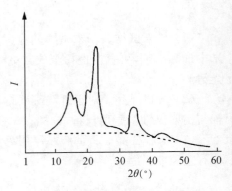

图 3-11　棉纤维 X 射线衍射曲线

$$X_c = S_c / S \qquad (3-58)$$

以上确定晶区-非晶区分界线的方法有相当大的随意性,因此给出的结晶度数据绝对意义较差,但可以对一系列同种纤维内部的有序程度进行比较。

涤纶纤维可获得 100% 非结晶样品,确定晶区-非晶区分界线的可靠性就会得到很大的提高。将涤纶剪碎后压入样品架,对衍射仪测得的强度数据进行修正,结果如图 3-12 中的曲线 1 所示。另将涤纶卷绕丝剪碎,按同样的试验条件和处理步骤得到其强度曲线,即图 3-12 中的曲线 2。可以认为涤纶卷绕丝的结晶度为零。图 3-12 中曲线 3 为晶区-非晶区分界线。求出曲线 1 下的总面积 S 及曲线 1 与曲线 3 之间的面积 S_c,代入式(3-58),即得到结晶度。

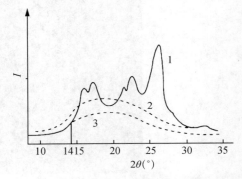

图 3-12　经验方法测涤纶的结晶度

凡可以制得百分之百非晶样品的纤维,它们的结晶度均可用这种办法测定。测定结果的可靠性首先取决于上述假设是否合理。

3. 纤维高聚物取向度测定

(1) 测定取向度试验。用单色 X 射线垂直照射伸直平行的纤维束试样,用照相法或衍射仪法记录衍射线。用衍射仪法时,将样品架上的纤维束试样以入射 X 射线为旋转轴,由竖直到某一角度连续缓慢地转动,测出 $I(\Phi)$ 曲线;或者,每转动一定的 Φ 角测出强度 I,然后将 I 对 Φ 作图,得 $I(\Phi)$ 曲线。

在纤维的 X 射线衍射图中,子午线上的衍射弧的强度都比较弱,有时甚至完全没有,用以测定取向度较困难,所以往往用赤道线上的衍射弧的强度分布作为测量取向度的根据。

(2) 取向度指数表示取向度。计算取向度因子时,数据处理很繁琐。如果只要比较相对取向度,或作为控制生产工艺过程中半成品或成品品质指标的手段,取向度的绝对数值是不重要的,可以用取向度指数表示取向度。

用 X 射线照相法或 X 射线衍射仪测得子午线上的衍射弧强度分布或强度分布曲线。强度分布曲线上强度最大值一半处的位向角宽度为 h,取向度指数 R 可由式(3-59)求得:

$$R = \frac{\pi - h}{\pi} \tag{3-59}$$

完全取向时,衍射强度最大值处的位向角宽度在理论上应等于零,此时 $R=1$;完全混乱排列时,$h = \pi$,则 $R = 0$。

图 3-13 所示为鲁棉 1 号和中棉 10 号两个品种棉纤维的 X 射线衍射强度分布曲线,由此可以计算棉纤维的取向指数,鲁棉 1 号仅为 55.49,而中棉 10 号为 67.11,相差达 11.62。

由于取向度差异大则双折射率相差也大,上述测试结果说明了为什么鲁棉 1 号的双折射率(0.034 9)小于中棉 10 号的双折射率(0.040 5)。

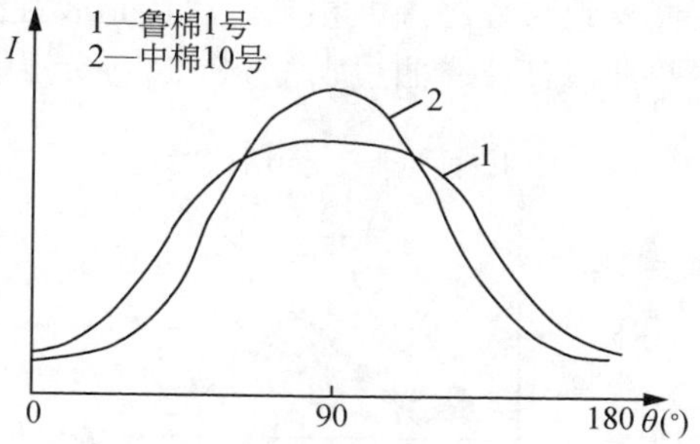

图 3-13　两种棉纤维的 X 射线衍射强度分布曲线

四、热分析测试技术

热分析(Thermal Analysis,TA)是在程序控制温度下测量物质的物理性质与温度关系的一种技术。程序控制温度是指按某种规律加热或冷却,通常是线性升温和降温。物质包括原始试样和测量过程中由化学变化生成的中间产物及最终产物。由于物质在受热过程中会发生各种物理、化学变化,因此可用各种热分析方法测试这种变化,由此进一步研究物质的结构和性能之间的关系及反应规律等。在纺织领域,热分析技术也有广泛应用。

热分析主要用于研究物质的晶型转变、熔融及升华等物理性质,以及分解、氧化和还原等化学性质。热分析方法根据所测物理量的不同有不同种类,在纺织材料的研究中,最常用的是差热分析(DTA)法、差示扫描量热(DSC)法和热重分析(TG)法等。

(一)差热分析技术

1. 差热分析法

差热分析(Differential Thermal Analysis,DTA)法是在程序控制温度下测量物质与参比物之间的温度差与温度(或时间)关系的一种技术。

物质在加热或冷却过程中会发生物理变化或化学变化,与此同时,往往还伴随着吸热或放热现象,有晶型转变、沸腾、蒸发、熔融等物理变化及氧化还原、分解等化学变化。有些物理变化虽然无热效应发生,但有比热容等物理性质变化,如玻璃化温度转变等。差热分析正是在物质的这类性质基础上建立的一种技术。

如图 3-14 所示。将试样与参比物分别放在两只坩埚里,坩埚底部装有一对热电偶,并同极串联接成差热电偶,用于测量试样及参比物的温度。在试样和参比物的比热容、导热系数和质量等相同的理想情况下,以线性程序温度同时对它们加热,并测量它们各自的温度。试样和参比物的温度及它们之间的温度差随程序温度(或时间)的变化情况如图 3-15 所示,图中参比物的温度始终与程序温度相同,试样温度则随吸热和放热的发生而变化,与参比物间产生温度差 ΔT。当试样在升温过程中没有发生热效应且与程序温度间不存在温度滞后时,试样和参比物的温度与程度温度是一致的,

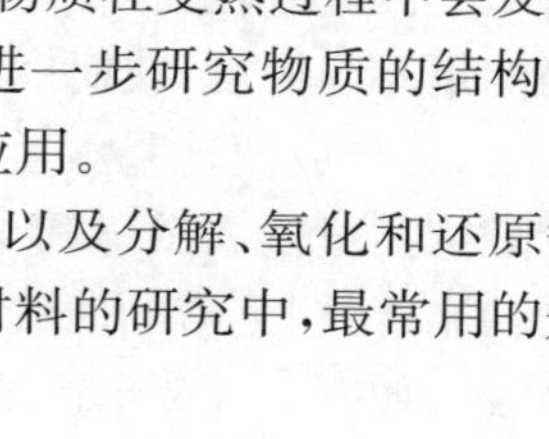

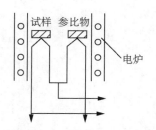

图 3-14　差热分析测试原理

$\Delta T = 0, \Delta T - T(t)$ 曲线为一条水平基线。当试样发生放热变化时,由于热量不可能从试样中瞬间释放出来,因此试样温度向高温方向偏离程序温度,$\Delta T > 0$,在曲线上是一个向上的放热峰。当试样发生吸热变化时,由于试样不可能瞬间从环境中吸取足够的热量,因此试样温度低于程序温度,$\Delta T < 0$,在曲线上是一个向下的吸热峰。只有经历一个传热过程,试样温度才能回复到与程序温度相同。由于是线性升温,可将 $\Delta T - T$ 图转换成 $\Delta T - t$ 图,$\Delta T - T(t)$ 图即为差热曲线(DTA 曲线)。图 3-16 所示为典型的高聚物 DTA 曲线。

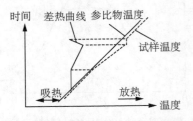

图 3-15   温度差随程序温度(或时间)的变化

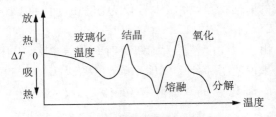

图 3-16   典型的高聚物 DTA 曲线

2. 差示扫描量热法

差示扫描量热(Differential Scanning Calorimeter, DSC)法是在程序控制温度下测量输入物质和参比物的能量差与温度(或时间)关系的一种技术。根据测量方法,又分成两种基本类型:功率补偿型和热流型。两者分别测量输入试样和参比物的功率差及试样和参比物的温度差,测得的曲线称为差示扫描量热曲线(DSC 曲线),如图 3-17 所示。

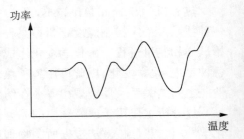

图 3-17   DSC 曲线

功率补偿型差动热分析原理与差热分析相似,所不同的是在试样和参比物的容器下边各设置一组补偿加热丝,在回路中增加一个补偿器,如图 3-18 所示。当物质在加热过程中由于热效应而出现温差 ΔT 时,通过微伏放大器和热量补偿器,流入补偿加热丝的电流发生变化。当试样吸热时,试样温度 T_s 下降,热量补偿放大器使电流 I_s 增大,而当试样放热时,则参比物温度 T_r 较低,热量补偿放大器使 I_r 增大,直至试样与参比物之间的温度达到平衡,温差 $\Delta T \to 0$。试样反应时所发生的热量变化,由电流功率进行补偿,所以只要测得功率大小,就可以知道吸收或释放热量的多少。用上述使试样与参比物的温差始终保持为零的工作原理得到的 DSC 曲线,反映了输入试样和参比物的功率差与试样

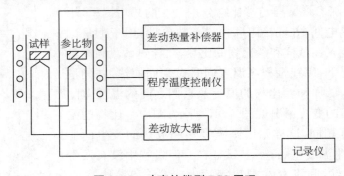

图 3-18   功率补偿型 DSC 原理

和参比物的平均温度即程序温度(或时间)的关系,其峰面积与热效应成正比。

用 DSC 测量时,试样质量一般不超过 10 mg。试样微量化降低了试样内的温度梯度,试样支持器较小,装置热容量也相应降低,有利于热量传递,提高了仪器的定量分析性能。

3. DTA 和 DSC 在纺织材料测试中的应用

(1) 热学性能测定。主要测试各转变温度,如玻璃化温度、结晶温度、分解温度等,可以根据基线变动位置确定材料结构相转变点温度,如测玻璃化转变温度(T_g)。实际确定温度转变点时,可以取基线突跃的中间点,也可以取曲线的拐点。

由于玻璃化转变发生在无定形区,所以高结晶度的聚合物很难测到它的玻璃化温度,因此试验中常常把熔融后的高聚物用适当的方法(如急冷或投入液氮中)增加无定形部分含量,以提高测试的灵敏度。

(2) 纤维的鉴别和表征。每一种纤维都有其特征的 DTA 和 DSC 曲线,通过曲线形状和转变点温度及化学计算(如熔融热等)与已知试样的 DTA 和 DSC 曲线对照,可鉴别纤维类别。常见纤维的 DTA 曲线如图 3-19所示。

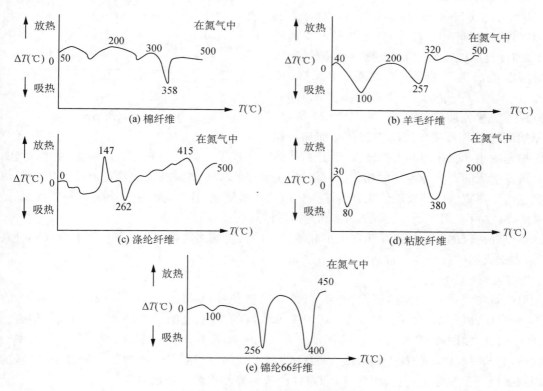

图 3-19　常见纤维的 DTA 曲线

(3) 纤维混纺比的测定。纤维品种不同,DSC 曲线上的峰面积(特别是熔融峰面积)不同。纤维的熔融吸热峰面积反映了一定试验条件下具有一定结晶度试样的熔融热,凝固放热峰面积反映了凝固热(即结晶热)。熔融热和凝固热与纤维质量有直接关系,因此对于两种纤维的混合物,如果其中一种纤维的熔融吸热峰或凝固放热峰处于另一种纤维的无热效应区域,并且在加热过程中两种纤维没有或仅有很小的相互作用,便有可能通过混合物的 DSC 曲线上一种纤维的熔融峰面积或凝固峰面积对混合比进行定量分析。

（4）研究纤维的结晶和取向结构。测定 DSC 曲线上熔融峰面积，可以很精确地估计部分结晶纤维试样的熔融热，如果能够知道完全结晶纤维的熔融热（ΔH），那么利用它与所测定的部分结晶纤维试样的熔融热（ΔH^*）之比，便可测得试样的结晶度（f_c）：

$$f_c = (\Delta H / \Delta H^*) \times 100\% \tag{3-60}$$

由于仪器常数是固定的，若完全结晶聚合物和部分结晶聚合物在同一条件下进行测定，那么只要取其熔融峰面积之比就可算出结晶度。完全结晶纤维试样的 ΔH 值，一般用其他方法（如 X 射线衍射法）测得的数值外推求得。

组成高聚物的基本分子结构和热处理条件对未取向聚合物的熔融峰形状影响很大，据此可以研究纤维拉伸后的取向情况和试样的热历史。

（二）热重分析技术

1. 热重分析法

热重分析（Thermal Gravimeter，TG）法是在程序控制温度下测量物质质量与温度关系的技术，即在程序控制温度下借助热天平测得物质质量与温度的关系曲线——热重曲线（TG 曲线）的技术。TG 曲线的横坐标为温度或时间，纵坐标为质量或质量保持率，如图 3-20 所示。当原始试样及其可能生成的中间体在加热过程

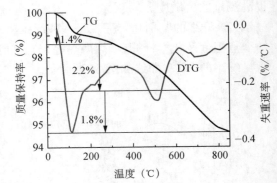

图 3-20　TG 曲线与 DTG 曲线

中因物理或化学变化而释出挥发性产物时，从热重曲线上不仅可得到它们的组成、热稳定性、热分解及生成的产物等与质量相联系的信息，也能得到如分解温度及热稳定温度范围等其他信息。由于热重法仅能反映物质在受热条件下的质量变化，且受试验条件限制，得到的信息是有限的，应尽可能用其他方法如 X 射线衍射分析等做进一步的分析。

热重分析仪的基本构造是精密天平和线性程序控温的加热炉。热天平主要有立式和卧式两种，立式天平的灵敏度非常高，可达 10^{-7} g。

2. 微分热重分析

对热重曲线进行一次微分，就能得到微分热重曲线（Differential Thermal Gravimeter，DTG）（DTG 曲线），它反映试样质量的变化率和温度的关系，见图 3-20。DTG 曲线的横坐标与 TG 曲线的相同，纵坐标是失重速率（$\mathrm{d}m/\mathrm{d}t$ 或 $\mathrm{d}m/\mathrm{d}T$）。DTG 曲线的峰顶是失重速率的最大值，它与 TG 曲线的拐点相对应。DTG 曲线上峰的数目和 TG 曲线的台阶数相同，峰的面积与试样质量变化呈正比，因此可从 DTG 曲线的峰面积算出质量损失。

DTG 曲线比 TG 曲线更有用，因为它与 DTA 曲线类似。DTG 曲线不仅能反映 TG 曲线所包含的信息，还具有分辨率高的特点，可较好地反映起始反应温度、达到最大反应速度的温度及终止反应温度等。但由于 DTG 受许多因素的影响，它的应用仅限于质量变化很迅速的热反应，主要用于定性分析，或确定失重过程的特征点。

3. 热重分析在纺织上的应用

热重分析在纺织上主要用于研究纺织材料的热稳定性、氧化降解性能、含水量及添加剂含量的测定、反应机制、混合物体系的定量分析等。

（1）纺织材料的热稳定性比较。TG 可用于快速、定量地评定纺织材料的热稳定性，在实际工作中较常用。

评定聚合物热稳定性时，可以用 TG 曲线直接比较，也可以采用起始分解温度（T_D）、半寿命温度（失重 50% 时的温度 $T_{50\%}$）及达到质量损失最大时的温度（T_{max}）。

以热重分析法比较材料的热稳定性时，和差热分析法相似，必须注意其测试气氛。如气氛不同，反应机理就不同，从而影响曲线形状和特征温度。

（2）定量分析方面的应用。热重分析法可用于定量测定水分及助剂含量，如测定纤维的含水率，以及纤维的表面油剂、消光剂、抗静电剂及织物的整理剂等含量，还可以用于纤维组分的定量分析。热重分析法测定纤维或织物的含水量，其精度可和烘箱法相比，但测试时间短得多，一般仅需要 30～40 min。

（3）组分的定量分析。DTG 可较精确地对组分含量进行分析，通常以单个峰面积对总面积之比作为定量的基础。图 3-21 所示为具有重叠失重试样的组分分析的典型例子，图中经过点 a、b、c 的曲线所围面积作为总面积 S（DTG 曲线下所包含的面积），绘有阴影的峰对应组分 A 的失重，峰面积为 S_A，如试样总的失重率为 $M(\%)$，则组分 A 的含量：

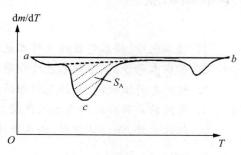

图 3-21　具有重叠失重试样的组分分析

$$M_A(\%) = M \cdot S_A / S \tag{3-61}$$

思 考 题

1. 锯齿加工细绒棉的品级如何评定？
2. 皮辊加工细绒棉与锯齿加工细绒棉的品质评定有何区别？
3. 简述苎麻精干麻的品质评定。
4. 试述羊毛试验的项目，并简述各性质与成纱质量的关系。
5. 粘胶短纤和涤纶短纤在品质检验方面有什么相同点和不同点？
6. 常用的纺织纤维鉴别方法有哪些？
7. 如何鉴别棉与粘胶纤维、毛与丝、粘胶纤维与维纶、涤纶与锦纶？
8. 试述扫描电镜成像原理及主要应用。
9. 纤维混合物定量分析的方法主要有哪些？二组分和三组分纤维混合物的定量分析方法有哪些区别？
10. 透射电镜试样制备方法有哪些？说明透射电镜的主要应用。
11. 试述红外光谱在纤维结构分析中的主要应用。
12. 纤维 X 射线衍射的试验方法有哪些？有何应用？
13. 何为热分析？分别说明 DTA、DSC、TG 的基本原理和主要应用。

第四章　纱线的品质检验

本章知识点：

1. 棉本色纱、棉本色股线等棉本色纱线的品质检验。
2. 苎麻本色纱线、亚麻本色纱线等麻纱线的品质检验。
3. 精梳毛针织绒线、粗梳毛针织绒线等毛纱线的品质检验。
4. 生丝的品质检验和生丝的试验方法。
5. 粘胶长丝、涤纶牵伸丝、涤纶低弹丝等化纤长丝的品质检验。

为了保证最终产品的质量以满足使用要求，必须对纱线进行品质检验。纱线品质检验包括内在质量与外观质量两方面，基本上都根据物理指标和外观疵点进行。不同种类和不同用途的纱线所要考核的物理指标项目和外观疵点项目有所不同。纱线品质标准是检验纱线品质的依据。标准的内容一般包括技术条件、评定等级的规定、试验方法、包装和标志及验收规定等。

第一节　棉本色纱线的品质检验

国家标准 GB/T 398 规定了棉本色纱线的产品品种规格、技术要求、试验方法、检验规则、标志与包装，适用于环锭纺棉纱线的品质检验。

一、棉本色纱的品质检验

（一）技术要求

棉纱的质量评定依据是线密度偏差率、线密度变异系数、单纱断裂强度、单纱断裂强力变异系数、条干均匀度变异系数、千米棉结（+200%）、十万米纱疵等七项指标。

（二）分等规定

同一原料、同一工艺连续生产的同一规格的棉纱，作为一个或若干检验批；产品质量等级分为优等品、一等品、二等品，低于二等品为等外品。棉本色纱质量等级根据产品规格，以考核项目中最低一项进行评等。

普梳棉本色纱的技术要求和精梳棉本色纱的技术要求分别如表 4-1、表 4-2 所示。

棉本色纱外观质量黑板检验方法由供需双方根据后道产品的要求协商确定，黑板棉结粒数和黑板棉结杂质总粒数如表 4-3 所示。

表 4-1 普梳棉本色纱的技术要求

线密度（tex）	等级	线密度偏差率（%）	线密度变异系数（%）≤	单纱断裂强度（cN/tex）≥	单纱断裂强力变异系数（%）≤	条干均匀度变异系数（%）≤	千米棉结（+200%）（个）≤	十万米纱疵（个）≤
8.1～11.0	优	±2.0	2.2	15.6	9.5	16.5	560	10
	一	±2.5	3.0	13.6	12.5	19.0	980	30
	二	±3.5	4.0	10.6	15.5	22.0	1 300	—
11.1～13.0	优	±2.0	2.2	15.8	9.5	16.5	560	10
	一	±2.5	3.0	13.8	12.5	19.0	980	30
	二	±3.5	4.0	10.6	15.5	22.0	1 300	—
13.1～16.0	优	±2.0	2.2	16.0	9.5	16.0	460	10
	一	±2.5	3.0	14.0	12.5	18.5	820	30
	二	±3.5	4.0	11.0	15.5	21.5	1 090	—
16.1～20.0	优	±2.0	2.2	16.4	8.5	15.0	330	10
	一	±2.5	3.0	14.4	11.5	17.5	530	30
	二	±3.5	4.0	11.4	14.5	20.5	710	—
20.1～30.0	优	±2.0	2.2	16.8	8.0	14.5	260	10
	一	±2.5	3.0	14.8	11.0	17.0	320	30
	二	±3.5	4.0	11.8	14.0	20.0	370	—
30.1～37.0	优	±2.0	2.2	16.5	8.0	14.0	170	10
	一	±2.5	3.0	14.5	11.0	16.5	220	30
	二	±3.5	4.0	11.5	14.0	19.5	290	—
37.1～60.0	优	±2.0	2.2	16.5	7.5	13.5	70	10
	一	±2.5	3.0	14.5	10.5	15.5	130	30
	二	±3.5	4.0	11.5	13.5	18.5	200	—
60.1～85.0	优	±2.0	2.2	16.0	7.0	13.0	70	10
	一	±2.5	3.0	14.0	10.0	15.5	130	30
	二	±3.5	4.0	11.0	13.0	18.5	200	—
85.1 及以上	优	±2.0	2.2	15.6	6.5	12.0	70	10
	一	±2.5	3.0	13.6	9.5	14.5	130	30
	二	±3.5	4.0	10.6	12.5	17.5	200	—

表 4-2　精梳棉本色纱的技术要求

线密度（tex）	等级	线密度偏差率（%）	线密度变异系数（%）≤	单纱断裂强度（cN/tex）≥	单纱断裂强力变异系数（%）≤	条干均匀度变异系数（%）≤	千米棉结（+200%）（个）≤	十万米纱疵（个）≤
4.1～5.0	优	±2.0	2.0	18.6	12.0	16.5	160	5
	一	±2.5	3.0	15.6	14.5	19.0	250	20
	二	±3.5	4.0	12.6	17.5	22.0	400	—
5.1～6.0	优	±2.0	2.0	18.6	11.5	16.5	200	5
	一	±2.5	3.0	15.6	14.0	19.0	340	20
	二	±3.5	4.0	12.6	17.0	22.0	470	—
6.1～7.0	优	±2.0	2.0	19.8	11.0	15.0	200	5
	一	±2.5	3.0	16.8	13.5	17.5	340	20
	二	±3.5	4.0	13.8	16.5	20.5	480	—
7.1～8.0	优	±2.0	2.0	19.8	10.0	14.5	180	5
	一	±2.5	3.0	16.8	13.0	17.0	300	20
	二	±3.5	4.0	13.8	16.0	20.0	420	—
8.1～11.0	优	±2.0	2.0	18.0	9.5	14.5	140	5
	一	±2.5	3.0	16.0	12.0	17.0	260	20
	二	±3.5	4.0	13.0	15.0	29.5	380	—
11.1～13.0	优	±2.0	2.0	17.2	8.5	14.0	100	5
	一	±2.5	3.0	15.2	11.5	16.0	180	20
	二	±3.5	4.0	13.2	14.0	18.5	260	—
13.1～16.0	优	±2.0	2.0	16.6	8.0	13.0	55	5
	一	±2.5	3.0	14.6	10.5	15.0	85	20
	二	±3.5	4.0	12.6	13.5	17.5	110	—
16.1～20.0	优	±2.0	2.0	16.6	7.0	13.0	40	5
	一	±2.5	3.0	14.6	10.0	15.0	70	20
	二	±3.5	4.0	12.6	13.0	17.0	100	—
20.1～30.0	优	±2.0	2.0	17.0	7.0	12.5	40	5
	一	±2.5	3.0	15.0	9.0	14.5	70	20
	二	±3.5	4.0	13.0	12.5	16.5	100	—
30.1～36.0	优	±2.0	2.0	17.0	6.5	12.0	30	5
	一	±2.5	3.0	15.0	9.0	14.0	60	20
	二	±3.5	4.0	13.0	12.0	16.0	90	—

表 4-3　黑板棉结粒数及黑板棉结杂质总粒数

纱线分类	线密度（tex）	棉结粒数（粒/g）			棉结杂质总粒数（粒/g）		
		优等品	一等品	二等品	优等品	一等品	二等品
普梳棉本色纱线	10.0 及以下	22	55	95	45	95	145
	10.0～15.0	30	65	105	55	105	155
	15.1～30.0	30	65	105	55	105	155
	30.1 及以上	35	75	115	65	125	185
精梳棉本色纱线	10.0 及以下	20	45	70	25	55	85
	10.0～15.0	15	35	55	20	45	75
	15.1～30.0	15	35	55	20	45	75
	30.1 及以上	15	35	55	20	45	75

（三）试验条件及试验方法

1. 试验条件

各项试验应在各方法标准规定的条件下进行。由于生产需要，可进行快速试验，但试验结果应做相应的处理。

2. 试验方法

（1）线密度偏差率和线密度变异系数的测试。线密度偏差率按式（4-1）计算，计算结果保留小数点后一位，其中 100 m 纱线的实测干燥质量按 GB/T 4743 中程序 2 烘干后折算；线密度变异系数按式（4-2）计算，计算结果按 GB/T 8170 修约至小数点后一位，其中试样质量按 GB/T 4743 中程序 1 调湿平衡后折算。

$$D = \frac{m_{\mathrm{nd}} - m_{\mathrm{d}}}{m_{\mathrm{d}}} \times 100\% \qquad (4\text{-}1)$$

式中：D 为线密度偏差率（%）；m_{nd} 为 100 m 纱线的实测干燥质量（g）；m_{d} 为 100 m 纱线的标准干燥质量（g）。

$$CV = \frac{\sqrt{\dfrac{\sum\limits_{i=1}^{n} (m_{ci} - \overline{m_c})}{n-1}}}{\overline{m_c}} \qquad (4\text{-}2)$$

式中：CV 为线密度变异系数（%）；m_{ci} 为每个试样的质量（g）；$\overline{m_c}$ 为试样的平均质量（g）；n 为试样的总个数。

（2）十万米纱疵的测试。按照 FZ/T 01050 的规定进行。纱疵分短粗节、长粗节（或称双纱）、长细节三种，一般分为 23 级。纱疵截面比正常纱线粗 100％以上且长度在 8 cm 以下者称为短粗节，短粗节按截面大小与长度不同分成 16 级（A_1、A_2、A_3、A_4、B_1、B_2、B_3、B_4、C_1、C_2、C_3、C_4、D_1、D_2、D_3、D_4）。纱疵截面比正常纱线粗 45％以上且长度在 8 cm 以上者称为长粗节，长粗节按截面大小与长度不同分成 3 级（E、F、G）。纱疵截面比正常纱线细 30％～75％且长度在 8 cm 以上的称为长细节，长细节按截面大小与长度不同分成 4 级（H_1、H_2、I_1、I_2）。各级纱疵的截面和长度分级界限如图 4-1 所示。

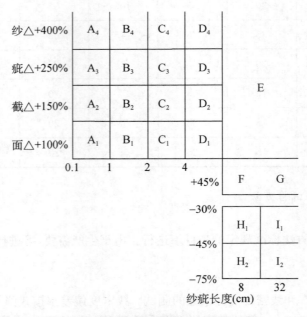

图 4-1 各级纱疵的截面与长度分级界限

（3）单纱断裂强度及单纱断裂强力变异系数的测定按 GB/T 3916 执行。

（4）条干均匀度变异系数、千米棉结（＋200％）的测定按 GB/T 3292.1 执行。

二、棉本色股线的品质检验

（一）技术要求

棉本色股线的质量评等依据是线密度偏差率、线密度变异系数、单线断裂强度、单线断裂强力变异系数和捻度变异系数共五项指标。

（二）分等规定

同一原料、同一工艺连续生产的同一规格的棉线，作为一个或若干检验批；产品质量等级分为优等品、一等品、二等品，低于二等品为等外品。棉本色股线的质量等级根据产品规格，以考核项目中最低一项进行评定。

普梳棉本色股线的技术要求和精梳棉本色股线的技术要求分别如表 4-4、表 4-5 所示。

表 4-4　普梳棉本色股线的技术要求

线密度(tex)	等级	线密度偏差率(%)	线密度变异系数(%)≤	单线断裂强度(cN/tex)≥	单线断裂强力变异系数(%)≤	捻度变异系数(%)≤
8.1×2～11.0×2	优	±2.0	1.5	16.6	7.5	5.0
	一	±2.5	2.5	14.6	10.5	6.0
	二	±3.5	3.5	11.6	13.5	—
11.1×2～20.0×2	优	±2.0	1.5	17.0	7.0	5.0
	一	±2.5	2.5	15.0	10.0	6.0
	二	±3.5	3.5	12.0	13.0	—
20.1×2～30.0×2	优	±2.0	1.5	17.6	7.0	5.0
	一	±2.5	2.5	15.6	10.0	6.0
	二	±3.5	3.5	12.6	13.0	—
30.1×2～60.0×2	优	±2.0	1.5	17.4	6.5	5.0
	一	±2.5	2.5	15.4	9.5	6.0
	二	±3.5	3.5	12.4	12.5	—
60.1×2～85.0×2	优	±2.0	1.5	16.8	6.0	5.0
	一	±2.5	2.5	14.8	9.0	6.0
	二	±3.5	3.5	11.8	12.0	—
8.1×3～11.0×3	优	±2.0	1.5	17.2	5.5	5.0
	一	±2.5	2.5	15.2	8.5	6.0
	二	±3.5	3.5	12.2	11.5	—
11.1×3～20.0×3	优	±2.0	1.5	17.6	5.0	5.0
	一	±2.5	2.5	15.6	8.0	6.0
	二	±3.5	3.5	12.6	11.0	—
20.1×3～30.0×3	优	±2.0	1.5	18.2	4.5	5.0
	一	±2.5	2.5	16.2	7.5	6.0
	二	±3.5	3.5	13.2	11.0	—

表 4-5　精梳棉本色股线的技术要求

线密度(tex)	等级	线密度偏差率(%)	线密度变异系数(%)≤	单线断裂强度(cN/tex)≥	单线断裂强力变异系数(%)≤	捻度变异系数(%)≤
4.1×2~5.0×2	优	±2.0	1.5	19.8	9.0	5.0
	一	±2.5	2.5	16.8	11.5	6.0
	二	±3.5	3.5	13.8	14.0	—
5.1×2~6.0×2	优	±2.0	1.5	19.8	8.5	5.0
	一	±2.5	2.5	16.8	11	6.0
	二	±3.5	3.5	13.8	13.5	—
6.1×2~8.0×2	优	±2.0	1.5	20.6	8.0	5.0
	一	±2.5	2.5	17.6	10.5	6.0
	二	±3.5	3.5	14.6	13.0	—
8.1×2~11.0×2	优	±2.0	1.5	19.2	7.5	5.0
	一	±2.5	2.5	17.2	10.0	6.0
	二	±3.5	3.5	14.2	12.5	—
11.1×2~20.0×2	优	±2.0	1.5	17.8	7.0	5.0
	一	±2.5	2.5	15.8	9.5	6.0
	二	±3.5	3.5	13.8	12.0	—
20.1×2~36.0×2	优	±2.0	1.5	17.8	6.5	5.0
	一	±2.5	2.5	15.8	9.0	6.0
	二	±3.5	3.5	13.8	11.5	—
4.1×3~5.0×3	优	±2.0	1.5	20.6	6.5	5.0
	一	±2.5	2.5	17.6	9.0	6.0
	二	±3.5	3.5	14.6	11.5	—
5.1×3~6.0×3	优	±2.0	1.5	20.6	6.5	5.0
	一	±2.5	2.5	17.6	9.0	6.0
	二	±3.5	3.5	14.6	11.5	—
6.1×3~8.0×3	优	±2.0	1.5	21.4	6.0	5.0
	一	±2.5	2.5	18.4	8.5	6.0
	二	±3.5	3.5	15.4	11.0	—
8.1×3~11.0×3	优	±2.0	1.5	20.0	5.5	5.0
	一	±2.5	2.5	18.0	8.0	6.0
	二	±3.5	3.5	15.0	10.5	—

（续表）

线密度（tex）	等级	线密度偏差率（%）	线密度变异系数（%）≤	单线断裂强度（cN/tex）≥	单线断裂强力变异系数（%）≤	捻度变异系数（%）≤
11.1×3～20.0×3	优	±2.0	1.5	18.6	5.0	5.0
	一	±2.5	2.5	16.6	7.5	6.0
	二	±3.5	3.5	14.6	10.0	—
20.1×3～24.0×3	优	±2.0	1.5	18.6	4.5	5.0
	一	±2.5	2.5	16.6	7.0	6.0
	二	±3.5	3.5	14.6	9.5	—

棉本色股线外观质量黑板检验方法由供需双方根据后道产品的要求协商确定。黑板棉结粒数和黑板棉结杂质总粒数如表4-6所示。

表4-6　黑板棉结粒数及黑板棉结杂质总粒数

纱线分类	线密度（tex）	棉结粒数（粒/g）			棉结杂质总粒数（粒/g）		
		优等品	一等品	二等品	优等品	一等品	二等品
普梳棉本色股线	10.0×2 及以下	20	40	65	30	70	95
	10.0×2 以上	20	40	70	40	75	105
	10.0×3 及以下	12	30	55	30	65	90
	10.0×3 以上	15	35	65	35	70	100
精梳棉本色股线	10.0×2 及以下	15	30	50	20	35	55
	10.0×2 以上	12	22	40	15	30	50
	10.0×3 及以下	10	25	40	13	30	50
	10.0×3 以上	6	20	30	8	25	40

（三）试验条件及试验方法

1. 试验条件

各项试验应在各方法标准规定的条件下进行。若生产需要，可进行快速试验，但试验结果应做相应的处理。

2. 试验方法

线密度偏差率和线密度变异系数的测试按照棉本色纱的测试方法进行；单线断裂强度及单线断裂强力变异系数的试验方法按 GB/T 3916 执行；捻度变异系数的试验方法按 GB/T 2543.1 执行。

第二节　麻纱线的品质检验

一、苎麻本色纱线的品质检验

纺织行业标准 FZ/T 32002 与 FZ/T 32006 分别适用于鉴定环锭细纱机生产的苎麻长纤纯麻纱、涤麻混纺纱和苎麻长纤纱经并捻而成的股线的品质。

（一）苎麻本色纱的质量标准规定

对于苎麻纱,规定以同一品种、同一规格、同一批次或一个交货批(合同号)为一个检验批,按规定的试验方法进行试验,按其结果评定纱线的品等,并以一次试验结果为准。苎麻纱的品等分为优等、一等、合格。苎麻纱的品等依据单纱强力变异系数、线密度变异系数、条干均匀度、大节、小节、麻粒、单纱断裂强度及线密度偏差共八项进行评定,当八项的品等不同时,按八项中最低一项评定。检验条干均匀度可以选用黑板条干均匀度或条干均匀度变异系数,一经确定,不得任意变更;若发生质量争议,以条干均匀度变异系数为准。

1. 抽样

苎麻纱的品等检验以成品纱质量检验为准。抽样原则为从同一品种、同一规格、同一批次或交货批(合同号)中均匀、随机抽取。线密度变异系数及线密度偏差检验的采样:取筒子纱(或绞纱)15 个,每个摇 2 缕,共 30 缕。其他质量指标检验从上述 15 个筒子纱(或绞纱)中任取 10 筒(或绞)。

2. 苎麻本色纱的技术要求

苎麻本色纱的技术要求如表 4-7 所示。

表 4-7　苎麻本色纱的技术要求

线密度(公制支数)[tex(公支)]	等别	单纱强力变异系数(%)≤	线密度变异系数(%)≤	条干均匀度		大节[个/(800 m)]≤	小节[个/(800 m)]≤	麻粒[个/(400 m)]≤	单纱断裂强度(cN/tex)≥	线密度偏差(%)
				黑板条干均匀度(分)≥	条干均匀度变异系数(%)≤					
16.5 及以下(61 及以上)	优	21	3.5	100	22	0	10	20	16.0	±2.5
	一	25	4.8	70	25	6	25	50	16.0	±2.5
	合	28	5.8	50	28	12	40	70	14.0	±2.5
17～19.5(60～51)	优	20	3.5	100	21	0	10	20	17.0	±2.5
	一	24	4.8	70	24	6	25	50	17.0	±2.5
	合	27	5.8	50	26	12	40	70	15.0	±2.5
20～24(50～41)	优	19	3.5	100	20	0	10	20	18.0	±2.5
	一	23	4.8	70	22	6	25	50	18.0	±2.5
	合	26	5.8	50	25	12	40	70	16.0	±2.5

（续表）

线密度（公制支数）[tex（公支）]	等别	质量指标								
		单纱强力变异系数（%）≤	线密度变异系数（%）≤	条干均匀度		大节[个/(800 m)]≤	小节[个/(800 m)]≤	麻粒[个/(400 m)]≤	单纱断裂强度（cN/tex）	线密度偏差（%）
				黑板条干均匀度（分）≥	条干均匀度变异系数（%）≤					
25～32（40～31）	优	18	3.5	100	20	0	10	20	19.0	±2.8
	一	22	4.8	70	22	6	25	50	19.0	±2.8
	合	25	5.8	50	25	12	40	70	17.0	±2.8
34～48（30～21）	优	16	3.5	100	19	2	10	20	21.0	±2.8
	一	20	4.8	70	21	8	25	50	21.0	±2.8
	合	23	5.8	50	24	16	40	70	18.0	±2.8
50～90（20～11）	优	13	3.5	100	18	2	10	20	23.0	±2.8
	一	17	4.8	70	21	8	25	50	23.0	±2.8
	合	20	5.8	50	23	16	40	70	19.0	±2.8
90 以上（10 以下）	优	10	3.5	—	—	2	10	20	24.0	±2.8
	一	14	4.8	—	—	8	25	50	24.0	±2.8
	合	17	5.8			16	40	70	20.0	±2.8

（二）苎麻本色线的质量标准规定

苎麻本色线按用途可分为双股线、三股线、常规多股线，其规格以总线密度（tex）或所使用的单纱线密度（tex）乘合股根数表示。

对于苎麻线，规定以同一品种、同一规格、同一批次或一个交货批（合同号）为一个检验批，按规定的试验方法进行试验，按其结果评定纱线的品等，并以一次试验的结果为准。苎麻线的品等分为优等、一等、合格。

苎麻双股线、三股线的品等按单线强力变异系数、线密度变异系数、粗节、单线断裂强度、线密度偏差及捻度变异系数共六项评定，当六项的品等不同时，以六项中最低一项评定。苎麻常规多股线的品等按单线断裂强力、单线强力变异系数、线密度偏差及外观疵点要求四项评定，当四项的品等不同时，按四项中最低一项评定。必要时，苎麻线的捻度大小及偏差要求以合同形式约定，不作为分等考核指标。

1. 抽样

苎麻线的品等检验以成品线质量检验为准。抽样原则是从同一品种、同一规格、同一批次或交货批（合同号）中均匀、随机抽取。苎麻双股线、三股线的线密度变异系数及线密度偏差检验的采样方法：取筒子纱（或绞纱）15 个，每个摇 2 缕，共 30 缕。其他质量指标检验从上述

15个筒子纱(或绞纱)中任取10筒(或绞)。苎麻常规多股线检验取筒子线(或线团)15个,其中:线密度变异系数及线密度偏差检验采样10个,每个摇2缕,合计20缕;单线断裂强力检验取5个,每个测10段,合计试验50次;外观疵点检验采样5个,每个摇40 m,合计试验200 m。

2. 苎麻线的技术要求

苎麻双股线、三股线及常规多股线的技术要求分别如表4-8、表4-9、表4-10所示。

表4-8 苎麻双股线的技术要求

公称线密度 (tex)	等别	质量指标						
		单线强力变异系数(%)≤	线密度变异系数(%)≤	800 m 粗节个数≤	单线断裂强度(cN/tex)≥	线密度偏差(%)	捻度变异系数(%)≤	
							针织用	机织用
(17×2)以下	优	15.0	2.5	2	17.5	±2.5	3.0	5.0
	一	17.5	3.5	8	17.5		4.0	6.0
	合	20.0	4.5	20	15.0		6.0	8.0
17×2~20×2	优	14.0	2.5	2	18.5	±2.5	3.0	5.0
	一	17.0	3.5	8	18.5		4.0	6.0
	合	19.0	4.5	20	16.0		6.0	8.0
(20×2)以上~24×2	优	13.5	2.5	2	19.0	±2.5	3.0	5.0
	一	16.5	3.5	8	19.0		4.0	6.0
	合	18.5	4.5	20	17.0		6.0	8.0
(24×2)以上~32×2	优	13.0	2.5	2	20.5	±2.8	3.0	5.0
	一	16.0	3.5	8	20.5		4.0	6.0
	合	18.0	4.5	20	18.0		6.0	8.0
(32×2)以上~48×2	优	11.0	2.5	2	22.0	±2.8	3.0	5.0
	一	14.0	3.5	8	22.0		4.0	6.0
	合	16.5	4.5	20	19.0		6.0	8.0
(48×2)以上~90×2	优	9.0	2.5	2	23.5	±2.8		5.0
	一	12.0	3.5	8	23.5		—	6.0
	合	14.0	4.5	20	20.0			8.0
(90×2)以上	优	7.0	2.5	2	26.0	±2.8		5.0
	一	10.0	3.5	8	26.0		—	6.0
	合	12.0	4.5	20	22.0			8.0

表 4-9 苎麻三股线的技术要求

公称线密度（tex）	等别	质量指标					
		单线强力变异系数(%)≤	线密度变异系数(%)≤	800 m 粗节个数≤	单线断裂强度(cN/tex)≥	线密度偏差(%)	捻度变异系数(%)≤
(17×3)以下	优	12.0	2.5	2	18.5	±2.5	5.0
	一	15.0	3.5	8	18.5		7.0
	合	17.0	4.5	20	16.0		9.0
17×3~20×3	优	12.0	2.5	2	20.0	±2.5	5.0
	一	14.5	3.5	8	20.0		7.0
	合	16.5	4.5	20	18.0		9.0
(20×3)以上~24×3	优	11.5	2.5	2	21.0	±2.5	5.0
	一	14.0	3.5	8	21.0		7.0
	合	16.0	4.5	20	19.0		9.0
(24×3)以上~32×3	优	11.0	2.5	2	22.0	±2.8	5.0
	一	14.0	3.5	8	22.0		7.0
	合	16.0	4.5	20	20.0		9.0
(32×3)以上~48×3	优	10.0	2.5	2	23.5	±2.8	5.0
	一	12.0	3.5	8	23.5		7.0
	合	14.0	4.5	20	21.0		9.0
(48×3)以上~90×3	优	8.0	2.5	2	25.5	±2.8	5.0
	一	10.0	3.5	8	25.5		7.0
	合	12.0	4.5	20	23.0		9.0
(90×3)以上	优	6.0	2.5	2	28.0	±2.8	5.0
	一	8.5	3.5	8	28.0		7.0
	合	10.5	4.5	20	25.0		9.0

表 4-10 苎麻常规多股线的技术要求

公称线密度（tex）	等别	质量指标			
		单线强力变异系数(%)≤	单线断裂强力(N)≥	1 000 m 粗节个数≤	线密度偏差(%)
105×4	优	5.0	140	2	±3.0
	一	10.0	125	10	
	合	14.0	110	20	

公称线密度 （tex）	等别	质量指标			线密度偏差 （%）
		单线强力变异 系数（%）≤	单线断裂强力 （N）≥	1 000 m粗节个数 ≤	
105×5	优	5.0	160	2	±3.0
	一	10.0	145	10	
	合	14.0	130	20	
105×6	优	5.0	190	2	±3.0
	一	10.0	170	10	
	合	14.0	155	20	
105×7	优	5.0	230	2	±3.0
	一	10.0	205	10	
	合	14.0	185	20	
105×8	优	5.0	255	2	±3.0
	一	10.0	230	10	
	合	14.0	210	20	
105×9	优	5.0	275	2	±3.0
	一	10.0	250	10	
	合	14.0	230	20	
105×10	优	5.0	300	2	±3.0
	一	10.0	275	10	
	合	14.0	255	20	
105×11	优	5.0	325	2	±3.0
	一	10.0	300	10	
	合	14.0	280	20	
105×12	优	5.0	350	2	±3.0
	一	10.0	330	10	
	合	14.0	310	20	
105×13	优	5.0	380	2	±3.0
	一	10.0	355	10	
	合	14.0	330	20	
105×14	优	5.0	405	2	±3.0
	一	10.0	380	10	
	合	14.0	350	20	

（续表）

公称线密度（tex）	等别	质量指标			
		单线强力变异系数（%）≤	单线断裂强力（N）≥	1 000 m粗节个数≤	线密度偏差（%）
105×15	优	5.0	420	2	±3.0
	一	10.0	395	10	
	合	14.0	370	20	

注：其他规格的多股线强力值可按总线密度相近规格用插入法求得。

苎麻线粗节的规定：

（1）长 1.0 cm 以上，粗为原线直径的 3 倍及以上者。

（2）长 1.5 cm 以上，粗为原线直径的 2.5 倍及以上者。

（3）长 2.0 cm 以上，粗为原线直径的 2 倍及以上者。

外观疵点的规定：

（1）结头。双股至六股允许直接打结；七股及以上允许将纱分成两份错开打结。结头采用织布结（俗称蚊子结），留头长度 0.4～0.8 cm，结头与结头之间距离应在 5 cm 以上。不符上述规定则为结头集中。

（2）藤捻。单根或单根以上的纱成圈状者，不允许；单根或单根以上的纱虽未成圈，但明显松散者，长度超过 3 cm 者，不允许。

（3）多股、缺股，不允许。

（4）多捻、少捻。目测明显的，不允许；实际捻度对设计捻度的偏差率超过 ±20% 者，不允许。

（5）油污线。凡影响客户使用要求者，不允许。

（6）成形不良。凡影响客户使用要求者，不允许。

（三）苎麻纱线试验方法

1. 试验条件

苎麻纱线试验应在各方法标准规定的条件下进行。若生产需要，要求迅速检验产品的质量，可采用快速试验方法。快速试验可以在接近车间温湿度条件下进行，但试验地点的温湿度必须保持稳定。

生产厂可根据各自的具体情况，决定一天或两天试验一次，以一次试验为准，作为该批纱线的定等依据。但周期一经确定，不得任意变更。

2. 试验方法

（1）线密度变异系数、线密度偏差的试验方法按 GB/T 4743 执行。

（2）单纱断裂强度和单纱强力变异系数的试验方法按 GB/T 3916 执行。单纱断裂强度试验如不在标准大气条件下进行，其测试强力应按 FZ/T 32002 中的表 B.1 即苎麻纱强力回潮率修正系数表修正。苎麻双股线的单纱断裂强度和强力变异系数试验按 FZ/T 32002 执行。其他股线可采用全自动单纱强力仪或其他 CRE 类型的强力仪进行试验。所测的最大断裂负荷应在强力仪量程的 20%～75%。如苎麻多股线的强力较高，试验中股线滑脱或断裂点离夹头未超过 0.5 cm,则该次试验无效。

(3)黑板条干均匀度、大节、小节及麻粒每批检验一次。抽样方法是从质量偏差试验的管纱中任取 10 个,在黑板上摇成排列均匀的纱片,每块纱片宽度为(127±2) mm,纱长 80 m(绕成 80 圈)。每个管纱摇取一块纱片,每次检验 10 块纱片(即一块黑板),共计 800 m。

黑板条干检验是将黑板搁置在暗室黑板架上,在规定条件下检验黑板反面,以每块纱片阴影大部分情况为准,逐个与标准样照对比,好于或等于标准样照时得 10 分,差于样照不得分。将全部纱样检验完毕后,算出 10 块纱片的条干均匀度总评分。

大节、小节、麻粒检验是将黑板搁置在暗室黑板架上,上端朝检验员方向倾斜 5°,在规定条件下用目光逐片对照疵点样照。大节、小节检验黑板两面,麻粒检验黑板反面。根据苎麻纱的分等规定,大节、小节、麻粒应分别记录,合并计算。

(4)条干均匀度变异系数试验方法按 GB/T 3292.1 执行。

(5)苎麻单纱(线)的回潮率检验。苎麻单纱采用烘箱法测试回潮率,按 GB/T 9995 执行;苎麻本色线的回潮率测试按 FZ/T 32002 执行。

(6)苎麻本色线的捻度检验按 GB/T 2543.1 执行。

二、亚麻纱的品质检验

亚麻采用工艺纤维纺纱。亚麻纱的品种按照纺纱系统分为湿纺麻纱和干纺麻纱。湿纺麻纱采用品质较好的麻纤维,先纺成粗纱,再经过热水浸湿处理而成。纱的条干均匀,强力较高,光洁平滑,可织造蚊帐布、台布等。干纺麻纱采用品质较次的麻纤维,不经过浸湿处理而纺成。纱的强力、光泽、条干、光滑程度等均较差,一般织造粗麻布,如防水麻布、水龙带等。

(一)分等要求

根据纺织行业标准 FZ/T 32001,对亚麻纱品质进行检验。亚麻纱的品等评定以同一品种、同一规格、同一交货批(同一合同)为一批,按规定的试验方法进行试验,按试验结果评定纱的品等,并以一次试验的结果为准。亚麻纱的品等分为优等品、一等品、合格品。亚麻纱的品等由单纱断裂强度、单纱断裂强力变异系数、单纱最小断裂强力、单纱断裂伸长率、线密度变异系数、线密度偏差率、条干均匀度变异系数、细节、粗节和麻粒等十项评定。当十项的品等不同时,按十项中最低一项品等评定。但当单纱断裂强度、单纱断裂强力变异系数、单纱最小断裂强力和线密度偏差率均达到优等或者一等时,其余六项允许有一项低一个等级。合格品必须十项指标均合格。具体的技术要求如表 4-11 所示。

(二)采样和试验

1. 采样

亚麻纱的品等试验采用成品纱。由同一品种、同一规格、同一交货批(同一合同)的纱组成检验批,从检验批中随机抽取 30 个筒纱进行各项试验。每筒纱的长度应符合试验要求。亚麻纱品等试验项目所需样品数量及试验次数按表 4-12 规定执行。

2. 试验方法

线密度、线密度变异系数、线密度偏差率按 GB/T 4743 执行;单纱断裂强度、单纱断裂强力变异系数、单纱最小断裂强力、单纱断裂伸长率按 GB/T 3916 执行;条干均匀度变异系数、粗节、细节、麻粒按 GB/T 3292.1 执行。

表 4-11　亚麻纱的技术要求

类别	线密度（公制支数）[tex（公支）]	等别	单纱断裂强力变异系数（%）≤	单纱断裂强度（cN/tex）≥	单纱最小断裂强力（cN）≥	单纱断裂伸长率（%）≥	线密度偏差（%）≤	线密度变异系数（%）≤	条干均匀度变异系数（%）≤	细节（−50%）（个/km）≤	粗节（+100%）（个/km）≤	麻粒（+400%）（个/km）≤
长麻纱	18.2 及以下（55 及以上）	优	23.0	23	230	1.7	±3.0	3.5	34	5 000	1 000	1 500
		一	25.0	21	180	1.5		4.5	37	6 000	1 500	1 800
		合	27.0	17	110	1.3		5.5	40	7 000	2 000	2 200
	18.2 以上～23.8 以下（42 以上～55 以下）	优	20.0	26	300	1.9	±3.0	3.5	32	3 500	800	1 100
		一	22.0	24	250	1.7		4.5	34	4 500	1 300	1 300
		合	24.0	18	200	1.4		5.5	36	6 000	1 800	1 500
	23.8～27.8 以下（43～37）	优	18.0	29	360	2.0	±3.0	3.5	31	2 700	600	800
		一	20.0	25	320	1.8		4.5	33	3 500	900	1 100
		合	22.0	19	280	1.5		5.5	35	5 000	1 200	1 300
	27.8（36.0）	优	18.0	29	400	2.0	±2.0	3.5	31	2 500	600	700
		一	20.0	26	350	1.8		4.5	33	3 300	900	1 000
		合	22.0	22	300	1.5		5.5	35	4 500	1 200	1 200
	27.8 以上～33.3 以下（30 以上～36 以下）	优	17.0	29	500	2.0	±2.0	3.5	29	2 500	400	600
		一	19.0	26	400	1.8		4.5	31	3 000	600	950
		合	21.0	20	350	1.5		5.5	34	4 000	800	1 150
	33.3～38.5 以下（26 以上～30）	优	17.0	30	550	2.0	±2.0	3.5	29	2 100	350	500
		一	19.0	27	500	1.8		4.5	31	2 500	450	700
		合	21.0	21	450	1.5		5.5	34	3 500	650	900
	38.5（26）	优	16.0	31	600	2.0	±2.0	3.5	28	2 000	300	450
		一	18.0	28	550	1.8		4.5	30	2 500	400	630
		合	20.0	22	500	1.6		5.5	33	3 000	600	850
	41.7（24）	优	15.0	31	650	2.0	±2.0	3.5	28	1 500	280	400
		一	17.0	28	600	1.8		4.5	30	2 000	380	600
		合	19.0	22	550	1.6		5.5	33	2 800	600	800
	41.7 以上（24 以下）	优	14.0	32	800	2.1	±2.0	3.5	26	1 000	200	350
		一	16.0	28	700	1.9		4.5	28	1 500	300	550
		合	18.0	23	600	1.7		5.5	31	2 500	500	650

（续表）

类别	线密度（公制支数）[tex（公支）]	等别	单纱断裂强力变异系数（%）≤	单纱断裂强度（cN/tex）≥	单纱最小断裂强力（cN）≥	单纱断裂伸长率（%）≥	线密度偏差（%）≤	线密度变异系数（%）≤	条干均匀度变异系数（%）≤	细节（-50%）（个/km）≤	粗节（+100%）（个/km）≤	麻粒（+400%）（个/km）≤
短麻纱	41.7 以下（24 以上）	优	19.0	25	450	1.9	±3.0	4.5	34	4 000	700	1 100
		一	21.0	22	400	1.6		5.5	36	4 500	1 000	1 300
		合	23.0	19	350	1.4		6.5	38	5 000	1 300	1 500
	41.7（24）	优	18.0	25	550	1.9	±3.0	4.5	32	3 500	600	900
		一	20.0	23	450	1.7		5.5	34	4 000	900	1 100
		合	22.0	20	400	1.5		6.5	36	4 500	1 200	1 300
	41.7 以上～66.7 以下（15 以上～24 以下）	优	17.0	26	600	2.0	±2.0	4.5	30	2 500	500	750
		一	19.0	24	500	1.8		5.5	32	3 000	800	900
		合	21.0	21	450	1.6		6.5	34	4 000	1 100	1 100
	66.7（15）	优	16.0	27	800	2.1	±2.0	4.5	28	1 500	400	650
		一	18.0	25	700	1.9		5.5	30	2 000	700	800
		合	20.0	22	600	1.7		6.5	33	3 000	900	950
	66.7 以上～100.0 以下（10 以上～15 以下）	优	16.0	28	1 100	2.1	±2.0	4.5	27	1 000	300	550
		一	17.0	25	900	1.9		5.5	29	1 300	600	700
		合	19.0	22	700	1.7		6.5	32	2 500	800	850
	100.0 及以上（10 及以下）	优	15.0	28	1 500	2.2	±2.0	4.5	26	800	300	400
		一	17.0	26	1 100	2.0		5.5	28	1 100	500	500
		合	19.0	23	800	1.8		6.5	31	2 000	700	600

表 4-12　亚麻纱品等试验项目样品数量及试验次数的规定

项目	筒子数	每筒试验次数	试验总次数
线密度、线密度变异系数、线密度偏差率	30	1	30
单纱断裂强度、单纱断裂强力变异系数、单纱最小断裂强力、单纱断裂伸长率	20	5	100
条干均匀度变异系数、粗节、细节、麻粒	10	1	10

第三节　毛纱线的品质检验

一、精梳毛针织绒线的品质检验

纺织行业标准 FZ/T 71001 适用于鉴定精梳纯毛、毛混纺针织绒线及非毛纤维仿毛针织绒线的品质。

（一）精梳毛针织绒线的质量标准规定

精梳毛针织绒线的安全性应符合强制性国家标准 GB 18401 的要求。评等以批为单位，按内在质量和外观质量综合评定，并以其中的最低项定等，分为优等品、一等品、合格品。

1. 抽样

以同一原料、同一品种的产品为一检验批。内在质量和外观质量的样品应从检验批中随机抽取。物理指标检验用的样本抽取数量：批量在 1 000 kg 及以下的，每批抽取 10 大绞（筒）；批量在 1 000 kg 以上的，每 1 000 kg 试验一次。物理指标抽样试验次数按表 4-13 的规定执行。染色牢度检验试验中的样本抽取，应包括该批的全部色号。可分解致癌芳香胺染料、甲醛含量、pH 值检验用的样品抽取按 GB 18401 执行。外观质量检验用的样本数量，按批至少 1%（不少于 2.5 kg）。

表 4-13　精梳毛针织绒线物理指标抽样试验次数规定

项目	质量	线密度	捻度		单纱强力
			单纱	股线	
每绞（筒）试验次数	1	2	4	2	5
总试验次数	10	20	40	20	50

2. 内在质量评等

精梳毛针织绒线内在质量评等以批为单位，按物理指标和染色牢度综合评定，并以其中的最低项定等。

精梳毛针织绒线物理指标评等规定如表 4-14 和表 4-15 所示。

表 4-14　精梳毛针织绒线物理指标评等规定

项目		限度	优等品	一等品	合格品
纤维含量（%）		—	按 GB/T 29862 执行		
大绞质量偏差率（%）		不低于	−2.0		
线密度偏差率（%）		—	±2.0	±3.5	±5.0
线密度变异系数（%）	单纱	不高于	3.0		
	股线		2.5		
捻度变异系数（%）	单纱	不高于	11.0	14.0	16.0
	股线		10.0	12.0	15.0

（续表）

项目		限度	优等品	一等品	合格品
单纱断裂强度（cN/tex）	单纱	不低于		4.3	
	股线			4.5	
强力变异系数（%）	单纱	不高于	12.0		—
	股线		10.0		—
起球（级）		不低于	3-4	3	2-3

表 4-15　优等品条干均匀度变异系数（%）

线密度（公制支数）[tex（公支）]	33.3（30）	31.2（32）	27.8（36）	23.8（42）	20.8（48）	19.2（52）	16.7（60）	14.3（70）	12.5（80）
单纱≤	16.4	16.6	17.0	17.4	17.8	18.1	18.6	19.1	19.5
股线≤	11.7	11.9	12.1	12.4	12.7	12.9	13.3	13.6	13.9

注：一等品和合格品的条干均匀度变异系数不作要求。

精梳毛针织绒线染色牢度评等规定见表 4-16。

表 4-16　精梳毛针织绒线染色牢度评等规定

项目		限度	优等品	一等品	合格品
耐光色牢度（级）	＞1/12 标准深度（深色）	不低于	4	3-4	4
	≤1/12 标准深度（浅色）		3	3	3
耐洗色牢度（级）	色泽变化	不低于	3-4	3-4	3
	毛布沾色		4	3	3
	其他贴衬染色		3-4	3	3
耐汗渍色牢度（级）	色泽变化	不低于	3-4	3-4	3
	毛布沾色		4	3	3
	其他贴衬染色		3-4	3	3
耐水色牢度（级）	色泽变化	不低于	3-4	3-4	3
	毛布沾色		4	3	3
	其他贴衬染色		3-4	3	3
耐摩擦色牢度（级）	干摩擦	不低于	4	3-4（深色 3）	3
	湿摩擦		3	2-3	2-3
耐干洗色牢度（级）	色泽变化	不低于	4	3-4	3-4
	毛布沾色		4	3	3
	其他贴衬染色		3-4	3	3

注1：耐干洗色牢度为可干洗类产品考核指标。
注2：只可干洗类产品，不考核耐洗、耐湿摩擦色牢度。
注3：非毛纤维纯纺或混纺产品，毛布沾色改为主要非毛纤维贴衬织物沾色。

3. 外观质量评等

精梳毛针织绒线外观质量评等包括实物质量和外观疵点两个方面。

实物质量指外观、手感、条干和色泽。实物质量评等以批为单位。检验时,逐批比照封样进行评定,符合封样者为合格品。

外观疵点的评等项目有绞纱外观疵点、筒子纱外观疵点和织片外观疵点。

(1)绞纱外观疵点评等。绞纱外观疵点评等以 250 g 为单位,逐绞检验,按表 4-17 的规定进行。

表 4-17　绞纱外观疵点评等规定

疵点名称	优等品	一等品	合格品
结头	不允许	≤2 个	≤4 个
断头	不允许	≤1 个	≤3 个
大肚纱	不允许	≤1 个	≤3 个
小辫纱、羽毛纱	≤1 个	≤3 个	≤5 个
异形纱	不允许	≤1 圈	≤3 圈
异色纤维混入	不允许	不明显	轻微
毛片	不允许	≤2	≤4
草屑、杂质	不允许	不明显	轻微
斑疵	不允许	不明显	轻微
轧毛、毡并	不允许	不允许	轻微
异形卷曲	不允许	15 cm 以内轻微	25 cm 以内轻微
杆印	不允许	不明显	轻微
段松紧	不允许	不明显	轻微
露底	不允许	不明显	轻微
膨体不匀	不允许	不明显	轻微

注 1:异形卷曲指毛混纺及化纤产品中的疵点。
注 2:膨体不匀指化纤产品中的疵点。

(2)筒子纱外观疵点评等。筒子纱外观疵点评等以每个筒子为单位,逐筒检验,各品等均不允许成形不良、斑疵、色差、色花、错纱等疵点出现。

(3)织片外观疵点评等。织片外观疵点评等以批为单位,每批抽取 10 大绞(筒),每绞(筒)用单根纬平针织成长宽为 20 cm×30 cm 的织片,10 绞(筒)连织成一片,按表 4-18 的规定进行。

表 4-18　织片外观疵点评等规定

疵点名称	优等品	一等品	合格品
粗细节	不低于封样	不低于封样	较明显低于封样
紧捻纱	不允许	2 处	5 处
条干不匀	不低于封样	不低于封样	较明显低于封样
厚薄档	不低于封样	不低于封样	较明显低于封样

疵点名称	优等品	一等品	合格品
色花	不低于封样	不低于封样	较明显低于封样
色档	不低于封样	不低于封样	较明显低于封样
混色不匀	不低于封样	不低于封样	较明显低于封样
毛粒	不低于封样	不低于封样	较明显低于封样

注：封样指一等品。

（二）品等评定

内在质量评定：按物理指标和染色牢度的检验结果综合评定，符合相应品等要求，则内在质量合格，否则不合格；如果所有样本的内在质量合格，则该批产品内在质量合格，否则该批产品内在质量不合格（其中染色牢度按不同色号分别判定）。

外观质量的评定：绞纱筒子纱外观疵点评等不符品等率在5%及以下且实物质量合格、织片外观疵点评等符合相应品等要求，则该批产品外观质量合格；绞纱、筒子纱外观疵点评等不符品等率在5%以上或实物质量不合格、织片外观疵点评等不符合相应品等要求，则该批产品外观质量不合格。

综合评定：各品等产品如不符合 GB 18401 的要求，均判定为不合格。按标注品等，内在质量和外观质量均合格，则该批产品合格；内在质量和外观质量中有一项不合格，则该批产品不合格。

（三）试验条件和试验方法

1. 试验条件

外观质量试验条件：检验光源以自然北光为准，如采用灯光检验，则用 40 W 日光灯两支，上面加灯罩，灯管与检验物距离（80±5）cm。织片为单根纬平针组织，针圈密度规格按表 4-19 规定。

表 4-19　精梳毛针织绒线单根纬平针组织线圈密度规格

线密度（公制支数）[tex(公支)]	针型	线圈密度[线圈数/（10 cm）]	
		横向	纵向
50×2(20/2)	9～11 针	56±3	72±4
38.5×2(26/2)	9～11 针	62±3	82±4
31.2×2(32/2)	9～11 针	68±3	22±4
27.8×2(36/2)	9～11 针	72±3	100±4
23.8×2(42/2)	12～14 针	74±4	104±5
20.8×2(48/2)	12～14 针	80±4	110±5
19.2×2(52/2)	12～14 针	84±4	118±5
16.7×2(60/2)	12～14 针	92±4	130±5

注：未列入表内的线密度参考相近线密度的织片。

2．试验方法

（1）质量试验。取样 10 大绞，逐绞称重，测得试样实际质量，计算平均值。取接近平均质量的一绞，用烘箱法测定试样的实际回潮率，计算大绞的公定质量，按式（4-3）计算大绞的质量偏差率。

$$D_G = \frac{G_0 - G}{G} \times 100 \qquad (4-3)$$

式中：D_G 为质量偏差率（%）；G_0 为公定质量（g）；G 为规定质量（g）。

（2）线密度试验。将已调湿的试样套在绷架上，以正常的速度退绕纱线，按规定的张力 [（0.25±0.05）cN/tex]摇取所需的长度，打结留头不超过 1 cm。测定试样实际圈长，逐绞称取试样质量，计算线密度，求出线密度偏差率与线密度变异系数。

（3）捻度试验。直接计数法按 GB/T 2543.1 执行；退捻加捻法按 GB/T 2543.2 执行（仲裁试验按 GB/T 2543.1 执行）。计算捻度变异系数。

（4）单纱强力试验。单纱强力试验按 GB/T 3916 执行。计算强力变异系数和单纱断裂强度。

（5）起球试验。起球试验按 GB/T 4802.3 执行。

（6）条干均匀度变异系数试验。条干均匀度变异系数试验按 GB/T 3292 执行。

（7）纤维含量试验。根据不同原料成分配比，纤维含量试验分别按 GB/T 2910、FZ/T 01026、FZ/T 01048、GB/T 16988 执行。折合公定回潮率计算纤维含量。

（8）色牢度试验。耐光色牢度试验按 GB/T 8427 中的方法 3 执行；耐洗色牢度试验按 GB/T 12490 执行，其中手洗类产品依据 A1S 条件，可机洗类产品依据 B2S 条件；耐汗渍色牢度试验按 GB/T 3922 中的碱液法执行；耐水色牢度试验按 GB/T 5713 执行；耐摩擦色牢度试验按 GB/T 3920 执行。

二、粗梳毛针织绒线的品质检验

纺织行业标准 FZ/T 71002 适用于鉴定粗梳纯毛、毛混纺针织绒线及非毛纤维仿毛针织绒线的品质。

（一）粗梳毛针织绒线的质量标准规定

粗梳毛针织绒线的安全性应符合 GB 18401 的要求。粗梳毛针织绒线的品等以批为单位，按内在质量和外观质量的检验结果综合评定，并以其中最低一项定等，分为优等品、一等品和合格品。

1．抽样

以同一原料、同一品种的产品为一个检验批。内在质量和外观质量的样品应从检验批中随机抽取。物理指标检验用样品抽取数量：批量在 500 kg 及以下的，每批抽取 10 大绞（筒）；批量在 500 kg 以上的，每 500 kg 试验一次。物理指标试验次数按表 4-20 规定。染色牢度试验中的样品应包括该批的全部色号。可分解致癌芳香胺染料、甲醛含量、pH 值检验用的样品抽取按 GB 18401 执行。外观质量检验用的样品数量按批至少 1%（不少于 2.5 kg）的比例抽取。

表 4-20　粗梳毛针织绒线物理指标试验次数规定

试验项目	线密度	捻度		单纱强力
		单纱	股线	
每绞（筒）试验次数	2	4	2	5
总次数	20	40	20	50

2. 内在质量评等

粗梳毛针织绒线物理指标的评等规定见表 4-21。

表 4-21　粗梳毛针织绒线物理指标的评等规定

项目		限度	优等品	一等品	合格品
纤维含量		—	按 GB/T 29862 执行		
线密度偏差率（%）	线密度＜83.3 tex	—	±3.0	±4.0	±5.5
	线密度≥83.3 tex	—	±4.0	±5.0	±6.5
线密度变异系数（%）	单纱	不高于	4.5	6.0	8.0
	股纱		3.5	5.0	7.0
捻度偏差率（%）	单纱	—	±7.0	±9.0	±12.0
	股纱		±5.0	±7.0	±10.0
捻度变异系数（%）	单纱	不高于	12.0	15.0	17.5
	股纱		10.0	12.0	16.0
单纱断裂强度（cN/tex）	单纱	不低于	2.2		
	股纱		2.5		
强力变异系数（%）	单纱	不高于	13.5	—	
	股纱		12.0		
起球（级）		不低于	3-4	3	2-3
含油脂率（%）		不低于	1.5		

粗梳毛针织绒线染色牢度的评等规定见表 4-22。

表 4-22　粗梳毛针织绒线染色牢度的评等规定

项目		限度	优等品	一等品	合格品
耐光色牢度（级）	＞1/12 标准深度（深色）	不低于	4	4	4
	≤1/12 标准深度（浅色）		3	3	3

（续表）

项目		限度	优等品	一等品	合格品
耐洗色牢度（级）	色泽变化 毛布沾色 其他贴衬染色	不低于	3-4 4 3-4	3-4 3 3	3 3 3
耐汗渍色牢度（级）	色泽变化 毛布沾色 其他贴衬染色	不低于	3-4 4 3-4	3-4 3 3	3 3 3
耐水色牢度（级）	色泽变化 毛布沾色 其他贴衬染色	不低于	3-4 4 3-4	3-4 3 3	3 3 3
耐摩擦色牢度（级）	干摩擦 湿摩擦	不低于	4 3	3-4（深色3） 2-3	3 2-3
耐干洗色牢度（级）	色泽变化 毛布沾色 其他贴衬染色	不低于	4 4 3-4	3-4 3 3	3-4 3 3

注1：耐干洗色牢度为可干洗类产品考核指标。

注2：只可干洗类产品，不考核耐洗、耐湿摩擦色牢度。

注3：非毛纤维纯纺或混纺产品，毛布沾色改为主要非毛纤维贴衬织物沾色。

3. 外观质量评等

粗梳毛针织绒线外观质量的评等包括实物质量和外观疵点的评等。

实物质量指外观、手感、条干和色泽。实物质量评等以批为单位，检验时逐批比照封样进行评定，符合封样者为合格品。

外观疵点的评等包括绞纱外观疵点、筒子纱外观疵点和织片外观疵点三个方面。

（1）绞纱外观疵点评等。绞纱外观疵点评等以 250 g 为单位，逐绞检验，按表 4-23 的规定进行。

表 4-23　绞纱外观疵点评等规定

疵点名称	优等品	一等品	合格品
结头	不允许	≤2 个	≤4 个
断头	不允许	≤1 个	≤3 个
斑疵	不允许	不明显	轻微
大肚纱	不允许	≤1 个	≤3 个
异形纱	不允许	≤1 处	≤4 处
毡并	不允许	不明显	轻微

（2）筒子纱外观疵点评等。筒子纱外观疵点评等以每个筒子为单位，逐筒检验，各品等均不允许成形不良、斑疵、色花、错纱等疵点出现。

（3）织片外观疵点评等。织片外观疵点评等以批为单位，每批抽取 10 大绞（筒），每绞（筒）用单根纬平针织成长宽为 20 cm×40 cm 的织片，10 绞（筒）连织成一片，并按表 4-24 的规定进行。

表 4-24　织片外观疵点评等规定

疵点名称	优等品	一等品	合格品
粗细节	不低于封样	不低于封样	较明显低于封样
紧捻纱	不允许	≤2 处	≤5 处
大肚纱	不允许	≤1 个	≤3 个
条干不匀	不低于封样	不低于封样	较明显低于封样
厚薄档	不允许	不低于封样	较明显低于封样
色花	不允许	不低于封样	较明显低于封样
色档	不允许	不低于封样	较明显低于封样
混色不匀	不允许	不低于封样	较明显低于封样
毛粒、杂质	不低于封样	不低于封样	较明显低于封样

注：封样指一等品。

优等品疵点限度：10 块均不允许低于封样。

一等品疵点限度：较明显低于封样的不得超过 3 块（其中厚薄档不得超过 2 处，紧捻纱不得超过 2 块），不允许较明显色档出现。

合格品疵点限度：10 块均不允许明显低于封样。

（二）品等评定

内在质量评定：按物理指标和染色牢度的检验结果综合评定，符合相应品等要求，则内在质量合格，否则不合格（其中染色牢度按不同色号分别判定）。

外观质量评定：绞纱、筒子纱外观疵点评等不符品等率在 5% 及以下且织片外观疵点评等符合相应品等要求，则该批产品外观质量合格；绞纱、筒子纱外观疵点评等不符品等率在 5% 以上或织片外观疵点评等不符合相应品等要求，则该批产品外观质量不合格。

综合评定：各品等产品如不符合 GB 18401 的要求，均判定为不合格。按标注品等，内在质量和外观质量均合格，则该批产品合格；内在质量和外观质量中有一项不合格，则该批产品不合格。

（三）试验条件和试验方法

1. 试验条件

外观质量试验条件：检验光源以自然北光为准，如采用灯光检验则用 40 W 日光灯两支，上面加灯罩，灯管与检验物距离（80±5）cm。织片为单根纬平针组织，针圈密度规格按表 4-25规定。

表 4-25　粗梳毛针织绒线单根纬平线组织线圈密度规格

线密度(公制支数)[tex(公支)]	针型	线圈密度[线圈数/(10 cm)]	
		横向	纵向
125×2～100×2(8/2～10/2)	5～6 针	30±3	40±4
83.3×2～62.5×2(12/2～16/2)	6～8 针	36±3	54±4
55.6×2～45.5×2(18/2～22/2)	9～10 针	44±3	64±4
41.7×2～35.7×2(24/2～28/2)	11～12 针	52±3	74±4
83.3～62.5(12～16)	11～12 针	54±4	76±4

注:表中未列入的线密度参考相近线密度的织片。

2. 试验方法

粗梳毛针织绒线品质检验的试验方法与精梳毛针织绒线一致。

第四节　生丝的品质检验

国家标准 GB/T 1797 规定了绞装和筒装生丝的要求、检验规则、包装、标志;GB/T 1798 规定了绞装生丝和筒装生丝的试验方法。两者适用于名义纤度 69 den(76.7 dtex)及以下规格的未浸泡生丝。

一、生丝的质量标准

（一）技术要求

生丝的品质根据受检生丝的品质技术指标和外观质量的综合成绩,分为 6A、5A、4A、3A、2A、A 级和级外品。

1. 生丝的品质技术指标

生丝的品质技术指标包括纤度偏差、纤度最大偏差、均匀二度变化、清洁、洁净、均匀三度变化、切断、断裂强度、断裂伸长率、抱合等。其中前五项为主要检验项目,后六项为补助检验项目。生丝主要检验项目的品质技术指标规定如表 4-26 所示,生丝补助检验项目的品质技术指标规定如表 4-27 所示。

表 4-26　生丝主要检验项目的品质技术指标规定

指标	名义纤度(线密度)	级别					
		6A	5A	4A	3A	2A	A
纤度偏差(den)	12 den(13.3 dtex)及以下	0.80	0.90	1.00	1.15	1.30	1.50
	13～15 den(14.4～16.7 dtex)	0.90	1.00	1.10	1.25	1.45	1.70
	16～18 den(17.8～20.0 dtex)	0.95	1.10	1.20	1.40	1.65	1.95

指标	名义纤度（线密度）	级别					
		6A	5A	4A	3A	2A	A
纤度偏差（den）	19～22 den（21.1～24.4 dtex）	1.05	1.20	1.35	1.60	1.85	2.15
	23～25 den（25.6～27.8 dtex）	1.15	1.30	1.45	1.70	2.00	2.35
	26～29 en（28.9～32.2 dtex）	1.25	1.40	1.55	1.85	2.15	2.50
	30～33 den（33.3～36.7 dtex）	1.35	1.50	1.65	1.95	2.30	2.70
	34～49 den（37.8～54.5 dtex）	1.60	1.80	2.00	2.35	2.70	3.05
	50～69 den（55.6～76.7 tex）	1.95	2.25	2.55	2.90	3.30	3.75
纤度最大偏差（den）	12 den（13.3 dtex）及以下	2.50	2.70	3.00	3.40	3.80	4.25
	13～15 den（14.4～16.7 dtex）	2.60	2.90	3.30	3.80	4.30	4.95
	16～18 den（17.8～20.0 dtex）	2.75	3.15	3.60	4.20	4.80	5.65
	19～22 den（21.1～24.4 dtex）	3.05	3.45	3.90	4.70	5.50	6.40
	23～25 den（25.6～27.8 dtex）	3.35	3.75	4.20	5.00	5.80	6.80
	26～29 den（28.9～32.2 dtex）	3.65	4.05	4.50	5.35	6.25	7.25
	30～33 den（33.3～36.7 dtex）	3.95	4.35	4.80	5.65	6.65	7.85
	34～49 den（37.8～54.5 dtex）	4.60	5.20	5.80	6.75	7.85	9.05
	50～69 den（55.6～76.7 dtex）	5.70	6.50	7.40	8.40	9.55	10.85
均匀二度变化（条）	18 den（20.0 dtex）及以下	3	6	10	16	24	34
	19～33 den（21.1～36.7 dtex）	2	3	6	10	16	24
	34～69 den（37.8～76.7 dtex）	0	2	3	6	10	16
清洁（分）	69 den（76.7 dtex）及以下	98.0	97.5	96.5	95.0	93.0	90.0
洁净（分）	69 den（76.7 dtex）及以下	95.0	94.0	92.0	90.0	88.0	86.0

表 4-27　生丝补助检验项目的品质技术指标规定

指标	名义纤度(线密度)	级别					
		6A	5A	4A	3A	2A	A
补助检验项目		附级					
		(一)		(二)	(三)	(四)	
均匀三度变化(条)		0		1	2	4	
补助检验项目		附级					
		(一)		(二)	(三)		
切断(次)	12 den(13.3 dtex)及以下	8		16	24		
	13~18 den (14.4~20.0 dtex)	6		12	18		
	19~33 den (21.0~36.7 dtex)	4		8	12		
	34~69 den (37.8~76.6 dtex)	2		4	6		
补助检验项目		附级					
		(一)		(二)			
断裂强度[cN/tex (gf/den)]		3.35 (3.80)		3.26 (3.70)			
断裂伸长率(%)		20.0		19.0			
补助检验项目		附级					
		(一)	(二)		(三)		
抱合(次)	33 den(36.7 dtex)及以下	100	90		80		

2. 生丝的外观质量指标

生丝的外观质量根据颜色、光泽、手感进行评等,分为良、普通、稍劣和级外品。生丝的外观疵点分类及批注规定,绞装丝如表 4-28 所示,筒装丝如表 4-29 所示。

表 4-28　绞装丝的疵点分类及批注规定

疵点名称		疵点说明	批注数量		
			整批(把)	拆把(绞)	样丝(绞)
主要疵点	霉丝	生丝光泽变异,能嗅到霉味或呈现灰色或微绿色的霉点	10 以上	—	—
	丝把硬化	绞把发并,手感糙硬呈僵直状	10 以上	—	—
	簆角硬胶	簆角部位有胶着硬块,手指直捏后不能松散	—	6	2
	粘条	丝条粘固,手指捏揉后,左右横展部分丝条不能拉散	—	6	2

疵点名称		疵点说明	批注数量		
			整批（把）	拆把（绞）	样丝（绞）
主要疵点	附着物（黑点）	杂物附着于丝条块状（粒状）黑点，长度在 1 mm 及以上；散布性黑点，即丝条上有断续相连分散而细小的黑点	—	12	6
	污染丝	丝条被异物污染	—	16	8
	纤度混杂	同一批丝内混有不同规格的丝绞	—	—	1
	水渍	生丝遭受水湿，有渍印，光泽呆滞	10 以上	—	—
一般疵点	颜色不整齐	把与把、绞与绞之间颜色程度或颜色种类差异较明显	10 以上		
	夹花	同一丝绞内颜色程度或颜色种类差异较明显		16	8
	白斑	绞丝表面呈现光泽呆滞的白色斑，长度在 10 mm 及以上，颜色程度或颜色种类差异较明显	10 以上		
	绞重不匀	丝绞质量相差 20% 以上，即：$\dfrac{\text{大绞质量} - \text{小绞质量}}{\text{大绞质量}} \times 100\% > 20\%$	—	—	4
	双丝	丝绞中部分丝条卷取两根及以上，长度在 3 m 以上	—	—	1
	重片丝	两片丝及以上重叠一绞	—	—	1
	切丝	丝绞中存在一根及以上的断丝	—	16	—
	飞入毛丝	卷入丝绞的废丝	—	—	8
	凌乱丝	丝片层次不清，络绞紊乱，切断检验难以卷取	—	—	6

注：达不到一般疵点者，为轻微疵点。

表 4-29　筒装丝的疵点分类及批注规定

疵点名称		疵点说明	整批批注数量（筒）		
			小菠萝形	大菠萝形	圆柱形
疵点名称	霉丝	生丝光泽变异，能嗅到霉味或呈现灰色或微绿色的霉点	10 以上		
	丝条绞着	丝筒发并，手感糙硬，光泽差	20 以上		
	附着物（黑点）	杂物附着于丝条、块状（粒状）黑点，长度在 1 mm 及以上；散布性黑点，即丝条上有断续相连分散而细小的黑点	20 以上		
	污染丝	丝条被异物污染	15 以上		
	纤度混杂	同批丝内混有不同规格的丝筒	1		
	水渍	生丝遭受水湿，有渍印，光泽呆滞	10 以上		
	成形不良	丝筒两端不平整，高低差 3 mm 或两端塌边或有松紧丝层	20 以上		

（续表）

疵点名称		疵点说明	整批批注数量（筒）		
			小菠萝形	大菠萝形	圆柱形
一般疵点	颜色不整齐	丝筒与丝筒之间颜色程度或颜色种类差异较明显	10 以上		
	色圈（夹花）	同一丝筒内颜色程度或颜色种类差异较明显	20 以上		
	丝筒不匀	丝筒质量相差 15％以上，即： $\dfrac{大绞质量－小绞质量}{大绞质量}\times100\%>15\%$	20 以上		
	双丝	丝筒中部分丝条卷取两根及以上，长度在 3 m 以上	1		
	切丝	丝筒中存在一根及以上的断丝	20 以上		
	飞入毛丝	卷入丝筒的废丝	8 以上		
	跳丝	丝筒下端丝条跳出，其弦长：大、小菠萝形的为 30 mm，圆柱形的为 15 mm	10 以上		

注：达不到一般疵点者，为轻微疵点。

（二）分级规定

1. 基本级的评定

（1）根据纤度偏差、纤度最大偏差、均匀二度变化、清洁及洁净五项主要检验项目中的最低一项确定基本级。

（2）主要检验项目中任何一项低于 A 级，则定为级外品。

（3）在黑板卷绕过程中出现 10 个及以上的丝锭不能正常卷取者，一律定为级外品，并在检验证书上注明"丝条脆弱"。

2. 补助检验的降级规定

（1）补助检验项目中任何一项低于基本级所属的附级允许范围者，应降级。

（2）按各补助项目检验成绩的附级低于基本级所属附级的级差数降级。附级相差一级者，则基本级降一级；相差两级者，降两级；以此类推。

（3）补助检验项目中有两项以上低于基本级者，以最低一项降级。

（4）切断次数超过表 4-30 规定者，一律降为最低级。

表 4-30　切断次数的降级规定

名义纤度（线密度）	切断（次）	名义纤度（线密度）	切断（次）
12 den(13.3 dtex)及以下	60	19～33 den (21.1～36.7 dtex)	40
13～18 den (14.4～20.0 dtex)	50	34～69 den (37.8～76.6 dtex)	20

3. 外观检验的评等和降级规定

(1) 外观检验评为"稍劣"者,按基本级的评定、补助检验的降级规定评定的等级,再降一级;如已定为 A 级,则作为级外品。

(2) 外观检验评为"级外品"者,一律作为级外品。

(3) 出现洁净 80 分及以下丝片的丝批,最终品等不得定为 6A。

二、生丝的试验方法

国家标准 GB/T 1798 规定了绞装生丝和筒装生丝的试验条件、试验方法,具体规定了生丝的组批和抽样方法、品质检验和外观质量检验。

(一) 组批与抽样方法

生丝检验以同一庄口、同一工艺、同一机型、同一规格的产品为一批,每批 20 箱,每箱约 30 kg,或者每批 10 件,每件约 60 kg。不足 20 箱或 10 件的仍按一批计算。

对于受检生丝,应在外观质量检验的同时,抽取具有代表性的品质检验试样。绞装丝每把限抽 1 绞,筒装丝每箱限抽 1 筒。

(二) 生丝的品质检验

1. 试验条件

要进行切断、纤度、断裂强度、断裂伸长率和抱合检验的样丝,应按 GB/T 6529 规定的标准大气和容差范围,放在温度为 (20 ± 2)℃、相对湿度为 (65 ± 4)% 的条件下平衡 12 h 以上,然后在上述条件下进行检验。

2. 取样

绞装丝取样:每批从丝把的边、中、角三个部位分别抽取 12 绞、9 绞、4 绞,共 25 绞。筒装丝取样:每批从丝箱中随机抽取 20 筒。

3. 切断检验

切断检验适用于绞装丝。筒装丝不需要检验切断。每批取 25 绞作为试样,其中 10 绞自面层卷取,10 绞自底层卷取,3 绞自面层的 1/4 处卷取,2 绞自底层的 1/4 处卷取。凡从丝绞的 1/4 处卷取的丝片不计切断次数。

将受检丝绞平顺地绷于丝络上,按丝绞成形宽度摆正丝片,调节丝路,使其松紧适度,并与丝片周长适应。绷丝过程中发现丝绞中篾角硬胶、粘条,可用手指轻轻揉捏,以松散丝条。卷取时间分为预备时间和正式检验时间。预备时间内,不计切断时间,不计切断次数;正式检验时间内,根据切断原因,分别记录切断次数。当正式检验时间开始,如有丝绞卷取情况不正常,则适当延长预备时间。

同一丝片由于同一缺点,连续产生切断达 5 次时,经处理后继续检验,如再次产生切断的原因仍是同一缺点,则不记录切断次数,如是不同缺点则记录切断次数。一个丝片的最高切断次数为 8。切断检验时,每绞丝卷取 4 只丝锭,共卷取 100 只丝锭。

4. 纤度检验

绞装丝取切断检验卷取的 50 只丝锭(每绞卷取 2 只丝锭),用纤度机卷取纤度丝,每只丝锭卷取 4 绞,每绞 100 回,共计 200 绞;筒装丝取品质检验用试样 20 筒,其中 8 筒面层、6 筒中层(约在 250 g 处)、6 筒内层(约在 120 g 处),每筒卷取 10 绞,每绞 100 回,共计 200 绞。

如遇丝锭无法卷取，可采用已取样的丝锭补缺，每只丝锭限补纤度丝 2 绞。将卷取的纤度丝以 50 绞为一组，逐绞在纤度仪上称计，求得"纤度总和"，然后分组在天平上称得"纤度总量"，把每组"纤度总和"与"纤度总量"核对。将检验完毕的纤度丝松散、均匀地装入烘篮内，烘至恒重测得干重，并按式(4-4)计算平均纤度，按式(4-5)计算纤度偏差，按式(4-6)计算平均公量纤度。

$$\bar{d} = \frac{\sum_{i=1}^{N} d_i}{N} \tag{4-4}$$

式中：$\bar{d}$ 为平均纤度(den)；d_i 为各绞纤度丝的纤度(den)；N 为纤度丝总绞数。

$$\sigma = \sqrt{\frac{\sum_{i=1}^{N} (d_i - d)^2}{N}} \tag{4-5}$$

式中：σ 为纤度偏差(den)；$\bar{d}$ 为平均纤度(den)；d_i 为各绞纤度丝的纤度(den)；N 为纤度丝总绞数。

$$d_K = \frac{m_0 \times 1.11 \times L}{N \times T \times 1.125} \tag{4-6}$$

式中：d_K 为平均公量纤度(den)；m 为样丝的干重(g)；N 为纤度丝总绞数；T 为每绞纤度丝的回数；L 取值为 9 000。

若平均公量纤度超出该批生丝的纤度上限或下限，应在检测报告中注明"纤度规格不符"。平均公量纤度与平均纤度的允差规定如表 4-31 所示，超过规定时应重新检验。

表 4-31 平均公量纤度与平均纤度的允差规定

名义纤度(线密度)	允许差异
18 den(20.0 dtex)及以下	0.5 den(0.56 dtex)
19～33 den(21.1～36.7 dtex)	0.7 den(0.78 dtex)
34～69 den(37.8～76.7 dtex)	1.0 den(1.11 dtex)

5. 均匀检验

用黑板机卷取丝片，正常情况下卷绕张力约 10 cN。绞装丝取切断检验卷取的另外 50 只丝锭，每只丝锭卷取 2 片；筒装丝取品质检验用试样 20 筒，其中 8 筒面层、6 筒中层(约在 250 g 处)、6 筒内层(约在 120 g 处)，每筒卷取 5 片。每批丝共卷取 100 片，每块黑板卷取 10 片，每片宽 127 mm，计 10 块黑板。

如遇丝锭无法卷取，可采用已取样的丝锭补缺，每只丝锭限补 1 片。黑板卷绕过程中，出现 10 只及以上的丝锭不能正常卷取，则判定为"丝条脆弱"，并终止均匀、清洁和洁净检验。将卷取的黑板放置在黑板架上，黑板垂直于地面，检验员位于距离黑板 2.1 m 处，将丝片逐一与均匀标准样照对照，分别记录均匀变化条数。

均匀一度变化:丝条均匀变化程度超过标准样照 V_0,不超过 V_1 者。

均匀二度变化:丝条均匀变化程度超过标准样照 V_1,不超过 V_2 者。

均匀三度变化:丝条均匀变化程度超过标准样照 V_2 者。

6. 清洁及洁净检验

(1) 清洁检验。检验员位于距离黑板 0.5 m 处,逐块检验黑板两面,对照清洁标准样照,分辨清洁疵点的类型,分别记录其数量。对黑板跨边的疵点,按疵点分类,计作 1 个;废丝或黏附糙未达到标准照片限度时,计作小糙 1 个。

清洁疵点扣分标准:主要疵点每个扣 1 分,次要疵点每个扣 0.4 分,普通疵点每个扣 0.1 分,以 100 分减去各类清洁疵点扣分的总和,即为该批丝的清洁成绩,取小数点后一位。

(2) 洁净检验。

① 评分方法:选择黑板任一面,垂直地面向内倾斜约 5 ℃,检验员位于距离黑板 0.5 m 处,根据洁净疵点的形状大小、数量多少、分布情况对照洁净标准样照,逐片评分。

② 评分范围:最高为 100 分,最低为 10 分。在 50 分以上者,每 5 分为一个评分单位;50 分以下者,每 10 分为一个评分单位。计算其平均值,即为该批丝的洁净成绩,取小数点后两位。

7. 抱合检验

抱合检验适用于 33 den 及以下规格的生丝。绞装丝取切断检验卷取的丝锭 20 只;筒装丝取 20 筒,其中 8 筒面层、6 筒中层(约在 250 g 处)、6 筒内层(约在 120 g 处)。每只丝锭(筒)进行一次抱合检验。将丝条连续往复置于抱合机框架两边的 10 个挂钩之间,在恒定和均匀的张力下,丝条的不同部位同时受到摩擦,摩擦速度约 130 次/min。一般在摩擦到 45 次左右时,做第一次观察,以后摩擦一定次数应停机,仔细观察丝条分裂程度,直到半数以上丝条中出现 6 mm 及以上的开裂,记录此时的摩擦次数。以 20 只丝锭(筒)的平均值并取整数作为该批丝的抱合次数。

挂丝时发现丝条上有明显糙节、发毛开裂或检验中途丝条发生切断,应废弃该样,在原丝锭(筒)上重新取样检验。

8. 生丝茸毛的检验

取切断检验卷取的 20 只丝锭,每只丝锭卷取 1 个丝片,共卷取 20 个丝片。

标准物质:茸毛标准样照一套 8 张,分别为 95、90、85、80、75、70、65、60 分,表示各自分数的最低限度。

每筬卷取 5 个丝片,每丝片幅宽 127 mm。用 300 g 中性工业皂片或相当定量的皂液,注入盛有 60 L 清水的精练池中,加温并搅拌,使皂片充分溶解。当温度升至 97 ℃时,将摇好的丝筬连同筬架浸入精练池内脱胶,60 min 后取出,放入装有 40 ℃温水的洗涤池中洗涤,最后再在清水池中洗净皂液残留物。

用 24 g 甲基蓝(盐基性)染料,注入盛有 60 L 清水的染色池中,加温并搅拌,使染料充分溶解。当液温升至 40 ℃以上时,将已脱胶的丝筬连同筬架移入染色池内进行染色。保持染液温度在 40~70 ℃,染 20 min。然后将染色后的丝筬连同筬架放入冷水池中清洗,再在室温下或 50 ℃以下进行干燥。用光滑的细玻璃棒或竹针在筬架上逐片进行整理,使丝条分离,恢复原有的排列状态。

将丝筬连同筬架移置到茸毛检验室内,将丝筬逐只挂在灯罩前面的托架上,开启灯光。检验员视线位置在距离丝篾正前方约 0.5 m 处,取丝篾两面的任何一面,在灯光反射下逐片观察。根据各片丝条上存在的不吸色的白色疵点和白色茸毛的数量多少、形状大小及分布情况对照标准样照逐片评分,分别记录在工作单上。

评分范围:无茸毛者为 100 分,最低为 10 分;从 100 分至 60 分,每 5 分为一个评分单位,从 60 分至 10 分,每 10 分为一个评分单位。

按式(4-7)计算茸毛平均分数,按式(4-8)计算茸毛低分平均分数,按式(4-9)计算茸毛评级分数。

$$茸毛平均分数 = \frac{各丝片(20 片)分数之和}{总丝片数(20 片)} \tag{4-7}$$

$$茸毛低分平均分数 = \frac{各丝片(20 片)中最低分数之和}{低分片数(5 片)} \tag{4-8}$$

$$茸毛评级分数 = \frac{平均分数 + 低分平均分数}{2} \tag{4-9}$$

(三)生丝的外观质量检验

1. 设备

(1)检验台:表面光滑,无反光。

(2)标准灯光:内装荧光管的平面组合灯罩或集光灯罩。光线以一定的距离柔和均匀地照射于丝把(丝筒)的端面上,端面的照度为 450~500 lx。

2. 检验规程

(1)核对受验丝批的厂代号、规格、包件号,并进行编号,逐批检验。

(2)绞装丝:将全批受验丝逐把拆除包丝纸的一端或者全部,排列在检验台上,以感官检定全批丝的外观质量;同时抽取品质检验试样,并逐绞检查试样表面、中层、内层有无各种外观疵点,对全批丝做出外观质量评定。

(3)筒装丝:将全批受验丝逐筒拆除包丝纸或纱套,放在检验台上,以感官检定全批丝的外观质量;随机抽取 32 只,大头向上,用手将筒子倾斜 30°~40° 转动一周,检查筒子的端面和侧面;同时抽取品质检验试样,逐筒检查试样的上、下端面和侧面,对全批丝做出外观质量评定。

(4)发现外观疵点的丝绞、丝把或丝筒,必须剔除;1 把中,疵点丝有 4 绞以上时,则整把剔除。

(5)需拆把检验时,拆 10 把,解开一道纱绳检查。

(6)批注规定。

① 主要疵点附着物(黑点)项目中的散布性黑点按两绞作为 1 绞计算,若 1 绞中普遍存在则作为 1 绞计算。

② 夹花和颜色不整齐,如两项均为批注起点,可批注 1 项。

③ 宽紧丝、缩丝、留绪、编丝或绞把不良等疵点普遍存在于整批丝中,应分别批注,作为一般疵点评定。

④ 油污、虫伤丝不再检验,退回委托方整理。

⑤ 器械检验发现外观疵点,应予确认,并按外观疵点批注规定执行。

3. 外观质量评等方法

生丝的外观质量评等分为良、普通、稍劣和级外品。

① 良:整理成形良好,光泽、手感略有差异,有 1 项轻微疵点者。

② 普通:整理成形尚好,光泽、手感有差异,有 1 项以上轻微疵点者。

③ 稍劣:主要疵点 1～2 项或一般疵点 1～3 项或主要疵点 1 项和一般疵点 1～2 项。

④ 级外品:超过稍劣范围或颜色极不整齐者。

4. 外观性状描述

生丝的颜色种类分白色、乳色、微绿色,颜色程度以淡、中、深表示。

光泽程度以明、中、暗表示。

手感程度以软、中、硬表示。

第五节　化纤长丝的品质检验

化纤长丝的种类和品种很多。不同品种及不同用途的化纤长丝,其品质检验的内容各不相同。本节主要介绍粘胶长丝、涤纶牵伸丝、涤纶低弹丝的品质检验。

一、粘胶长丝的品质检验

国家标准 GB/T 13758 规定了粘胶长丝的产品分类、技术要求、试验方法、检验规则、包装、标志、运输和储存的要求,适用于线密度在 66.7～333.3 dtex 的粘胶长丝品质的鉴定和验收,原液着色丝、线密度在 66.7 dtex 以下及 333.3 dtex 以上的可参照使用。

粘胶长丝按物理力学性能、染化性能和外观疵点评等,分为优等品、一等品和合格品。

（一）粘胶长丝的内在质量检验

粘胶长丝的内在质量检验主要包括力学性能和染化性能,具体的评等规定见表 4-32。

表 4-32　粘胶长丝的内在质量评等规定

项目		等级		
		优等品	一等品	二等品
干断裂强度(cN/dtex)	≥	1.85	1.75	1.65
湿断裂强度(cN/dtex)	≥	0.85	0.80	0.75
干断裂伸长率(%)		17.0～24.0	16.0～25.0	15.5～26.0
干断裂伸长变异系数(%)	≤	6.00	8.00	10.00
线密度偏差(%)	≤	±2.0	±2.5	±3.0
线密度变异系数(%)	≤	2.00	3.00	3.50
捻度变异系数(%)	≤	13.00	16.00	19.00
单丝根数偏差(%)	≤	1.0	2.0	3.0

（续表）

项目		等级		
		优等品	一等品	二等品
残硫量[mg/(100 g)]	≤	10.0	12.0	14.0
染色均匀度(级)	≥	4	3-4	3
回潮率(%)			—	
含油率(%)			—	

注：回潮率和含油率为型式检验项目，不作为定等依据。

（二）外观质量检验

1．设备及材料

分级台、分级架、各类型标准样。

2．检验条件

检验灯光用乳白日光灯两支，平行照明，周围无散射光，灯罩内为白搪瓷或刷以无光白漆。分级照度为 400 lx，目测距离为 30～40 cm（检验丝筒毛丝时为 20～25 cm），观察角度为 40°～60°（检查丝筒毛丝时与目光平行）。

3．检验方法

（1）筒装丝。将丝筒大头立于分级台中心并转动一周，观察筒子的小头。然后将丝筒倒置，以同法观察大头。接着用双手将筒子托起，使大头丝面与目光水平，徐徐转动一周，检查毛丝。最后将丝筒侧面水平转动一周，观察其侧表面。检查白节丝时，可将丝筒倾斜观察。观察时对照标样，按表 4-33 记录外观疵点。

（2）绞装丝。将丝绞穿在分级架上，抖开丝绞，使其展开至最大幅宽。然后用手将丝绞拉直，并使其与水平面的角度为 45°～60°，同时将丝绞转动一周进行观察。然后将丝绞翻转，以同法观察内层。观察时对照标样，按表 4-34 记录外观疵点。

（3）饼装丝。将丝饼置于分级台（架）中间，双手轻轻打开纸套，观察其侧表面及端面，然后转至另一侧面和端面。观察时对照标样，按表 4-35 记录外观疵点。检查后将纸套包好，注意不损坏丝饼的结构形态。

表 4-33　筒装丝外观疵点项目及指标值

项目	等级		
	优等品	一等品	合格品
色泽	轻微不匀	轻微不匀	较不匀
毛丝(个/万米)	≤0.5	≤1	≤3
结头(个/万米)	≤1.0	≤1.5	≤2.5
污染	无	无	较明显
成形	好	较好	较差
跳丝(个/筒)	0	0	≤2

表 4-34 绞装丝外观疵点项目及指标值

项目	等级		
	优等品	一等品	合格品
色泽	均匀	轻微不匀	较不匀
毛丝(个/万米)	≤10	≤15	≤30
结头(个/万米)	≤2	≤3	≤5
污染	无	无	较明显
卷曲	无	轻微	较重
松紧圈	无	无	轻微

表 4-35 饼装丝外观疵点项目及指标值

项目	等级		
	优等品	一等品	合格品
色泽	均匀	均匀	稍不匀
毛丝(个/侧表面)	≤6	≤10	≤20
成形	好	好	较差
手感	好	较好	较差
污染	无	无	较明显
卷曲	无	无	稍有

4. 外观疵点的评定

(1) 色泽。它是指一个丝筒(绞、饼)的表面和各筒(绞、饼)之间的颜色和光泽均匀情况。筒装丝和绞装丝包括乳白丝、白点丝、白节丝等疵点;饼装丝包括丝饼表面的黄斑、褐斑、黑斑等疵点。乳白丝是指有光丝中呈现半光或无光泽的丝条;白点丝是指有光丝中呈现半光或无光泽的小点丝;白节丝是指丝条中分节段出现丝节。

丝筒表面有不明显的颜色不匀,称为轻微不匀,与标准样对比评定,如有黄斑、褐斑、黑斑,则作为等外品。

绞丝内部有颜色不匀,与标准样对比评定,如有白点丝,则作为等外品。

丝饼上丝层之间有不明显的颜色不匀,称为轻微不匀,与标准样对比评定,如有黄斑、褐斑、黑斑,则作为等外品。

各丝筒(绞、饼)之间有色差时,按每个丝筒(绞、饼)内部的色差处理。

原则上每季度的第一批产品更换标准样。

(2) 毛丝。它是指丝条受伤呈毛茸现象或单丝断裂丝头凸出于复丝表面,检验丝筒时以严重的一头定等。绞装丝检验时,数整绞的毛丝个数;饼装丝检验时,为保持丝饼的结构形态和便于观察,数丝饼侧表面的毛丝个数。

凡丝筒大头有 3 mm 以下的茸毛丝形成半圈者为不合格品;茸毛丝虽不成圈,但在大头表面分布较广较密者亦为不合格品;丝筒大头有环形毛丝(单丝未断)形成弧形,其矢长超过 3 mm 者按毛丝计数;丝筒侧表面有毛丝,与丝筒大、小头毛丝一样考核,以严重的定等。若丝筒端面有较严重的毛丝,不应出厂。长度未超过 3 mm 的毛丝(包括矢长未超过 3 mm 的环形毛丝)根数大于 20 时,降为合格品。一根受伤的丝条,单丝未全断,按毛丝计数。

(3) 结头。它是指丝条断裂后的接结。检验时,筒装丝从小头直接数出,其结头应摆在丝筒小头端面;绞装丝从内外两层数出,如有断头未接或错接者,定为等外品。

(4) 污染。它是指油丝、锈丝及不能用水洗去的污斑点。检验时,筒装丝量其表面上污染的总面积,不超过 6 mm^2 时为稍明显,不超过 8 mm^2 时为较明显;绞装丝数其根数和量其总长度,3 根以下或总长短于 20 mm 时为稍明显,7 根以下或总长短于 40 mm 时为较明显;饼装丝按丝饼表面污染总面积计,小于 6 mm^2 为稍明显,小于 8 mm^2 为较明显。

(5) 卷曲。它是指丝条上的规则性弯曲和折皱点。检验丝绞、丝饼时,分别与标准样对比,明显卷曲的丝饼为等外品。

(6) 成形。是指丝筒(饼)丝层的卷绕整齐情况。检验时不可用手压试样。

筒装丝纸管两头均应凸出丝面,丝层的凹凸处最高和最低相差 7 mm 为合格品,凹凸处相差小于或等于 3 mm 为一等品,大于 3 mm 为合格品。当丝层与筒管平齐时为合格品。筒管松动时降为合格品。丝筒内外层有明显的两层松紧层为较好,有三层松紧层为稍差,超过三层松紧层为较差。

饼装丝两端平齐为好,出现不明显的大小头为稍差,出现明显的大小头为较差,丝饼表层出现羽毛丝和内层出现尾巴丝均作为等外品。

(7) 跳丝。它是指丝筒大头出现矢长超过 5 mm 的丝段,检验时从丝筒大头数出。出现矢长超过 5 mm 的大网状跳丝,其量占大头面积的二分之一及以上者,均为不合格品。矢长小于或等于 5 mm 的网状跳丝,最高定为合格品。

(8) 松紧圈。它是指丝绞内外层丝束的卷绕松紧情况。检验时执行表 4-34 中的规定。出现 5 根以上松紧丝条,圈距相差 40 mm 及以上,作为等外品。

(9) 脆断丝。它是指丝筒(绞、饼)生产过程中由于处理不当而形成的发脆而易断的长丝。

(10) 筒管内侧必须留有"甩尾"丝头,否则降为合格品。

(11) 丝筒上发现有夹丝,降为合格品。

(三) 评等规定

(1) 粘胶长丝(筒装丝、绞装丝和饼装丝)分为优等品、一等品和合格品。

(2) 一批产品的物理力学性能和染化性能按表 4-32 的规定逐项评定,分别按 GB/T 1250 中的修约值比较法,以最低的等级定等,并作为该批产品的最高等级。

(3) 一批产品中每个丝筒(或丝绞、丝饼)的外观质量,根据表 4-33、表 4-34 和表 4-35 的规定逐项评定,分别按 GB/T 1250 中的修约值比较法,以最低的等级定等。

(4) 一批产品中每个丝筒(或丝绞、丝饼)出厂时的分等,按物理力学性能和染化性能及外观质量评定结果中最低的等级定等。

（四）试验方法

1. 试验条件

粘胶长丝的试验样品按 GB/T 13758 的规定，从一批产品中随机抽取，预调湿、调湿和试验用标准大气按 GB/T 6529 的规定：预调湿温度小于 50 ℃，相对湿度为 10％～25％；调湿和试验温度为（20±2）℃，相对湿度为（65±2）％。

2. 试验方法

干、湿断裂强度和伸长率试验，剥去每个实验室样品的表层丝，按 GB/T 14344 执行；线密度和单丝根数试验，剥去每个实验室样品的表层丝，按 GB/T 14343 执行；捻度试验，按 GB/T 14345 执行；回潮率试验，按 GB/T 6503 执行；残硫量试验，将样品剪碎（长约 2 cm），均匀混合，装入磨口瓶保持水分，按 FZ/T 50014 执行；含油率检验，按 GB/T 6504 执行。

二、涤纶牵伸丝的品质检验

国家标准 GB/T 8960 规定了涤纶牵伸丝的定义、技术要求、试验方法、检验规则和标志、标签、包装运输和贮存的要求，适用于总线密度为 15～1 110 dtex、单丝线密度为 0.3～7.0 dtex 的圆形截面的半消光、有光的涤纶牵伸丝。其他类型的涤纶牵伸丝可参照使用。

涤纶牵伸丝的技术要求包括物理指标和外观项目两个部分。根据其物理指标和外观质量，涤纶牵伸丝产品分为优等品、一等品和合格品三个等级，低于合格品为等外品。

（一）组批和取样规定

在一批范围内，采用周期性取样组成检验批。一个生产批可由一个检验批组成，也可由多个检验批组成。

物理指标中各项目试验的实验室样品按 GB/T 6502 的规定取样，染色均匀度采用全数检验，外观质量检验逐筒取样。

（二）分等规定

1. 物理指标的检验

物理指标即物理力学性能和染化性能，具体的技术要求见表 4-36。

2. 外观质量的检验

外观质量的检验可采用移动光源、固定光源或分级台进行。

移动光源要求照度大于或等于 600 lx，无强烈的其他干扰光源。移动光源根据实际情况选用，可以是充电灯或手电或其他能达到照度要求的任意一种。

固定光源采用平行排列的两支 40 W 普通荧光灯，悬挂于距离地面高度为 180～200 cm 的空中，以丝车在其正下方时能轻松观察到卷装上面积大于等于 0.5 cm² 的淡黄色油污为宜。

分级台是黑色台，高度为 75～80 cm，上面平行挂两支 D65 高显色荧光灯（或 40 W 普通荧光灯），周围环境应无其他散色光和反射光，工作点的照度大于或等于 600 lx。

检验时，仔细观察卷装的两个端面和一个柱表面。对每个被检卷装进行外观检验并记录。

（三）评等规定

物理指标即表 4-36 中各项目的测定值或计算值按 GB/T 8170 中的修约值比较法，与表 4-36 中各项目的极限数值比较，评定等级。其中的染色均匀度，根据染色极差（含同一段袜带内的深浅条纹)按 GB/T 250 评定等级。

外观质量检验逐筒评定等级。

产品综合等级以检验批中物理指标和外观指标中的最低项评定。

（四）试验方法

1. 线密度

线密度试验按 GB/T 14343 执行。

2. 断裂强力和断裂伸长

断裂强力和断裂伸长试验按 GB/T 14344 执行。在规定条件下,将试样夹持在拉伸试验仪的夹持器中,以等速伸长拉伸至断脱,从强力－伸长曲线或数据采集系统得到试样的断裂强力、断裂伸长、定负荷伸长、定伸长负荷、初始模量和断裂功等指标。

3. 沸水收缩率

沸水收缩率试验按 GB/T 6505 执行。在规定条件下,用热介质(沸水或干热空气)处理试样,测量处理后的试样长度,计算其对试样初始长度的百分比,即热收缩率。

4. 染色均匀度

染色均匀度试验按 GB/T 6508 中的织袜染色法执行。在单喂纱系统圆形织袜机上,将涤纶长丝试样(丝筒)织成袜筒,并在规定条件下染色,对照变色用灰色样卡,目测评定试样的染色均匀度等级。

5. 含油率

含油率试验按 GB/T 6504 中的方法 B,即中性皂液洗涤法执行。利用皂液与油剂的亲合力,在洗涤力的协同作用下,使试样上的油剂转移到皂液中,依据试样洗涤前后的质量变化,计算试样的含油率。仲裁时采用同一标准中的方法 A,即萃取法。

6. 网络度

网络度试验按 FZ/T 50001 执行。该标准规定了四种试验方法——方法 A:手工移针法;方法 B:手工重锤法;方法 C:仪器移针法;方法 D:水浴移针法。其中方法 A 和方法 C 适用于牵伸丝。当对试验结果有争议时,采用方法 A 和方法 B。

网络度是指每米丝条加规定负荷后具有一定牢度的未散开的网络结数。方法 A 与方法 C 的试验原理是将加有规定解脱力的针钩在规定长度的丝条中缓缓移动,每次遇到网络结时,针钩停止移动,以此计数网络结数。

表 4-36 涤纶牵伸丝的技术要求

序号	项目		单丝线密度（dpf）								
			0.3 dtex<dpf≤1.0 dtex			1.0 dtex<dpf≤5.6 dtex			5.6 dtex<dpf≤7.0 dtex		
			优等品	一等品	合格品	优等品	一等品	合格品	优等品	一等品	合格品
1	线密度偏差率(%)	≤	±2.0	±2.5	±3.5	±1.5	±2.0	±3.0	±1.5	±2.0	±3.0
2	线密度 CV 值(%)	≤	1.5	2.0	3.0	1.0	1.3	1.8	1.0	1.5	2.0
3	断裂强度(cN/dtex)	≥	3.5	3.3	3.0	3.8	3.5	3.1	3.7	3.4	3.0
4	断裂强力 CV 值(%)	≤	7.0	9.0	11.0	5.0	8.0	11.0	5.0	8.0	11.0

序号	项目	单丝线密度（dpf）								
		0.3 dtex<dpf≤1.0 dtex			1.0 dtex<dpf≤5.6 dtex			5.6 dtex<dpf≤7.0 dtex		
		优等品	一等品	合格品	优等品	一等品	合格品	优等品	一等品	合格品
5	断裂伸长率（%）	$M_1\pm$ 4.0	$M_1\pm$ 4.0	$M_1\pm$ 8.0	$M_1\pm$ 3.0	$M_1\pm$ 5.0	$M_1\pm$ 7.0	$M_1\pm$ 3.0	$M_1\pm$ 5.0	$M_1\pm$ 7.0
6	断裂伸长率 CV 值（%） ≤	12	18	20	8	15	17	10	15	20
7	沸水收缩度（%）	$M_2\pm$ 0.8	$M_2\pm$ 1.0	$M_2\pm$ 1.5	$M_2\pm$ 0.8	$M_2\pm$ 1.0	$M_2\pm$ 1.5	$M_2\pm$ 0.8	$M_2\pm$ 1.0	$M_2\pm$ 1.5
8	染色均匀度（级） ≥	4-5	4	3-4	4-5	4	3-4	4	4	3-4
9	含油率（%）	$M_3\pm$ 0.2	$M_3\pm$ 0.3	$M_3\pm$ 0.3	$M_3\pm$ 0.2	$M_3\pm$ 0.3	$M_3\pm$ 0.3	$M_3\pm$ 0.2	$M_3\pm$ 0.3	$M_3\pm$ 0.3
10	网络度（个/m）	$M_4\pm4$	$M_4\pm6$	—	$M_4\pm4$	$M_4\pm6$	—	报告值		
11	筒重（kg）	定重或 定长	≥1.0	—	定重或 定长	≥1.5	—	定重或 定长	≥2.0	≥1.5

注 1：M_1 为断裂伸长率中心值，M_2 为沸水收缩率中心值，M_3 为含油率中心值，均由供需双方确定。

注 2：M_4 为网络度中心值，由供需双方确定；5.6 dtex<dpf≤7.0 dtex 的产品采用报告值的形式。

三、涤纶低弹丝的品质检验

国家标准 GB/T 14460 规定了涤纶低弹丝的定义、技术要求、试验方法、检验规则和标志、标签、包装运输和贮存的要求，适用于总线密度为 20～1 000 dtex、单丝线密度为 0.3～5.6 dtex 的圆形截面的半消光涤纶低弹丝。其他类型的涤纶低弹丝可参照使用。

（一）涤纶低弹丝的质量标准规定

1. 技术要求

涤纶低弹丝的评定依据包括物理指标和外观项目两部分。物理指标按单丝线密度分为四组。具体的技术要求见表 4-37。外观指标由利益双方根据后道产品的要求协商确定，并纳入商业合同。

2. 评等规定

（1）涤纶低弹丝的品等分为优等品、一等品、合格品三个等级，低于合格品为等外品。

（2）表 4-37 中各项目的测定值或计算值与表 4-37 中的极限数值比较，评定等级。

（3）涤纶低弹丝的其他评等规定与涤论牵伸丝一致。

（二）涤纶低弹丝试验方法

1. 试验条件

物理指标各项试验的实验室样品按 GB/T 6502 规定取样，其中染色均匀度和筒重试验应逐筒取样。外观质量检验应逐筒取样。预调湿、调湿和试验用标准大气按 GB/T 6529 规定：预调湿温度小于 50 ℃，相对湿度为 10%～25%；调湿和试验温度为（20±2）℃，相对湿度为（65±3）%。

表4-37　涤纶低弹丝的技术要求

序号	项目		单丝线度（dpf）											
			0.3 dtex≤dpf≤0.5 dtex			0.5 dtex<dpf≤1.0 dtex			1.0 dtex<dpf≤1.7 dtex			1.0 dtex<dpf≤1.7 dtex		
			优等品	一等品	合格品	优等品	一等品	合格品	优等品	一等品	合格品	优等品	一等品	合格品
1	线密度偏差率（%）	≤	±2.5	±3.0	±3.5	±2.5	±3.0	±3.5	±2.5	±3.0	±3.5	±2.5	±3.0	±3.5
2	线密度CV值（%）	≤	1.8	2.4	2.8	1.4	1.8	2.4	1.0	1.6	2.0	0.9	1.5	1.9
3	断裂强度(cN/dtex)≥ <222 dtex	≥	3.2	3.0	2.8	3.3	3.0	2.8	3.3	2.9	2.8	3.3	3.0	2.6
	≥222 dtex		2.8	2.8	2.8	2.8	2.8	2.8	2.8	2.8	2.8	2.8	2.6	2.4
4	断裂强力CV值（%）	≤	8.0	10.0	13.0	7.0	9.0	12.0	6.0	10.0	14.0	6.0	9.0	13.0
5	断裂伸长率（%）		$M_1\pm3.0$	$M_1\pm5.0$	$M_1\pm8.0$	$M_1\pm3.0$	$M_1\pm5.0$	$M_1\pm8.0$	$M_1\pm3.0$	$M_1\pm5.0$	$M_1\pm7.0$	$M_1\pm3.0$	$M_1\pm5.0$	$M_1\pm7.0$
6	断裂伸长率CV值（%）	≤	10.0	13.0	16.0	10.0	12.0	16.0	10.0	14.0	18.0	9.0	13.0	17.0
7	卷曲收缩率（%）		$M_2(1\pm20\%)$	$M_2(1\pm30\%)$	$M_2(1\pm40\%)$	$M_2(1\pm20\%)$	$M_2(1\pm30\%)$	$M_2(1\pm40\%)$	$M_2(1\pm20\%)$	$M_2(1\pm30\%)$	$M_2(1\pm40\%)$	$M_2(1\pm20\%)$	$M_2(1\pm30\%)$	$M_2(1\pm40\%)$
8	卷曲收缩率CV值（%）	≤	9.00	15.0	20.0	9.0	15.0	20.0	7.0	14.0	16.0	7.0	15.0	17.0
9	卷曲稳定度（%）	≥	60	50	40	65	55	45	68	60	55	68	60	55
10	沸水收缩率（%）		$M_3\pm0.6$	$M_3\pm0.8$	$M_3\pm1.2$	$M_3\pm0.6$	$M_3\pm0.8$	$M_3\pm1.2$	$M_3\pm0.5$	$M_3\pm0.8$	$M_3\pm0.9$	$M_3\pm0.5$	$M_3\pm0.8$	$M_3\pm0.9$
11	染色均匀度（级）	≥	4	4	3	4	4	3	4	4	3	4	4	3
12	含油率（%）		$M_4\pm1.0$	$M_4\pm1.2$	$M_4\pm1.4$	$M_4\pm1.0$	$M_4\pm1.2$	$M_4\pm1.4$	$M_4\pm0.8$	$M_4\pm1.0$	$M_4\pm1.2$	$M_4\pm0.8$	$M_4\pm1.0$	$M_4\pm1.2$
13	网络度（个/m）		$M_5(1\pm15\%)$	$M_5(1\pm20\%)$	$M_5(1\pm25\%)$	$M_5(1\pm15\%)$	$M_5(1\pm20\%)$	$M_5(1\pm25\%)$	$M_5(1\pm15\%)$	$M_5(1\pm20\%)$	$M_5(1\pm25\%)$	$M_5(1\pm15\%)$	$M_5(1\pm20\%)$	$M_5(1\pm25\%)$
14	筒重（kg）		定重或定长	≥0.8	—	定重或定长	≥1.0	—	定重或定长	≥1.0	—	定重或定长	≥1.2	—

注1：M_1 为断裂伸长率中心值，M_2 为卷曲收缩率中心值，M_3 为沸水收缩率中心值，M_5 为网络度中心值，由供需双方确定，一旦确定则不得变更。

注2：M_4 为含油率中心值，由供需双方确定，一旦确定则不得任意变更。$dpf\leq1.0$ dtex时，$M_4\leq4\%$；$dpf>1.0$ dtex，$M_4\leq3.5\%$，具体由供需双方确定，一旦确定则不得任意变更。

2. 试验方法

断裂强力和断裂伸长率试验按 GB/T 14344 进行；线密度试验按 GB/T 14343 进行；卷曲收缩率、卷曲稳定度试验按 GB/T 6506 进行；沸水收缩率试验按 GB/T 6505 进行；含油率试验按 GB/T 6504 进行；染色均匀度试验按 GB/T 6508 进行；网络度试验按 FZ/T 50001 进行。

思 考 题

1. 本色棉纱和本色棉线分等的依据是什么？实际工作中是如何进行的？
2. 简述苎麻纱线的分等规定。
3. 精梳毛针织绒线分等的依据是什么？粗梳毛针织绒线如何进行内在质量评等？
4. 生丝品质评定包括哪些内容？
5. 涤纶牵伸丝如何进行质量检验？
6. 简述涤纶低弹丝质量评等的依据。

第五章 织物的品质检验

本章知识点：

1. 棉本色布和棉印染布等棉织物的品质检验。
2. 苎麻本色布、亚麻本色布和亚麻印染布等麻织物的品质检验。
3. 精梳毛织物和粗梳毛织物等毛织物的品质检验。
4. 桑蚕丝织物、柞蚕丝织物和合成纤维丝织物等丝织物的品质检验。
5. 棉针织内衣和毛针织品等针织物的品质检验。
6. 非织造粘合衬、汽车装饰用非织造布、木浆复合水刺非织造布、短纤针刺非织造土工布、熔喷法非织造布、隔离衣用非织造布和手术防护用非织造布等非织造布的品质检验。

　　织物是由纺织纤维和纱线制成的柔软而有一定力学性能和厚度的制品。织物出厂前，需由专业检测人员根据相应的产品标准评定等级，对于经过染色和整理的织物，我国规定了一些强制性检测指标，包括甲醛含量、pH 值、色牢度、异味等，以保证织物在使用中的安全性。为了可以合理地应用和准确评价织物，须检测织物的品质特征。我国根据国际惯例，对各种原料制成的织物，均制定了产品标准，规定了具体参数，以及获得这些参数的试验方法。

第一节　棉织物的品质检验

　　以棉纤维和棉型化学纤维为原料并经过纺织染整等工序加工制成的产品，叫作棉织物，习惯上称为棉布。按原料来源分类，棉织物可以分为纯棉织物和棉型化纤织物；按印染加工方法分类，棉织物可以分为本色布、色布、印花布和色织布等。棉织物的品种很多，不同的品种有不同的检验方法和分等要求。本节主要介绍棉本色布、棉印染布及普梳涤/棉混纺本色布三类棉织物的品质检验。

一、棉本色布的品质检验

　　棉本色布品种的分类，以织物组织为依据，如织物组织相同，则以织物总紧度、经纬向紧度及其比例为依据。根据国家标准 GB/T 406，棉本色布一般分为平布、府绸、斜纹、哔叽、华达呢、卡其、直贡、横贡、麻纱、绒布坯等，如表 5-1 所示。

　　棉本色布的产品标识应包括"经纱生产工艺　经纱线密度（tex）×纬纱生产工艺　纬纱线密度（tex）　经密［根/（10 cm）]×纬密［根/（10 cm）］　幅宽（cm）　织物组织"。比如"C 14.8×JC 9.8×2　374×370　158　平纹"，其中：C 表示普梳棉，JC 表示精梳棉，经纱线密度14.8 tex，纬纱线密度9.8 tex×2,经密 374 根/(10 cm),纬密 370 根/(10 cm),幅宽 158 cm,平纹织物。

表 5-1　棉本色布产品品种分类

分类名称	布面风格	织物组织	结构特征				
			总紧度(%)		经向紧度(%)	纬向紧度(%)	经纬向紧度比
平布	经纬向密度比较接近,布面平整	一上一下	60~80		35~60	35~60	1:1
府绸	高经密、低纬密,布面经纱浮点呈颗粒状	一上一下	75~90		61~80	35~50	5:3
斜纹	布面呈斜纹,纹路较细	二上一下	75~90		60~80	40~55	3:2
哔叽	经、纬向紧度比较接近,总紧度小于华达呢,斜纹纹路倾角接近 45°,质地柔软	二上二下	纱	85 以下	55~70	45~55	6:5
			线	90 以下			
华达呢	高经密、低纬密,总紧度大于哔叽,小于卡其,质地厚实而不发硬,斜纹纹路倾角接近 63°	二上二下	纱	85~90	75~95	45~55	2:1
			线	90~97			
卡其	高经密、低纬密,总紧度大于华达呢,布身硬挺厚实,单面卡其的斜纹纹路粗壮而明显	三上一下	纱	85 以上	80~110	45~60	2:1
			线	90 以上			
		二上二下	纱	90 以上			
			线	97 以上(10×2 tex 及以下为 95 以上)			
直贡	高经密,布身厚实或柔软(羽绸),布面平滑匀整	五枚二飞、五枚三飞经面缎纹	80 以上		65~100	45~55	3:2
横贡	高纬密,布身柔软,光滑似绸	五枚二飞、五枚三飞纬面缎纹	80 以上		45~55	65~80	2:3
麻纱	布面呈挺直条纹路,布身爽挺似麻	二上一下纬重平	60 以上		40~55	45~55	1:1
绒布坯	经纬纱线密度差异大,纬纱捻度少,质地松软	平纹、斜纹组织	60~85		30~50	40~70	2:3

（一）分批规定

以同一品种整理车间的一班或一昼夜三班的生产入库数量为一批。以一昼夜三班为一批的,如逢单班,则并入邻近一批计算;两班生产的,则以两班为一批;如一昼夜三班入库数量不满 300 匹,可累计满 300 匹,但一周累计仍不满 300 匹时,必须以每周为一批(品种翻改时不受此限)。分批定时点一经确定,不得在取样后变更。物理指标、棉结杂质和棉结分批检验按批评等,且以一次检验结果为评等依据。如质量稳定,可延长检验周期;如遇原料及工艺变动较大,需立即进行逐批检验。

（二）取样量规定

检验布样在每批棉本色布中整理后、成包前的布匹上随机取样,取样数量不少于总匹数的 0.5%,并且不得少于 3 匹。

（三）要求

棉本色布的质量要求分为内在质量和外观质量两个方面,内在质量包括织物组织、幅宽偏差率、密度偏差率、断裂强力偏差率、单位面积无浆干燥质量偏差率、棉结杂质疵点格率、棉结疵点格率七项,外观质量为布面疵点一项。

（四）分等规定

棉本色布的品等分为优等品、一等品和二等品,低于二等品的为等外品。

棉本色布的评等:以匹为单位,织物组织、幅宽偏差率、布面疵点按匹评等,密度偏差率、单位面积无浆干燥质量偏差率、断裂强力偏差率、棉结杂质疵点格率、棉结疵点格率按批评等,以内在质量和外观质量中最低的一项品等作为该匹布的品等。

1. 内在质量

棉本色布内在质量分等规定见表 5-2、表 5-3 所示。

表 5-2　内在质量分等规定

项目	标准		优等品	一等品	二等品
织物组织	按设计规定		符合设计要求	符合设计要求	符合设计要求
幅宽偏差率(%)	按产品规格		−1.0～+1.2	−1.0～+1.5	−1.5～+2.0
密度偏差率(%)	产品规格	经向	−1.2～+1.2	−1.5～+1.5	—
		纬向	−1.0～+1.2	−1.0～+1.5	—
单位面积无浆干燥质量偏差率(%)	按设计标称值		−3.0～+3.0	−5.0～+5.0	−5.0～+5.0
断裂强力偏差率(%)	按设计断裂强力	经向	≥−6.0	≥−8.0	—
		纬向	≥−6.0	≥−8.0	—

注 1:织物组织对照贸易双方确认样评定。
注 2:当幅宽偏差率超过+1.0%时,经密负偏差率不超过−2.0%。
注 3:幅宽、经纬向密度偏差率应保证成包后符合本表规定。

表 5-3　棉结杂质疵点格率和棉结疵点格率分等规定

织物总紧度		棉结杂质疵点格率(%)不大于		棉结疵点格率(%)不大于	
		优等品	一等品	优等品	一等品
精梳织物	70%以下	13	15	3	7
	70%～85%以下	14	17	4	9
	85%～95%以下	15	19	4	10
	95%及以上	17	21	6	11

（续表）

织物总紧度		棉结杂质疵点格率(%)不大于		棉结疵点格率(%)不大于	
		优等品	一等品	优等品	一等品
半精梳织物	—	22	29	6	14
非精梳织物	细织物 65%以下	20	29	6	14
	细织物 65%～75%以下	23	34	6	16
	细织物 75%及以上	26	37	7	18
	中粗织物 70%以下	26	37	7	18
	中粗织物 70%～80%以下	28	41	8	19
	中粗织物 80%及以上	30	44	9	21
	粗织物 70%以下	30	44	9	21
	粗织物 70%～80%以下	34	49	10	23
	粗织物 80%及以上	38	51	10	25
	全线或半线织物 90%以下	26	35	6	18
	全线或半线织物 90%及以上	28	39	7	19

注1：棉结杂质疵点格率、棉结疵点格率超过规定，降为二等为止。

注2：棉本色布按经、纬纱平均线密度分类。特细织物：9.8 tex 及以下(60^S 及以上)；细织物：9.8～14.8 tex(60^S～40^S)；中粗织物：14.8～29.5 tex(40^S～20^S)；粗织物：29.5 tex 以上(20^S 以下)。

2. 外观质量

(1) 每匹布的布面疵点允许评分数分等规定如表 5-4 所示。

表 5-4　布面疵点允许评分数分等规定

优等品	一等品	二等品
≤18	≤28	≤40

(2) 每匹布允许总评分按式(5-1)计算，并按 GB/T 8170 修约成整数。

$$A = (a \times L \times W)/100 \qquad (5-1)$$

式中：A 为每匹布允许总评分(分)；a 为布面疵点允许评分[分/(100 m^2)]；L 为匹长(m)；W 为幅宽(m)。

(3) 一匹布中所有疵点评分加和累计超过允许总评分为降等品。

(4) 布面疵点处理的规定：0.5 cm 以上的豁边，1 cm 及以上的破洞、烂边、稀弄、不对接轧梭，2 cm 以上的跳花等，应在织布厂剪去；金属杂物织入，应在织布上挑除；凡在织布厂能修好的疵点，应修好后出厂。

（五）试验条件和试验方法

1. 试验条件

各项试验应在各相应标准规定的试验条件下进行。由于生产需要，在常规试验及工厂内部质量控制检验时，可在普通大气条件下进行快速试验，然后按标准温度和回潮率进行修正，但检验地点的温湿度应保持稳定。

2. 试验方法

织物断裂强力测定按 GB/T 3923.1 执行；织物的幅宽、长度测定按 GB/T 4666 执行；单位面积无浆干燥质量偏差率按 GB/T 406 执行；棉结杂质疵点格率按 FZ/T 1 0006 执行；外观质量检验按 GB/T 17759 执行。

二、棉印染布的品质检验

棉印染布是指经纬向均使用棉纱线织造并经染整加工的机织物。国家标准 GB/T 411 对棉印染布做了具体规定。

（一）要求

棉印染布的质量要求分为内在质量和外观质量两个方面，内在质量包括密度偏差率、单位面积质量偏差率、撕破强力、断裂强力、水洗尺寸变化率、色牢度和安全性能七项；外观质量包括幅宽偏差、色差、歪斜、局部性疵点和散布性疵点五类。

（二）分等规定

棉印染布的品等分为优等品、一等品和二等品，低于二等品的为等外品。

棉印染布的评等：内在质量按批评等；外观质量按匹评等，在同一匹布内，局部性疵点采用每平方米允许评分的办法评定等级，散布性疵点按严重一项评等；以内在质量和外观质量中最低一项品等作为该匹布的品等。

1. 内在质量评等

棉印染布的安全性能应符合 GB 18401 或 GB 31701 的规定。

棉印染布的内在质量评等规定如表 5-5 所示。

表 5-5　棉印染布的内在质量评等规定

考核项目			优等品	一等品	二等品
密度偏差率(%)		经向	−3.0～+3.0	−4.0～+4.0	−5.0～+5.0
		纬向	−2.0～+2.0	−3.0～+3.0	−4.0～+4.0
单位面积质量偏差率(%)			—	−5.0～+5.0	
断裂强力(N) ≥	200 g/m² 以上	经向	600		
		纬向	350		
	150 g/m² 以上～ 200 g/m²	经向	350		
		纬向	250		
	100 g/m² 以上～ 150 g/m²	经向	250		
		纬向	200		

（续表）

考核项目			优等品	一等品	二等品
撕破强力（N）≥	200 g/m² 以上	经向	17.0		
		纬向	15.0		
	150 g/m² 以上～200 g/m²	经向	13.0		
		纬向	11.0		
	100 g/m² 以上～150 g/m²	经向	7.0		
		纬向	6.7		
水洗尺寸变化率（%）		经向	−3.0～+1.0	−4.0～+1.5	−5.0～+2.0
		纬向	−3.0～+1.0	−4.0～+1.5	−5.0～+2.0
色牢度（级）≥	耐光	变色	4	3	3
	耐皂洗	变色	4	3-4	3
		沾色	3-4	3-4	3
	耐摩擦	干摩	4	3-4	3
		湿摩	3	3	2-3
	耐汗渍	变色	3-4	3	3
		沾色	3-4	3	3
	耐热压	变色	4	4	3-4
		沾色	4	3-4	3

注 1：单位面积质量在 100 g/m² 以下的，断裂强力、撕破强力按供需双方协商确定。

注 2：耐光色牢度有特殊要求，按供需双方协商确定。

注 3：耐湿摩擦色牢度，深色一等品可降半级。深、浅色程度按照 GB/T 4841.3 的规定，颜色大于 1/12 染料染色标准深度为深色，颜色小于等于 1/12 染料染色标准深度为浅色。

2. 外观质量评等

（1）幅宽偏差、色差、歪斜评等规定如表 5-6 所示。

表 5-6　幅宽偏差、色差、歪斜评等规定

疵点名称和类别			优等品	一等品	二等品
幅宽偏差（cm）	幅宽 140 cm 及以下		−1.0～+2.0	−1.5～+2.5	−2.0～+3.0
	幅宽 140～240 cm		−1.5～+2.5	−2.0～+3.0	−2.5～+3.5
	幅宽 240 cm 以上		−2.5～+3.5	−3.0～+4.0	−3.5～+4.5
色差（级）≥	原样	漂色布 同类布样	4	4	3-4
		漂色布 参考样	4	3-4	3
		花布 同类布样	4	3-4	3
		花布 参考样	4	3-4	3

（续表）

疵点名称和类别			优等品	一等品	二等品
色差（级）≥	左中右	漂色布	4-5	4	3-4
		花布	4	4	3
	前后		4	3-4	3
歪斜（%）≤	花斜或纬斜		2.5	3.5	5.0
	条格花斜或纬斜		2.0	3.0	4.5

注 1：幅宽 240 cm 以上的，左中右色差允许放宽半级。

注 2：歪斜以花斜或纬斜、条格花斜或纬斜中严重的一项考核，幅宽 240 cm 以上的，歪斜允许放宽 0.5%。

（2）局部性疵点。局部性疵点的评分规定如表 5-7 所示。1 m 评分不应超过 4 分；距边 2.0 cm 以上的所有破洞（断纱 3 根及以上，或者经纬各断 1 根且明显的，0.3 cm 以上的跳花）不论大小，均评 4 分；距边 2.0 cm 及以内的破损性疵点评 2 分。难以数清、不易量计的分散斑渍，根据其分散的最大长度和宽度，根据表 5-7 分别量计、累计评分。疵点长度按经向或纬向的最大长度量计。除破损和边疵外，距边 1.0 cm 及以内的其他疵点不评分。评定布面疵点时，均以布的正面为准，反面有通匹、散布性的严重疵点时应降一个等级。

表 5-7　局部性疵点评分规定

疵点长度	评分	疵点长度	评分
8 cm 及以下	1 分	16 cm 以上至 24 cm 及以下	3 分
8 cm 以上至 16 cm 及以下	2 分	24 cm 以上	4 分

每匹布的局部性疵点允许评分数如表 5-8 所示。

表 5-8　局部性疵点允许评分数

单位：分/(100 m²)

优等品	一等品	二等品
≤18	≤28	≤40

每匹布的局部性疵点允许总评分按式(5-1)计算。

（3）散布性疵点。散布性疵点评等规定见表 5-9。

表 5-9　散布性疵点评等规定

疵点名称和类别	优等品	一等品	二等品
花纹不符、染色不匀	不影响外观	不影响外观	影响外观
条花	不影响外观	不影响外观	影响外观
棉结杂质、深浅细点	不影响外观	不影响外观	影响外观

注：花纹不符，按用户确认样为准，印花布的布面疵点应根据总体效果的影响程度评定。

（三）试验方法

1. 内在质量检验

密度检验按 GB/T 4668 执行,计算密度偏差率;单位面积质量试验按 GB/T 4669 中的方法 6 执行,计算单位面积质量偏差率;撕破强力试验按 GB/T 3917.1 执行;水洗尺寸变化率试验按 GB/T 8628、GB/T 8629(采用洗涤程序 2A、干燥程序 F)和 GB/T 8630 执行;耐光色牢度试验按 GB/T 8427 中的方法 3 执行;耐皂洗色牢度试验按 GB/T 3921 的表 2 中 C(3)单纤维贴衬执行;耐摩擦色牢度试验按 GB/T 3920 执行;耐汗渍色牢度试验按 GB/T 3922 中的单纤维贴衬执行;耐热压色牢度按 GB/T 6152 中的潮压法(温度为 150 ℃±2 ℃)执行。

2. 外观质量检验

采用灯光检验时,使用 40 W 加罩青光日光灯管 3 支或 4 支,照度不低于 750 lx,光源与布面距离 1.0~1.2 m。验布机验布板角度为 45°,验布机速度不应高于 40 m/min。布匹的评等检验,按验布机上做出的疵点标记进行。布匹的复验、验收,应将布平摊在验布台上,按纬向逐幅展开检验,检验人员的视线应正视布面,眼睛与布面的距离为 55.0~60.0 cm。规定检验布的正面(盖梢印的一面为反面),斜纹织物中纱织物以左斜为正面,线织物以右斜为正面。幅宽检验按 GB/T 4666 执行;变色、色差按 GB/T 250 执行;沾色按 GB/T 251 评定;歪斜(花斜、纬斜、条格斜)按 GB/T 14801 执行。

第二节　麻织物的品质检验

麻织物是指用麻纤维加工而成的织物,也包括麻与其他纤维混纺或交织的织物。麻纤维是天然纤维中强力较高的一种,其特点是韧性好。麻织物的强力和耐磨性高于棉布,吸湿性良好,抗水性能优越,不容易受水侵蚀而发霉腐烂,对热的传导快,穿着具有凉爽感。麻纤维的这些特点使麻布坚牢耐穿、爽括透凉,成为夏季理想的纺织品。按原料来源,麻织物可以分为苎麻织物、亚麻织物和其他麻织物;按外观色泽,麻织物可以分为原色麻织物、漂白麻织物、染色麻织物和印花麻织物。本节主要介绍苎麻本色布、亚麻本色布和亚麻印染布三类麻织物的其品质检验。

一、苎麻本色布的品质检验

苎麻本色布指苎麻长纤纯纺本色布。纺织行业标准 FZ/T 33002 对苎麻本色布的品质检验做了具体规定。

（一）取样规定

样布从每批本色布成包前的布匹中随机抽取,取样数量不小于总匹数的 0.5%,其绝对数不少于 3 匹(以一昼夜三班生产入库量为一批,两班生产者单独成批,临时单班生产者并入相邻批计算)。

（二）分等规定

苎麻本色布品质检验以匹为单位,主要考核织物组织、幅宽偏差、密度偏差、断裂强力、布面疵点五项,其中织物组织、幅宽偏差、布面疵点按匹评等,密度偏差、断裂强力按批评等,并以五项中最低的一项定等。

苎麻本色布的品等分为优等品、一等品、合格品,低于合格品的为等外品,具体分等规定如表 5-10 所示。

表 5-10 苎麻本色布分等规定

项目		标准	允许偏差		
			优等品	一等品	合格品
织物组织		按设计规定	符合设计要求	符合设计要求	符合设计要求
幅宽偏差(%)		按产品规格	+2.0 −1.0	+2.0 −1.0	+2.5 −1.5
密度偏差(%)	经向		≥−2.0	≥−2.0	<−2.0
	纬向		≥−1.5	≥−1.5	<−1.5
断裂强力偏差(%)	经向		≥−5.0	≥−10.0	≥−15.0
	纬向		≥−5.0	≥−10.0	≥−15.0
布面疵点评分(分/m²)			≤0.3	≤0.5	≤0.7

(1)每匹布允许总评分按式(5-2)计算。计算至一位小数,四舍五入成整数。

$$A = a \times L \times W \qquad (5-2)$$

式中:A 为每匹允许总评分(分);a 为每平方米允许评分(分);L 为匹长(m);W 为幅宽(m)。

(2)布面疵点评分见表 5-11。

表 5-11 布面疵点评分

疵点类别		评分(分)			
		1	2	3	4
经纬纱 粗节	小节	每个	—	—	—
	大节	—	8 cm 及以下, 每个	8 cm 以上~ 15 cm,每个	—
经向明显疵点(条)		8 cm 及以下	8 cm 以上~ 16 cm	16 cm 以上~ 24 cm	24 cm 以上~ 100 cm
纬向明显疵点(条)		8 cm 及以下	8 cm 以上~ 16 cm	16 cm 以上~ 半幅	半幅以上
横档	不明显	半幅及以下	半幅以上	—	—
	明显	—	—	半幅及以下	半幅以上
严重疵点	根数评分	—	—	3 根、4 根	5 根以上
	长度评分	—	—	1 cm 以下	1 cm 及以上

注:严重疵点和长度评分发生矛盾时,从严评分。

(3)疵点的量计规定。

疵点长度以经向或纬向最大长度量计。经(纬)向疵点,在纬(经)向宽度 1 cm 及以内按一条评分,宽度超过 1 cm 的,每 1 cm 为一条,不足 1 cm 的按一条计。经向明显疵点,长度超过 1 m 的,其超过部分按表 5-11 评分。在一条内断续发生的疵点,经(纬)向 8 cm 内有两个及以上的,按连续长度评分。在一条内有两个及以上经(纬)向明显疵点(包括不同名称的疵点)断续发生(间距在 5 cm 内)时,按程度重的全部量或分别量从轻评分。共断或并列(包括正反面)是指包括隔开 1 根或 2 根好纱的疵点。

(4) 区别明显和不明显疵点的规定。

稀纬、密路以在验布台上叠起来看得清楚的为明显,单层看得清楚而叠起来看不清楚的为不明显。发生争议时,按点根数的结果加以区别:

① 稀纬:经向 1 cm 内少 2 根纬纱的为明显。

② 密路:经向 0.5 cm 内纬密多 25% 及以上的为明显。

不明显稀纬和双纬混在一起的为明显稀纬,拆痕达到标样的为明显,达不到标样但能看得出的为不明显。粗节、粗经、粗纬、经缩、拆痕、修正不良、条干不匀、云织八个疵点按标样区别。

(5) 部分疵点的评分起点和规定。

① 边部疵点:除破洞、豁边、拖纱、锈渍、烂边、毛边、0.5 cm 以上的跳花外,距边 1 cm 内的疵点不评分;如疵点延伸至距边 1 cm 以外时应加合评分;无梭织布布边、绞边的毛须伸出长度规定为 0.3~0.8 cm,超过规定长度时每米评 1 分,绞边未起到纹边作用的经向长每 2 cm 评 1 分。

② 小疵点:0.2 cm 及以下的断经、松经、跳纱、沉纱、纬缩(包括起圈纬缩和松纬缩)、油经、油纬、油渍、结头、麻粒、星跳等分散性分布小疵点不评分;但密集分布在经纬向 3 cm×3 cm 内,每三个评 1 分。

③ 拖纱:布面拖纱长 1 cm 及以上,布边拖纱长 3 cm 及以上的,每根评 1 分(一进一出的计作一根)。

④ 双纬:单根双纬 5 cm 及以上评 1 分,经向长 1 cm 内两梭双纬或连续双纬,按纬向明显疵点评分。

⑤ 杂物:0.3 cm 以下杂物,每个评 1 分;0.3 cm 及以上杂物,每个评 4 分(测量杂物粗度);金属和瓷质杂物织入,不论大小,每个评 4 分;异形纤维按杂物评分。

⑥ 经缩:纬向一直条经缩波纹 1~2 楞的半幅以上评 1 分,1 cm 及以下的经缩浪纹评 2 分,经缩浪纹 1~2 楞的半幅以上评 3 分。

⑦ 断经:经纬向共断 2 根的评 1 分,单根断经 1~5 cm 评 2 分,并断 1~5 cm 评 3 分,并断 5 cm 以上评 4 分。

⑧ 跳纱:1 cm 以下的并列跳纱,每只评 1 分;经向一直条并列跳纱(5 cm 内满 6 梭)评 3 分。

⑨ 毛边:从边开始 7 cm 以下的单根毛边不评分,经向长 1 cm 内满 2 根则评分(作返修处理的不评分)。

⑩ 边撑疵、纬缩:50 cm 内每三个评 1 分。

⑪ 双经筘路、筘穿错、针路:每米评 1 分,双经筘路、筘穿错最多评到合格品为止。

⑫ 线状百脚:最多每条评 3 分。

（6）加工坯布中疵点的评分。

水渍、污渍、流印、不影响组织的浆斑不评分。

漂白坯中的双经、筘路、筘穿错不评分,深油疵加倍评分。

印花坯中的针路、边撑疵、双经、筘路、筘穿错、浅油渍、浅油经、浅油纬、分散性双纬、不明显的密路、星跳、条干不匀、云织煤灰纱、花经、花纬不评分。

杂色坯加工不洗油的浅色油疵和油花纱不评分。深色坯油疵、油花纱、煤灰纱、不褪色色疵不洗不评分。

加工坯距布头 5 cm 内的疵点不评分。

（7）对疵点处理的规定。

超过 1 cm 的破洞、豁边、烂边、稀弄、不对接的轧梭、2 cm 以上的跳花六大疵点,应在织布厂剪除。

金属杂物织入,应在织布厂剔除。

（三）检验方法

断裂强力测试按 GB/T 3923.1 执行,并按 FZ/T 33002 中附录 D 苎麻本色布断裂强力回潮率修正系数表修正。长度和幅宽测试按 GB/T 4667 执行,密度测试按 GB/T 4668 执行。

二、亚麻本色布的品质检验

亚麻本色布是指机织生产的纯亚麻及亚麻交织本色布。纺织行业标准 FZ/T 33001 对亚麻本色布品质检验做了具体规定。

（一）分等规定

亚麻本色布的分等依据包括织物组织、幅宽、单位面积质量、密度、断裂强力和布面疵点六项。评等时以匹为单位,其中织物组织、单位面积质量、幅宽、布面疵点按匹评等,密度、断裂强力等按批评等,并以最低的一项品等作为该匹布的品等。

亚麻本色布由物理性能与布面疵点两项综合评定,分为优等品、一等品、合格品,低于合格品为等外品。一匹布上所有疵点分加合超过允许总评分为降等品。具体分等规定见表 5-12 和表 5-13。

表 5-12　亚麻本色布分等规定

项目		标准	允许偏差		
			优等品	一等品	二等品
织物组织		按设计规定	符合设计要求	符合设计要求	符合设计要求
幅宽偏差率(%)		按产品规格	±0.8	±1.0	±2.0
单位面积质量偏差率(%)		按产品规格	−6.0	−8.0	−9.0
密度偏差率(%)	经向	按产品规格	−1.0	−1.2	−1.5
	纬向		−1.2	−1.5	−2.0

（续表）

项目	标准	允许偏差		
		优等品	一等品	二等品
断裂强力（N）	130 g/m² 以下	≥300		
	130～300 g/m²	≥400		
	300 g/m² 以上	≥500		
布面疵点评分（分/m²）		≤0.3	≤0.5	≤0.8

表 5-13　布面疵点评分

疵点类别	评分（分）			
	1	2	3	4
经向明显疵点（条）	8 cm 及以下	8 cm 以上～16 cm	16 cm 以上～24 cm	24 cm 以上～100 cm
纬向明显疵点（条）	8 cm 及以下	8 cm 以上～16 cm	16 cm 以上～半幅	半幅以上
横档	—	—	半幅及以下	半幅以上
严重疵点	—	—	1 cm 以下	1 cm 及以下

（二）检验方法

长度和幅宽测试按 GB/T 4666 执行；密度测试按 GB/T 4668 执行；单位面积质量测试按 GB/T 4669 执行；断裂强力测试按 GB/T 3923.1 执行。

三、亚麻印染布的品质检验

亚麻印染布是指服装用亚麻漂白、染色、印花布。纺织行业标准 FZ/T 34002 对亚麻印染布的品质检验做了具体规定。

（一）分等规定

亚麻印染布技术要求包括内在质量和外观质量，其中内在质量包括密度偏差率、断裂强力、撕破强力、耐磨性、接缝滑移、水洗尺寸变化率、染色牢度等，外观质量包括局部性疵点和散布性疵点。

亚麻印染布的质量评定以匹为单位，分为优等品、一等品、合格品，低于合格品的为等外品，基本安全技术要求指标（符合 GB 18401）是评定等级的保证指标。其中，内在质量按批评定，外观质量按匹（段）评定。在同一匹（段）布内，内在质量以最低一项评等；外观质量的品等由局部性和散布性疵点中最低品等评定。以内在质量和外观质量中最低一项作为该匹（段）布的品等。

1. 内在质量要求

内在质量要求如表 5-14 所示。

表 5-14 亚麻印染布内在质量要求

项目			指标		
			优等品	一等品	合格品
密度偏差率(%)	经向		−2.0	−3.0	−3.5
	纬向		−2.0	−3.0	−3.5
水洗尺寸变化率(%)			−2.5～+1.0	−3.0～+1.5	−3.0～+1.5
断裂强力(N) ≥	80～150 g/m²	经向	300	250	
		纬向	250	200	
	≥150 g/m²	经向	350	300	
		纬向	300	250	
撕破强力(N) ≥	80～150 g/m²	经向	20	18	
		纬向	18	15	
	≥150 g/m²	经向	25	20	
		纬向	20	18	
耐磨性(r) ≥			8 000	6 000	5 000
接缝滑移(mm) ≤			5	6	
水洗尺寸变化率(%)			−2.5～+1.0	−3.0～+1.5	−4.0～+1.5
染色牢度(级)	耐光(变色)		3		
	耐皂洗(变色/沾色)		4	3-4	3
	耐水(变色/沾色)		4	3-4	3
	耐汗渍(变色/沾色)		4	3-4	3
	耐摩	干摩	4	3-4	
		湿摩	3-4	3(深色 2-3)	2-3(深色 2)
	耐热压		4	3-4	3

注 1:单位面积干燥质量在 80 g/m² 以下的稀薄织物,其断裂强力、撕破强力和接缝滑移由供需双方协商确定。

注 2:深、浅色程度按照 GB/T 4841.3 规定,颜色大于 1/12 染料染色标准深度为深色,小于等于 1/12 染料染色标准深度为浅色。

2. 外观质量要求

外观质量按局部性疵点和散布性疵点分别评定,局部性疵点采用平均每百平方米允许评分的办法评定等级(表 5-15 和表 5-16),散布性疵点按表 5-17 规定按匹评等。在同一匹布内,局部性疵点和散布性疵点同时存在时,先计算局部性疵点的平均分/(100 m²),然后评定等级,再与散布性疵点的等级结合定等,作为该匹布外观质量的等级。

表 5-15　局部性疵点允许评分规定

单位:分/(100 m²)

优等品	一等品	合格品
≤25	≤30	≤40

表 5-16　局部性疵点评分规定

单位:cm

疵点类别			1 分	2 分	3 分	4 分
经向疵点	线状	轻微	≤50.0	50.1~100	—	—
		明显	≤8.0	8.1~16.0	16.1~24	24.1~100
	条状	轻微	≤8.0	8.1~16.0	16.1~24	24.1~100
		明显	≤0.5	0.6~2.0	2.1~10.0	10.1~100
纬向疵点	线状	轻微	≤半幅	半幅以上	—	—
		明显	≤8.0	8.1~16.0	16.1~半幅	半幅以上
	条状	轻微	≤8.0	8.1~16.0	16.1~24.0	24 以上
		明显	≤0.5	0.6~2.0	2.1~10.0	10 以上
经纬纱粗节		小节	每个	—	—	—
		大节	—	≤7.5	>7.5	
破损		破边	每 10 及以内			
		断疵	经纬单断或共断 2 根	—	经纬单断或共断 3~4 根	经纬单断或共断 5 根及以上,0.3 以上跳花
布边疵点	深浅边	深入 0.5~1.0 cm	每 100 及以内	—	—	—
		深入 1.1~2.0 cm	—	每 100 及以内	—	—
	荷叶边	深入 0.5~1.5 cm	每 15 及以内	—	—	—
		深入 1.5 cm 以上	—	每 15 及以内	—	—
		针眼	每 100 及以内			

表 5-17　散布性疵点允许程度规定

单位:cm

疵点名称和类别		优等品	一等品	合格品
宽幅偏差（cm）	幅宽 100 cm 及以下	−0.5~+1.5	−1.0~+2.0	−2.5~+3.5
	幅宽 101~135 cm	−1.0~+2.0	−1.5~+2.5	−3.0~+4.0
	幅宽 136~150 cm	−1.5~+2.5	−2.0~+3.0	−3.5~+4.5
	幅宽 150 cm 以上	−2.0~+3.0	−2.5~+3.5	−4.0~+5.0

（续表）

疵点名称和类别			优等品	一等品	合格品
色差(级)≥	原样	漂色布 同类布样	4	3-4	3
		漂色布 参考样	3-4	3	2-3
		花布 同类布样	3-4	3	2-3
		花布 参考样	3	2-3	2
	左中右	漂色布	4-5	4	3-4
		花布	4	3-4	3
	同匹前后		4	3-4	3
	同包匹与匹间		4	4	3-4
	同批包与包间		3-4	3-4	3
歪斜(%)≤	条格斜、花斜或纬斜		3.0	4.0	7.0
花纹不符、染色不匀			不允许	不影响外观	
纬移			不允许	不影响外观	
条花			不允许	不影响外观	
烧毛不良			不允许	不影响外观	
深浅细点			不允许	不影响外观	
红根、斑麻、麻皮			不允许	不影响外观	

（二）抽样

亚麻印染布品质检验分出厂检验和型式检验。亚麻出厂时必须进行出厂检验,其必检项目为内在质量和外观品质。

内在质量抽样以批为单位,以同一品种、规格、色别及生产工艺为一批。每批不得少于三块,试验长度应满足试验要求,不同颜色分别抽取。以全部抽验样品的试验结果的平均值作为该批产品的试验结果,平均值合格的做全批合格,平均值不合格的做全批不合格。如抽样发现问题,供需双方重新在该批产品中抽取相同数量进行试验,并以全部试样的平均值作为试验结果,一次为准。色牢度以最低值评定。

外观质量检验的抽样方案见表 5-18。若不符合品等的匹数不大于接收数 Ac,则判该批产品为合格,已发现的不符合品等的产品由供货方负责调换或降价处理;若不符合品等的匹数不小于拒收数 Re,则判该批产品为不合格。

当出现下列情况时,应进行型式检验,检验项目包括基本安全技术指标和技术指标:

（1）新产品鉴定或老产品转厂生产的试制定型鉴定。

（2）正式生产后,产品的原料、结构、生产工艺有较大改变,可能影响产品性能时。

（3）正常生产时,定期或积累一定产量后,应周期性进行一次检验。

（4）产品长期停产后,恢复生产时。

（5）出厂检验结果与上次型式检验有较大差异时。

（6）国家质量监督机构提出进行型式检验要求时。

表 5-18　外观质量检验的抽样方案

单位：匹

批量	正常检验一般检验水平Ⅱ		
	抽样数量	接收数 Ac	拒收数 Re
1～25	5	0	1
26～50	8	0	1
51～90	13	1	2
91～150	20	1	2
151～280	32	2	3
281～500	50	3	4
501～1 200	80	5	6
1 201～3 200	125	7	8
3 201～10 000	200	10	11
10 001～35 000	315	14	15

注：约定匹长为 30 m；当批量小于样本大小时，实施全数检验。

（三）检验方法

色差按 GB/T 250 执行；幅宽按 GB/T 4667 执行；密度按 GB/T 4668 执行；单位面积质量按 GB/T 4669 执行；断裂强力按 GB/T 3923.1 执行；撕破强力按 GB/T 3917.1 执行；耐磨性按 GB/T 21196.2 执行；接缝滑移按 GB/T 13772.2 执行；水洗尺寸变化率按 GB/T 8628、GB/T 8629 和 GB/T 8630 执行；耐皂洗色牢度按 GB/T 3921 执行；耐水色牢度按 GB/T 5713 执行；耐汗渍色牢度按 GB/T 3922 执行；耐摩擦色牢度按 GB/T 3920 执行；耐热压色牢度按 GB/T 6152 执行。

第三节　毛织物的品质检验

以羊毛为主要原料成分并经过纺织、染整等工序加工所制成的产品，叫作毛纺织物或毛织物。毛织品的品种很多，分类方法多种多样：按所用原料不同，可分为纯毛品、混纺品、交织品、纯化纤织品；按用途不同，可分为服装用呢、装饰用呢和工业用呢等。但长期以来多按照生产工艺不同，划分为精梳毛纺与粗梳毛纺两个系统，其产品有精梳毛织物和粗梳毛织物之分，其区别主要在于所用毛纱来自不同的纺纱加工系统。本节主要介绍精梳毛织物和粗梳毛织物的品质检验。

一、精梳毛织物的品质检验

精梳毛织物指各类机织服用精梳纯毛、毛混纺（羊毛及其他动物纤维含量 30% 以上）及交织品。国家标准 GB/T 26382 对精梳毛织物品质检验做了具体规定。

（一）抽样

精梳毛织物检验的抽样要求见表 5-19。

表 5-19 抽样要求

一批或一次交货的匹数	批量样品的采样匹数	一批或一次交货的匹数	批量样品的采样匹数
9 及以下	1	50～300	3
10～49	2	300 以上	总数的 1%

试样必须在距大匹两端 5 m 以上部位（或 5 m 以上开匹处）裁取。裁取时不可歪斜，不得有分等规定中列举的严重表面疵点。色牢度试样以同一原料、同一加工过程、同一品种、同一染色工艺配方及色号为一批，或每个品种每一万米抽一次（包括全部色号），不到一万米也抽一次，每份试样裁取 0.2 m 全幅。每份试样应加注标签，并记录厂名、品名、匹号、色号、批号、试样长度、不符品等项、不符品等项实测值、采样日期、采样者等。

（二）分等规定

精梳毛织物技术要求按照 GB/T 26382 规定包括安全性要求、实物质量、内在质量和外观质量。精梳毛织品安全性应符合 GB 18401 要求；实物质量包括呢面、手感和光泽三项；内在质量包括幅宽偏差、平方米质量允差、尺寸变化率、纤维含量、起球、断裂强力、撕破强力和染色牢度等项指标；外观质量包括局部性疵点和散布性疵点两项。

精梳毛织品的质量等级分为优等品、一等品和二等品，低于二等品的为等外品。精梳毛织品的品等以匹为单位，按实物质量、内在质量和外观质量三项检验结果评定，并以其中最低一项定等。三项中最低品等有两项及以上同时降为二等品的，则直接降为等外品。

1. 内在质量的评等

精梳毛织物内在质量的评等由物理指标和染色牢度综合评定，并以其中最低一项定等。物理指标和染色牢度分等规定分别见表 5-20、表 5-21。

表 5-20 物理指标分等规定

项目			优等品	一等品	二等品
幅宽偏差(cm)		≥	−2.0	−2.0	−5.0
平方米质量允差(%)			−4.0～+4.0	−5.0～+7.0	−14.0～+10.0
静态尺寸变化率(%)		≥	−2.5	−3.0	−4.0
纤维含量(%)			按 FZ/T 01053 执行		
起球 (级)≥		绒面	3-4	3	3
		光面	4	3-4	3-4
断裂强力(N)≥	80公支/2×80公支/2 及单根纬纱细度大于等于40公支		147	147	147
	其他		196	196	196

（续表）

项目		优等品	一等品	二等品
撕破强力（N）≥	一般精梳毛织品	15.0	10.0	10.0
	70 公支×70 公支及单根纬纱细度大于等于 35 公支	12.0	10.0	10.0
汽蒸尺寸变化率(%)		−1.0～+1.5	−1.0～+1.5	—
落水变形（级）≥		4	3	3
脱缝程度（mm）≤		6.0	6.0	8.0

注1：双层织物联结线的纤维含量不考核。
注2：休闲类服装面料的脱缝程度为 10 mm。

表 5-21　染色牢度分等规定

项目		优等品	一等品	二等品
耐光色牢度（级）≥	≤1/12 标准深度（中浅色）	4	3	2
	>1/12 标准深度（深色）	4	4	3
耐水色牢度（级）≥	色泽变化	4	3-4	3
	毛布沾色	4	3	3
	其他贴衬沾色	4	3	3
耐汗渍色牢度（级）≥	色泽变化	4	3-4	3
	毛布沾色	4	3-4	3
	其他贴衬沾色	4	3-4	3
耐熨烫色牢度（级）≥	色泽变化	4	4	3-4
	棉布沾色	4	3-4	3
耐摩擦色牢度（级）≥	干摩擦	4	3-4	3
	湿摩擦	3-4	4	2-3
耐洗色牢度（级）≥	色泽变化	4	3-4	3-4
	毛布沾色	4	4	3
	其他贴衬沾色	4	3-4	3
耐干洗色牢度（级）≥	色泽变化	4	4	3-4
	溶剂变化	4	4	3-4

注1：使用 1/12 染料染色标准深度色卡判断面料的"中浅色"或"深色"。
注2："只可干洗"类产品可不考核耐洗色牢度和耐湿摩擦色牢度。
注3："手洗"和"可机洗"类产品可不考核耐干洗色牢度。
注4：未注明"小心机洗"和"可机洗"类的产品耐洗色牢度按"可机洗"类执行。

"可机洗"类产品水洗尺寸变化率要求见表5-22。

表 5-22 "可机洗"类产品水洗尺寸变化率要求

项目		优等品、一等品、二等品	
		西服、裤子、服装外套、大衣、连衣裙、上衣、裙子	衬衣、晚装
松弛尺寸变化率(%) ≥	宽度	−3	−3
	长度	−3	−3
	洗涤程序	1×7A	1×7A
总尺寸变化率(%) ≥	宽度	−3	−3
	长度	−3	−3
	边沿	−1	−1
	洗涤程序	3×5A	5×5A

2. 外观质量的评等

外观疵点按其对服用的影响程度与出现状态不同,分为局部性外观疵点与散布性外观疵点两种,分别予以结辫和评等。局部性外观疵点按其规定范围结辫,每辫放尺 10 cm,在经向 10 cm范围内,不论疵点多少,仅结辫一只;散布性外观疵点,疵毛痕、边撑痕、剪毛痕、折痕、磨白纱、经档、纬档、厚段、薄段、斑疵、缺纱、稀缝、小跳花、严重小弓纱和边深浅中有两项及以上最低品等同时为二等品时,则降为等外品。

降等品结辫规定:二等品中,除薄段、纬档、轧梭痕、边撑痕、刺毛痕、剪毛痕、蛛网、斑疵、破洞、吊经条、补洞痕、缺纱、死折痕、严重的厚段、严重稀缝、严重织稀、严重纬停弓纱和磨损按规定范围结辫外,其余疵点不结辫;等外品中,除破洞、严重的薄段、蛛网、补洞痕和轧梭痕按规定范围结辫外,其余疵点不结辫。

局部性外观疵点基本上不开剪,但大于 2 cm 的破洞、严重的磨损和破损性轧梭、严重影响服用的纬档、大于 10 cm 的严重斑疵、净长 5 m 的连续性疵点和 1 m 内结辫 5 只者,应在工厂内剪除。平均净长 2 m 结辫 1 只时,按散布性外观疵点规定降等。

精梳毛织物的外观疵点结辫、评等要求见二维码。

精梳毛织物的外观疵点结辫、评等要求

(三)试验方法

1. 内在质量试验方法

幅宽试验按 GB/T 4666 执行,幅宽偏差按式(5-3)计算。

$$L = L_1 - L_2 \qquad (5-3)$$

式中:L 为幅宽偏差(cm);L_1 为实际测量的幅宽值(cm);L_2 为幅宽设定值(cm)。

平方米质量允差按 FZ/T 20008 执行;静态尺寸变化率按 FZ/T 20009 执行;纤维含量试验按 GB/T 2910(所有部分)、GB/T 16988、FZ/T 01026、FZ/T 01048 执行,折合公定回潮率计算,公定回潮率按 GB 9994 执行;起球试验按 GB/T 4802.1 执行,精梳毛织物(绒面)起球次数为 400,并按精梳毛织品(光面)起球或精梳毛织品(绒面)起球样照评级;断裂强力试验按 GB/T 3923.1 执行;撕破强力试验按 GB/T 3917.2 执行;脱缝程度试验按 FZ/T 20019 执行;汽蒸尺寸变化率按 FZ/T 20021 执行;耐光色牢度试验按 GB/T 8427 中方法 3 执行;耐洗色牢度试验,"手洗"类产品按 GB/T 12490(试验条件 A1S,不加钢珠)执行,"可机洗"类产品按 GB/T 12490(试验条件 B1S,不加钢珠)执行;耐水色牢度试验按 GB/T 5713 执行;耐汗渍色牢度试验按 GB/T 3922 执行;耐熨烫色牢度试验按 GB/T 6152 执行;耐摩擦色牢度试验按 GB/T 3920 执行;耐干洗色牢度试验按 GB/T 5711 执行;水洗尺寸变化率试验按 FZ/T 70009 执行。

2. 外观疵点检验方法

检验织品外观疵点时,应将其正面放在与垂直线成 15°角的检验机台面上。在自然北光下,检验者在检验机的前方进行检验,织品应穿过检验机的下导辊,以保证检验幅面和角度。在检验机上应逐匹量计幅宽,每匹不得少于三处。每台检验机上,检验员为两人。

检验织品外观疵点也可在 600 lx 及以上的等效光源下进行。

检验机规格:车速 14～18 m/min;大滚筒轴心至地面的距离为 210 cm;斜面板长度 150 cm;斜面板磨砂玻璃宽度 40 cm;磨砂玻璃内装日光灯 40 W×(2～4 支)。

如因检验光线影响外观疵点的程度而发生争议时,以白昼正常北光下,在检验机前方检验为准。

二、粗梳毛织物的品质检验

粗梳毛织物是指各类机织服用粗梳纯毛、毛混纺及交织品。国家标准 GB/T 26378 对粗梳毛织物品质检验做了具体规定。

(一)抽样

粗梳毛织物的抽样见本章精梳毛织物的抽样规定。

(二)分等规定

粗梳毛织物的技术要求包括安全性要求、实物质量、内在质量和外观质量。粗梳毛织品安全性应符合 GB 18401 的要求;实物质量包括呢面、手感和光泽三项;内在质量包括幅宽不足、平方米质量允差、尺寸变化率、纤维含量、起球、断裂强力、撕破强力和染色牢度等八项;外观质量包括局部性疵点和散布性疵点两项。

粗梳毛织品的质量等级分为优等品、一等品和二等品,低于二等品的为等外品。粗梳毛织品的品等以匹为单位,按实物质量、内在质量和外观质量三项检验结果评定,并以其中最低一项定等;三项中最低品等有两项及以上同时降为二等品的,则直接降为等外品。凡正式投产的不同规格产品,应分别以优等品和一等品封样;对于来样加工,生产方应根据来样方要求,建立封样,并经双方确认。检验时逐匹比照封样评等。

1. 内在质量的评等

内在质量由物理指标和染色牢度综合评定,并以其中最低一项定等。

物理指标评等规定见表 5-23。

表 5-23　物理指标评等规定

项目		优等品	一等品	二等品
幅宽偏差(cm)	≥	−2.0	−3.0	−5.0
平方米质量允差(%)		−4.0～+4.0	−5.0～+7.0	−14.0～+10.0
静态尺寸变化率(%)	≥	−3.0	−3.0	−4.0
纤维含量(%)		按 FZ/T 01053 执行		
起球(级)	≥	3-4	3	3
断裂强力(N)	≥	157	157	157
撕破强力(N)	≥	15.0	10.0	—
含油脂率(%)	≤	1.5	1.5	1.7
脱缝程度(mm)	≤	6.0	6.0	8.0
汽蒸尺寸变化率(%)		−1.0～+1.5		

注 1:双层织物联结线的纤维含量不考核。
注 2:休闲类服装面料的脱缝程度为 10 mm。

染色牢度的评等规定见表 5-24。

表 5-24　染色牢度评等规定

项目			优等品	一等品	二等品
耐光色牢度(级)	≥	≤1/12 标准深度(中浅色)	4	3	2
		>1/12 标准深度(深色)	4	4	3
耐水色牢度(级)	≥	色泽变化	4	3-4	3
		毛布沾色	3-4	3	3
		其他贴衬沾色	3-4	3	3
耐汗渍色牢度(级)	≥	色泽变化	4	3-4	3
		毛布沾色	4	3-4	3
		其他贴衬沾色	4	3-4	3
耐熨烫色牢度(级)	≥	色泽变化	4	3-4	3-4
		棉布沾色	4	3-4	3
耐摩擦色牢度(级)	≥	干摩擦	4	3-4(3 深色)	3
		湿摩擦	3-4	4	2-3
耐干洗色牢度(级)	≥	色泽变化	4	4	3-4
		溶剂变化	4	4	3-4

注 1:使用 1/12 染料染色标准深度色卡判断面料的"中浅色"或"深色"。

2. 外观质量的评等

外观疵点按其对服用的影响程度与出现状态不同,分局部性外观疵点和散布性外观疵点两种,分别予以结辫和评等。局部性外观疵点,按其规定范围结辫,每辫放尺 10 cm,在经向

10 cm范围内,不论疵点多少,仅结辫1只。散布性外观疵点,如缺纱、经档、色花、条痕、两边两端深浅、折痕、剪毛痕、纬档、厚薄段、轧梭、补洞痕、斑疵、磨损中有两项及以上最低品等同时为二等品时,则降为等外品。

降等品结辫规定:二等品中,除破洞、磨损、纬档、厚薄段、轧梭痕、补洞痕、斑疵和剪毛痕按规定范围结辫,其余疵点不结辫;等外品中,除破洞、严重磨损、补洞痕、轧梭痕、斑疵、蛛网和纬档按规定范围结辫,其余疵点不结辫。

局部性外观疵点基本上不开剪,但大于2 cm的破洞、严重的磨损和破损性轧梭、严重影响服用的纬档,大于10 cm的严重斑疵,净长5 m的连续性疵点和1m内结辫5只者,应在工厂内剪除。

平均净长2 m结辫1只时,按散布性外观疵点规定降等。

粗梳毛织物的外观疵点结辫、评等要求见二维码。

粗梳毛织物
的外观疵点
结辫、评等
要求

(三)试验方法

幅宽试验按GB/T 4666执行,幅宽偏差按式(5-4)计算;平方米质量允差按FZ/T 20008执行;静态尺寸变化率按FZ/T 20009执行;纤维含量试验按GB/T 2910(所有部分)、GB/T 16988、FZ/T 01026、FZ/T 01048执行,折合公定回潮率计算,公定回潮率按GB 9994执行;起球试验按GB/T 4802.1执行,并按粗梳毛织品起球样照评级;断裂强力试验按GB/T 3923.1执行;撕破强力试验按GB/T 3917.2执行;含油脂率试验按FZ/T 20002执行;脱缝程度试验按FZ/T 20019执行;汽蒸尺寸变化率按FZ/T 20021执行;耐光色牢度试验按GB/T 8427中方法3执行;耐水色牢度试验按GB/T 5713执行;耐汗渍色牢度试验按GB/T 3922执行;耐熨烫色牢度试验按GB/T 6152执行和GB/T 26378附录B中的B.31执行;耐摩擦色牢度试验按GB/T 3920执行;耐干洗色牢度试验按GB/T 5711执行。

粗梳毛织品的外观质量检验与精梳毛织物的试验方法一样。

第四节　丝织物的品质检验

丝织物是指主要采用蚕丝、人造丝、合纤丝等长丝纤维为原料制成的一类织物,具有柔软滑爽、光泽明亮、华丽飘逸、舒适高贵的风格与特性。在棉、毛、丝、麻四大类织物中,丝织品是花色品种最多的一类,约有3 300多个品种。丝织品广泛应用于衣着、装饰工业、国防、医疗等领域。本节主要介绍桑蚕丝织物、柞蚕丝织物和合成纤维丝织物这三类代表性织物的分等规定和检验方法。

一、桑蚕丝织物的品质检验

桑蚕丝织物是指各类服用的练白、染色(色织)、印花纯桑蚕丝织物、桑蚕丝与其他纱线交织丝织物。国家标准GB/T 15551对桑蚕丝织物品质检验做了具体规定。

(一)分等规定

根据GB/T 15551的规定,桑蚕丝织物评等依据是密度偏差率、质量偏差率、断裂强力、纤维含量偏差、纰裂程度、水洗尺寸变化率、色牢度等内在质量及色差(与标样对比)、幅宽偏差率、外观疵点等外观质量。桑蚕丝织物的评等以匹为单位,其中质量偏差率、断裂强力、纤维含量偏差、纰裂程度、水洗尺寸变化率、色牢度等按批评等,密度偏差率、外观质量按匹评等,并以其中的最低等级评定。

桑蚕丝织物的品等分为优等品、一等品、二等品、三等品,低于三等品的为等外品。桑蚕丝织物的内在质量和外观质量分等规定见表 5-25、表 5-26 和表 5-27。

表 5-25 内在质量分等规定

项目		指标		
		优等品	一等品	二等品
密度偏差率(%)		±3.0	±4.0	±5.0
质量偏差率(%)		±2.0	±3.0	±4.0
纤维含量允差(%)		按 GB/T 29862 执行		
断裂强力(N) ≥		200		
撕破强力(N) ≥		7.0		
纰裂程度(mm)≤	55 g/m² 以上,(67±1.5) N	5	6	
	55 g/m² 及以下织物或 67 g/m² 以上的缎类织物,(45±1) N			
水洗尺寸变化率(%)		−3.0～+2.0	−4.0～+2.0	
色牢度(级)≥	耐水、耐汗渍 变色	4	3-4	
	耐水、耐汗渍 沾色	3-4	3	
	耐洗 变色	4	3-4	3
	耐洗 沾色	3-4	3	2-3
	耐干洗 变色	4		3-4
	耐干洗 沾色	4	3-4	3
	耐干摩擦	4	3-4	3
	耐湿摩擦 深色	3	2-3	2
	耐湿摩擦 浅色	4	3-4	3
	耐唾液 变色	4		
	耐唾液 沾色	4		
	耐热压 变色	4	3-4	
	耐光 深色	4	3	
	耐光 浅色	3		2

注 1:纱、绡类、烂花类织物,经特殊后整理工艺的织物,不考核断裂张力和撕破强力。

注 2:纱、绡类、烂花类织物,45 g/m² 及以下的纺类织物,67 g/m² 及以下的缎类织物,经特殊后整理的织物,围巾用织物,不考核纰裂程度。检测结果为滑脱、织物断裂、撕破等情况,判定为等外品。

注 3:纱、绡类、烂花类、顺纤类等易变形织物,不考核水洗尺寸变化率。大于 60 g/m² 的纺类织物,大于 80 g/m² 的绉类织物、绫类织物,经、纬均加强捻的绉织物,可按协议考核。1 000 捻/m 以上的织物,按绉类织物考核。

注 4:扎染、蜡染等传统的手工着色织物,不要求色牢度。耐唾液色牢度仅考核婴幼儿用织物。

注 5:耐湿摩擦色牢度考核时,按 GB/T 4841.3 规定,颜色大于 1/12 染料染色标准深度色卡为深色,颜色小于 1/12 染料染色标准深度色卡为浅色。

表 5-26　外观质量分等规定

项目	指标		
	优等品	一等品	二等品
色差(与标准样对比)(级) ≥	4	3-4	
幅宽偏差率(%)	±1.5	±2.5	±3.5
外观疵点评分限度(分/100 m²)	15.0	30.0	50.0

注:色差评级时,喷墨印花织物可按合同或协议执行。

表 5-27　外观疵点评分

序号	疵点	分数			
		1	2	3	4
1	经向疵点	8 cm 及以下	8 cm 以上~16 cm	16 cm 以上~24 cm	24 cm 以上~100 cm
2	纬向疵点	8 cm 及以下	8 cm 以上至半幅	—	半幅以上
	其中:纬档	—	普通	—	明显
3	染整疵	8 cm 及以下	8 cm 以上~16 cm	16 cm 以上~24 cm	24 cm 以上~100 cm
4	污渍及破损性疵点	—	1.0 cm 及以下	—	1.0 cm 以上
5	边部疵点、松板印、撬小	经向每 100 cm 及以下			

注 1:纬档以经向 10 cm 及以内为一档。
注 2:外观疵点的解释和归类按 GB/T 30557 执行。

每匹桑蚕丝织物外观疵点最高评分由式(5-4)计算,计算结果按 GB/T 8170 修约至整数。

$$q = \frac{c}{100} \times l \times w \qquad (5-4)$$

式中:q 为每匹最高评分(分);c 为外观疵点最高评分[分/(100 m²)];l 为匹长(m);w 为幅宽(m)。

(二)试验方法

1. 内在质量试验方法

密度试验按 GB/T 4668 进行,经密可采用方法 C,纬密可采用方法 E,仲裁检验采用方法 A。每匹样品距两端至少 3 m 处测量 5 处纬密,每两个测量处应间隔 2 m 以上,计算各处测量值的算术平均值,按 GB/T 8170 修约至 0.1 根/(10 cm)。

质量试验按 GB/T 4669 中方法 6 执行,结果表示为单位面积公定质量,仲裁检验按 GB/T 4669 中方法 3 进行。断裂强力试验按 GB/T 3923.1 执行。撕破强力试验按 GB/T 3917.2 执行。水洗尺寸变化率试验按 GB/T 8628、GB/T 8629、GB/T 8630 执行,洗涤程序采用 7A,干燥方法采用 A 法(悬挂晾干)。耐洗色牢度试验按 GB/T 3921 进行,试验条件选用 A(1)方法;耐水色牢度试验按 GB/T 5713 进行;耐汗渍色牢度试验按 GB/T 3922 执行;耐摩擦色牢度试验按 GB/T 3920 执行;耐光色牢度试验按 GB/T 8427 中方法 3 执行;耐热压色牢度试验按 GB/T 6152 执行,采用潮压法,温度 110 ℃;耐干洗色牢度试验按 GB/T 5711 执行;耐唾液色牢度试验按 GB/T 18886 执行。纰裂程度试验按 GB/T 13772.2 进行,试样宽度采用 75 mm,负荷的设定见表 5-25。纤维定性分析按 FZ/T 01057 进行,定量分析按 GB/T 2910、FZ/T 01026 等进行。

2. 外观质量检验

经向检验机检验时,光源采用日光荧光灯,台面平均照度 600～700 lx,环境光源控制在 150 lx 以下;纬向台板检验可采用北向自然光,平均照度在 320～600 lx。

测量有效幅宽(除边),整匹样品的幅宽可在距两端至少 3 m 的部位均匀取五处测量,测量值精确至 0.1 cm,以各测量值的算术平均值为测试结果,按 GB/T 8170 修约至一位小数,仲裁检验按 GB/T 4666 进行。

外观疵点检验可采用经向检验机或纬向台板,仲裁检验采用经向检验机。采用经向检验机检验时,验绸机速度为(15±5)m/min,纬向检验速度为约 15 页/min。检验员眼睛距绸面中心约 60～80 cm。幅宽 114 cm 及以下的产品由一人检验,幅宽 114 cm 以上的产品由两人检验。外观疵点以绸面平摊为准,反面疵点影响正面时也应评分,疵点大小按经向或纬向的最大值量计。

色差试验采用 D65 标准光源或北向自然光,照度不低于 600 lx,试样被测部位应经纬向一致,入射光与试样表面约成 45°角,检验人员的视线大致垂直于试样表面,距离约 60 cm 目测,与 GB/T 250 标准样卡对比评级。

纬斜、花斜试验按 GB/T 14801 进行。

二、柞蚕丝织物的品质检验

柞蚕丝织物是指各类服用的练白、染色、印花和色织纯柞蚕丝织物,以及经丝以柞蚕丝为主要原料与其他纱线交织的丝织物。国家标准 GB/T 9127 对柞蚕丝织物品质检验做了具体规定。

(一)分等规定

根据 GB/T 9127 的规定,柞蚕丝织物评等依据是密度偏差率、质量偏差率、断裂强力、纤维含量偏差、水洗尺寸变化率、色牢度等内在质量及色差(与标样对比)、幅宽偏差率、外观疵点等外观质量。柞蚕丝织物的评等以匹为单位,其中质量偏差率、断裂强力、纤维含量偏差、水洗尺寸变化率、色牢度等按批评等,密度偏差率、外观质量按匹评等,并以其中的最低等级评定。

柞蚕丝织物的品等分为优等品、一等品、二等品、三等品,低于三等品的为等外品。柞蚕丝织物的内在质量和外观质量分等规定见表 5-28、表 5-29 和表 5-30。

表 5-28 内在质量分等规定

项目			指标		
			优等品	一等品	二等品
密度偏差率(%)			±3.0	±4.0	±5.0
质量偏差率(%)	普通织物		±4.0	±5.0	±6.0
	柞蚕疙瘩丝织物		±5.0	±7.0	±8.0
断裂强力(N) ≥			200		
撕破强力(N) ≥			7		
纤维含量允差(%)			按 GB/T 29862 执行		
练白类织物水洗尺寸变化率(%)	经向	单位面积质量<300 g/m²	−3.0~+2.0	−5.0~+2.0	−8.0~+2.0
		单位面积质量≥300 g/m²	−3.0~+3.0	−5.0~+5.0	−8.0~+5.0
	纬向	单位面积质量<300 g/m²	−2.0~+2.0	−3.0~+2.0	−6.0~+2.0
		单位面积质量≥300 g/m²	−2.0~+3.0	−3.0~+5.0	−6.0~+5.0
染色、印花类织物水洗尺寸变化率(%)			−3.0~+3.0	−4.0~+3.0	−5.0~+3.0
色牢度(级) ≥	耐水耐汗渍耐热压	变色	4	3-4	
		沾色	3-4	3	
	耐洗	变色	4	3-4	3
		沾色	3-4	3	2-3
	耐摩擦	耐干摩	4	3-4	3
		耐湿摩			
	耐光		4	3	

表 5-29 外观质量分等规定

项目	优等品	一等品	二等品
幅宽偏差率(%)	±2.0	±3.0	±4.0
色差(与标样对比)(级)	4	3~4	3
外观疵点评分限度[分/(100 m²)]	15.0	30.0	50.0

表 5-30 外观疵点评分

序号	外观疵点	分数			
		1	2	3	4
1	经向疵点	8 cm 及以下	8 cm 以上~16 cm	16 cm 以上~24 cm	24 cm 以上~100 cm
2	纬向疵点	8 cm 及以下	8 cm 以上~半幅	—	半幅以上
	纬档疵点	—	普通		明显

（续表）

序号	外观疵点	分数			
		1	2	3	4
3	染整疵点	8 cm 及以下	8 cm 以上～16 cm	16 cm 以上～24 cm	24 cm 以上～100 cm
4	污渍及破损性疵点	—	2.0 cm 及以下	—	2.0 cm 以上
5	边部疵点	经向每 100 cm 及以下	—	—	—
6	纬斜、花斜、格斜	—	—	—	100 cm 及以下大于 3%

注 1：外观疵点的归类参见 GB/T 9127 附录 A。
注 2：外观疵点的解释按 GB/T 30557 执行。
注 3：纬档以经向 10 cm 及以下为一档。
注 4：边部疵点中，针板眼进入内幅 1.5 cm 及以下不计。

（二）试验方法

1. 内在质量试验方法

密度试验按 GB/T 4668 进行。质量试验按 GB/T 4669 中方法 5 执行。断裂强力试验按 GB/T 3923.1 执行。撕破强力试验按 GB/T 3917.2 执行。水洗尺寸变化率试验按 GB/T 8628、GB/T 8629、GB/T 8630 执行，洗涤程序采用 7A，干燥方法采用 A 法（悬挂晾干）。耐洗色牢度试验按 GB/T 3921 进行，试验条件选用 A(1) 方法；耐水色牢度试验按 GB/T 5713 进行；耐汗渍色牢度试验按 GB/T 3922 执行；耐摩擦色牢度试验按 GB/T 3920 执行；耐光色牢度试验按 GB/T 8427 中方法 3 执行；耐热压色牢度试验按 GB/T 6152 执行，采用潮压法，温度 110 ℃。纤维含量试验中，纤维定性分析按 FZ/T 01057 进行，定量分析按 GB/T 2910（所有部分）、FZ/T 01026 等进行。

2. 外观质量检验

幅宽试验按 GB/T 4666 执行。

光源采用日光荧光灯，台面平均照度在 600～700 lx，环境光源控制在 150 lx 以下；纬向检验可采用自然北向光，平均照度在 320～600 lx。

柞蚕丝织物的外观疵点检验、色差试验和纬斜、花斜试验与桑蚕丝织物的相同。

三、合成纤维丝织物的品质检验

合成纤维丝织物是指以合成纤维长丝为主要原料纯织或交织的各类服用练白、染色、印花、色织丝织物。国家标准 GB/T 17253 对合成纤维丝织物的品质检验做了具体规定。

（一）分等规定

合成纤维丝织物技术要求包括幅宽偏差率、密度偏差率、质量偏差率、水洗尺寸变化率、断裂强力、撕破强力、纰裂程度、起毛起球、色牢度、色差（与标样对比）、外观疵点等内在质量和外观质量。

合成纤维丝织物的评等以匹为单位。质量偏差率、纤维含量偏差、断裂强力、撕破强力、纰裂程度、水洗尺寸变化率、起毛起球、色牢度等按批评等。纬密偏差率、外观质量按匹评等。

合成纤维丝织物的品质由各项指标中最低等级评定，其等级分为优等品、一等品、二等品、三等品,低于三等品的为等外品。具体分等规定见表 5-31、表 5-32 和表 5-33。

表 5-31　内在质量分等规定

项目			指标		
			优等品	一等品	二等品
密度偏差率(%)			±2.0	±3.0	±4.0
质量偏差率(%)			±3.0	±4.0	±5.0
纤维含量允差(%)			按 GB/T 29862 执行		
断裂强力(N)		≥	200		
撕破强力(N)		≥	9.0		
纰裂程度 (定负荷) (mm) ≤	55 g/m² 以下	45.0 N	6		
	55~150 g/m²	80.0 N			
	150 g/m² 以上	100.0 N			
水洗尺寸变化率(%)			−2.0~+2.0		−3.0~+2.0
色牢度 (级)≥	耐水 耐皂洗 耐汗渍	变色	4	4	3-4
		沾色	3-4	3	3
	耐摩擦	干摩	4	3-4	3
		湿摩	3-4	3, 2-3(深色)	3, 2-3(深色)
	耐干洗	变色	4	4	3-4
		沾色	4	3-4	3-4
	耐热压	变色	4	3-4	3
	耐光		4	3	3
	耐唾液		4	4	4
起毛起球(级)			4	3-4	3
悬垂系数			按 FZ/T 43045 执行		

注 1:纱、绡类、烂花类织物、经特殊后整理工艺的织物不考核断裂强力和撕破强力。
注 2:纱、绡类、烂花类织物、单位面积质量 45 g/m² 及以下的纺类织物、67 g/m² 及以下的缎类织物、经特殊后整理工艺的织物不考核纰裂程度。检测结果为滑脱、织物断裂、撕破等情况判定为等外品。
注 3:纱、绡类、烂花类、顺纤类等变形织物不考核水洗尺寸变化率。
注 4:耐湿摩擦色牢度考核时,大于 GB/T 4841.3 中 1/12 染料染色标准深度色卡为深色。
注 5:不可干洗织物不考核耐干洗色牢度。
注 6:耐唾液色牢度仅针对婴幼儿用产品进行考核。
注 7:悬垂系数仅考核仿真丝织物。

表 5-32　外观质量分等规定

项目		优等品	一等品	二等品
色差(与标样对比)(级)	≥	4	3-4	
幅宽偏差率(%)		−1.0~+2.0	−2.0~+2.0	
外观疵点评分限度[分/(100 m²)]		10	20	40

表 5-33　外观疵点评分表

序号	疵点	分数			
		1	2	3	4
1	经向疵点	8 cm 及以下	8 cm 以上～16 cm	16 cm 以上～24 cm	24 cm 以上～100 cm
2	纬向疵点	8 cm 及以下	8 cm 以上～半幅	—	半幅以上
	纬档	—	普通	—	明显
3	染整疵	8 cm 及以下	8 cm 以上～16 cm	16 cm 以上～24 cm	24 cm 以上～100 cm
4	渍、破损性疵点	—	2.0 cm 及以下	—	2.0 cm 以上
5	边部疵点	经向每 100 cm 及以下	—	—	—
6	纬斜、花斜、格斜、幅不齐	—	—	—	100 cm 及以下大于 3%

注 1：外观疵点归类参见 GB/T 17253 中附录 A。
注 2：疵点的定义见 GB/T 30557。
注 3：纬档以经向 10 cm 及以下为一档。
注 4：边部疵点中，针板眼进入内幅 1.5 cm 及以下不计。

（二）试验方法

1. 内在质量试验方法

密度偏差率试验按 GB/T 4668 进行，经密可采用方法 C，纬密可采用方法 E，仲裁检验采用方法 A。每匹样品距两端至少 3 m 处测量 5 处纬密，每两个测量处应间隔 2 m 以上，求各处测量值的算术平均值，按 GB/T 8170 修约至 0.1 根/(10 cm)。

质量偏差率试验按 GB/T 4669 中方法 5 执行，仲裁检验按方法 3 进行。断裂强力试验按 GB/T 3923.1 执行。纤维含量允差按 GB/T 2910（所有部分）、FZ/T 01057（所有部分）、FZ/T 01095 执行。撕破强力试验按 GB/T 3917.2 执行。纰裂程度试验按 GB/T 13772.2 进行，试样宽度采用 75 mm，负荷的设定见表 5-31。水洗尺寸变化率试验按 GB/T 8628、GB/T 8629、GB/T 8630 执行，洗涤程序采用 GB/T 8629 中的 5M，干燥方法采用 GB/T 8629 中的程序 A，每个试样选取 2 个样品，仲裁检验选取 3 个样品。耐水色牢度试验按 GB/T 5713 执行；耐皂洗色牢度试验按 GB/T 3921 执行，纯合成纤维丝织物（锦纶除外）选用 C（3）方法，其他合成纤维丝织物选用 A（1）方法；耐汗渍色牢度试验按 GB/T 3922 执行；耐摩擦色牢度试验按 GB/T 3920 执行；耐干洗色牢度试验按 GB/T 5711 执行；耐热压色牢度试验按 GB/T 6152 执行，采用潮压法，纯合成纤维丝织物（锦纶除外）温度为 150 ℃，其他合成纤维丝织物温度为 110 ℃；耐光色牢度试验按 GB/T 8427 中的方法 3 执行；耐唾液色牢度试验按 GB/T 18886 执行；色牢度仲裁试验选择单纤维贴衬。起毛起球试验按 GB/T 4802.1 执行，采用 B 类试验参数。悬垂系数试验按 GB/T 23329 执行，采用 B 法，夹持盘直径 12 cm，试样直径 24 cm。

2. 外观质量检验

合成纤维丝织物的幅宽偏差率检验、色差检验、外观疵点检验与桑蚕丝织物的相同。

第五节　针织物的品质检验

针织物是指用织针将纱线构成线圈,再把线圈相互串套而成的织物,分为纬编和经编两大类,广泛应用于生产、生活的方方面面。针织物在针织机上的加工过程可以分为三个阶段:给纱、成圈、卷取。本节主要介绍棉针织内衣、毛针织品和抗菌针织品三类针织物的品质要求和分等规定。

一、棉针织内衣的品质检验

棉针织内衣按织物组织结构分为单面织物、双面织物和绒织物三类。国家标准 GB/T 8878 对棉针织内衣的品质检验做了具体规定。

(一)分等规定

棉针织内衣的质量等级根据 GB/T 8878 分为优等品、一等品和合格品。其分级依据是内在质量和外观质量两个方面。

1. 内在质量要求

棉针织内衣的内在质量要求主要包括弹子顶破强力、纤维含量、甲醛含量、pH 值、异味、可分解致癌芳香胺染料、水洗尺寸变化率、耐水色牢度、耐皂洗色牢度、耐汗渍色牢度、耐摩擦色牢度等,具体规定见表 5-34。

表 5-34　棉针织内衣的内在质量要求

项目		优等品	一等品	合格品
顶破强力(N) ≥		250		
纤维含量(%)		按 GB/T 29862 执行		
甲醛含量(mg/kg)		按 GB 18401 执行		
pH 值				
异味				
可分解致癌芳香胺染料(mg/kg)				
水洗尺寸变化率(%)	直向≥	−5.0	−6.0	−8.0
	横向	−5.0~0.0	−6.0~+2.0	−8.0~+3.0
耐水色牢度(级) ≥	变色	4	3-4	3
	沾色	4	3-4	3
耐皂洗色牢度(级)≥	变色	4	3-4	3
	沾色	4	3-4	3
耐水色牢度(级) ≥	变色	4	3-4	3
	沾色	3-4	3	3
耐摩擦色牢度(级)≥	干摩	4	3-4	3
	湿摩	3	3(深 2-3)	2-3(深 2)

注1:抽条、镂空、烂花结构的产品和弹力织物不考核顶破强力。
注2:短裤不考核水洗尺寸变化率;弹力织物不考核横向水洗尺寸变化率,弹力织物指含有弹性纤维的织物或罗纹织物。
注3:色别分档按 GSB 16—2159,>1/12 染料染色标准深度为深色,≤1/12 染料染色标准深度为浅色。

2. 外观质量要求

棉针织内衣外观质量检验主要包括表面疵点、规格尺寸偏差、对称部位尺寸差异、缝制规定等项目。

棉针织内衣的内在质量按批（交货批）评等，外观质量按件评等，并以其中的最低等级评定。具体规定见表 5-35、表 5-36 和表 5-37。

表 5-35 表面疵点评等规定

疵点名称	优等品	一等品	合格品
粗纱、色纱、大肚纱			
飞花			
极光印、色花、风渍、折印、印花疵点（露底、搭色、套版不正等）、起毛露底、脱绒、起毛不匀	主要部位:不允许 次要部位:轻微者允许	轻微者允许	主要部位:轻微者允许 次要部位:显著者不允许
油纱、油棉、油针、缝纫油污线			
色差	主料之间 4 级	主料之间 3-4 级	主料之间 2-3 级
	主、辅料之间 3-4 级	主、辅料之间 3 级	主、辅料之间 2 级
纹路歪斜（条格）	≤4.0%	≤5.0%	≤6.0%
缝纫曲折高低	≤0.5 cm		
底边脱针	每面 1 针 2 处，但不得连续，骑缝处缝牢脱针不超过 1 cm		
重针（单针机除外）	每个过程除合理接头外，限 4 cm 重针 1 处（不包括领圈部位）		限 4 cm 重针 2 处
破洞、单纱、修疤、断里子纱、断面子纱、细纱、锈斑、烫黄、针洞	不允许		

注 1:表面疵点程度按 GSB 16—2500 执行。
注 2:主要部位指上衣前身上部的 2/3（包括领窝露面部位），裤类无主要部位。
注 3:轻微指直观上不明显，通过仔细辨认才可看出;明显指不影响整体效果，但能感觉到疵点的存在;显著指明显影响整体效果的疵点。
注 4:条文未规定的表面疵点均参照相似疵点处理。
注 5:表面疵点长度及疵点数量均为最大极限值。

表 5-36 规格尺寸偏差

单位:cm

类别		优等品	一等品	合格品
长度方向（衣长、袖长、裤长、直裆）	60 cm 及以上	±1.0	±2.0	±2.5
	60 cm 以下	±1.0	±1.5	±2.0
宽度方向（1/2 胸围、1/2 臀围）		±1.0	±1.5	±2.0

表 5-37　对称部位尺寸偏差

单位:cm

尺寸范围	优等品	一等品	合格品
≤5 cm	≤0.2	≤0.3	≤0.4
>5 cm 且≤15 cm	≤0.5	≤0.5	≤0.8
>15 cm 且≤76 cm	≤0.8	≤1.0	≤1.2
>76 cm	≤1.0	≤1.5	≤1.5

棉针织内衣的缝制规定不分品等。合肩处、裤裆叉子合缝处、缝迹边口处应加固;领型端正,线头修清。

(二)试验方法

1. 内在质量检验

顶破强力测试按 GB/T 19976 执行,钢球直径为(38±0.02) mm;纤维含量试验按 GB/T 2910、FZ/T 01057、FZ/T 01095、FZ/T 01026 执行,结合公定回潮率计算,公定回潮率按 GB/T 9994执行;甲醛含量试验按 GB/T 2912.1 执行;pH 值试验按 GB/T 7573 执行;异味试验按 GB 18401 执行;可分解致癌芳香胺染料试验按 GB/T 17592 执行;耐水色牢度试验按 GB/T 5713 执行;耐皂洗色牢度试验按 GB/T 3921 中的试验条件 A(1)执行;耐汗渍色牢度试验按 GB/T 3922 执行;耐摩擦色牢度试验按 GB/T 3920 执行,只做直向;水洗尺寸变化率试验按 GB/T 8629 执行,采用 5A 程序,试验件数 3。

2. 外观质量检验

一般采用灯光检验,用 40 W 白光日光灯一支,上面加灯罩,灯罩与检验台面中心垂直距离(80±5) cm;如在室内利用自然光检验,光源射入方向为北向左(或右)上角,不能使阳光直射产品。检验时应将产品平摊在检验台上,台面铺白布一层,检验人员的视线应正视产品的表面,双目与产品中间距离为 35 cm 以上。

色差评级按 GB/T 250 执行,纹路歪斜试验按 GB/T 14801 执行。

二、毛针织品的品质检验

毛针织品是指精梳、粗梳纯毛针织品和含毛 30% 及以上的毛混纺针织品。毛针织品按照品种可分为开衫、套衫、背心类,裤子、裙子类,内衣类,袜子类,小件服饰类(包括帽子、围巾、手套等);按照洗涤方式可分为干洗类,小心手洗类,可机洗类。纺织行业标准 FZ/T 73018 对毛针织品的品质检验做了具体规定。

(一)抽样规定

以相同原料、品种和品等的产品为一个检验批。内在质量和外观质量检验用样本应从检验批中随机抽取。物理指标检验用样本按批次抽取,其用量应满足各项物理指标试验的需要。染色牢度检验用样本的抽取应包括该批的全部色号。单件质量偏差率检验用样本,按批抽取3%(最低不少于 10 件),当批量小于 10 件时,执行全检。外观质量检验用样本的抽取数量按 GB/T 2828.1 中正常检验一次抽样方案、一般检验水平、接收质量限执行,具体方案如表 5-38 所示。

表 5-38 外观质量检验的抽样方案

单位:匹

批量	抽样数量	合格判定数	
		Ac	Re
2~8	5	0	1
2~15	5	0	1
16~25	5	0	1
26~50	5	0	1
51~90	20	1	2
91~150	20	1	2
151~280	32	2	3
281~500	50	3	4
501~1 200	80	5	6
1 201~3 200	125	7	8
>3 200	200	10	11

注:若样本量超过批量,则全数检验。

(二)分等规定

按照 FZ/T 73018 的规定,毛针织品品等分为优等品、一等品和二等品,低于二等品者为等外品。分等依据有内在质量和外观质量。

1. 内在质量的评等

毛针织品的内在质量由物理指标和染色牢度综合评定。评定时以批为单位(同一产品的每一交货单元为一批)。物理指标的评等规定见表 5-39 和表 5-40。

表 5-39 物理指标评等规定

项目			限度	优等品	一等品	二等品
纤维含量(%)			—	按 FZ/T 01053 执行		
顶破强度(kPa)	精梳	纱线线密度≤31.2 tex	不低于	245		
		纱线线密度>31.2 tex		323		
	粗梳	纱线线密度≤71.4 tex		196		
		纱线线密度>71.4 tex		225		
编织密度系数			不低于	1.0		
起球(级)			不低于	3-4	3	2-3
扭斜角(°)			不高于	5		
二氯甲烷可溶性物质(%)			不高于	1.5	1.7	2.5
单件质量偏差率(%)			—	按供需双方合约规定		

注 1:顶破强度中纱线线密度指编织所用纱线的总体线密度。
注 2:顶破强度只考核平针部分面积占 30% 及以上的产品,背心和小件服饰类不考核。
注 3:编织密度系数只考核粗梳平针、罗纹和双罗纹产品。
注 4:扭斜角只考核平针产品。
注 5:二氯甲烷可溶性物质只考核粗梳产品。

表 5-40　按洗涤方法分类的物理指标评等规定

分类	项目		开衫、套衫、背心类	裤子、裙子类	内衣类	袜子类	小件服饰类
小心手洗类	松弛尺寸变化率（%）	长度	−10	—	−10	—	—
		宽度	+5，−8	—	+5	—	—
		洗涤程度	1×7A	1×7A	1×7A	1×7A	1×7A
	毡化尺寸变化率（%）	长度	—	—	—	−10	—
		面积	−8	—	−8	—	−8
		洗涤程度	1×7A	1×7A	1×5A	1×5A	1×7A
	总尺寸变化率（%）	长度	−5	−5	—	—	—
		宽度	−5	+5	—	—	—
		面积	−8	—	—	—	—
可机洗类	松弛尺寸变化率（%）	长度	−10	—	−10	—	—
		宽度	+5，−8	—	+5	—	—
		洗涤程度	1×7A	1×7A	1×7A	1×7A	1×7A
	毡化尺寸变化率（%）	长度	—	—	—	−10	—
		面积	−8	—	−8	—	−8
		洗涤程度	2×5A	3×5A	5×5A	5×5A	2×5A
	总尺寸变化率（%）	长度	—	−5	—	—	—
		宽度	—	+5	—	—	—

注 1：小心手洗类和可机洗类产品考核水洗尺寸变化率指标，只可干洗类产品不考核。

注 2：小心手洗类和可机洗类对非平针产品松弛尺寸变化率是否符合要求不做判定。

注 3：小心手洗类中开衫、套衫、背心类非缩绒产品对其松弛尺寸变化率和毡化尺寸变化率按要求进行判定；缩绒产品对其总尺寸变化率按要求进行判定。

染色牢度评等规定具体见表 5-41。印花部位、吊染产品色牢度一等品指标要求耐汗渍色牢度中色泽变化和贴衬沾色应达到 3 级；耐干摩擦色牢度应达到 3 级，耐湿摩擦色牢度应达到 2-3 级。

表 5-41　染色牢度评等规定

项目		限度	优等品	一等品	二等品
耐光色牢度（级）	＞1/12 标准深度（深色）	不低于	4	4	4
	≤1/12 标准深度（浅色）		3	3	3
耐洗色牢度（级）	色泽变化	不低于	3-4	3-4	3
	毛布沾色		4	3	3
	其他贴衬沾色		3-4	3	3

（续表）

项目		限度	优等品	一等品	二等品
耐水色牢度（级）	色泽变化	不低于	3-4	3	3
	毛布沾色		4	3	3
	其他贴衬沾色		3-4	3	3
耐摩擦色牢度（级）	干摩擦	不低于	4	3-4（深色3）	3
	湿摩擦		3	2-3	2-3
耐干洗色牢度（级）	色泽变化	不低于	4	3-4	3-4
	溶剂沾色		3-4	3	3

注1：内衣类产品不考核耐光色牢度。
注2：只可干洗类产品不考核耐洗、耐湿摩擦色牢度。
注3：耐干洗色牢度为可干洗类产品考核指标。
注4：根据 GB/T 4841.3，>1/12 染料染色标准深度为深色，≤1/12 染料染色标准深度为浅色。

2. 外观质量的评等

毛针织品外观质量的评等以件为单位，包括外观实物质量、规格尺寸允许偏差、缝迹伸长率、领圈拉开尺寸、扭斜角及外观疵点。其中外观实物质量指款式、花型、表面外观、色泽、手感和做工等。

（1）主要规格尺寸允许偏差。

主要规格尺寸允许偏差指毛衫的衣长、胸阔（1/2 胸围）、袖长，毛裤的裤长、直裆、横裆，裙子的裙长、臀宽（1/2 臀围），围巾的宽、1/2 长等实际尺寸与设计尺寸或标注尺寸的差异，主要包括长度方向、宽度方向和对称性偏差，即：

长度方向：80 cm 及以上±2.0 cm，80 cm 以下±1.5 cm；
宽度方向：55 cm 及以上±1.5 cm，55 cm 以下±1.0 cm；
对称性偏差：≤1.0 cm。

（2）缝迹伸长率。

平缝不小于 10%，包缝不小于 20%，链缝不小于 30%（包括手缝）。

（3）领圈拉开尺寸。

成人：≥30 cm；中童：≥28 cm；小童：≥26 cm。

（4）外观疵点。外观疵点评等规定见表 5-42。

表 5-42　外观疵点评等规定

类别	疵点名称	优等品	一等品	二等品
原料疵点	条干不匀	不允许	不明显	明显
	粗细节、松紧捻纱	不允许	不明显	明显
	厚薄档	不允许	不明显	明显
	色花	不允许	不明显	明显
	色档	不允许	不明显	明显
	纱线接头	≤2 个	≤4 个	≤7 个
	草屑、毛粒、毛片	不允许	不明显	明显

（续表）

类别	疵点名称	优等品	一等品	二等品
编织疵点	毛针	不允许	不明显	明显
	单毛	≤2个	≤3个	≤5个
	花针、瘪针、三角针	不允许	次要部位允许	允许
	针圈不匀	不允许	不明显	明显
	里纱露面、混色不匀	不允许	不明显	明显
	花纹错乱	不允许	次要部位允许	允许
	漏针、脱散、破洞	不允许	不允许	不允许
	露线头	≤2个	≤3个	≤4个
裁缝整理疵点	拷缝及绣缝不良	不允许	不明显	明显
	锁眼钉扣不良	不允许	不明显	明显
	修补痕	不允许	不明显	明显
	斑疵	不允许	不明显	明显
	色差	≥4-5级	≥4级	≥3-4级
	染色不良	不允许	不明显	明显
	烫焦痕	不允许	不允许	不允许

注1：外观疵点说明、外观疵点程度说明见 FZ/T 73018 中附录 A。

注2：毛针织品外表面不允许有纱线接头和露线头。

注3：次要部位指疵点所在部位对服用效果影响不大的部位，如上衣大身边缝和袖底缝左右各 1/6 处，裤子在裤腰下裤长的 1/5 和内侧裤缝左右各 1/6 处。

注4：表中未列的外观疵点可参照类似的疵点评等。

（三）试验方法

安全性要求按 GB 18401 规定的项目和试验方法执行；顶破强度试验按 GB/T 7742.1 执行，试验面积采用 7.3 cm²（直径 30.5 mm）；纤维含量试验按 GB/T 2910、GB/T 16988、FZ/T 01026、FZ/T 01057 等执行；编织密度系数试验按 FZ/T 70008 执行；起球试验按 GB/T 4802.3 执行，精梳产品翻动 14 400 r，粗梳产品翻动 7 200 r；扭斜角试验按 FZ/T 200011 执行，洗涤程序采用 1×7A；二氯甲烷可溶性物质试验按 FZ/T 20018 执行；水洗尺寸变化率试验按 FZ/T 70009 执行；耐光色牢度试验按 GB/T 8427 中方法 3 执行；耐水色牢度试验按 GB/T 5713 执行；耐洗色牢度试验按 GB/T 12490 执行，小心手洗类产品执行 A1S 条件，可机洗类产品执行 B2S 条件；耐汗渍色牢度试验按 GB/T 3922 执行；耐摩擦色牢度试验按 GB/T 3920 执行；耐干洗色牢度试验按 GB/T 5711 执行。

单件质量偏差率试验：将抽取的若干件样品平铺在标准大气条件下吸湿平衡 24 h 后，逐件称重，精确至 0.5 g，并计算其平均值，得到单件成品初质量；从其中一件试样上裁取回潮率试样两份，每份质量不少于 10 g，按 GB/T 9995 测定试样的实际回潮率；计算单件成品公定质量，精确至 0.1 g，然后计算单件成品质量偏差率。

第六节 非织造布的品质检验

非织造布是一种由定向或随机排列的纤维通过摩擦、抱合或黏合或者这些方法的组合而相互结合制成的片状物、纤网或絮垫。非织造布的品种很多,分类方法也很多,可以按照纤网的成网方式、纤网的加固方式、纤网结构或纤维类型等多种方法进行分类。非织造布按用途可分为服装用非织造布、装饰用非织造布和产业用非织造布。本节主要介绍几种代表性非织造布,即服装用非织造粘合衬、汽车装饰用非织造布、木浆复合水刺非织造布、短纤针刺非织造土工布、熔喷法非织造布、隔离衣用非织造布和手术防护用非织造布的品质检验和分等要求。

一、非织造粘合衬的品质检验

非织造粘合衬指以原色纤维梳理成网,经热轧、热风或浸渍工艺黏合为基布,再经涂层等后整理加工而成的粘合衬。非织造粘合衬按基布纤维可分为涤纶、锦纶、锦涤等非织造粘合衬,按用途可分为丝绸衬、裘皮衬、外衣衬、衬衫衬。

（一）分等规定

根据 GB/T 31904 的规定,非织造粘合衬产品的品等分为优等品、一等品、合格品,低于合格品的为不合格品。产品品质要求分为理化性能和外观质量两个方面。理化性能包括单位面积质量偏差率、剥离强力、水洗尺寸变化率、组合试样干热尺寸变化率、组合试样经蒸汽熨烫后尺寸变化率、组合试样洗涤后外观变化、涂布量偏差率、组合试样热熔胶渗胶、安全性能。外观质量包括布面疵点（局部性疵点和散布性疵点）、每卷允许段数和段长。

非织造粘合衬以 100 m 为一卷,理化性能按批评等,外观质量按卷评等,综合评等按其中的最低等级评定。在同一卷粘合衬内,有两项及以上理化性能同时降等时,以最低一项评等;有两项及以上外观质量同时存在时,按严重一项评等。在同一卷粘合衬内,同时存在局部性和散布性疵点时,先计算局部性疵点的评定等级,再结合散布性疵点逐级降等,作为该卷粘合衬的外观质量的等级。

1. 理化性能

非织造粘合衬产品的安全性能应符合 GB 18401 的规定;产品的理化性能分等规定见表 5-43。

表 5-43 非织造粘合衬的理化性能分等规定

项目		优等品	一等品	合格品
单位面积质量偏差率(%)	按设计规定	±5.0	±7.0	±8.0
剥离强力(N) ≥	衬衫衬 水洗或干洗前	12.0	10.0	8.0
	衬衫衬 水洗或干洗后	10.0	8.0	6.0
	外衣衬 水洗或干洗前	10.0	8.0	6.0
	外衣衬 水洗或干洗后	8.0	6.0	4.0

（续表）

项目			优等品	一等品	合格品
剥离强力（N） ≥	丝绸衬	水洗或干洗前	6.0	5.0	4.0
		水洗或干洗后	4.0	3.0	2.0
	裘皮衬	水洗或干洗前	6.0	5.0	4.0
水洗尺寸变化率（%） ≥	纵向	涤纶	−1.0	−1.3	−2.0
		锦涤、锦纶	−1.5	−2.0	−2.0
	横向	涤纶	−0.8	−1.0	−1.5
		锦涤、锦纶	−0.8	−1.0	−1.5
组合试样干热尺寸变化率（%） ≥	纵向		−1.3	−1.5	−2.0
	横向		−0.8	−1.0	−1.5
组合试样经蒸汽熨烫后尺寸变化率（%） ≥	纵向		−0.8	−1.0	−1.5
	横向		−0.8	−1.0	−1.5
组合试样洗涤后外观变化（级） ≥			4	4	3
涂布量偏差率（%）			±10.0	±12.0	±15.0
组合试样热熔胶渗胶			正面渗胶不允许	正面渗胶不允许	正面渗胶不允许

注1：非织造粘合衬的单位面积质量标准值根据各种基布的品种规格标准，由供需双方协议商定。
注2：除耐干洗衬外，均测定水洗后剥离强力；如粘合衬剥离强力试验时，粘合衬布撕破，则视为剥离强力合格。
注3：组合试样经蒸汽熨烫后尺寸变化率适用于耐干洗、耐水洗的粘合衬。
注4：裘皮衬不考核组合试样洗涤后外观变化，衬衫衬考核组合试样水洗后外观变化，干洗型外衣衬、丝绸衬考核组合试样干洗后外观变化，耐洗型外衣衬、丝绸衬考核组合试样水洗、干洗后外观变化。
注5：非织造粘合衬的横向断裂强力、手感作为内控项目，用户需要另订协议，其要求参见附录A。

2. 外观质量

散布性疵点采用以疵点程度不同逐级降等的方法；轻微疵点和不影响服装外观的疵点，不予评定；疵点的轻微与明显的区分，按 GB/T 250 以单层检验评定，3～4 级及以上为轻微，3 级及以下为明显，或距离布面 60 cm 可见的疵点为明显疵点。非织造粘合衬的外观质量分等规定如表 5-44 所示。

表 5-44 非织造粘合衬的外观质量分等规定

项目		单位	优等品	一等品	合格品
局部性疵点	漏点（连续3点或直径小于1 cm） ≤	处/（100 m²）	5	5	15
	杂质，异物（1～3 mm²） ≤	处/（100 m²）	5	5	15
	褶皱，宽2 mm ≤	处/（100 m²）	10	20	30
	卷边不齐 ≤	处/（100 m²）	5	6	8
	切边不良 ≤	处/（100 m²）	10	20	40
	掉粉	—	按 FZ/T 60034 执行		

（续表）

	项目	单位	优等品	一等品	合格品
局部性疵点	油污、污渍、浆斑、虫迹	—	不允许	不允许	不允许
	色纤维	—	不允许	不允许	不允许
	明显折边、紧边、边扎破	—	不允许	不允许	不允许
散布性疵点	幅宽偏差	cm	−1.0～+2.0	−1.5～+2.0	−2.0～+2.0
	色差≥ 同类布样	级	3	3	2-3
	色差≥ 参考样	级	2-3	2-3	2
	色差≥ 包装 箱内卷与卷	级	4	3-4	—
	色差≥ 包装 箱与箱	级	3-4	3	—
每卷允许段数和段长			一剪二段每段不低 10 m	二剪三段每段不低于 5 m	三剪四段每段不低于 5 m

（二）试验方法

单位面积质量试验方法按 GB/T 24218.1 执行，单位面积质量偏差率按式（5-5）计算，计算结果按 GB/T 8170 修约至小数点后一位。

$$G = \frac{m_1 - m_0}{m_0} \times 100\% \tag{5-5}$$

式中：G 为单位面积质量偏差率（%）；m_1 为单位面积质量实测值（g/m²）；m_0 为单位面积质量标称值（g/m²）。

水洗尺寸变化率试验方法如下：

在距布边 10 cm，距布端 1 m 以上剪取试样一块，尺寸为 500 mm×500 mm。试样上不得有污渍、色渍、油渍、折痕及漏粉、涂层不匀等影响黏合加工的外观疵点存在，将剪取的试样置于 GB/T 6529 规定的标准大气中放置 4 h，用合适的打印装置在试样未涂层的一面，沿纵、横向各打上三对 400 mm 间距的标记。各组标记应离试样布边 25 mm 左右，每组间隔约（200±10）mm。

按 FZ/T 01076 选择标准面料，在距布边 10 cm、距布端 1 m 以上剪取标准面料两块，尺寸略大于试样。将两块标准面料覆盖在粘合衬试样的两面，四周用包缝机将两层标准面料缝合，按 GB/T 8629 中程序仿手洗洗涤一次。洗涤程序结束，取出缝合的试样，拆除缝线，再取出黏合试样，按 GB/T 8629 中程序 C（摊平晾干）或程序 F（烘箱干燥）处理，出现争议时，以程序 C（摊平晾干）为准。置于 GB/T 6529 规定的标准大气中平衡 4 h。

分别测量纵、横向三组数据，精确至 0.5 mm，分别取平均值 L_1（单位为 mm）。纵、横向水洗尺寸变化率分别按式（5-6）计算，计算结果按 GB/T 8170 修约至小数点后一位，以负号表示尺寸减小，以正号表示尺寸增大。

$$C = \frac{L_1 - L_0}{L_0} \times 100\% \tag{5-6}$$

式中:C 为纵、横向水洗尺寸变化率(%);L_0 为试验前基准标记线之间的平均距离(mm);L_1 为试验后基准标记线之间的平均距离(mm)。

剥离强力试验按 FZ/T 01085 执行;组合试样干洗尺寸变化率试验按 FZ/T 01082 执行;组合试样经蒸汽熨烫后尺寸变化率试验按 FZ/T 60031 执行;组合试样洗涤后外观变化试验按 FZ/T 01083、FZ/T 01084 执行;涂布量偏差率试验按 FZ/T 01081 执行;组合试样热熔胶渗透胶试验按 FZ/T 01110 执行;掉粉检验按 FZ/T 60034 执行;幅宽检验按 GB/T 4666 执行;色差检验按 GB/T 250 执行;外观质量局部性疵点检验按 FZ/T 01075 执行。

二、汽车装饰用非织造布的品质检验

以纺织原料为主,经非织造工艺加工而成的汽车顶篷、侧围、衣帽架、行李箱、座椅背层、车厢地垫用非织造布,统称为汽车装饰用非织造布。国家标准 GB/T 35751 对汽车装饰用非织布及复合非织造布的品质要求做了具体规定。

(一)内在质量检验

按照 GB/T 35751 的规定,同一产品在原料、生产工艺等完全相同时,同一周期的产品划分为一批。以片材形式供货的产品,抽取的片数应满足所有内在质量指标试验;以卷材形式供货的产品,随机抽取 1 卷,距头端至少 2 m 剪取样品,其尺寸应满足所有内在质量指标试验。汽车装饰用非织造布的内在质量要求如表 5-45 所示。

表 5-45　汽车装饰用非织造布的内在质量要求

项目		要求			
		顶篷、侧围	后衣帽架	行李箱、座椅背层	车箱地垫
厚度偏差率(%)		±15			—
单位面积质量偏差率(%)		非织造布:±10;复合非织造布:±15			±15
断裂强力(N)	纵/横向	≥200	≥300		≥200
断裂伸长率(%)	纵/横向	≥40			—
撕裂强力(N)	纵/横向	≥30	≥50		
定负荷伸长率(%)	纵/横向	≥2			
耐磨	Taber耐磨　耐磨性能(级)	≥3			
	肖伯尔耐磨　质量损失(g)	≤0.3			
剥离强力(N)	表层与中层	≥5			
	底层与中层	≥3			
耐摩擦色牢度(级)	耐干摩擦	≥4			≥3
	耐湿摩擦				(深色2-3)
耐光色牢度(级)	变色	≥3-4			
热存放的尺寸稳定性(%)	纵/横向	±2			—

（续表）

项目		要求			
		顶篷、侧围	后衣帽架	行李箱、座椅背层	车箱地垫
燃烧性能	燃烧速度（mm/min）	≤100			
甲醛含量（mg/kg）		≤10			
雾化性能	雾化量（mg）	≤3			
气味性（级）	干/湿态	≤3			
有机物挥发（μgC/g）		≤50			
易去污性		易去污			
防水性	抗沾湿性能（级）	≥3			
防油性（级）		≥3			
防霉性（级）		≤2			

注1：耐磨与客户协商任选其中一种方法进行考核。
注2：剥离强力仅考核复合非织造布，对于两层复合物，只需满足表层和中层的要求。
注3：易去污性、防水性、防油性、防霉性四项指标，只有特殊功能产品选择相应项目进行测试。

（二）外观质量检验

同一产品在原料、生产工艺等完全相同时，同一周期的产品划分为一批。采用灯光检验，用 40 W 青光或白光日光灯两支，上面加灯罩，灯罩与检验中心垂直距离为（80±5）cm，或在 D65 光源下进行检验。如在室内利用自然光，不能使阳光直射产品。检验时，应将产品平摊在检验台上，台面铺一层白布，检验人员视线应正视平摊产品的表面，目视距离 35 cm 以上；也可使用验布机检验，验布机的速度不大于 20 m/min。外观质量检验的抽样方案具体见表 5-46。

表 5-46　外观质量检验抽样方案

单位：卷或片

批量	抽样数量	合格判定数	
		Ac	Re
≤15	2	0	1
16～25	3	0	1
26～90	5	1	2
91～150	8	1	2
151～280	13	2	3
281～500	20	3	4
501～1 200	32	5	6
1 201～3 200	50	7	8
≥3 201	80	10	11

（三）试验方法

厚度偏差率检验按 GB/T 24218.2 执行；单位面积质量偏差率检验按 GB/T 24218.1 执行；断裂强力和断裂伸长率检验按 GB/T 24218.3 执行；撕裂强力检验按 GB/T 3917.3 执行；定负荷伸长率检验按 GB/T 33276 中附录 A 执行，其中负荷为 50 N。

Taber 耐磨：按 FZ/T 01128 执行，其中摩擦轮为橡胶轮 CS-10，负荷为 500 cN，车厢地垫摩擦次数为 1 000，其余为 300 次，测试后根据表 5-47 对 3 块试样分别评级。如果 3 块试样中的 2 块或 3 块级数相同，则以该级数作为样品的试验结果；如果 3 块试样的级数均不相同，则以最低级数作为样品的试验结果。

表 5-47　耐磨性能评价

磨损状态描述	评价等级
无变化	5 级
轻微变化：表面出现小绒毛，纤维未出现纠缠现象	4 级
中等变化：表面磨损起毛，少量纤维纠缠成圈	3 级
明显变化：表面磨损起毛严重，起毛纤维或脱落或纠缠成明显的圈状	2 级
严重变化：表面形成破洞或底布可见	1 级

肖伯儿耐磨试验按 GB/T 33276 中附录 B 执行；剥离强力试验按 FZ/T 60011 执行；耐摩擦色牢度试验按 GB/T 3920 执行；耐光色牢度试验按 GB/T 16991 执行；燃烧性能试验按 GB/T 2912.2 执行；雾化性能检验按 FZ/T 60045 执行；气味性检验按 GB/T 35751 中附录 A 执行；有机物挥发检验按 GB/T 33276 中附录 C 执行；易去污性检验按 FZ/T 01118 中的擦拭法执行；防水性检验按 GB/T 4745 执行；防油性检验按 GB/T 19977 执行；防霉性检验按 GB/T 24346 执行；色差检验按 GB/T 250 评定；幅宽偏差检验按 GB/T 4666 执行。

三、木浆复合水刺非织造布的品质检验

木浆复合水刺非织造布是指用木浆以外的其他单一纤维或几种纤维为原料，经混合、开松、梳理成网后经水刺工艺复合而成，或再进行功能性整理的非织造布。按产品性能分为普通木浆复合水刺非织造布、功能性（拒水、阻燃）木浆复合水刺非织造布。国家标准 GB/T 26379 对其品质检验做了规定。

（一）取样

木浆复合水刺非织造布按交货批号的同一品种、同一规格的产品作为检验批，从一批产品中按表 5-48 的规定随机抽取相应数量的卷数。

表 5-48　取样卷数

一批的卷数	≤25	26～150	≥151
批样的最少卷数	2	3	5

（二）质量检验

根据 GB/T 26379 的要求，木浆复合水刺非织造布的检验分为内在质量检验和外观质量检验。

1. 内在质量的检验

内在质量的检验应从批样的每一卷中距头端至少 5 m 随机剪取一样品，样品尺寸应满足所有的性能试验。以所有样品的性能测试平均结果作为该批的物理性能指标，普通木浆复合水刺非织造布符合表 5-49 的要求，功能性木浆复合水刺非织造布符合表 5-50 的要求，则该批的物理性能合格。如果有普通木浆复合水刺非织造布不符合表 5-49 的要求，功能性木浆复合水刺非织造布不符合表 5-50 要求的项目，则从该批中按表 5-48 的规定重新取样，对不符合项目进行复验。如果复验结果符合表 5-49 和表 5-50 要求，则该批产品物理性能合格；如果复验结果仍不符合，则该批产品质量不合格。

表 5-49 普通木浆复合水刺非织造布的内在质量要求

项目		指标			
		$M \leqslant 50$	$50 < M \leqslant 60$	$60 < M < 70$	$M \geqslant 70$
单位面积质量偏差率（%）	$\leqslant$	±5			
单位面积质量不匀率（%）	$\leqslant$	5.0			
横向断裂强力（N）	$\geqslant$	22	30	36	43
吸收量（%）	$\geqslant$	400			
耐摩擦色牢度（级）	干摩	3			
	湿摩	2-3			
幅宽偏差（mm）	$\leqslant$	±4.0			

注 1：M 表示单位面积质量，单位为 g/m^2。
注 2：耐摩擦色牢度仅对有色产品适用。

表 5-50 功能性木浆复合水刺非织造布的内在质量要求

项目		指标	
		$M \leqslant 70$	$M > 70$
单位面积质量偏差率（%）	$\leqslant$	±5.0	
单位面积质量不匀率（%）	$\leqslant$	5.0	
横向断裂强力（N）	$\geqslant$	22	28
耐干摩擦色牢度（级）	$\geqslant$	3	
幅宽偏差（mm）	$\leqslant$	±4	
抗渗水性（cmH$_2$O）	$\geqslant$	18	20
沾水性（级）	$\geqslant$	3	
抗酒精性（级）	$\geqslant$	7	

（续表）

项目		指标	
		$M\leqslant70$	$M>70$
阻燃性	损毁长度(mm) ≤	200	
	持燃时间(s) ≤	15	
	阻燃时间(s) ≤	15	

注1:M 表示单位面积质量,单位为 g/m^2。
注2:耐摩擦色牢度仅对有色产品适用。
注3:抗渗水性、沾水性、抗酒精性指标仅适用于有拒水功能的木浆复合水刺非织造布;阻燃性能指标仅适用于有阻燃功能的木浆复合水刺非织造布。

2. 外观质量的检验

外观质量的检验按表 5-51 对批样的每卷产品进行评定,如果所有卷符合表 5-51 要求,则为外观质量合格。如有不合格卷,则从该批中按表 5-48 规定重新取样进行复验。若复验卷均符合表 5-51 要求,则该批产品外观质量合格;如果复验结果仍有不合格卷,则该批产品质量不合格。木浆水刺非织造布的外观质量要求如表 5-51 所示。

内在质量与外观质量均合格,则该批产品合格。

表 5-51　木浆水刺非织造布的外观质量要求

项目		指标
线性疵点	轻微	允许
	显著	不允许
线性疵点[条/m(幅宽)]	较显著	≤2
豁边、切边不良[cm/(100 m)]		≤60
卷边不良[cm/(100 m)]		≤200
印染疵点	色花	无明显色花
	批间色差(级)	≥3
拼接[次/(1 000 m)]		≤3
污渍、色斑(4~50 mm²)[个/(100 m)]		≤10
杂质(4~50 mm²)[个/(100 m)]		≤10
污渍、色斑、杂质(≤4 mm²,非周期性)		允许
污渍、色斑、杂质(周期性)		不允许
破损疵点		不允许
明显分层		不允许
虫迹		不允许

注1:线性疵点指沿经向或纬向延伸成一直线的稀路或密路。轻微线性疵点指宽度小于 2 mm 的线性疵点;较显著线性疵点指宽度在 2~3 mm 的线性疵点;显著线性疵点指宽度大于 3 mm 的线性疵点。
注2:拼接次数考核时,最小拼接长度不小于 50 mm。

（三）试验方法

单位面积质量偏差和不匀率检验按 GB/T 24218.1 执行；横向断裂强力检验按 GB/T 24218.3 执行；抗渗水性检验按 GB/T 4744 执行；沾水等级检验按 GB/T 4745 执行；抗酒精性检验按 GB/T 24210 执行；耐摩擦色牢度检验按 GB/T 3920 执行；吸收量检验按 GB/T 24218.6 执行；阻燃性检验按 GB/T 5455 执行；幅宽的测定按 GB/T 4667 中的方法 1 执行，以协议值或标称值作为基准值计算幅宽偏差。

四、短纤针刺非织造土工布的品质检验

短纤针刺非织造土工布是以合成短纤维为原料，由干法成网再经针刺加固而成的短纤针刺非织造土工布。短纤针刺非织造土工布按原料分为涤纶、丙纶、锦纶、维纶、乙纶等针刺非织造土工布，按结构可分为普通型和复合型。国家标准 GB/T 17638 对其品质检验做了规定。

短纤针刺非织造土工布的规格以标称断裂强度表示，幅宽为辅助规格，按合同规定和实际需要设计，标称断裂强度（kN/m）系列有 3、5、8、10、15、20、25、30、40。

短纤针刺非织造土工布品质检验的抽样方法是按交货批号的同一品种、同一规格的产品作为检验批。内在质量检验的抽样方法是随机抽取 1 卷，距头端至少 3 m 剪取样品，其尺寸应满足所有内在质量指标试验。外观质量检验的抽样方案见表 5-52。

表 5-52 短纤针刺非织造土工布外观质量检验抽样方案

一批的卷数	批样的最少卷数
≤50	2
>50	3

（一）质量检验

1. 内在质量检验

内在质量检验分为基本项和选择项。基本项技术要求如表 5-53 所示。选择项包括动态穿孔、刺破强力、纵横向强度比、平面内水流量、湿筛孔径、摩擦系数、抗磨损性能、蠕变性能、拼接强度、定负荷伸长率、定伸长负荷等，选择项的标准由供需合同规定。

表 5-53 基本项技术要求

项目		标称断裂强度（kN/m）							
		3	5	8	10	15	20	25	30	40
1	纵横向断裂强度（kN/m）	3.0	5.0	8.0	10.0	15.0	20.0	25.0	30.0	40.0
2	标称断裂强度对应伸长率（%）	20～100								
3	顶破强力（kN） ≥	0.6	1.0	1.4	1.8	2.5	3.2	4.0	5.5	7.0
4	单位面积质量偏差率（%）	±5								
5	幅宽偏差率（%）	—0.5								
6	厚度偏差率（%）	±10								

项目		标称断裂强度(kN/m)								
		3	5	8	10	15	20	25	30	40
7	等效孔径 $O_{90}(O_{95})$(mm)				0.07～0.20					
8	垂直渗透系数(cm/s)			$K\times(10^{-1}～10^{-3})$ 其中 $K=1.0～9.9$						
9	纵横向撕破强力(kN) ≥	0.10	0.15	0.20	0.25	0.40	0.50	0.65	0.80	1.00
10	抗酸碱性能(强力保持率)(%)				≥80					
11	抗氧化性能(强力保持率)(%)				≥80					
12	抗紫外线性能(强力保持率)(%)				≥80					

注1：实际规格介于表中相邻规格之间，按线性内插法计算相应考核指标；超出表范围时，考核指标由供需双方协商确定。

注2：第4～6项标准值按设计或协议。

注3：第9～12项为参考指标，作为生产内部控制，用户有要求的按实际设计值考核。

2. 外观质量检验

外观疵点分为轻缺陷和重缺陷，每种产品上不允许存在重缺陷，轻缺陷每 200 m² 应不超过 5 个，具体规定如表 5-54 所示。

表 5-54　外观疵点的评定

疵点名称	轻缺陷	重缺陷	备注
布面不匀、折痕	不明显	明显	
杂物	软质，粗≤5 mm	硬质；软质，粗＞5 mm	
边不良	≤300 mm，每 50 cm 计一处	＞300 mm	
破损	≤0.5 mm	＞0.5 mm；破损	以疵点最大长度计
其他	参照相似疵点评定		

（二）试验方法

纵横向断裂强度和标称断裂强度对应伸长率的测定按 GB/T 15788 执行；顶破强力的测定按 GB/T 14800 执行；单位面积质量偏差率的测定按 GB/T 13762 执行；幅宽偏差率的测定按 GB/T 4666 执行；厚度偏差率的测定按 GB/T 13761.1 执行；等效孔径的测定按 GB/T 14799 执行，湿筛法孔径的测定按 GB/T 17634 执行；垂直渗透系数的测定按 GB/T 15789 执行；纵横向撕破强力的测定按 GB/T 13763 执行；抗酸碱性能的测定按 GB/T 17632 执行，计算酸、碱处理后强力保持率；抗氧化性能的测定按 GB/T 17631 执行，除标准中涉及的其他纤维，参照聚丙烯纤维的试验参数（110 ℃），计算氧化后强力保持率；抗紫外线性能的测定按 GB/T 31899 中的试验条件 2 执行，计算 7 个循环周期后的强力保持率，强力的测定按 GB/T 3923.1 执行；动态穿孔（落锥）的测定按 GB/T 17630 执行；刺破强力的测定按 GB/T 19978 执行；平面内水流量的测定按 GB/T 17633 执行；摩擦系数的测定按 GB/T 17635.1 执行；抗磨损性能的测定按 GB/T 17636 执行；蠕变性能的测定按 GB/T 17637 执行；拼接强度的测定按 GB/T 16989 执行；定负荷伸长率和定伸长负荷的测定按 GB/T 15788 执行，在拉伸试验过程中，测定达到规定负荷时的伸长率和达到规定伸长率的强度值。

五、熔喷法非织造布的品质检验

纺织行业标准 FZ/T 64078 规定了熔喷法非织造布的技术要求、试验方法和检验规则等，适用于采用熔喷成网方法制造的纤网经一种或多种技术固结而成的非织造布。

熔喷法非织造布品质检验的抽样是以交货批号的同一品种、同一规格的产品作为检验批，分为内在质量的取样和外观质量的取样。

内在质量的取样：随机抽取 1 卷，距头端至少 5 m 剪取样品，其尺寸应满足所有的性能测试。

外观质量的取样：按表 5-48 的规定，从一批产品中随机抽取相应数量的卷数。

（一）质量检验

熔喷法非织造布的质量检验主要分为内在质量检验和外观质量检验。

1. 内在质量检验

熔喷法非织造布的内在质量检验分为基本项和选择项。基本项的指标和技术要求应符合表 5-55 的规定。

表 5-55　熔喷法非织造布基本项技术要求

项目		规格（g/m²）													
		10	15	20	30	40	50	60	70	80	90	100	110	120	150
幅宽偏差（mm）		−1～+3													
单位面积质量偏差率（%）		±8			±7			±5				±4			
单位面积质量变异系数（%）		≤7						≤6							
断裂强力（N）	横向	≥2			≥6			≥10							
	纵向	≥4			≥9			≥15							
纵横向断裂伸长率（%）		≥20													

注 1：规格以单位面积质量表示，标注规格介于表中相邻规格之间时，断裂强力按内插法计算相应考核指标；超出规格范围的产品，按合同执行。

注 2：内插法的计算公式为 $Y = Y_1 + \dfrac{Y_2 - Y_1}{X_2 - X_1}(X - X_1)$，其中 X 为单位面积质量，Y 为断裂强力。

选择项技术要求：作为空气过滤材料的选择项包括厚度、过滤效率、透气率、阻燃性能、限（禁）用物质；作为保暖材料的选择项包括热阻、透气率；作为吸油材料的选择项包括吸油时间、吸油量。选择项的标准值由供需合同规定。

2. 外观质量检验

熔喷法非织造布的外观质量应符合表 5-56 的规定。

表 5-56　熔喷法非织造布的外观质量要求

项目	要求
同批色差（级）	4-5
破洞	不允许

（续表）

项目		要求
针孔	不明显	≤10 个/（100 cm²）
	明显	不允许
晶点	面积＜1 mm²	≤10 个/（100 cm²）
	面积≥1 mm²	不允许
飞花		不允许
异物		不允许

注 1：晶点是指布面存在的点状聚合物颗粒。

注 2：飞花是指布面存在的已固结的由飞絮或飞花形成的纤维块或纤维条，表面有凸起感。飞花仅考核用于民用口罩的熔喷法非织造布。

（二）试验方法

幅宽偏差检验按 GB/T 4666 执行；单位面积质量偏差率和单位面积质量变异系数检验按 GB/T 24218.1 执行；断裂强力和断裂伸长率检验按 GB/T 24218.3 执行；厚度检验按 GB/T 24218.2 执行；透气率检验按 GB/T 24218.15 执行；限（禁）用物质检验按 GB/T 26125 执行；热阻检验按 GB/T 11408 执行；吸油时间和吸油量检验按 FZ/T 01130 执行；色差检验按 GB/T 250 执行；应用于工业用领域的熔喷法非织造布的过滤效率测定按 GB/T 14295 执行，应用于民用口罩领域的熔喷法非织造布的过滤效率测定按 GB/T 32610 中的附录 A 执行。

外观质量检验采用目测方法，检验光线以正常北光为准，如采用日光灯照明，照度不低于 400 lx，一般检验产品正面，疵点延及两面时以严重一面为准。

六、隔离衣用非织造布的品质检验

隔离衣用非织造布主要指医护及探视人员穿着的一次性隔离衣用非织造布。根据国家标准 GB/T 38462 的规定，隔离衣用非织造布按其内在质量分为Ⅰ级、Ⅱ级、Ⅲ级和Ⅳ级。Ⅰ级一般用于探视、清洁等的隔离衣；Ⅱ级一般用于常规性护理、检查的隔离衣；Ⅲ级一般用于患者有一定出血量、液体分泌物场合的隔离衣；Ⅳ级一般用于长时间或大量面对病人血液、体液或清洁医疗垃圾场合的加强类隔离衣。随着隔离衣分类级别的提高，其防护性能逐级提高。

隔离衣用非织造布按交货批号的同一品种、同一规格的产品作为一个检验批。从检验批中随机抽取一卷，距头端至少 5 m 剪取样品，其尺寸应满足微生物指标的性能试验。隔离衣用非织造布外观质量检验的抽样方案见表 5-48。

（一）质量检验

隔离衣用非织造布的质量检验主要包括内在质量检验、微生物检验和外观质量检验。

1. 内在质量检验

隔离衣用非织造布的内在质量应符合表 5-57 的要求。

表 5-57 隔离衣用非织造布的内在质量要求

考核项目	指标要求			
	Ⅰ级	Ⅱ级	Ⅲ级	Ⅳ级
单位面积质量偏差率(%)	±6			
喷淋冲击渗水量(g)	≤4.5	≤1.0	≤1.0	不要求
静水压(kPa)	不要求	≥1.8	≥4.4	≥9.8
阻微生物穿透	不要求	不要求	不要求	合格
抗合成血液穿透性(级)	不要求	不要求	不要求	≥4
胀破强度(kPa)	≥40			
断裂强力(N)	≥20	≥20	≥30	≥45
透湿率[g/(m² · d)]	≥3 600			
表面电阻率(Ω)	不要求	≤1×10^{12}		

注:阻微生物穿透结果是否合格,依据 YY/T 0689 判定。

按表 5-57 对隔离衣用非织造布的内在质量进行评定,符合要求,则该批产品内在质量合格,否则该批产品内在质量不合格。

2. 微生物检验

隔离衣用非织造布微生物检验指标应符合表 5-58 的要求。

表 5-58 隔离衣用非织造布微生物检验指标要求

检验项目	指标要求
细菌菌落总数(CFU/g)	≤150
真菌菌落总数(CFU/g)	≤80
大肠菌群	不得检出
致病性化脓菌(绿脓杆菌、金黄色葡萄球菌与溶血性链球菌)	不得检出

按表 5-58 对隔离衣用非织造布的微生物指标进行评定,符合要求,则该批产品微生物指标合格,否则该批产品微生物指标不合格。

3. 外观质量检验

隔离衣用非织造的外观质量检验要求布面均匀、平整,无微孔和晶点,无明显折痕、破边破洞、油污斑渍,卷装整齐。

隔离衣用非织造的幅宽偏差应符合表 5-59 的要求。

表 5-59 隔离衣用非织造的幅宽偏差要求

幅宽(mm)	≤800	>800
幅宽偏差(mm)	±3	-3~+5

按照隔离衣用非织造布的外观质量检验要求对其外观质量进行评定,符合要求,则判该批产品外观质量合格,否则从该批产品中重新取样进行复验。如果复验样品符合要求,则判该批

产品外观质量合格;如果复验结果仍有不合格卷,则判该批产品外观质量不合格。

内在质量、微生物和外观质量判定均为合格时,则判定该批产品合格,否则判定该批产品不合格。

（二）试验方法

单位面积质量试验按 GB/T 24218.1 执行,单位面积质量偏差率按式（5-5）计算,计算结果按 GB/T 8170 修约至小数点后一位;喷淋冲击渗水量试验按 GB/T 24218.17 执行,以最小值作为测试结果;阻微生物穿透的测试按 YY/T 0689 中的程序 A 或者程序 B 执行,以最小值作为测试结果;抗合成血液穿透性的测试按 GB 19082 中的附录 A 进行,以最小值作为测试结果;胀破强度的测试按 GB/T 7742.1 执行,试验面积为 7.3 cm^2;断裂强力的测试按照 GB/T 24218.3 规定执行;透湿率的测试按 GB/T 12704.1 中的 a）执行;表面电阻率（抗静电性）的测试按 GB/T 12703.4 执行;微生物的测试按 GB 15979 中的附录 B 执行;幅宽的测试按 GB/T 4666 执行;色差检验按 GB/T 250 执行。

静水压试验按 GB/T 24218.16 执行,水压上升速率为（1±0.05）kPa/min,以最小值作为测试结果。测试过程中,某一位置出现两滴以上水珠但不影响对其他部位水滴的判断时可继续加压,直到测试结束。

外观疵点检验以产品正面为主。检验应在水平检验台上进行,采用正常白昼北光或日光灯照明,台面照度不低于 600 lx,目光与台面距离 60 cm 左右。

七、手术防护用非织造布的品质检验

手术防护用非织造布主要指手术衣、洁净服及手术单所用的单层非织造布、复合非织造布、覆膜非织造布等。根据国家标准 GB/T 38014 的规定,手术防护用非织造布按照手术过程、手术时间、机械应力和承受液体能力的大小,其防护性能水平分为 A、B、C、D 四级,每级满足不同的防护需要,其中 A 级的防护性能最好。

A 级一般用于加工高性能手术衣和手术单的关键区域。关键区域指产品上最容易染上来自创面的感染原或最容易将感染原传递给创面的区域,如手术衣的前面和袖子。

B 级一般用于加工标准性能手术衣和手术单的关键区域。

C 级一般用于加工所有手术衣和手术单的非关键区域。非关键区域指产品上不太可能向创面或从创面传播传染原的区域,如手术衣的背部。

D 级一般用于加工洁净服。

手术防护用非织造布按交货批号的同一品种、同一规格的产品作为一个检验批。从检验批中随机抽取一卷,距头端至少 5 m 剪取样品,其尺寸应满足所有内在质量指标的性能试验。手术防护用非织造布外观质量的检验抽样方案见表 5-48。

（一）质量检验

手术防护用非织造布的质量检验主要包括内在质量检验和外观质量检验。

1. 内在质量检验

手术防护用非织造布的内在质量应符合表 5-60 的要求。

按表 5-60 对手术防护用非织造布的内在质量进行评定,符合要求,则该批产品内在质量合格,否则该批产品内在质量不合格。

表 5-60 手术防护用非织造布的内在质量要求

考核项目		指标要求			
		A 级	B 级	C 级	D 级
单位面积质量偏差率(%)		±6			
阻微生物穿透-干态(CFU)		不要求	不要求	≤300	≤300
阻微生物穿透-湿态(I_B)		6.0	≥2.8	不要求	不要求
洁净度(微粒物质)(IPM)		≤3.5			
洁净度-微生物(CFU/dm^2)		≤200			
落絮[log$_{10}$(落絮计数)]		≤4.0			
静水压(cm·H$_2$O)		≥100	手术衣用 ≥20 / 手术单用 ≥30	≥10	不要求
胀破强度(kPa)	干态	≥50			
	湿态	≥50	≥50	不要求	不要求
断裂强力(N)	干态	≥30	手术衣用 ≥30 / 手术单用 ≥20	手术衣用 ≥30 / 手术单用 ≥20	30
	湿态	≥30	手术衣用 ≥30 / 手术单用 ≥20	不要求	不要求
抗酒精渗透性能(级)		≥7	≥7	不要求	不要求
透湿量[g/(m^2·d)]		手术医用:≥4 000			
耐摩擦色牢度(级)		干摩:≥3;湿摩:≥3			
异味		无			
大肠菌群		不得检出			
致病性化脓菌(绿脓杆菌、金黄色葡萄球菌与溶血性链球菌)		不得检出			
表面电阻率(Ω)		≤1×10^{12}			

注 1:阻微生物穿透(干态)试验时,挑战菌浓度为 10^8 CFU/g 滑石粉,振动时间为 30 min。
注 2:阻微生物穿透(湿态)考核时,GB/T 38014 规定的 A 级中 I_B=6.0 时,意味着无穿透。I_B=6.0 是最大可接受值。
注 3:阻微生物穿透(湿态)按 YY/T 0506.6 试验时,在 95% 置信水平下,I_B 的最小显著性差异为 0.98。这是区分两个材料之间有所不同的最小差异。≤0.98I_B 的材料变动可能无差异;而>0.98I_B 则可能有差异。
注 4:产品用于高性能的非关键区域的手术单时,C 级干态断裂强力≥30 N。
注 5:耐摩擦色牢度仅考核染色和印花产品。
注 6:表面电阻仅考核协议方有该要求或声称有抗静电功能的产品。

按表 5-60 对手术防护用非织造布的内在质量进行评定,符合要求,则该批产品内在质量合格,否则该批产品内在质量不合格。

2. 外观质量要求

手术防护用非织造布的外观质量要求主要如下:

布面应均匀、平整,无明显折痕、破边破洞、油污斑渍、撕裂/割口、异色纤维等,卷装整齐。

染色布或印花布的布面色差,同批色差和同匹色差,均不应低于 3～4 级。

对于其他疵点,交易双方可根据产品用途,就疵点的范围和许可限度达成协议。

手术防护用非织造布的幅宽按合同或协议规定,幅宽偏差应符合表 5-61 的要求。

表 5-61　隔离衣用非织造布的幅宽偏差要求

幅宽(cm)	≤50	50～100	>1 800
幅宽偏差(mm)	±3	±4	±5

按照手术防护用非织造布的外观质量检验要求对其外观质量进行评定,符合要求,则判该批产品外观质量合格,否则从该批产品中重新取样进行复验。如果复验样品符合要求,则判该批产品外观质量合格;如果复验结果仍有不合格卷,则判该批产品外观质量不合格。

内在质量和外观质量判定均为合格时,则判定该批产品合格,否则判定该批产品不合格。

(二)试验方法

单位面积质量试验按 GB/T 24218.1 执行,单位面积质量偏差率按式(5-5)计算,计算结果按 GB/T 8170 修约至小数点后一位;阻干态微生物穿透性能的测试按 YY/T 0506.5 执行;阻湿态微生物穿透性能的测试按 YY/T 0506.6 执行;抗合成血液穿透性的测试按 GB 19082 中的附录 A 进行,以最小值作为测试结果;洁净度(微粒物质)的测试按 GB/T 24218.10 执行,计算按 YY/T 0506.2 中的 A.3 执行;洁净度-微生物的测试按 YY/T 0506.7 执行;落絮的测试按 GB/T 24218.10 执行;静水压试验按 GB/T 24218.16 执行,水压上升速率为(10±0.5)cm H$_2$O/min;胀破强度的测试 GB/T 7742.1 执行;断裂强力的测试按 GB/T 24218.3 执行;透湿量的测试按 GB/T 12704.1 中的第 7 章 a)条件执行;耐摩擦色牢度的测试按 GB/T 3920 执行;异味的测试按 GB/T 18401 中的 6.7 执行;大肠杆菌和致病性化脓菌的测试按 GB 15979 执行;幅宽的测试按 GB/T 4666 执行;色差检验按 GB/T 250 进行;表面电阻率(抗静电性)的测试按 GB/T 12703.4执行。

外观疵点检验以产品正面为主。检验应在水平检验台上进行,采用正常白昼北光或日光灯照明,台面照度不低于 750 lx,目光与台面距离 60 cm 左右。

思 考 题

1. 本色棉织物的品质检验依据及分等情况如何?试比较本色棉织物和印染棉织物的品质检验和分等的区别。

2. 毛机织物、丝机织物、麻机织物品质检验的主要内容和方法如何?

3. 棉针织内衣的品质检验条件如何?简述其分等依据及分等情况。

4. 简述非织造粘合衬的品质检验内容及分等依据。

5. 简述隔离衣用非织造布和手术防护用非织造布的品质检验的区别。

第六章　服装的品质检验

本章知识点：

1. 服装成品检验结果的判断。
2. 衬衫、男西服、大衣、牛仔服装、婴幼儿服装品质要求。
3. 衬衫、男西服、大衣、牛仔服装、婴幼儿服装质量检测项目和测量方法。

服装质量检验是指检验者借助一定的设备、工具、手段、方法及多年积累的经验，对服装各项质量指标项目进行检验、测试，并将检验结果与规定要求（质量标准或合同要求）比较，由此做出合格（优劣）与否的判断过程。

第一节　服装成品检验规则及要求

一、服装成品检验的环境与设备要求

服装成品检验以目测、尺量为主。正常情况下，服装成品检验应在北窗自然光线下进行，避免受阳光直射的影响。如果在灯光下检验，其照度不应低于 750 lx。检验时，检验员应将样品逐件放在模型架或检验台上，按规定的检验顺序和动作规范对各检验部位进行质量检查和鉴定。如果使用模型架检验，模型必须与样品号型和规格一致，以保持正常的服装样品形态。如果在台板上检验，服装样品要保持平整。

关于服装色牢度、缩水率、缝合牢度、缝口脱缝程度、粘合衬的黏合牢度等理化性能项目，应按照服装标准所规定的技术要求和试验方法进行试验，使用的仪器、设备、工具及试验条件应符合各试验方法标准的规定。

二、服装技术标准

服装最重要、最广泛应用的标准是服装的技术标准。服装技术标准一般包括号型规格、原材料规定、面料经纬向技术规定、对条对格规定、拼接规定、色差规定、外观疵点规定、缝制规定、外观质量规定、理化性能要求、等级划分规则、检验方法及包装标志等。号型规格系列又包括号型设置、成品主要部位规格、成品规格测量方法及偏差范围。

常见服装技术标准：GB/T 2660《衬衫》，GB/T 2662《棉服装》，GB/T 2664《男西服、大衣》，GB/T 2665《女西服、大衣》，GB/T 2666《男、女西裤》，GB/T 14272《羽绒服装》，GB/T 18132《丝绸服装》，FZ/T 81001《睡衣套》，FZ/T 81004《连衣裙、裙套》，FZ/T 81006《牛仔服

装》,FZ/T 81008《夹克衫》,GB/T 33271《机织婴幼儿服装》等。

三、抽样规定

服装成品检验分为出厂检验和型式检验。出厂检验不包括理化性能检验,在工厂完成。型式检验需在有关质检部门进行,对标准规定的所有项目进行检验。

服装成品检验采用随机抽样方法,抽样数量按产品批量决定。500件(含500件)以下,抽验10件;500件以上至1 000件(含1 000件),抽验20件;1 000件以上,抽验30件;理化性能抽样一般不少于4件。

四、成品检验结果的判断

（一）成品缺陷判定

按照产品不符合标准和对产品的使用性能、外观的影响程度,标准中将缺陷分成三类。严重降低产品的使用性能,严重影响产品外观的缺陷,称为严重缺陷;不严重降低产品的使用性能,不严重影响产品外观,但较严重不符合标准规定的缺陷,称为重缺陷;不符合标准的规定,但对产品的使用性能和外观影响较小的缺陷,称为轻缺陷。对于具体的服装产品,缺陷的判定依据不同,需要参考相应的产品标准而定。以衬衫为例,如衬衫上的耐久性标签不端正、不平服,明显歪斜,则会被判定为轻缺陷;如纽扣、装饰扣脱落,纽扣、装饰扣等其他附件表面不光洁、有毛刺、缺损、残疵,有可触及的锐利尖端和边缘,则会被判定为严重缺陷等。

（二）成品等级判定规则

成品等级判定是以缺陷是否存在及其轻重程度为依据的,抽样样本中的单件成品以缺陷的数量和轻重程度划分等级,批等级则以抽样样本中各单件成品的品等数量划分。

1. 单件(样本)判定规定

各类服装产品各等级限定允许存在缺陷的具体数量有所不同,以GB/T 2660为例,其判定依据如下:

(1) 优等品。严重缺陷数＝0;重缺陷数＝0;轻缺陷数≤3。

(2) 一等品。严重缺陷数＝0;重缺陷数＝0;轻缺陷数≤5;或严重缺陷数＝0;重缺陷数≤1;轻缺陷数≤3。

(3) 合格品。严重缺陷数＝0;重缺陷数＝0;轻缺陷数≤8;或严重缺陷数＝0;重缺陷数≤1;轻缺陷数≤4。

2. 批量判定规定

虽然各类服装单件(样本)判定规则不同,但批量产品的等级判定规则是相同的,具体规定如下:

(1) 优等品批。外观检验样本中,优等品数≥90%,一等品、合格品数≤10%(不含不合格品);各项理化性能指标均达到优等品要求。

(2) 一等品批。外观检验样本中,一等品以上的产品数≥90%,合格品数≤10%(不含不合格品);各项理化性能指标均达到一等品要求。

(3) 合格品批。外观检验样本中,合格品以上的产品数≥90%,不合格品数≤10%(不含严重缺陷);各项理化性能指标均达到合格品要求。

检验中,如某产品批的合格品判定数符合标准规定,则该批作为合格的等级批出厂;如某产品批的合格品判定数不符合标准规定,应进行第二次检验,抽样数量增加一倍;如仍不符合标准规定,应全部整修或降等。

第二节　衬衫的品质检验

衬衫是一年四季都可穿的常用服装。男衬衫通常胸前有口袋,袖口有袖头。男衬衫款式变化很多,具体表现在领子、袖子、袋及门襟上。另外,男衬衫在材料、花纹、色彩的选用上也很丰富。男式的衬衫分为礼服、日常、运动、刺绣四类。女衬衫款式变化更多,也更丰富多彩,仅领子就有开领、立领、无领、带式领和小圆领等,另外还有外型、结构、袖子、工艺加工等方面的变化。根据形态风格上的不同,女衬衫分为适体型、宽松型和夹克型。

GB/T 2660 中的衬衫是指以机织物为主要原料生产的衬衫,不包括有填充物的衬衫,适用年龄在 36 个月以上。其号型按 GB/T 1335.1 和 GB/T 1335.2 规定。成品主要部位规格按 GB/T 2667 规定或按 GB/T 1335.1 和 GB/T 1335.2 中的有关规定自行设计。

一、衬衫质量要求与检测方法

(一)原材料规定

按有关纺织面料标准选用适用于衬衫的面料;里料性能、色泽要与面料相适应;衬布、垫肩、装饰花边、袋布等辅料质量应符合相关标准规定,并与面料相适应;缝线、绳带、松紧带(装饰线、带除外)质量要与面料、里料适宜;扣子及其他附件要求表面光洁,无毛刺,无缺损,无残疵,无可触及锐利尖端和锐利边缘。

(二)成衣外观质量要求与检测

1. 经纬纱向

经纬纱向歪斜程度测定按 GB/T 14801 执行,按式(6-1)进行计算。

$$s = \frac{100d}{w} \tag{6-1}$$

式中:s 为经向或纬向纱线歪斜程度(%);d 为经向或纬向纱线与直尺间最大垂直距离(mm);w 为测量部位的宽度(mm)。

各类衬衫前身的底边都不允许有倒翘现象;色织条格类衬衫的后身、袖子部分的纱线允许歪斜程度≤2.5%,其他类则要求≤5.0%。

2. 对条对格

面料有明显条格在 1.0 cm 及以上的,按表 6-1 规定;倒顺绒面料要求全身顺向一致;特殊图案面料以主图为准,全身图案或顺向一致。

表 6-1　衬衫对条对格要求

部位名称	对条对格规定	极限互差 (cm)	备注
左右前身	条料对中心条,格料对格	0.3	面料格子有大小,以前身 1/3 上部为准
袋与前身	条料对条,格料对格	0.2	格子大小不一致,以袋前部的中心为准

（续表）

部位名称	对条对格规定	极限互差（cm）	备注
斜料双袋	左右袋对称	0.3	以明显条为准（阴阳条不考核）
左右领尖	条格对称	0.2	阴阳条格以明显条格为准
袖口	条格顺直，以直条对称	0.2	以明显条为主
长袖	条格顺直，以袖山为准，两袖对称	1.0	3.0 cm 以下格料不对横，1.5 cm 以下条料不对条
短袖	条格顺直，以袖口为准，两袖对称	0.5	2.0 cm 以下格料不对横，1.5 cm 以下条料不对条
后过肩	条格顺直，两头对称	0.4	—

3. 色差

要求领面、过肩、口袋、明门襟、袖头面与大身色差高于 4 级，其他部位不低于 4 级。评定色差时，要求被评部位纱向一致，入射光与织物表面约成 45°，观察方向与织物表面垂直，距离 60 cm 目测，GB/T 250 灰色样卡置于其旁，然后在上面放一个中性灰色遮框，使灰色样卡与试样面积相同。在上述规定观察条件下，以样卡色差程度与试样相近的一级作为试样色差等级。

4. 外观疵点

衬衫各部位允许疵点程度参照表 6-2 规定；未列出的疵点按其形态，参照表 6-2 中的相似疵点执行；外观疵点评定时，距离 60 cm 目测，并与 GSB 16-2951 即衬衫外观疵点标准样照对比，必要时可采用钢尺测量。

为了方便检验结果的描述，在各类服装对应的国家标准中，根据外观疵点允许存在程度，一般将服装成品划分为不同的部位，衬衫被划分为四个部位，其中 0 号部位的要求最高，不允许有任何疵点，3 号部位的要求最低。衬衫的成衣部位划分如图 6-1 所示。

表 6-2　衬衫各部位允许疵点程度

疵点名称	允许程度			
	0 号部位	1 号部位	2 号部位	3 号部位
粗于一倍粗纱 2 根	不允许	长 3.0 cm 以内	不影响外观	长不限
粗于两倍粗纱 3 根	不允许	长 1.5 cm 以内	长 4.0 cm 以内	长 6.0 cm 以内
粗于三倍粗纱 4 根	不允许	不允许	长 2.5 cm 以内	长 4.0 cm 以内
双经双纬	不允许	不允许	不影响外观	长不限
小跳花	不允许	2 个	6 个	不影响外观
经缩	不允许	不允许	长 4.0 cm,宽 1.0 cm 以内	不明显
纬密不均	不允许	不允许	不明显	不影响外观
颗粒状粗纱	不允许	不允许	不允许	不允许
经缩波纹	不允许	不允许	不允许	不允许
断经断纬 1 根	不允许	不允许	不允许	不允许

（续表）

疵点名称	允许程度			
	0号部位	1号部位	2号部位	3号部位
搔损	不允许	不允许	不允许	轻微
浅油纱	不允许	长1.5 cm以内	长2.5 cm以下	长4.0 cm以内
色档	不允许	不允许	轻微	不影响外观
轻微色斑（污渍）	不允许	不允许	(0.2×0.2)cm^{2}以下	不影响外观

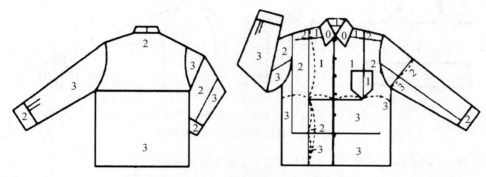

图6-1　衬衫的成衣部位划分示意

5. 熨烫定型

衬衫各部位熨烫平服、整洁，无亮光、水渍、烫黄。使用粘合衬部位不起泡、不渗胶、不脱胶、不起皱。领型左右基本一致，整件衬衫折叠端正。

（三）缝制质量检验

在衬衫上任取3 cm缝迹测量（厚薄部位除外）针距密度，测量结果符合表6-3要求。各部位要求缝制平服，线路顺直、整齐、牢固，针迹均匀；上下线松紧适宜，无跳线、断线，起落针处有回针；0号部位不允许有跳针、接线，其他各部位30 cm内不得有连续跳针或一处以上单跳针，链式线迹不允许跳线；领子平服，领面、里、衬松紧适宜，领尖不反翘；绱袖圆顺，吃势均匀；两袖前后基本一致；袖头及口袋和衣片的缝合部位均匀、平整，无歪斜；商标和耐久性标签位置端正、平服；锁眼定位准确，大小适宜，两头封口，开眼无绽线；扣与扣眼位置、大小配合相适宜，整齐牢固；缠脚线高低适合，线结不外露，钉扣线不脱散；四合扣松紧适宜、牢固；成品中不得含有金属针或金属锐利物。

表6-3　衬衫针距密度要求

项目	针距密度	备注
明暗线	3 cm不少于12针	—
包缝线	3 cm不少于12针	包括锁缝（链式线）
绗缝线	3 cm不少于9针	—
锁眼	1 cm不少于12针	—

（四）成衣规格检验

1. 衬衫成品规格尺寸的测量方法

衬衫成品规格尺寸的测量方法参见图6-2。

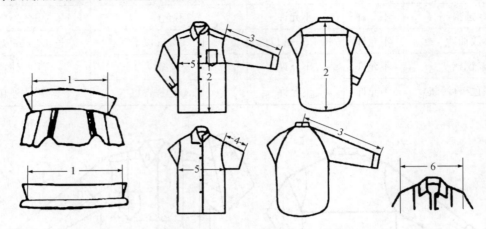

1—领大；2—衣长；3—长袖长；4—短袖长；5—胸围；6—肩宽

图 6-2　衬衫各部位尺寸测量示意

（1）领大：领子摊平横量，立领量上领口，其他领量下领口。

（2）衣长：男衬衫前后身底边拉齐，由领侧最高点垂直量至底边；女衬衫由前身肩缝最高点垂直量至底边；圆摆衬衫由后领窝中点垂直量至底边。

（3）长袖长：连肩袖由后领窝中点经袖子最高点量至袖头边，圆袖由袖子最高点量至袖头边。

（4）短袖长：由袖子最高点量至袖口边。

（5）胸围：将衬衫纽扣扣好，前后身摊平（后褶拉开），在袖底缝处横量一周的围度。

（6）肩宽：男衬衫由过肩两端、后领窝向下 2.0～2.5 cm 处为定点水平测量；女衬衫由肩缝交叉处，解开纽扣放平测量。

2. 衬衫主要部位规格尺寸的允许偏差

衬衫主要部位规格尺寸的允许偏差见表6-4。

表 6-4　衬衫主要部位规格尺寸的允许偏差

部位名称		允许偏差（cm）
领大		±0.6
衣长		±1.0
长袖长	连肩袖	±1.0
	圆袖	±0.8
短袖长		±0.6
胸围		±2.0
肩宽		±0.8

（五）理化性能检验

衬衫的理化性能检验项目主要有原料的纤维成分和含量、甲醛、pH 值、可分解致癌芳香胺染料、异味、色牢度、撕破强力、水洗（干洗）尺寸变化率、洗涤前后缝口的起皱级差和缝口纰裂程度及洗涤后外观变化等。

1. 原料的纤维成分和含量

须符合 GB/T 29862 规定，测试方法按 FZ/T 01101 及 GB/T 2910.1～GB/T 2910.24 及 GB/T 2910.101 执行。

2. 甲醛含量

衬衫释放的甲醛含量测定按 GB/T 2912.1 进行。衬衫属于直接接触皮肤类纺织品，须符合 GB 18401 中 B 类规定。

3. pH 值

衬衫的 pH 值要求为 4.0～7.5。测试方法按 GB/T 7573 规定执行。

4. 异味

衬衫不允许有异味。测试方法按 GB 18401 规定执行。

5. 可分解芳香胺染料

按 GB 18401 规定，可分解致癌芳香胺染料禁用。测试方法按 GB/T 17592 规定执行。

6. 色牢度

色牢度测试使用评定变色用灰色样卡（GB/T 250）和评定沾色用灰色样卡（GB/T 251），衬衫的色牢度要求见表 6-5。

表 6-5　衬衫的色牢度要求

项目		指标要求（级）		
		优等品	一等品	合格品
耐皂洗色牢度	变色	≥4	≥3-4	≥3
	沾色	≥4	≥3-4	≥3
耐干洗色牢度	变色	≥4-5	≥4	≥3-4
	沾色	≥4-5	≥4	≥3-4
耐干摩擦色牢度	沾色	≥4	≥3-4	≥3
耐湿摩擦色牢度	沾色	≥4	≥3-4	≥3
耐光色牢度	变色	≥4	≥3	≥3
耐（酸、碱）汗渍色牢度	变色	≥4	≥3	≥3
	沾色	≥4	≥3	≥3
耐水色牢度	变色	≥4	≥3	≥3
	沾色	≥4	≥3	≥3

注1：耐皂洗色牢度只考核使用说明中标注可水洗的产品。

注2：耐干洗色牢度只考核使用说明中标注可干洗的产品。

注3：耐湿摩擦色牢度要求，起绒、植绒类面料及深色面料的一等品和合格品可以比标准规定低半级。

注4：耐皂洗色牢度按 GB/T 3091 中方法 A（1）规定测试。

注5：耐光色牢度测试按 GB/T 8427 规定，按方法 3 曝晒，晒至第一阶段。

7. 撕破强力

衬衫面料的撕破强力,优等品、一等品、合格品均须大于或等于 7 N,其测试方法按 GB/T 3917.1 规定执行。

8. 脱缝程度

考核衬衫主要部位的脱缝程度。从批量中随机抽取 3 件衬衫进行测试,按要求选取一定部位的试样各 2 块,试样尺寸为 5 cm×20 cm。试样要求与取样部位见表 6-6,所取试样长度方向均垂直于取样部位。

表 6-6 衬衫脱缝程度测试的试样要求与取样部位

考核部位	取样部位规定	备注
摆缝	摆缝长 1/2 处为试样中心	—
袖缝	袖缝长 1/2 处为试样中心	短袖不考虑
过肩缝	过肩缝 1/3 处为试样中心	—

按照 GB/T 21294,测试设备采用精度为±1 N 的等速强力机。开启强力机,强力机达到一定负荷后,停止下夹钳的下降,在强力机上垂直测量接缝脱开的最大距离。脱缝程度的测量如图 6-3 所示,分别计算各部位试样的平均值。

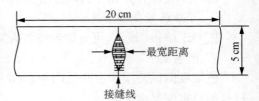

图 6-3 脱缝程度的测量示意

衬衫主要部位的脱缝程度,优等品、一等品、合格品均须满足≤0.6 cm 的要求;如试验中出现滑脱、织物断裂、缝线断裂现象,均判定为不合格。

9. 主要部位水洗(干洗)尺寸变化率

衬衫水洗后的尺寸变化率按 GB/T 8630 的规定测试,采用 GB/T 8629 中的洗涤程序 5A,明示手洗的采用洗涤程序仿手洗,干燥方法采用程序 A。

衬衫干洗后的尺寸变化率按 FZ/T 80007.3 的规定测试。从批量中随机抽取 3 件样品进行测试,结果取平均值。如果同时存在收缩与伸长的试验结果,则以收缩(或伸长)的 2 件样品测试结果的平均值作为试验结果。

衬衫主要部位的水洗(干洗)尺寸变化率指标见表 6-7。

表 6-7 衬衫主要部位的水洗(干洗)尺寸变化率指标

部位名称	水洗(干洗)尺寸变化率(%)		
	优等品	一等品	合格品
领大	≥−1.0	≥−1.5	≥−2.0
胸围	≥−1.5	≥−2.0	≥−2.5
衣长	≥−2.0	≥−2.5	≥−3.0

注 1:洗涤后尺寸变化率根据成品使用说明标注内容进行考核。

注 2:纬向弹性产品不考核胸围的洗涤后尺寸变化率。

10. 洗涤前缝口起皱

洗涤前衬衫成品的缝口起皱等级见表 6-8。

表 6-8　洗涤前衬衫成品的缝口起皱等级

部位名称	洗涤前缝口起皱等级（级）		
	优等品	一等品	合格品
领子		≥4.5	
口袋		≥4.5	
袖头		≥4.5	
门襟		≥4.5	
摆缝		≥4.0	
底边		≥4.0	

11. 洗涤后外观

洗涤干燥后衬衫成品的外观等级规定见表 6-9。粘合衬部位不允许出现脱胶、起泡；其他部位不允许出现破损、脱落、变形、明显扭曲和严重变色；缝口不允许脱散。

洗涤后外观质量采用 GB/T 8629 中洗涤程序 5A 进行测试，明示手洗的采用洗涤程序仿手洗，干燥方法采用程序 A。一次洗涤、干燥后，在规定的试验条件下，结合表 6-9 进行外观等级评价。

表 6-9　洗涤后衬衫成品的外观等级

部位名称	洗涤后外观等级（级）		
	优等品	一等品	合格品
领子	≥4.0	≥4.0	≥3.0
口袋	≥3.5	≥3.5	≥3.0
袖头	≥4.0	≥4.0	≥3.0
门襟	≥3.5	≥3.5	≥3.0
摆缝	≥3.5	≥3.5	≥3.0
底边	≥3.5	≥3.5	≥3.0

12. 检针

衬衫都必须经过检针，防止产品缝制过程中残留断针、金属小物件。衬衫的检针按 GB/T 24121 的规定执行。

13. 儿童服装安全性能

儿童服装的安全性能执行 GB 31701 的规定。

二、成衣检验结果的判断

（一）外观缺陷判定

衬衫外观质量缺陷的判定依据见表 6-10。

表 6-10　衬衫外观质量缺陷判定依据

项目	序号	轻缺陷	重缺陷	严重缺陷
外观质量	1	商标和耐久性标签不端正、不平服,明显歪斜	—	—
	2	—	—	覆粘合衬部位脱胶,外表面渗胶起皱、起泡及沾胶
	3	—	—	成品中含有金属针或金属锐利物
	4	熨烫不平服,有亮光	轻微烫黄、烫变色	变质、残破
	5	领型左右不一致,折叠不端正,互差 0.6 cm 以上(两肩比对,门里襟对比);领窝、门襟轻起兜,不平挺;底领外露,胸袋、袖头不平服、不端正	领窝、门襟严重起兜	—
	6	表面有死线头长 1.0 cm,纱毛长 1.5 cm,2 根以上;有轻度污渍,污渍面积≤2.0 cm²,水花面积≤4.0 cm²	有明显污渍,污渍面积＞2.0 cm²,水花面积＞4.0 cm²	—
	7	领子不平服,领面松紧不适宜,豁口重叠	领尖反翘	—
缝制质量	8	缝制线路不顺直;窄宽不均匀;不平服;接线处明显双轨＞1.0 cm,起落针处没有回针;毛、脱、漏≤1.0 cm,30 cm 两处单跳线;上下线松紧度不适宜	毛、脱、漏≥1.0 cm,上下线松紧严重不适宜,影响牢度;链式线路跳线、断线	—
	9	领子止口不顺直;反吐;领尖长短不一致,互差 0.3～0.5 cm;绱领不平服,绱领偏斜 0.6～0.9 cm	领尖长短互差＞0.5 cm;绱领偏斜≥1.0 cm;绱领严重不平服;0 部位有接线、跳线	领尖毛出
	10	压领线:宽窄不一致,下炕;反面线距＞0.4 cm 或上炕	—	—
	11	盘头:探出 0.3 cm;止口反吐,不整齐	—	—
	12	门、里襟不顺直,长短互差 0.4～0.6 cm;两袖长短互差 0.6～0.8 cm	门、里襟长短互差≥0.7 cm;两袖长短互差≥0.9 cm	—
	13	针眼外露	钉眼外露	—
	14	口袋歪斜,不平服;缉线明显宽窄不一;双口袋高低互差＞0.4 cm	左右口袋距扣眼中心互差＞0.6 cm	—
	15	绣花:针迹不整齐;轻度漏印迹	严重漏印迹;绣花不完整	—
	16	袖头:左右不对称;止口反吐;宽窄互差＞0.3 cm,长短互差＞0.6 cm	—	—

（续表）

项目	序号	轻缺陷	重缺陷	严重缺陷
缝制质量	17	褶：互差＞0.8 cm,不均匀、不对称	—	—
	18	大小袖开衩长短＞0.5 cm 左右袖开衩长短＞0.5 cm 袖衩开口歪斜	—	—
	19	绱袖:不圆顺;吃势不均匀;袖窿不平服	—	—
	20	两袖长短互差≥0.6 cm	两袖长短互差≥0.9 cm	—
	21	十字逢:互差＞0.5 cm	—	—
	22	肩、袖窿、袖缝、合缝不均匀;倒向不一致;两肩大小互差＞0.4 cm	两肩大小互差＞0.8 cm	—
	23	省道:不顺直;尖部起兜;长短前后不一致;互差≥1.0 cm	—	—
	24	锁眼间距互差≥0.5 cm;偏斜≥0.3 cm,纱线绽出	跳线、开线、毛漏	—
	25	扣与眼位互差≥0.4 cm,线结外露	钉扣线易脱落	—
	26	底边:宽窄不一致;不顺直;轻度倒翘	严重倒翘	—
规格尺寸的允许偏差	27	超本标准规定指标50%以内	超本标准规定指标50%以上、100%以内	超本标准规定指标100%以上
辅料	28	线、滚条、衬等的性能与面料不适应;钉扣线与扣色泽不适应;装饰物不平服、不牢固	—	纽扣、装饰扣脱落;纽扣、装饰扣等其他附件表面不光洁,有毛刺、缺损、残疵,有可触及的锐利尖端和边沿
经纱纱向	29	超本标准规定指标50%以内	超本标准规定指标50%及以上	—
对条对格	30	超本标准规定指标50%以内	超本标准规定指标50%及以上	—
图案	31	—	—	面料倒顺毛,全身顺向不一致;特殊图案或顺向一致
色差	32	表面部位色差不符合本标准规定的0.5级	表面部位色差超过本标准规定0.5级以上	—
疵点	33	2号部位或3号部位超本标准规定	0号部位或1号部位超本标准规定	0号部位上出现2号部位或3号部位的疵点
针距	34	低于本标准规定2针以内(含2针)	高于本标准规定2针以上	—

注1:以上各项缺陷按序号逐项累计计算。
注2:本规则未涉及的缺陷可根据标准规定,参照相似缺陷酌情判定。
注3:丢工、少序、错序均为重缺陷,缺件为严重缺陷。
注4:理化性能测试中的缝口纰裂程度一项不合格为该抽验批重缺陷,其他项不合格为该抽验批不合格。
注5:表中"本标准"指GB/T 2660。

（二）判定规则

单件（样本）判定规定和批量判定规定参见本章第一节。

第三节　西服、大衣的品质检验

西服穿着合体，造型美观潇洒，已成为当前在国际活动交往中普遍穿着的服装。大衣造型美观，线条流畅，庄重大方，是人们普遍与西服配套穿着的一种高档外衣。大衣的结构设计与西服相似，因此在国家标准中和西服放在一起，均属于法定检验商品。西服的式样变化很多，常穿的有平驳领、圆角下摆的单排纽式、枪驳领、平下摆双排纽式。西装还有套装和单件上装的区分，套装就是上衣和裤子用同色同料裁制，可作礼服用，若加上一件马甲就成为三件套套装。穿着正规的套装时要求系领带。单件上装可以和各种裤子配穿，可不必系领带，里面也可穿衬衣、毛衣或套衫。

GB/T 2664 中的西服指以毛、毛混纺及交织、仿毛等机织物为原料，成批生产的男西服、大衣等毛呢类服装，适用于 36 个月以上的儿童和成人群体，并且要求 36 个月以上至 14 岁儿童穿着的西服、大衣安全性同时符合 GB 31701 的相关规定。其号型设置按 GB/T 1335.1、GB/T 1335.3 规定选用，成品主要部位规格按 GB/T 1335.1 和 GB/T 1335.3 的有关规定自行设计。

一、西服、大衣质量要求与检测方法

（一）原材料规定

面料采用符合 FZ/T 24002、FZ/T 24003 等与 GB/T 2664 相关质量要求的面料；里料性能、色泽应与面料相适合，特殊需要除外。衬布采用适合所用面料的衬布，其收缩率应与面料相适宜。垫肩采用棉或化纤等材料。采用适合所用面料、辅料、里料质量的缝线、绳带、松紧带（装饰线、装饰带除外）。钉扣线应与扣的色泽相适应；钉商标线应与商标底色相适宜。采用适合所用面料的纽扣（装饰扣除外）、拉链及其他附件，纽扣、装饰扣、拉链及其他附件应表面光洁、无毛刺、无缺损、无残疵、拉链啮合良好、顺滑流畅等。在正常穿着条件下，成品上无对人体皮肤造成伤害的锐利尖端和锐利边缘，附件尖端和边缘的锐利性按 GB/T 31702 的规定进行测试。

（二）成衣外观质量检验

1. 外观总体质量要求

（1）造型优美、平服、挺括、饱满。除个别设计部位外，应以前中心线为基准，左右对称。

（2）整套服装不得存在影响外观的污渍、水迹、划粉印、烫黄、极光及线头等。

（3）使用粘合衬工艺的部位不得有脱胶、渗胶及起皱现象。

（4）锁眼、钉扣位置准确，大小适宜。钉扣牢固，锁眼整齐、光洁，用线符合要求。

（5）倒顺毛面料及图案、花型有方向性的面料，应顺向一致。

2. 经纬纱向

纱线歪斜测定按 GB/T 14801 规定执行。西服、大衣要求前身经纱以领口宽线为准，不允许倾斜；底边不倒翘；后身经纱以腰节下背中线为准，西服歪斜≤0.5 cm，大衣歪斜≤1.0 cm，条格料不允许歪斜；袖子经纱以前袖缝为准，大袖片歪斜≤1.0 cm，小袖片歪斜≤1.5 cm（特殊工艺除外）；领面纬纱歪斜≤0.5 cm,色织条格料不允许歪斜；袋盖与大身纱向一致,斜料要求左右对称；挂面以驳头止口处经纱为准,不允许歪斜。

3. 对条对格

面料有明显条格,宽度在 0.5 cm 及以上且小于 1.0 cm 的,极限互差≤0.1 cm;宽度在 1.0 cm 及以上的按表 6-11 规定;条格花型歪斜程度≤2%（特殊设计除外）；倒顺毛、阴阳格原料,全身顺向要求一致。

表 6-11　西服、大衣对条对格要求

部位名称	对条对格规定	极限互差(cm)≤
左右前身	条料对条,格料对横,左右对称	0.3
手巾袋与前身	条料对条,格料对格	0.2
大袋与前身	条料对条,格料对格	0.3
袖与前身	袖肘线以上与前身格料对横	0.5
袖缝	袖肘线以上,后袖缝格料对横	0.3
背缝	以上部为准,条料对称,格料对横,左右对称	0.2
背缝与后领面	条料对条	0.2
领子、驳头	条格料左右对称	0.2
摆缝	袖窿以下 10.0 cm 处,格料对横	0.3
袖子	条格顺直,以袖山为准	0.5

注1:有颜色循环的条、格按循环对条对格。
注2:特殊设计除外。

4. 拼接

大衣挂面允许两接一拼,避开扣眼位,在驳头下一至两档扣眼之间拼接。西服、大衣耳朵皮（在衣服的前身挂面里处,为做里袋所拼加的一块）允许两接一拼,其他部位不允许拼接,特殊设计除外。

5. 色差

袖缝、摆缝色差不低于 4 级,其他部位高于 4 级,衬布造成的色差不低于 4 级（特殊设计除外）。套装中上装与下装的色差不低于 4 级。

测定色差时,被测部位必须与纱向一致,采用北向光线照射,或用 600 lx 及以上的等效光源,入射光与被测物约成 45°角,观察方向与被测物大致垂直,距离 60 cm 目测,与 GB/T 250 规定的样卡对比。

6. 外观疵点

成品各部位疵点允许存在程度参照表 6-12 规定;未列入的疵点按其形态,参照表 6-12 中相似疵点执行;部位划分参见图 6-4。

外观疵点评定时,距离 60 cm 目测,并与男女毛呢服装外观疵点样照对比,必要时可采用钢尺测量。优等品前领面及驳头不允许出现疵点。其他部位只允许 1 种存在程度内的疵点。

表 6-12　西服各部位允许存在的疵点程度

疵点名称	允许程度		
	1 号部位	2 号部位	3 号部位
纱疵	不允许	轻微,总长度 1.0 cm 或总面积 0.3 cm² 以下,不明显	轻微,总长度 1.5 cm 或总面积 0.5 cm² 以下,不明显
毛粒	1 个	3 个	5 个
条印、折痕	不允许	轻微,总长度 1.5 cm 或总面积 1.0 cm² 以下,不明显	轻微,总长度 2.0 cm 或总面积 1.5 cm² 以下,不明显
斑疵(油污、锈斑、色斑、水渍等)	不允许	轻微,总面积不大于 0.3 cm²,不明显	轻微,总面积不大于 0.5 cm²,不明显
破洞、磨损、蛛网	不允许	不允许	不允许

注 1:轻微,即疵点在直观上不明显,经过仔细辨认才可看出。
注 2:明显,即不影响总体效果,但能明显感觉到疵点的存在。

图 6-4　西服、大衣部位划分示意

(三)缝制质量检验

(1)成品宜穿着在胸架(或人体模型)上进行检验。在成品缝纫线迹上任取 3 cm 测量(厚薄部位除外)针距密度,其符合表 6-13 的要求,各部位线路顺直、整齐、牢固、平服;主要部位的表面缝制皱缩按男西服外观起皱样照规定,不低于 4 级。

（2）各部位的缝份宽度≥0.8 cm（开袋、领止口、门襟止口缝份等除外）,滚条、压条要平服,宽窄一致；起落针处应有回针。

（3）上下线松紧适宜,无跳线、断线、脱线、连根线头。底线不外露。各部位的明线和链式线迹不允许跳针,其他缝纫线迹 30 cm 内不得有连续跳针或 1 处以上单跳针。

（4）领子平服,领面松紧适宜；领窝圆顺,左右领尖不翘,驳头串口顺直,左右驳头宽窄、领嘴大小对称,领翘适宜。

（5）绱袖圆顺,吃势均匀,两袖前后、长短一致。

（6）前身胸部挺括、对称,面、里、衬服贴,省道顺直。

（7）左右袋及袋盖高低、前后对称,袋盖与袋口宽相适应,袋盖与大身的花纹一致（若使用斜料,应左右对称）。袋布及垫料应采取折光边或包缝等工艺,以保证边缘纱线不滑脱,袋口两端牢固,可采用套结机或平缝机（暗线）回针。

（8）后背平服。

（9）肩部平服,表面没有褶,肩缝顺直,左右对称。

（10）袖窿、袖缝、底边、袖口、挂面里口、大衣摆缝等部位叠针牢固。

（11）锁眼定位准确,大小适宜,扣与眼对位,整齐牢固。纽脚高低适宜,线结不外露。

（12）商标和耐久性标签位置端正、平服。

表 6-13　西服、大衣针距密度要求

项目	针距密度		备注
明暗线	3 cm 不少于 11 针		—
包缝线	3 cm 不少于 11 针		—
手工针	3 cm 不少于 7 针		肩缝、袖窿、领子 3 cm 不低于 9 针
手拱止口/机拱止口	3 cm 不少于 5 针		—
三角针	3 cm 不少于 5 针		以单面计算
锁眼	细线	1 cm 不少于 12 针	机锁眼
	粗线	1 cm 不少于 9 针	手工锁眼

注：细线指 20 tex 及以下的缝纫线,粗线指 20 tex 以上的缝纫线。

（四）成衣规格检验

1. 规格尺寸的测量方法

按 GB/T 31907 规定测量,见表 6-14 并参见图 6-5。

表 6-14　西服、大衣规格尺寸的测量方法

部位名称	测量方法
衣长	由后领中垂直量至底边
胸围	扣上纽扣（或合上拉链）,前后身摊平,沿袖窿底缝水平横量（以周围计算）
领大	领子摊平横量,立领量上口,其他领量下口（叠门除外）

（续表）

部位名称		测量方法
总肩宽		领子摊平横量,立领量上口,其他领量下口(叠门除外)
袖长	圆袖	由肩袖缝交叉点量至袖口边中间
	连肩袖	后领线中沿肩袖缝交叉点量至袖口边中间

图 6-5　西服、大衣各部位测量示意

2. 西服、大衣规格的允许偏差

西服、大衣规格的允许偏差见表 6-15。

表 6-15　西服、大衣规格的允许偏差　　　　　　　　　　　　单位:cm

部位名称		西服	大衣
衣长		±1.0	±1.5
胸围		±2.0	±2.0
领大		±0.6	
总肩宽		±0.6	
袖长	圆袖	±0.7	
	连肩袖	±1.2	

（五）理化性能检验

1. 水洗（干洗）尺寸变化率

使用说明中注明不可水洗（干洗）的产品，不考核水洗（干洗）尺寸变化率、水洗（干洗）后外观。可水洗产品水洗尺寸变化率按 GB/T 8630 的规定测试，采用 GB/T 8629 中的洗涤程序 4G、A 型标准洗衣机。明示手洗的采用洗涤程序 4H，干燥方法采用程序 A。干洗后尺寸变化率按 FZ/T 80007.3 规定测试。采用缓和干洗法，从批量中随机抽取 3 件样品，测试结果取平均值。具体指标见表 6-16。

表 6-16　西服、大衣水洗（干洗）后尺寸变化率指标

部位名称	干洗尺寸变化率（%）	水洗尺寸变化率（%）
衣长	−1.0～+1.0	−1.5～+1.5
胸围	−0.8～+0.8	−2.0～+2.0

2. 洗涤后外观

样品经干洗、干燥后，结合表 6-17 要求，按 GB/T 21294 进行评定，其中外观等级参照男西服外观五级起皱样照评定。

表 6-17　西服、大衣洗涤后外观

干洗后外观等级（级）	优等品	一等品	合格品
	≥4.0	≥4.0	≥3.0

3. 成品覆衬部位剥离强度

面料为粗梳产品的不考核成品覆衬部位剥离强度，其他产品仅考核领子和大身部位。对于非织造布粘合衬，若剥离强力试验中无法剥离，则不考核此项目。按 FZ/T 80007.1 的规定测试，成品覆粘合衬部位的剥离强度≥6 N/(2.5 cm×10 cm)。

4. 色牢度

使用说明中注明不可水洗的产品，不考核耐皂洗色牢度、耐湿摩擦色牢度；使用说明中注明不可干洗的产品，不考核耐干洗色牢度。可水洗产品的耐皂洗色牢度按 GB/T 3921 中的方法 A(1)测试；可干洗产品的耐干洗色牢度按 GB/T 5711 中的方法 A(1)测试；耐光色牢度按 GB/T 8427 的规定测试，按方法 3 曝晒，晒至第一阶段。西服、大衣成品的色牢度要求见表 6-18。

表 6-18　西服、大衣成品的色牢度要求

项目			指标要求（级）		
			优等品	一等品	合格品
面料	耐皂洗色牢度	变色	≥4	≥3-4	≥3-4
		沾色	≥4	≥3-4	≥3
	耐干洗色牢度	变色	≥4-5	≥4	≥3～4
		沾色	≥4-5	≥4	≥3-4
	耐摩擦色牢度	干摩擦　沾色	≥4	≥3-4	≥3
		湿摩擦　沾色	≥3-4	≥3	≥2-3

（续表）

项目				指标要求（级）		
				优等品	一等品	合格品
面料	耐光色牢度	浅色	变色	≥4	≥3	≥3
		深色	变色	4	4	3
	耐（酸、碱）汗渍色牢度		变色	≥4	≥3-4	≥3
			沾色	≥4	≥3-4	≥3
	耐水色牢度		变色	≥4	≥4	≥3-4
			沾色	≥4	≥3-4	≥3
里料	耐皂洗色牢度		沾色	≥4	≥3-4	≥3
	耐干洗色牢度		沾色	≥4	≥4	≥3-4
	耐水色牢度		变色	≥4	≥3-4	≥3
			沾色	≥3-4	≥3	≥3
	耐（酸、碱）汗渍色牢度		变色	≥3-4	≥3	≥3
			沾色	≥4	≥3	≥3
	耐干摩擦色牢度		沾色	≥4	≥3-4	≥3-4
装饰件和绣花	耐皂洗色牢度		沾色	≥3-4		
	耐干洗色牢度		沾色	≥3-4		

注：按 GB/T 4841.3 规定，颜色深于 1/12 染料染色标准深度为深色，颜色小于或等于 1/12 染料染色标准深度为浅色。

5. 起毛起球

按 GB/T 4802.1 规定测试织物起毛起球性能，并与精梳毛织品（绒面）起球样照（GSB 16-2925）、精梳毛织品（光面）起球样照（GSB 16-2924）和粗梳毛织物起球样照（GSB 16-2921）对比。西服、大衣成品起毛起球允许程度见表 6-19。

表 6-19　西服、大衣成品起毛起球允许程度

项目	起毛起球允许程度（级）		
	优等品	一等品	合格品
精梳（绒面）	≥3-4	≥3.0	≥3.0
精梳（光面）	≥4.0	≥3-4	≥3-4
粗梳	≥3-4	≥3.0	≥3.0

6. 接缝性能

西服、大衣接缝性能用缝制强力表示，测试部位为后背缝（后领中向下 25 cm）、袖窿缝（后袖窿弯处）、摆缝（袖窿处向下 10 cm）。按 GB/T 21294 规定，对于面料，单位面积质量≤52 g/m²，负荷要求45 N；单位面积质量在 52～150 g/m²，负荷要求 80 N；单位面积质量>150 g/m²，负荷要求 100 N。里料负荷要求 70 N。

西服、大衣主要部位的缝口纰裂程度,精梳毛织物优等品、一等品、合格品均要求≤0.6 cm;粗梳毛织物优等品、一等品、合格品均要求≤0.7 cm;里料优等品、一等品、合格品均要求≤0.6 cm。如试验中出现纱线滑脱、织物撕破或缝线断裂现象,均判定为接缝性能不符合要求。

7. 撕破强力

西服、大衣面料的撕破强力,优等品、一等品、合格品均须大于或等于10 N,其测试方法按GB/T 3917.2 规定执行。

8. 安全性能

甲醛、pH 值、可分解致癌芳香胺染料、异味符合 GB 18401 规定;3 岁以上至 14 岁儿童穿着服装的安全性能应同时符合 GB 31701 的规定。生产企业要特别注意儿童西服、大衣上面的绳带须符合 GB 31701 的要求。

二、成衣检验结果的判断

（一）缺陷

西服、大衣外观质量缺陷的判定依据见表 6-20;此表未涉及的缺陷,可根据相应标准规定,参照相似缺陷酌情判定。丢工、少序、错序均为重缺陷。

表 6-20　西服、大衣缺陷规定

项目	序号	轻缺陷	重缺陷	严重缺陷
使用说明	1	内容不规范		
辅料及附件	2	辅料的色泽、色调与面料不适应	里料、辅料的性能与面料不适应	纽扣、附件脱落;纽扣、装饰扣及其他附件表面不光洁,有毛刺,有缺损,有残疵,有可触及锐利尖端和锐利边缘,拉链啮合不良
经纬纱向	3	纱向歪斜超过本标准规定50%及以内	纱向歪斜超过本标准规定50%以上	
对条对格	4	对条、对格超过本标准规定50%及以内	对条、对格超过本标准规定50%以上	面料倒顺毛,全身顺向不一致
拼接	5	—	拼接不符合本标准规定	—
色差	6	表面部位(包括套装)色差不符合本标准规定的半级以内;衬布影响色差3~4级	表面部位(包括套装)色差超过本标准规定的半级以上;衬布影响色差低于3~4级	
外观疵点	7	2、3部位超本标准规定	1部位超本标准规定	破损等严重影响使用和美观的疵点
缝制质量	8	针距密度低于本标准规定2针以内(含2针)	针距密度低于本标准规定2针以上	—
	9	领子、驳头面、衬、里松紧不适宜,表面不平挺	领子、驳头面、里、衬松紧明显不适宜,不平挺	—

（续表）

项目	序号	轻缺陷	重缺陷	严重缺陷
缝制质量	10	领口、驳口、串口不顺直，领子、驳头止口反吐	—	—
	11	领尖、领嘴、驳头左右不一致，尖圆对比互差>0.3 cm，领豁口左右明显不一致	—	—
	12	领窝不平服、起皱；绱领（领肩缝对比）偏斜>0.5 cm	领窝严重不平服、起皱；绱领（领肩缝对比）偏斜>0.7 cm	—
	13	领翘不适宜；领外口松紧不适宜；底领外露	领翘严重不适宜；底领外露>0.2 cm	—
	14	肩缝不顺直，不平服；后省位左右不一致	肩缝严重不顺直，不平服	—
	15	两肩宽窄不一致，互差>0.5 cm	两肩宽窄严重不一致，互差>0.8 cm	—
	16	胸部不挺括，左右不一致，腰部不平服	胸部严重不挺括，腰部严重不平服	—
	17	袋位高低互差>0.3 cm，前后互差>0.5 cm	袋位高低互差>0.8 cm；前后互差>1.0 cm	—
	18	袋盖长短、宽窄互差>0.3 cm；口袋不平服，不顺直，嵌线不顺直，宽窄不一致；袋角不整齐	袋盖小于袋口（贴袋）0.5 cm（一侧）或小于嵌线；袋布垫料毛边无包缝	—
	19	门、里襟不顺直，不平服；止口反吐	止口明显反吐	—
	20	门襟长于里襟，西服>0.5 cm，大衣>0.8 cm；里襟长于门襟；门里襟明显搅豁	—	—
	21	眼位距离偏差>0.4 cm；锁眼间距互差>0.3 cm；眼位偏斜>0.2 cm	—	—
	22	扣眼歪斜、扣眼大小互差>0.2 cm，扣眼纱线绽出	扣跟跳线、开线、毛漏、漏开眼	
	23	扣与眼位互差>0.2 cm（包括附件等）；钉扣不牢	扣与眼位互差>0.5 cm（包括附件等）	
	24	底边明显宽窄不一致，不圆顺；里料边明显宽窄不一致	里料短，面料明显不平服；里料长，明显外露	
	25	绱袖不圆顺；吃势不适宜；两袖前后不一致，互差>1.5 cm；袖子起吊、不顺	绱袖明显不圆顺；两袖前后明显不一致，互差>2.5 cm；袖子明显起吊、不顺	—
	26	袖长左右互差>0.7 cm；两袖口宽互差>0.5 cm	袖长左右互差>1.0 cm；两袖口宽互差>0.8 cm	

（续表）

项目	序号	轻缺陷	重缺陷	严重缺陷
缝制质量	27	后背不平、起吊；开叉不平服、不顺直；开衩止口明显搅豁；开衩长短互差≥0.3 cm	后背不平、起吊	—
	28	衣片缝合明显松紧不平、不顺直；连续跳针（30 cm 内出现 2 个单跳针，按连续跳针计算）	表面部位有毛、脱、漏；缝份＜0.8 cm；起落针处缺少回针；链式逢迹跳针有 1 处	表面部位有毛、脱、漏，严重影响使用和美观
	29	有叠线部位漏叠 2 处及以下；衣里有毛、脱、漏	有叠线部位漏叠超过 2 处	—
	30	明线宽窄不一致、不顺直，或不圆顺	明线接线	—
	31	滚条不平服，宽窄不一致；腰节以下活里没包缝	—	—
	32	商标和耐久性标签不平服，不端正，明显歪斜	—	—
规格尺寸允许偏差	33	规格超本标准规定≤50%	规格超本标准规定＞50%	规格超本标准规定≥100%

注：表中本标准指 GB/T 2664。

（二）判定规则

1. 单件（样本）判定规定

（1）优等品。严重缺陷数＝0；重缺陷数＝0；轻缺陷数≤4。

（2）一等品。严重缺陷数＝0；重缺陷数＝0；轻缺陷数≤6；或严重缺陷数＝0；重缺陷数≤1；轻缺陷数≤3。

（3）合格品。严重缺陷数＝0；重缺陷数＝0；轻缺陷数≤8；或严重缺陷数＝0；重缺陷数≤1；轻缺陷数≤6。

2. 批量判定规定

具体规定参考本章第一节。

第四节　牛仔服装的品质检验

牛仔服坚固耐用、休闲粗犷，虽然整体风格相对模式化，但其细部造型及装饰伴随着流行周期与节奏不断演绎和变化。随着时代的发展，牛仔服装已由过去单一面料、颜色、工艺发展到现在制成服装后经水洗工艺处理，故其手感柔软，色泽特别，独具风格。在服装面料上，除了全棉，还加有氨纶、麻、涤、蚕丝、粘胶纤维等；在制作工艺上，除了斜纹，还有平纹、磨绒、竹节纱、提花等；在颜色上，除了靛蓝色，还有黑色、印花、杂色等。牛仔服装的款式多变，有合体式，又有宽松式。目前牛仔服装已形成系列的时装,其款式已发展到牛仔夹克、牛仔裤、牛仔衬衫、牛仔背心、牛仔马甲裙、牛仔童装等。

一、牛仔服装质量要求与检测方法

按照 FZ/T 81006,牛仔服装是指以纯棉或棉纤维为主要原料的机织牛仔布生产的服装。该标准中的牛仔服装适用于 36 个月以上的儿童和成人群体,并且要求 36 个月以上至 14 岁儿童穿着的牛仔服装的安全性同时符合 GB 31701 的相关规定。成品使用说明按 GB 5296.4 和 GB 18401 规定执行,且应注明水洗产品或原色产品,特性殊磨损、洗烂工艺等情况也应注明。号型设置按 GB/T 1335.1、GB/T 1335.2 和 GB/T 1335.3 的规定选用。成品主要部位规格按 GB/T 1335.1、GB/T 1335.2 和 GB/T 1335.3 的有关规定自行设计。

牛仔服装产品中,水洗产品指成品或所用面料经石洗、酶洗、漂洗等或多种方式的洗涤加工的牛仔服装;原色产品指成品或所用面料只经退浆、防缩整理,未经洗涤加工的牛仔服装;普通牛仔服装指以棉、棉混纺的靛蓝、硫化染料色纱为经纱,本色纱为纬纱,有牛仔风格面料制作的服装;彩色牛仔服装指以棉、棉混纺的彩色纱为经纱,本色纱为纬纱,有牛仔风格的色织面料制作的服装。牛仔服装产品的质量要求与检测方法包括以下内容:

(一)原材料

面料:按 FZ/T 13001 或有关纺织面料标准选用适合制作牛仔服装的面料。

里料:与所用面料性能和色泽相适宜。

辅料:采用与所用面料性能和色泽相适宜的衬布、垫肩、装饰花边、袋布;缝线、绳带、松紧带(装饰线、带除外)要适合所用的面辅料;纽扣(装饰扣除外)、拉链及其他附件要适合所用面料,并且表面光洁、无毛刺、无缺损、无残疵、无可触及锐利尖端和锐利边缘;拉链啮合良好、光洁流畅;儿童服装还应符合 GB 31701 的相关规定。

(二)成衣外观质量检验

1. 经纬纱向

牛仔服装上装前后身、袖子、领面的允斜程度不大于 3%,下装(裤子、裙子)的允斜程度不大于 2%。直、横向歪斜程度测定按 GB/T 14801 的规定执行。

2. 色差

水洗类的牛仔服装产品不考核色差;原色产品的袖缝、摆缝、裤侧缝色差要求不低于 4 级,其他表面部位高于 4 级;套装中,上装与下装的色差要求不低于 3~4 级;同批次、不同件成衣之间的色差要求不低于 3~4 级。

3. 外观疵点

牛仔服装外观疵点包括经向疵点、纬向疵点、散布性疵点、破损性疵点和斑渍疵点五类。每单件产品各个部位只允许 1 种疵点存在,超出则计为缺陷,可累计。特殊磨损和洗烂工艺的产品不考核破损性疵点。牛仔服装各部位允许存在疵点程度参照表 6-21 规定,此表未列入的疵点按其形态,参照表中的相似疵点执行;部位划分参见图 6-6。外观疵点评定时,距离 60 cm 目测,并与牛仔服装外观疵点标准样照对比,必要时可采用钢尺测量。

表 6-21 牛仔服装各部位允许存在的疵点程度

疵点名称	允许程度		
	1号部位	2号部位	3号部位
经向疵点	不允许	轻微,总长 2.0 cm 以内或总面积 1.0 cm² 以下,允许 2 处	轻微,总长 3.0 cm 以内或总面积 1.0 cm² 以下,允许 2 处
纬向疵点	轻微,长 0.5 cm 以内,允许 1 处	轻微,总长 2.0 cm 以内或总面积 1.0 cm² 以下,允许 2 处	轻微,总长 3.0 cm 以内或总面积 1.0 cm² 以下,允许 2 处
散布性疵点	不允许	轻微	轻微
破损性疵点	不允许	不允许	不允许
斑渍疵点	不允许	总长 2.0 cm 以内或总面积 1.0 cm² 以下,允许 1 处	总长 3.0 cm 以内或总面积 1.0 cm² 以下,允许 2 处

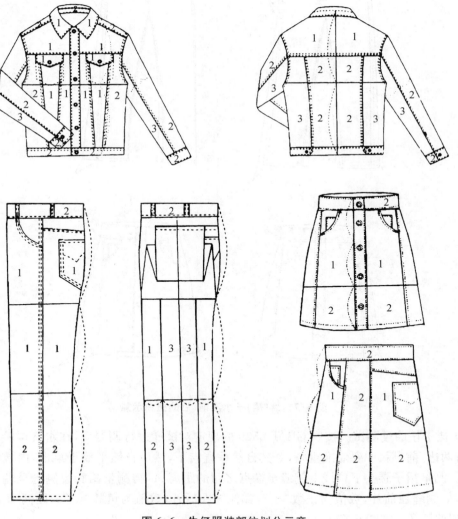

图 6-6 牛仔服装部位划分示意

4. 水洗前扭曲度

成品裤(裙)子的水洗前扭曲度不应超过 2 cm,但对前后片宽度差异较大的特殊设计不考核。

(1) 裤子扭曲度测试。按照 GB/T 6529 的规定对试样进行调湿后,在水洗试验前抓紧裤腰左、右两边,前、后要对准重叠,令其自然垂直向下,然后自然平放于桌上,由上裆扫平至裤脚。测量横裆线上外侧缝至端点之间的距离 A,再测量裤脚口外侧缝至端点之间的距离 B,如图 6-7(a_1)。如外侧缝在前片,数值为正数"+",如外侧缝在后片,数值为负数"-"。距离 B 减去距离 A 即为扭曲度 T_1。

水洗试验后,再按以上方法测量水洗后的扭曲度 T_2,如图 6-7(a_2)。左、右裤管都用以上方法测试,并分别报告扭曲度的测试结果。

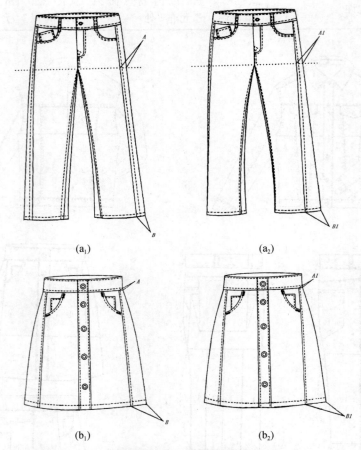

(a_1)   (a_2)

(b_1)   (b_2)

图 6-7　裤(裙)子水洗前、后的扭曲示意

(2) 裙子扭曲度测试。按照 GB/T 6529 的规定对试样进行调湿后,在水洗试验前抓紧裙腰左、右两边,前、后、中要对准重叠,令其自然垂直向下,然后自然平放于桌上,由腰缝扫平至裙底边。测量裙子腰头下口线上侧缝至端点之间的距离 A,再测量裙底边侧缝至端点之间的距离 B,如侧缝在前片,数值为正数"+",如侧缝在后片,数值为负数"-"。距离 B 减去距离 A 即为扭曲度 T_1,如图 6-7(b_1)。

水洗试验后,再按以上方法测量水洗后的扭曲度 T_2,如图 6-7(b_2)。

(3) 扭曲度移动。扭曲度移动为裤(裙)子水洗后的扭曲度减去水洗前的扭曲度数值。左、右裤管应分别报告扭曲度移动的测试结果。

(4) 计算。

① 水洗前扭曲度按下式计算:

$$T_1 = B - A \tag{6-2}$$

式中: T_1 为水洗前扭曲度(cm); B 为水洗前裤脚口外侧缝至端点的距离或水洗前裙底边侧缝至端点的距离(cm); A 为水洗前裤子横裆线上外侧缝至端点的距离或水洗前裙子腰头下口线上侧缝至端点的距离(cm)。

② 水洗后扭曲度按下式计算:

$$T_2 = B_1 - A_1 \tag{6-3}$$

式中: T_2 为水洗后扭曲度(cm); B_1 为水洗后裤脚口外侧缝至端点的距离或水洗后裙底边侧缝至端点的距离(cm); A_1 为水洗后裤子横裆线上外侧缝至端点的距离或水洗后裙子腰头下口线上侧缝至端点的距离(cm)。

③ 扭曲度移动按下式计算:

$$T = | T_2 - T_1 | \tag{6-4}$$

式中: T 为扭曲度移动(cm); T_2 为水洗后扭曲度(cm); T_1 为水洗前扭曲度(cm)。

5. 洗后外观

不允许出现破损、脱落、锈蚀、变形和明显扭曲,缝口不允许脱散。

(三) 缝制和整烫规定

(1) 缝制时要求各部位平服,线路顺直、整齐、牢固,针迹均匀,同项目的针距密度一致(如左、右袖),符合表 6-22 要求(特殊设计除外)。针距密度在成品缝纫线迹上任取 3 cm 进行测量(厚薄部位除外)。

表 6-22　牛仔服装针距密度要求

项目		针距密度
明暗线		3 cm 不少于 8 针
包缝线		3 cm 不少于 8 针
锁眼	细线	1 cm 不少于 12 针
	粗线	1 cm 不少于 9 针

注:细线指 20 tex 及以下的缝纫线;粗线指 20 tex 以上的缝纫线。

(2) 缉缝口袋、串带祥缝份不小于 0.6 cm,所有外露的缝份都要折光边或包缝(特殊设计除外)。

(3) 各部位明线 20 cm 内不允许接线,20 cm 以上允许接线 1 次,无跳针、断线。

(4) 商标、号型等标志的位置端正,内容清晰,规范准确。

(5) 锁眼定位准确,大小适宜,扣与眼对位,钉扣牢固,扣合力足够,套结位置准确,钉扣线不脱散。

(6) 绣花、镶嵌等装饰物应牢固、平服。

(7) 整烫后外观整洁、无线头；对称部位大小、前后、高低一致；各部位熨烫平服、整洁，无烫黄、水渍、亮光及死痕。

(四) 规格尺寸允许偏差

1. 规格尺寸的测量方法

牛仔服装成品的衣长、胸围、领大、总肩宽、袖长、裤(裙)长和腰围等主要部位规格尺寸，按GB/T 31907 规定进行测试。测量方法见表 6-23，测量部位见图 6-8。

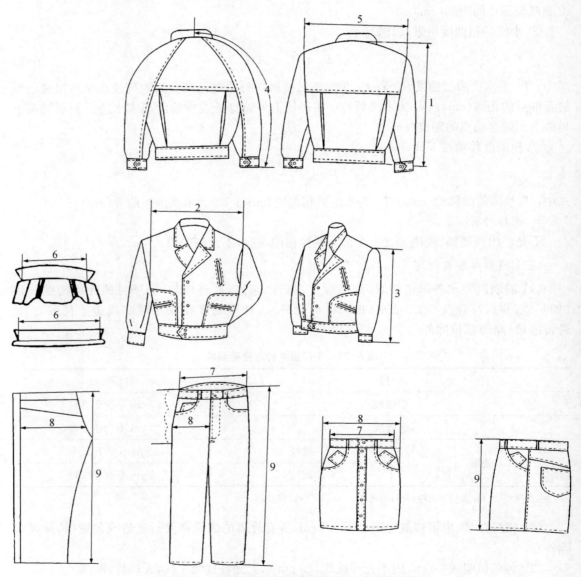

图 6-8　牛仔服装成品主要部位规格尺寸测量示意

表 6-23　牛仔服装主要部位规格尺寸测量方法

序号	部位名称		测量方法
1	衣长		由前身左襟肩缝最高点量至底边
2	胸围		扣好纽扣,前后身放平,沿袖隆底缝处横量(计算围度)
3	袖长	圆袖	由袖子最高点量至袖口边中央(袖外侧测量)
4		连肩袖	由后领窝居中量至袖口边中央
5	总肩宽		由两肩袖缝交叉点平放横量
6	领大		领子摊平横量,立领量上口,其他领量下口
7	腰围		扣好纽扣(裤钩)沿腰上口横量(计算围度)
8	臀围		由腰上口至横裆2/3处横量(计算围度)
9	裤(裙)长		由腰头上口沿侧缝摊平垂直量至脚口边

2. 规格的允许偏差

牛仔服装成品规格的允许偏差应符合表 6-24 要求。

表 6-24　牛仔服装成品规格的允许偏差　　　　　　　　单位:cm

部位名称		原色产品	水洗产品
衣长		±1.0	±1.5
胸围		±1.5	±2.5
领大		±0.6	±1.0
总肩宽		±0.8	±1.0
袖长	圆袖	±0.8	±1.0
	连肩袖	±1.0	±1.2
短袖		±0.6	±0.8
裤(裙)长		±1.5	±2.0
腰围		±1.0	±2.0

（五）理化性能

理化性能考核指标包括原料的纤维成分和含量、基本安全性能(如甲醛含量、pH 值、异味、可分解芳香胺的染料)、水洗后尺寸变化率、水洗后扭曲度与扭曲度移动、色牢度、耐磨性能、纰裂程度、断裂强力、撕破强力、裤子后裆缝接缝强力、工字扣附着牢度等。

1. 原料的纤维成分和含量

须符合 GB/T 29862 的规定。

2. 基本安全性能

甲醛含量、pH 值、可分解芳香胺的染料、异味须符合 GB 18401 的规定;6 个月以上至14 岁儿童穿着的牛仔服装应同时符合 GB 31701 的要求。

3. 水洗后尺寸变化率

水洗后尺寸变化率只考核水洗产品,原色产品不考核。水洗产品水洗后尺寸变化率按
GB/T 8630 规定,采用 GB/T 8629 中的洗涤程序 5A,转笼翻转干燥,干燥温度为(50±5)℃。
从批量中随机抽取 3 件样品测试,结果取平均值。具体指标见表 6-25。注意:对于领大产品,
水洗尺寸变化率只考核立领产品;松紧腰围产品不考核腰围尺寸变化率;褶皱处理产品、弹性
产品不考核横向尺寸变化率。

表 6-25　牛仔服装成品的水洗尺寸变化率指标

部位名称	水洗尺寸变化率(%)		
	优等品	一等品	合格品
领大			−2.0～+1.5
胸围			−2.5～+1.5
衣长	−1.5～+1.0		−2.5～+1.5
腰围			−2.5～+1.5
裤(裙)长			−2.5～+1.5

4. 色牢度

采用评定变色用灰色样卡(GB/T 250)及评定沾色用灰色样卡(GB/T 251)评定牛仔服装
成品色牢度,具体规定见表 6-26。其中:耐皂洗色牢度按 GB/T 3921 中的方法 C(3)进行测
试;耐光色牢度按 GB/T 8427 进行测试,按方法 3 曝晒,晒至第一阶段。

表 6-26　牛仔服装成品的色牢度要求

项目			色牢度要求(级)		
			优等品	一等品	合格品
原色产品	耐皂洗色牢度	变色	≥4	≥3-4	≥3
		沾色	≥3	≥2-3	≥2-3
	耐干摩擦色牢度	沾色	≥3-4	≥3	≥3
	耐光色牢度	变色	≥4	≥3	≥3
	耐汗渍(酸、碱)色牢度	变色	≥4	≥3-4	≥3
		沾色	≥3-4	≥3	≥3
	耐水色牢度	变色	≥4	≥3-4	≥3
		沾色	≥3-4	≥3	≥3
水洗产品	耐皂洗色牢度	变色	≥4	≥3-4	≥3-4
		沾色	≥3	≥2-3	≥2-3
	耐干摩擦色牢度	沾色	≥3-4	≥3	≥3
	耐光色牢度	变色	≥4	≥3	≥3

（续表）

项目		色牢度要求（级）		
		优等品	一等品	合格品
水洗产品	耐汗渍（酸、碱）色牢度 变色	≥4	≥3-4	≥3-4
	耐汗渍（酸、碱）色牢度 沾色	≥3-4	≥3	≥3
	耐水色牢度 变色	≥4	≥3-4	≥3-4
	耐水色牢度 沾色	≥3-4	≥3	≥3

5. 水洗后扭曲度与扭曲度移动

水洗后扭曲度与扭曲度移动测试参见本节成衣外观质量检验的相关内容,其具体要求见表 6-27。

表 6-27　牛仔服装水洗后扭曲度与扭曲度移动要求

项目	优等品	一等品	合格品
水洗后扭曲度（cm）≤	2.0	3.0	
扭曲度移动（cm）≤	1.5	2.5	

注:上装、短裤(裙)不考核;前后片宽度差异较大的特殊设计不考核。

6. 断裂强力

牛仔服装面料的断裂强力,优等品、一等品、合格品的具体要求见表 6-28,其测试按 GB/T 3923.2 规定执行。

表 6-28　牛仔服装面料的断裂强力要求

项目				优等品	一等品	合格品
原色产品	断裂强力（N）≥	339 g/m² 以上的织物	经向		450	
			纬向		300	
		245～339 g/m² 的织物	经向		300	
			纬向		250	
		245 g/m² 以下的织物	经向		200	
			纬向		150	
水洗产品	断裂强力（N）≥	339 g/m² 以上的织物	经向		320	
			纬向		200	
		245～339 g/m² 以上的织物	经向		250	
			纬向		150	
		245 g/m² 以下的织物	经向		150	
			纬向		150	

注 1:有特殊磨损、洗烂工艺等情况的产品不考核。
注 2:无法取样的产品不考核。

7. 撕破强力

对于牛仔服装面料的撕破强力,优等品、一等品、合格品的具体要求见表 6-29,其测试按 GB/T 3917.1 规定执行。

表 6-29　牛仔服装面料的撕破强力要求

项目				优等品	一等品	合格品
原色产品	撕破强力(N)≥	339 g/m² 以上的织物	经向		25	
			纬向		18	
		245～339 g/m² 的织物	经向		23	
			纬向		18	
		245 g/m² 以下的织物	经向		15	
			纬向		11	
水洗产品	撕破强力(N)≥	339 g/m² 以上的织物	经向		18	
			纬向		16	
		245～339 g/m² 的织物	经向		16	
			纬向		14	
		245 g/m² 以下的织物	经向		13	
			纬向		10	

注1:有特殊磨损、洗烂工艺等情况的产品不考核。

注2:无法取样的产品不考核。

8. 耐磨性能

牛仔服装面料的耐磨性能,优等品、一等品、合格品的具体要求见表 6-30,其测试按 GB/T 21196.2 规定执行,以至少 2 根独立的纱线完全断裂为止。测试部位为衣服下摆向上 100 mm 处,裤子裤腿向上 100 mm 处,裙子下摆向上 100 mm 处,重锤质量为(595±7)g (名义加压压力为 9 kPa)。

表 6-30　牛仔服装面料的耐磨性能要求

项目			优等品	一等品	合格品
水洗产品	耐磨性能(次)≥	339 g/m² 以上的织物	25 000	20 000	
		339 g/m² 及以下的织物	15 000	10 000	

注1:有特殊磨损、洗烂工艺等情况的产品不考核。

注2:无法取样的产品不考核。

注3:除牛仔裤外,245 g/m² 及以下的织物不考核。

9. 纰裂程度

牛仔服装纰裂程度试样的取样部位为摆缝(袖窿底处向下 10 cm),裤、裙侧缝(裤、裙侧缝上 1/3 处为中心)。所取试样长度方向须垂直于取样部位。

试验负荷规定:对于面料,单位面积质量≤338 g/m²,负荷要求(120±2.0) N;单位面积质量＞338 g/m²，负荷要求（100±2.0）N。试验方法按 GB/T 21294 规定。

牛仔服装主要部位缝口纰裂程度，优等品、一等品、合格品均要求≤0.6 cm；如试验中出现纱线滑脱、织物撕破、织物断裂、缝线断裂，均判定为接缝性能不符合要求。对有特殊磨损、洗烂工艺等情况的产品不考核；无法取样的产品不考核。

10. 纽扣附着强力

测试时随机取牛仔裤（裙）一件，将其置于标准大气中调湿，并在该温湿度条件下进行试验。用强力测试仪的下夹钳固定装钉有工字扣的牛仔裤（裙）连接处的面料，使工字扣平面垂直于强力测试仪的上夹钳，如图 6-9 所示。沿着被测工字扣主轴的方向，在 5 s 内均匀施加（200±2）N 的负荷，并保持 10 s。

若在施加负荷过程中出现工字扣破损、脱落及面料破损等状况，则判定该件牛仔裤（裙）工字扣附着牢度不合格；否则，则判为合格。

11. 其他理化性能

其他理化性能按 GB/T 21294 规定进行测试。未提及取样部位的测试项目，可按测试需要在成品上选取试样（有特殊磨损、洗烂工艺等情况的部位除外）。

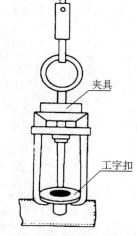

图 6-9　工字扣夹持示意

二、成衣检验结果的判断

（一）外观缺陷判定

牛仔服装质量缺陷的判定依据见表 6-31。本表未涉及的缺陷可根据缺陷划分规则，参照相似缺陷酌情判定。丢工、少序、错序均为重缺陷，缺件为严重缺陷。注明破损性设计风格的产品不考核破损性疵点。

表 6-31　牛仔服装质量缺陷的判定依据

项目	序号	轻缺陷	重缺陷	严重缺陷
外观质量及缝制质量	1	商标和耐久性标签明显歪斜，不平服	—	—
	2	各部位缝制不平服或松紧不适宜；底边不圆顺；面料正面有轻微的拆痕；包缝后缝份＜0.8 cm；毛、脱、漏＜1.0 cm	面料正面拆痕明显；毛、脱、漏在 1.0～2.0 cm；表面部位布边、针眼外露	毛、脱、漏＞2.0 cm
	3	平缝上下线松紧不一；30 cm 内有 2 个单跳针	平缝连续跳针或 30 cm 内有 2 个以上单跳针；缺线或断线在 0.5 cm 以上；包缝有缺针现象	链式线迹有跳针
	4	长度 20 cm 内接线 1 次；长度 20～60 cm 内接线 2 次	—	—

项目	序号	轻缺陷	重缺陷	严重缺陷
外观质量及缝制质量	5	缉线双轨,回针不牢固	—	—
	6	缉明线宽窄不一致,互差≤0.3 cm;明线弯曲;双明线不平行;针迹不均匀	缉明线宽窄不一致,互差>0.3 cm;针迹严重不均匀	—
	7	绱领（领肩缝对比）偏斜>0.6 cm	绱领（领肩缝对比）偏斜>1.0 cm	—
	8	肩缝不顺直或不平服;两肩宽窄不一致,互差>0.5 cm	肩缝严重不顺直或不平服;两肩宽窄不一致,互差>1.0 cm	—
	9	袖长左右对比互差>0.5 cm;两袖口宽度对比互差>0.3 cm	袖长左右对比互差>1.0 cm;两袖口宽度对比互差>0.8 cm	—
	10	口袋、袋盖不圆顺;袋盖及贴袋大小不适宜;开袋豁口及嵌线不顺直或宽窄不一致;袋角不整齐;袋位前后、高低互差>0.5 cm	袋口封结不牢固;毛茬;袋布、垫料毛边无包缝	—
	11	串带袢长短不一致、偏斜、扭曲,位置不准确	缺漏串带袢	—
	12	装拉链吃势不均匀;压线宽窄不一致;拉链起拱或不平服、不顺滑,露牙不一致	—	—
	13	扣眼过大或过小;纽扣、按扣、铆钉、扣眼及钩、袢未对准或位置不准确、线结外露	纽扣、按扣、钩等不牢固或损坏,钉扣线易脱散	—
	14	门、里襟不顺直或不平服;止口反吐	止口明显反吐	—
	15	后裆缝偏离中线	—	—
	16	门襟长于里襟 0.5～1.0 cm;里襟长于门襟0.5 cm及以下	门襟长于里襟 1.0 cm 以上;里襟长于门襟 0.5 cm 以上	—
	17	两裤腿（裙子左右侧缝）长短互差 0.5～1.0 cm,两裤口宽度互差≥0.3 cm	两裤腿（裙子左右侧缝）长短互差 1.0 cm 以上	—
	18	针距不匀;针距低于本标准规定 2 针以内(含 2 针)	针距低于本标准规定 2 针以上	—
	19	缉缝口袋、串带袢缝份<0.6 cm;其余部位缝份<0.8 cm	缝份(不包括口袋、串带袢部位)<0.5 cm;外露的缝份未折光边或包缝	—

（续表）

项目	序号	轻缺陷	重缺陷	严重缺陷
外观质量及缝制质量	20	锁眼间距互差＞0.4 cm；偏斜＞0.2 cm，纱线绽出	锁眼跳线、开线、毛漏、漏开眼	—
	21	套结位置不准确或长度不适宜	缺漏套结	—
	22	有长于1.5 cm的死线头3根及以上	—	—
辅料	23	辅料的色泽、色调与面料不适应	辅料的性能与面料不适应	纽扣、附件脱落；纽扣、装饰扣等其他附件表面不光洁，有毛刺、缺损、残疵，有可触及的锐利尖端和边缘
经纬纱向	24	纬斜超本标准规定 50%以内	纬斜超本标准规定 50%及以上	经纱严重倾斜
	25	—	—	面料全身顺向不一致
色差	26	表面部位色差不符合本标准规定的0.5级	表面部位色差超过本标准规定0.5级以上	—
疵点	27	2号、3号部位超本标准规定100%以内的轻微疵点	明显疵点：1号部位超本标准规定；2号、3号部位超本标准规定 100%及以上的疵点	有严重疵点
规格尺寸的允许偏差	28	超本标准规定指标 50%以内的	超本标准规定指标 50%及以上，100%以内	超本标准规定指标 100%及以上
水洗前扭曲度	29	超本标准规定 50%以内	超本标准规定 50%及以上，100%以内	超本标准规定 100%及以上
整烫外观	30	熨烫不平服	轻微烫黄；变色	烫黄、变质，严重影响美观、使用

注：表中本标准指 FZ/T 81006。

（二）判定规则

1. 单件（样本）判定规则

（1）优等品。严重缺陷数＝0；重缺陷数＝0；轻缺陷数≤4。

（2）一等品。严重缺陷数＝0；重缺陷数＝0；轻缺陷数≤7，或严重缺陷数＝0；重缺陷数＝1；轻缺陷数≤3。

（3）合格品。严重缺陷数＝0；重缺陷数＝0；轻缺陷数≤8，或严重缺陷数＝0；重缺陷数＝1；轻缺陷数≤6。

2. 批量判定规则

具体规定参考本章第一节。

第五节　婴幼儿服装的品质检验

婴幼儿服装是指适合年龄在 36 个月及以内(一般身高≤100 cm)的婴幼儿穿着的服装。定义中的年龄划分是根据国际惯例和医学上分类方法的,以 3 周岁为界,小于 3 周岁为婴幼儿,3 周岁至 14 周岁为儿童。

在 GB/T 33271 中,机织婴幼儿服装是指以机织物为主要面料生产的婴幼儿服装。同时,以机织物为主要面料生产的婴幼儿帽子、手套、袜子、围兜等产品亦可参照此标准执行。机织婴幼儿服装的使用说明按 GB 5296.4 规定执行,同时还必须满足 GB 31701 的要求。由于产品干洗后干洗剂残留物会对婴幼儿产生危害,在产品标识上还应注明"不可干洗"。机织婴幼儿服装的号型设置按 GB/T 1335.3 规定执行,主要部位规格按 GB/T 1335.3 的有关规定自行设计。

一、婴幼儿服装的质量要求与检测方法

(一)原材料

按有关纺织面料标准选用达到婴幼儿服装合格品质要求的面料;采用与所用面料性能、色泽相适应的里料,收缩率与面料相适应的衬布,色泽与面料相适应的缝线、绳带、松紧带(装饰线、带除外)等;钉商标线应与商标底色相适应。婴幼儿服装上起连接、系紧、装饰和标识作用的附件,如纽扣、拉链、搭扣、扣袢、装饰片、小珠子等,应表面光洁,无毛刺,无缺损,无残疵,触摸应无可能对婴幼儿皮肤造成伤害的锐利尖端和锐利边缘。附件的外观不应与食物相似。纽扣不应由两个或两个以上刚硬部分组成,但可使用四合扣。拉链的拉头不可脱卸。太小的附件黏着强力低,容易脱落,所有附件的最大尺寸应不小于 3 mm。

填充物可采用具有一定保暖性的天然纤维、化学纤维或动物毛皮。婴幼儿纺织产品所用的纤维类和羽绒羽毛填充物应符合 GB 18401 中对应的安全技术要求,还应符合 GB/T 17685 中微生物技术指标的要求;其他填充物的安全技术要求须按国家相关法规和强制性标准执行。

(二)成衣外观质量检验

1. 经纬纱向

领面、后身、袖子和条格花型纱线的允斜程度≤3%,前身底边不倒翘。

2. 对条对格

面料有明显条格,在 1.0 cm 及以上的,按表 6-32 规定;倒顺毛绒、阴阳格面料,全身顺向一致;特殊图案面料以主图为准,全身顺向一致;特殊设计除外。

表 6-32　婴幼儿服装对条对格要求

部位名称	对条对格规定	备注
左右前身	条料对条,格料对横,互差≤0.3 cm	遇格子大小不一致,以衣长 1/2 上部为主
袋与前身	条料对条,格料对横,互差≤0.3 cm,袋左右对称、互差≤0.5 cm(阴阳条格例外)	遇格子大小不一致,以袋前部为主

(续表)

部位名称	对条对格规定	备注
领角、驳头	条格料左右对称,互差≤0.2 cm	遇阴阳条格以明显条格为主
袖子	两袖左右顺直,条格对称,以袖山为准,两袖对称互差≤0.5 cm	
背缝	条料对条、格料对横,互差≤0.3 cm	
摆缝	格料对横,袖窿 5.0 cm 以下互差≤0.4 cm	—
裤侧缝	缝袋口以下 5.0 cm 处格料对横,互差≤0.3 cm	
裤前中线	条料顺直,允斜≤0.5 cm	
前后挡缝	条格对称,格料对横,互差≤0.4 cm	

3. 色差

各部位面料的色差不低于 4 级。里料的色差及覆粘合衬或多层料造成的色差不低于 3-4 级(特殊设计除外)。领子、驳头、前披肩与大身的色差不低于 4-5 级。套装中,上装与下装的色差不低于 4 级。

4. 外观疵点

将成品各部位的疵点划分为线状疵点、条状疵点和块状疵点,在实际应用中方便简捷。成品各部位允许存在的疵点程度按表 6-33 规定。每个独立部位只允许有疵点 1 处,未列入 GB/T 33271 的疵点按其形态,参照表 6-33 中的相似疵点执行。

成品各部位划分见图 6-10。

表 6-33　婴幼儿服装各部位允许存在的疵点程度

疵点名称	程度	允许程度		
		1 号部位	2 号部位	3 号部位
线状疵点	轻微	不允许	≤2.0 cm	≤3.0 cm
	明显	不允许	不允许	≤2.0 cm
条状疵点	轻微	不允许	≤1.0 cm	≤2.0 cm
	明显	不允许	不允许	≤1.0 cm
块状疵点	轻微	不允许	≤0.5 cm	≤1.0 cm
	明显	不允许	不允许	≤0.5 cm

注 1:轻微指疵点在直观上不明显,通过仔细辨认才可认出;明显指不影响总体效果,但能明显感觉到疵点的存在。
注 2:线状疵点和条块状疵点的允许值指同一件产品上同类疵点的累计尺寸。
注 3:特殊设计或装饰除外。

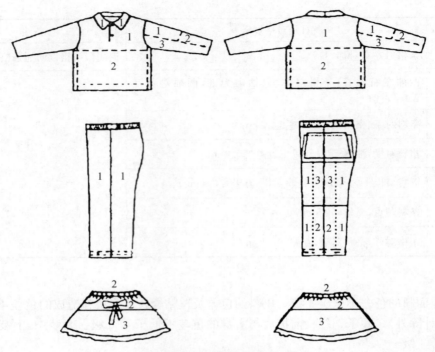

图 6-10　婴幼儿服装成品部位划分示意

5. 整烫

各部位熨烫平服、整洁,无烫黄、水渍、亮光。使用粘合衬部位不允许脱胶、渗胶及起皱。

(三)缝制质量检验

(1)各部位缝制平服,线路顺直、整齐、牢固,起止针处及袋口应回针缉牢。针距密度符合表 6-34 的要求。

(2)绱领端正,左右对称,领子平服,不反翘,领面松紧适宜。

(3)绱袖圆顺,两袖前后基本一致。

(4)滚条、压条平服,宽窄一致。

(5)外露缝份毛边不外露。

(6)袋口两端牢固,可采用套结机或平缝机回针。

(7)袖窿、袖缝、摆缝、底边、袖口、挂面里口等部位要叠针。

(8)锁眼定位准确,大小适宜,扣与眼对位,整齐牢固。纽脚高低适宜,线结不外露。

(9)商标和耐久性标签要位置端正、平服,不应缝制在直接接触皮肤的位置,以防止商标和耐久性标签可能与婴幼儿的皮肤摩擦造成损伤,但可以采用印刷等方式印制在接触皮肤的位置。

(10)下装门襟部位不可使用功能性拉链。

(11)各部位 20 cm 内不得有连续跳针或 1 处以上单跳针,链式线迹不允许跳线。

(12)残留断针可能危及婴幼儿生命安全,GB/T 33271 明确规定产品中不得残留金属针,包括残留在产品上的缝纫断针和以饰品形式附加在产品上的金属针。

(13)为防止婴幼儿误食误吞、塞入耳鼻内或造成其他危害,婴幼儿服装上的印花部位不允许使用可脱落的粉末和颗粒材料,绣花或手工缝制装饰物不允许含有闪光片、颗粒状珠子或可触及性锐利边缘及尖端的物质。

表 6-34　婴幼儿服装针距密度要求

项目		针距密度	备注
明暗线		3 cm 不少于 12 针	—
包缝线		3 cm 不少于 9 针	—
手工针		3 cm 不少于 7 针	肩缝、袖窿、领子 3 cm 不少于 9 针
三角针		3 cm 不少于 5 针	以单面计算
锁眼	细线	1 cm 不少于 12 针	—
	粗线	1 cm 不少于 9 针	—

注:细线指 20 tex 及以下的缝纫线,粗线指 20 tex 以上的缝纫线。

（四）成衣规格检验

1. 规格尺寸的测量方法

婴幼儿服装成品的衣长、胸围、领大、总肩宽、袖长、裤(裙)长和腰围等主要部位规格尺寸,按 GB/T 31907 规定进行测试,具体见表 6-35 和图 6-10。

表 6-35　婴幼儿服装规格尺寸的测量方法

序号	部位名称		测量方法
1	衣长		由前身襟肩缝最高点垂直量至底边,或由后领中垂直量至底边
2	胸围		扣上纽扣(或合上拉链),前后身摊平,沿袖窿底缝水平横量(以周围计算)
3	领大		领子摊平横量,立领量上口,其他领量下口(叠门除外)
4	总肩宽		由肩袖缝的交叉点摊平横量
5	袖长	装袖	由肩袖缝交叉点量至袖口边中间
		连肩袖	由后领中沿肩袖缝交叉点量至袖口边
6	腰围		扣上裤钩(纽扣),沿腰宽中间横量(周围计算)
7	裤长		由腰上口沿侧缝摊平垂直量至脚口
	裙长		由腰上口沿侧缝摊平垂直量至裙子底边
8	领圈展开尺寸		测量领圈(弹性领圈撑开,有固定物需解除)的最大周长

2. 婴幼儿服装成品规格的允许偏差

婴幼儿服装成品规格的允许偏差应符合表 6-36 的要求。

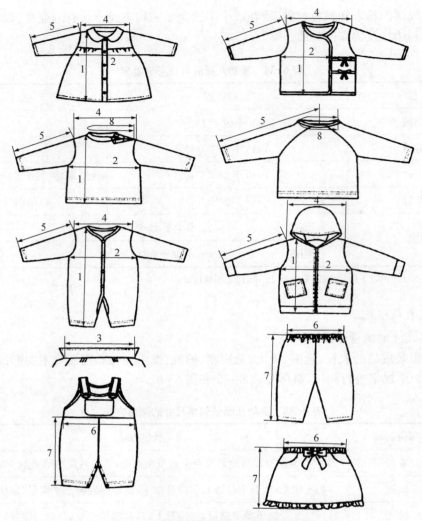

图 6-11 婴幼儿服装成品规格测量示意

表 6-36 婴幼儿服装规格尺寸允许偏差 单位:cm

部位名称		规格尺寸允许偏差
衣长		±1.0
胸围		±1.5
领大		±0.6
总肩宽		±0.6
袖长	装袖	±0.6
	连肩袖	±1.0
裤(裙)长		±0.7
腰围		±1.0

3．领围尺寸

婴幼儿套头衫领围太小，在穿脱过程中容易造成婴幼儿头部受伤，因此，套头衫最大领围尺寸（弹力领围拉开，有固定物松开）≥52 cm。

（五）绳索和拉带安全要求

婴幼儿服装的绳索和拉带的设计缺陷会给儿童带来因被夹住、钩住或缠绕而导致生命受到威胁的安全隐患。生产企业应按标准要求生产安全产品。因此，机织婴幼儿服装的绳索和拉带安全要求，应同时符合 GB/T 33271 和 GB 31701 的要求。如果相关标准规定的绳索和拉带要求存在冲突，以 GB 31701 为准。GB 31701 对婴幼儿服装的绳索和拉带安全要求见表 6-37。

表 6-37　婴幼儿服装的绳索和拉带安全要求

序号	安全要求
1	头部和颈部不应有任河绳带
2	肩带应固定、连续且无自由端。肩带上的装饰性绳带自由端长度或绳圈周长＞75 mm
3	固着在腰部的绳带，在不超出服装底边的同时，从固着点伸出的长度不应＞360 mm
4	短袖袖子平摊至最大尺寸时，袖口处绳带的伸出长度不应＞75 mm
5	除腰带外，背部不应有绳带伸出或系着
6	长袖袖口处的绳带扣紧时应完全置于服装内
7	长至臀围线以下的服装，底边处的绳带不应超出服装下边缘；长至脚踝处的服装，底边处的绳带应完全置于服装内
8	服装平摊至最大尺寸时，绳带的伸出长度不应＞140 mm
9	绳带自由端不允许打结或使用立体装饰物
10	两端固定且突出的绳带周长不应＞75 mm；平贴在服装上的绳圈，两固定端长度不应＞75 mm

（六）理化性能

考核指标包括原料的纤维含量、水洗尺寸变化率、面料和里料色牢度、衣带缝纫强力、不可拆卸附件抗拉强力、燃烧性能、基本安全性能（如甲醛含量、pH 值、可分解芳香胺染料、异味）、可萃取重金属含量、邻苯二甲酸酯等。

1．原料含量

纤维含量偏差与 GB/T 29862 的要求一致。成品所用原料成分和含量测试方法按 FZ/T 01057、GB/T 2910、GB/T 2911、FZ/T 01026、FZ/T 01095、FZ/T 30003 等规定，测试结果按结合公定回潮率含量计算。

2．水洗后尺寸变化率

水洗尺寸变化率按 GB/T 8630 规定测试，采用 GB/T 8629 中的洗涤程序 5A（面料含毛或蚕丝的产品采用 7A），悬挂晾干。

从批量中随机抽取 3 件成品测试，结果取平均值。考虑到婴幼儿生长速度快，水洗后尺寸变化率只涉及胸围、衣长、裤长和裙长，其具体指标为优等品≥－2.5%，一等品≥－3.0%，合格品≥－3.5%，并且只考核收缩，不考核倒涨。

3. 色牢度

采用评定变色用灰色样卡(GB/T 250)及评定沾色用灰色样卡(GB/T 251)评定成品色牢度,其中耐皂洗色牢度试验方法不再针对不同纤维成分的面料采用不同试验条件,统一规定试验条件为 A(1),悬挂晾干。具体的色牢度要求见表 6-38。

表 6-38　婴幼儿服装成品的色牢度要求

项目			色牢度要求(级)		
			优等品	一等品	合格品
面料、里料	耐皂洗(变色、沾色)色牢度		≥4	≥3-4	≥3
	耐唾液(变色、沾色)色牢度		≥4	≥4	≥4
	耐摩擦色牢度	干摩(沾色)	≥4	≥4	≥4
		湿摩(沾色)	≥4	≥3-4	≥3
	耐汗渍(变色、沾色)色牢度		≥4	≥3-4	≥3-4
	耐水(变色、沾色)色牢度		≥4	≥3-4	≥3-4

耐摩擦色牢度的测试方法按 GB/T 3920 规定;耐洗色牢度的测试方法按 GB/T 3921 规定;耐汗渍色牢度的测试方法按 GB/T 3922 规定;耐水色牢度的测试方法按 GB/T 5713 规定;耐唾液色牢度的测试方法按 GB/T 18886 规定。

4. 衣带缝纫强力

衣带从婴幼儿服装上扯下,可能会引起衣带绕颈致死或造成其他不必要的伤害。GB/T 33271 参照国外的相关法规,规定了衣带缝纫强力≥70 N。

婴幼儿服装衣带缝纫强力取样部位见图 6-11,在带子与服装缝合部位(包括全部衣带部位,边缘处无法取样部位除外),以面料和带子缝合线为中心线,左右各剪取长(115±1) mm、宽(50±0.5) mm 的试样 5 块。按 GB/T 3923.1 规定,调整强力机钳口夹距为(100±1) mm,拉伸速度为100 mm/min,逐个进行测试,结果取最低值。

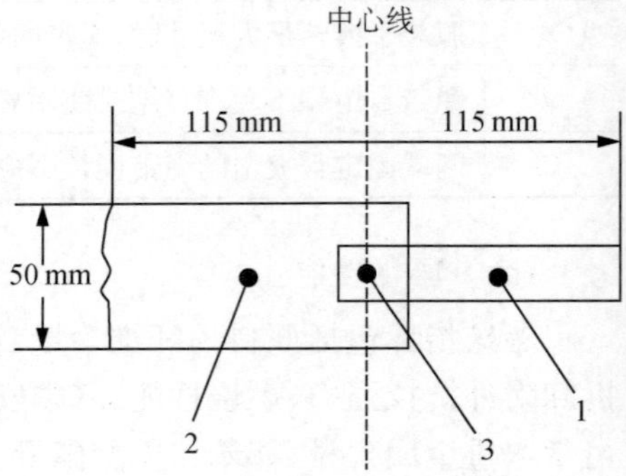

1—带子;2—面料;3—缝合线

图 6-12　婴幼儿服装衣带缝纫强力取样示意

5. 附件强力

纽扣等不可拆卸附件容易造成婴幼儿误吞误食而直接危及婴幼儿的健康和生命安全。考核附件抗拉强力的目的是防止服装制品上的小附件被婴幼儿拽下后放入口中、塞入耳内或吸入鼻孔,这会对婴幼儿造成危害。在婴幼儿服装内部,不会被婴幼儿抓起咬住的附件,不考核抗拉强力。

测试时,随机取婴幼儿服装成品一套,放在相对湿度为(65±4)%、温度为(20±2) ℃的标准大气中调湿,并在此温湿度条件下进行测试。

测试时,如采用纽扣专用强力机,拉伸试样至定负荷时间,宜为 5 s;如采用电子织物强力机(CRE),拉伸速度宜为 50 mm/min。

用强力机的下夹钳夹住附件与婴幼儿服装联接处的面料,上夹钳夹住被测附件,并使附件平面垂直于强力机的上夹钳。注意:夹持时不得引起被测附件明显变形、破碎等不良现象。

对于纽扣等不可拆卸附件,当 3 mm<附件最大尺寸≤6 mm 时,定负荷值为 50 N;当附件最大尺寸>6 mm 时,定负荷值为 70 N,并保持 10 s。

如发现附件从上夹钳中滑落但未从下层面料被拉掉,或附件从上夹钳中滑落并破碎等情况,则该数据作废。

如发现附件出现破损、从上夹钳中脱落或织物断裂、撕裂等情况,则被测婴幼儿服装判为不合格。

6. 阻燃、抗菌

火灾严重威胁婴幼儿的健康和生命安全,本标准明确规定了婴幼儿服装的燃烧性能应达到 GB/T 14644 中的 1 级(正常可燃性)要求。同时不建议对婴幼儿服装进行阻燃、抗菌处理,如果进行阻燃、抗菌处理,需符合国家相关法规和强制性标准的要求。

燃烧性能仅考核产品外层面料,不包括胆布、衬布、不外露的里料。因羊毛、腈纶、改性腈纶、锦纶、丙纶和聚酯纤维的纯纺织物,以及这些纤维的混纺织物具有燃烧缓慢、有时自灭或熔融燃烧的特点,不像纤维素纤维织物那样能迅速燃烧,所以这些纤维的纯纺织物不考核燃烧性能,但这六种纤维与其他纤维的混纺产品需考核燃烧性能。经验表明,轻薄织物的燃烧速度较厚重织物快,所以单位面积干燥质量大于 90 g/m² 的织物不考核燃烧性能。

7. 限量物质规定

对于婴幼儿服装,不仅要在物理性能方面给予重视,同时也不能忽视服装所用材料的化学安全性能对身体健康的影响,故 GB/T 33271 对婴幼儿服装的化学性能提出了技术要求。这对于提高我国婴幼儿产品在国内外市场上的竞争力,减少贸易摩擦,消除贸易技术壁垒,都是十分必要的。

(1)基本安全性能。根据 GB 18401 中 A 类规定,婴幼儿服装上的甲醛含量应小于 20 mg/kg;pH 值应在 4.0~7.5;可分解致癌芳香胺染料应禁用;不得有异味。

甲醛含量的测试方法按 GB/T 2912 规定;pH 值的测试方法按 GB/T 7573 规定;异味的测试方法按 GB 18401 规定。

(2)重金属含量。对涂层和涂料印花产品中可能残存且危害婴幼儿健康的铅、镉(总量),要求与 GB 31701 一致,其中铅(Pb)含量≤90 mg/kg,镉(Cd)含量≤100 mg/kg。仅考核涂层和非染料印染织物,塑料(橡胶)附件和附件/配件的表面涂层。重金属含量按 GB/T 30157 测试。

(3)可萃取重金属含量。产品中可能残存可萃取重金属,其对婴幼儿的健康危害较大,其含量规定:砷(As)≤0.2 mg/kg;铅(Pb)≤0.2 mg/kg;铬(Cr)≤1.0 mg/kg;钴(Co)≤1.0 mg/kg;镍(Ni)≤1.0 mg/kg;锑(Sb)≤30.0 mg/kg;镉(Cd)≤0.1 mg/kg;铬(六价)(Cr VI)≤0.5 mg/kg,铬(六价)仅考核皮革产品;汞(Hg)≤0.02 mg/kg。

铬、铅、铜含量的测试方法按 GB/T 17593.1 规定;砷、镉、钴、铬、铜、镍、铅、锑含量同时测定的方法按 GB/T 17593.2 规定;铬(六价)含量的测试方法按 GB/T 17593.3 规定;汞、砷含量的测试方法按 GB/T 17593.4 规定。

(4)邻苯二甲酸酯。根据 GB 31701 规定,邻苯二甲酸酯仅考核涂层和非染料印染织物、塑料(橡胶)附件和附件/配件的表面涂层,其含量规定:邻苯二甲酸二(2-乙基)己酯

(DEHP)、邻苯二甲酸丁二酯(DBP)和邻苯二甲酸丁基苄基酯(BBP)≤0.1％;邻苯二甲酸二异壬酯(DINP)、邻苯二甲酸二异癸酯(DIDP)和邻苯二甲酸二辛酯(DNOP)≤0.1％。

邻苯二甲酸酯按 GB/T 20388 规定进行测试,其中塑料(橡胶)附件/配件和非塑料(橡胶)附件/配件的表面涂层样品制备方法如下:

① 塑料(橡胶)附件/配件样品。将样品用粉碎机粉碎或剪碎到尺寸不大于 2 mm× 2 mm×2 mm,混匀,称取 0.3 g 作为试样,精确到 0.001 g。

② 非塑料(橡胶)附件/配件样品。用一次性刀片将表面涂层刮下,并尽可能少地刮掉基质材料。若刮下的涂层较大,将其制成不大于 2 mm×2 mm,混匀,称取 0.3 g 作为试样,精确到 0.001 g;若刮下的涂层质量仅能得到 0.03～0.3 g,实际用于测试的试样质量应注明,邻苯二甲酸酯的含量应按试样质量为 0.3 g 进行折算;若刮下的涂层质量少于 0.03 g,则不进行该项测试。

8. 残留金属针

按 GB/T 24121 规定进行检测。该标准规定了采用金属检针机检测纺织制品中断针类或铁磁性金属残留物的方法,采用检测灵敏度(标准铁球测试卡)为 1.0 mm。

二、成衣检验结果的判断

（一）外观缺陷判定

婴幼儿服装质量缺陷的判定依据见表 6-39。该表未涉及的缺陷可根据缺陷划分规则,参照相似缺陷酌情判定。丢工、少序、错序为重缺陷,缺件为严重缺陷。

表 6-39　婴幼儿服装质量缺陷的判定依据

项目	序号	轻缺陷	重缺陷	严重缺陷
外观质量及缝制质量	1	商标和耐久性标签不端正、不平服,明显歪斜	产品维护方法采用可干洗,商标、耐久性标签缝制在直接接触皮肤的位置	—
	2	表面有轻微污渍,或有 3 根及以上长于 1.0 cm 的死线头	表面有明显污渍,面料污渍面积>2.0 cm²,里料污渍面积>4.0 cm²;水花面积>4.0 cm²	有严重污渍,面料污渍面积>3.0 cm²
	3	各部位缝制不平服或松紧不适宜;底边不圆顺;面料正面有轻微的拆痕;包缝后缝份<0.8 cm;毛、脱、漏<1.0 cm	面料正面有明显拆痕;毛、脱、漏 1.0～2.0 cm;表面部位露布边;针眼外露	毛、脱、漏≥2.0 cm
	4	领子部位有 1 处单跳针;其余部位 30.0 cm 内有 2 处单跳针;领子面、里松紧不适宜;表面不平服;领尖长短或驳头宽窄>0.3 cm;领窝不平服、起皱;绱领子(以肩缝对比)偏差>0.6 cm	连续跳针或 30.0 cm 内有 2 处以上单跳针;四、五线包缝有跳针;锁眼缺线或短线>0.5 cm;领子面、里松紧明显不适宜;领窝明显不平服、起皱;绱领子(以肩缝对比)偏差>1.0 cm	链式线迹有跳针

（续表）

项目	序号	轻缺陷	重缺陷	严重缺陷
外观质量及缝制质量	5	缉线宽窄明显不一致	—	
	6	锁眼、钉扣、封结不牢固；眼位距离不均匀，互差＞0.3 cm；扣与眼位位置互差或四合扣上下位置互差＞0.3 cm	眼位距离不均匀，互差＞0.6 cm；扣与眼位位置互差或四合扣上下位置互差＞0.3 cm	—
	7	绱袖不圆顺；前后不适宜；吃势不均匀；两袖前后不一致，互差＞1.0 cm；袖缝不顺直，缝长左右互差＞0.3 cm；两袖口宽度互差＞0.4 cm	—	—
	8	门襟长于门里襟 0.5～1.0 cm；门里襟长于门襟 0.3～0.5 cm；门、里襟不顺直或不平服；止口反吐		
	9	肩缝不顺直或不平服；两肩宽窄不一致，互差＞0.5 cm	—	—
	10	口袋、袋盖不圆顺；袋盖及贴袋大小不适宜；开袋豁口及嵌线不顺直或宽窄互差＞0.3 cm；袋角不整齐；袋位前后、高低互差＞0.5 cm	袋口封结不牢固；毛茬；袋口无垫袋布	
	11	装拉链吃势不均匀，不平服，露牙不一致	拉链明显不平服	—
	12	两裤腿（或裙子左右侧缝）长短互差＞0.5 cm，两裤口宽度互差＞0.4 cm	两裤腿（或裙子左右侧缝）长短互差＞1.0 cm，两裤口宽度互差＞0.6 cm	—
	13	裤小裆、后裆缝明显不圆顺、不平服；封结不整齐，裤底不平；后缝单线	各部位封结不牢固；后缝平拉断线	—
	14	针距不匀；针距低于本标准规定 2 针以内（含 2 针）	针距低于本标准规定 2 针以上	
	15	锁眼间距互差＞0.5 cm；偏斜≥0.3 cm，纱线绽出	锁眼跳线、开线、毛漏、漏开眼	—
整烫外观	16	熨烫不平服，有亮光	轻微烫黄；变色	变质、残破
色差	17	表面部位色差不符合本标准规定 1 级	表面部位色差超过本标准规定 1 级以上	—
辅料	18	辅料的色泽、色调与面料不适应	—	—
疵点	19	2 号、3 号部位超本标准规定 100%以内的轻微疵点	1 号部位超本标准规定	—

项目	序号	轻缺陷	重缺陷	严重缺陷
对条对格	20	对条、对格、纱线歪斜超过本标准规定 50％及以下	对条、对格、纱线歪斜超过本标准规定 50％以上、100％以内	超本标准规定 100％及以上
图案	21	—	—	面料倒顺毛，全身顺向不一致；特殊图案顺向不一致
规格尺寸的允许偏差	22	超过本标准规定 50％以内	超过本标准规定 50％及以上、100％以内	超本标准规定 100％及以上
	23	—	—	套头衫领圈展开（周长）长度＜52.0 cm
纽扣及附件	24	—	—	纽扣、附件脱落；纽扣、装饰扣等其他附件表面不光洁，有毛刺、缺损、残疵，有可触及的锐利尖端和边缘；金属件锈蚀；附件的外观与食物相似；使用由 2 个或 2 个以上刚硬部分构成的纽扣；附件最大尺寸＜0.3 cm
拉链	25	拉链明显不平服、不顺直	拉链宽窄互差＞0.5 cm	拉链缺齿，拉链锁头脱落，拉链头可脱卸；下装门襟部位使用功能性拉链
印花绣花	26	—	—	印花含有可掉落粉末和颗粒
	27	—	—	绣花或手工缝制装饰物有闪光片和颗粒状珠子或可触及锐利边缘及尖端的物质
残留金属针	28	—	—	有残留金属针
绳索和拉带安全	29	—	—	绳索和拉带不符合 GB/T 22702、GB/T 22705 的规定要求

注：表中本标准指 GB/T 33271。

（二）判定规则

1. 单件（样本）判定规定

（1）优等品。严重缺陷数＝0；重缺陷数＝0；轻缺陷数≤4。

（2）一等品。严重缺陷数＝0；重缺陷数＝0；轻缺陷数≤7；或严重缺陷数＝0；重缺陷数≤1；轻缺陷数≤3。

（3）合格品。严重缺陷数＝0；重缺陷数＝0；轻缺陷数≤10；或严重缺陷数＝0；重缺陷数＝1；轻缺陷数≤6。

2. 批量判定规定

具体规定参考本章第一节。

思 考 题

1. 名词解释：轻缺陷，重缺陷，严重缺陷。
2. 简述服装成品检验的抽样规定。
3. 衬衫的质量技术要求包括哪些内容？
4. 男西服、大衣的质量技术要求包括哪些内容？简述男西服、大衣成品的规格测量方法。
5. 牛仔服装的质量技术要求包括哪些内容？简述牛仔服装水洗前扭曲度测试方法。
6. 简述衬衫成品质量等级评定方法。
7. 简述婴幼儿服装衣带缝纫强力测试方法。
8. 简述婴幼儿服装对绳索和拉带的安全要求。

第七章　纺织品的功能性和安全卫生检测

本章知识点：

1. 纺织品功能性(如阻燃、抗静电、防紫外线、抗菌等性能)的检测和评价。
2. 纺织品安全卫生(如色牢度、防污性、有害物质)的检测和评价。
3. 纺织品舒适性和保健性(如防水透湿、吸湿快干、远红外、负离子等性能)的检测和评价。

第一节　纺织品阻燃性能检测

阻燃纺织品是指由阻燃纤维制成的纺织品，以及经过阻燃整理，不易燃烧的纺织品。GB/T 17591将阻燃织物按最终用途分为三类：装饰用织物、交通工具内饰用织物、阻燃防护服用织物。阻燃织物的燃烧性能要求如表7-1所示。

表7-1　阻燃织物的燃烧性能要求

产品类别		项目		考核指标		试验方法
				B₁级	B₂级	
装饰用织物		损毁长度(mm)	≤	150	200	GB/T 5455
		续燃时间(s)	≤	5	15	
		阴燃时间(s)	≤	5	15	
交通工具内饰用织物	飞机、轮船内饰用	损毁长度(mm)	≤	150	200	GB/T 5455
		续燃时间(s)	≤	5	15	
		燃烧滴落物		未引燃脱脂棉	未引燃脱脂棉	
	汽车内饰用	火焰蔓延速率(mm/min)	≤	0	100	FZ/T 01028
	火车内饰用	损毁面积(cm²)	≤	30	45	GB/T 14645 A法
		损毁长度(mm)	≤	20	20	
		续燃时间(s)	≤	3	3	
		阴燃时间(s)	≤	5	5	
		接焰次数	>	3		GB/T 14645 B法

（续表）

产品类别	项目		考核指标		试验方法
			B₁ 级	B₂ 级	
阻燃防护服用织物（洗涤前和洗涤后）	损毁长度（mm）	≤	150	—	GB/T 5455
	续燃时间（s）	≤	5	—	
	阴燃时间（s）	≤	5	—	
	熔融、滴落		无	—	

目前对材料阻燃性能的评价主要通过测试其燃烧性能来实现,包括燃烧性能基本试验方法、燃烧性能氧指数法、火焰蔓延速率测试、试样易点燃性测试、燃烧烟释放和热释放性能测试等。

一、燃烧性能基本试验方法

点火时间是指点火源的火焰施加到试样上的时间;续燃时间是指在规定的试验条件下,移开点火源后,试样持续有焰燃烧的时间;阴燃时间是指在规定的试验条件下,当有焰燃烧终止后或移开点火源后,试样持续无焰燃烧的时间;损毁长度是指在规定的试验条件下,试样损毁面积在规定方向上的最大长度;损毁面积是指在规定的试验条件下,试样因受热而产生的不可复原的损伤总面积,包括材料损失、收缩、软化、熔融、炭化、燃烧及热解等;接焰次数是指在规定的试验条件下,试样燃烧 90 mm 需要接触火焰的次数。

（一）垂直法

垂直法的测试原理是用规定点火器产生的火焰,对垂直方向的试样底边中心点火,在规定的点火时间后,测量试样的续燃时间、阴燃时间及损毁长度。图 7-1 所示为垂直燃烧试验箱,其由耐热及耐烟雾侵蚀的材料制成。箱的前部设有耐热耐烟雾侵蚀的透明材料制作的观察门,箱顶有均匀排列的排气孔,箱两侧下部各开有通风孔,箱顶有支架可承挂试样夹,试样夹的底部位于点火器管口最高点之上 17 mm,箱底铺有耐热及耐腐蚀材料制成的板。

点火器管头与垂线成 25°角,点火器入口气体压力为 17.2 kPa。试样尺寸为 300 mm×89 mm。如果试样经过调湿,那么沿织物经（纵）纬（横）向各取 5 块,选用工业用丙烷或丁烷或丙烷/丁烷混合气体点火,点火时间 12 s;如果试样在 105 ℃的烘箱内干燥 30 min,取出后放置在干燥器中冷却不少于 30 min,那么沿织物经（纵）向取 3 块,沿织物纬（横）向取 2 块,选用纯度不低于 97%的甲烷点火,点火时间 3 s。

达到点火时间后,将点火器移开并熄灭火焰,同时打开计时器,记录续燃时间和阴燃时间,燃烧结束

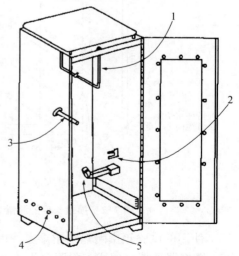

1—试样夹持器；2—火焰高度指示器；
3—试样夹固定装置；4—通风孔；
5—点火器
图 7-1　垂直燃烧试验箱

后测量损毁长度。当试样为熔融性纤维制成的织物时,如果在燃烧过程中有熔滴产生,应在试验箱的底部平铺上 10 mm 厚的脱脂棉,并观察熔融脱落物是否引起脱脂棉燃烧或阴燃。

在测量损毁长度时,沿着试样长度方向上损毁面积内最高点折一条直线,然后在试样的下端一侧,距其底边及侧边各约 6 mm 处,挂上选用的重锤,重锤质量按表 7-2 选择。再用手缓缓提起试样下端的另一侧,让重锤悬空,再放下,测量并记录试样撕裂的长度,即损毁长度,如图 7-2 所示。

表 7-2　织物单位面积质量与选用重锤质量的关系

织物单位面积质量(g/m²)	101 以下	101～207 以下	207～338 以下	338～650 以下	650 及以上
重锤质量(g)	54.5	113.4	226.8	340.2	453.6

(二) 45°法

45°法的测试原理是采用规定燃烧器产生的火焰,对 45°方向的试样表面点火,测量规定点火时间后试样的续燃时间、阴燃时间、损毁长度和损毁面积。试样尺寸为 330 mm×230 mm,沿织物的经(纵)向或纬(横)向各取 3 块。对于受热会熔融的试样,采用规定燃烧器产生的火焰,对 45°方向的试样底边点火,测量接焰次数。

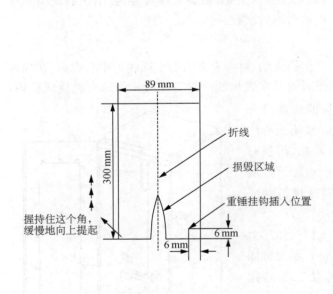

图 7-2　损毁长度的测量

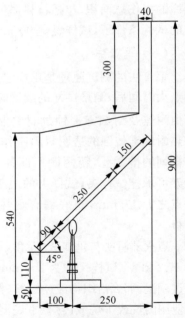

图 7-3　燃烧试验箱(单位:mm)

使用的试验箱由耐热及耐烟雾侵蚀的材料制成,固定试样后放置试样夹持器与水平面成 45°,燃烧器顶端与试样表面距离为 45 mm,如图 7-3 所示。采用表面点火,时间为 30 s,测定续燃时间和阴燃时间。燃烧结束后取出试样,测定损毁面积和损毁长度。对于受热会熔融的试样,点火后,当观察到试样熔融、燃烧停止时,调节试样架,使残存的试样最下端与火焰接触,反复操作,直到试样熔融燃烧 90 mm,记录所需接触火焰的次数。

如要测试厚型纺织品,需要采用大喷嘴的默克尔燃烧器,燃烧器顶端与试样表面距离为 65 mm,点火时间为 120 s。

二、燃烧性能氧指数法

极限氧指数是指在规定的试验条件下,氧氮混合物中材料刚好保持燃烧状态所需要的最低氧浓度。

氧指数法是近年来使用较广泛的燃烧性能试验方法。测试时,采用 U 形试样夹,如图 7-4 所示。试样尺寸为 150 mm×58 mm,夹于试样夹上垂直于燃烧筒内,在向上流动的氧氮气流中,点燃试样上端,观察其燃烧特性,并与规定的极限值比较其续燃时间或损毁长度。通过试样在不同氧浓度中的一系列试验,可以测得维持燃烧时氧气百分含量表示的最低氧浓度值,试样中要有 40%～60%超过规定的续燃和阴燃时间或损毁长度。

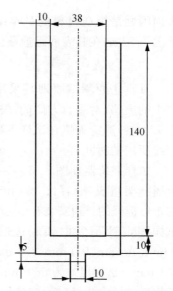

图 7-4　U 形试样夹(单位:mm)

图 7-5 为氧指数测试仪器机构示意图,主要由燃烧部、测试部和气体供给部分构成,通以丙烷或丁烷气体,在管子的端头点火,火焰高度可用气阀调节,能从燃烧筒的上方伸入以点燃试样,火焰高度为 15～20 mm。

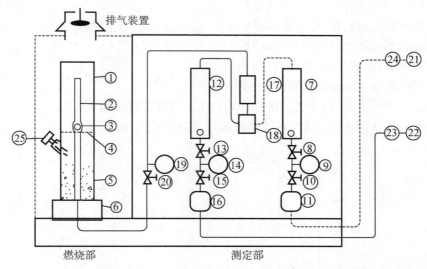

1—燃烧筒;2—试样;3—试样支架;4—金属网;5—玻璃珠;6—燃烧筒支架;7—氧气流量计;8—氧气流量调节器;9—氧气压力计;10—氧气压力调节器;11,16—清净器;12—氮气流量计;13—氮气流量调节器;14—氮气压力计;15—氮气压力调节器;17—混合气流量计;18—混合器;19—混合气体压力计;20—混合气体供给器;21—氧气钢瓶;22—氮气钢瓶;23,24—气体减压器;25—混合气体温度计

图 7-5　氧指数测试仪器机构示意

三、火焰蔓延速率测试

火焰蔓延时间是指在规定的试验条件下,燃烧的材料上的火焰扩展一定的距离或面积所需要的时间,以秒表示;燃烧速率是指在规定的试验条件下,单位时间内火焰前沿扩展的距离;

表面闪燃是指在材料的基本结构未点燃的情况下，火焰在其表面迅速蔓延。

（一）垂直法

垂直法的测试原理是采用规定点火器产生的火焰，对垂直方向的试样表面或底边点火 10 s，测定火焰在试样上蔓延至三条标记线所用的时间。

试样夹持器如图 7-6 所示，由一个矩形金属框架组成，沿着长 560 mm、宽 150 mm 的矩形框架的长边安装有 12 个试样固定针。试样固定针距离框架底边的距离分别为 5 mm、10 mm、190 mm、370 mm、550 mm 和 555 mm。试样尺寸为 560 mm×170 mm，沿织物经（纵）向或纬（横）向各取 3 块。

将试样放在规定的标准大气条件下进行调湿，然后取出试样，在 2 min 内开始试验。试验时可采用表面点火和底边点火两种点火方式，如图 7-7 所示。表面点火是将点火器垂直于试样表面放置，使点火器轴心线在下端固定针标记线的上方 20 mm 处，并与试样的垂直中心线在一个平面内，点火器的顶端距试样表面 17 mm。底边点火是

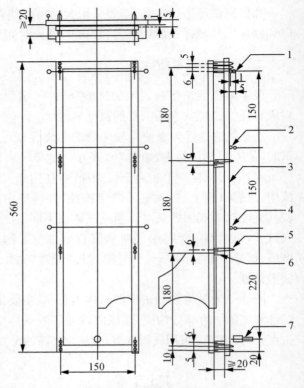

1—第三条标记线；2—第二条标记线；3—织物试验样品；4—第一条标记线；5—固定针；6—隔离棒；7—燃烧器（定向表面点火）

图 7-6　试样夹持器（单位：mm）

将点火器放在试样前下方，位于通过试样的垂直中心线和试样表面垂直的平面上，其纵向轴与垂直线成 30°，与试样的底边垂直，点火器的顶端到试样底边的距离为 20 mm。对试样点火

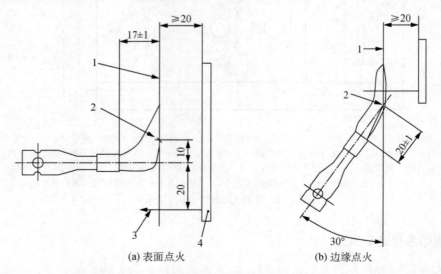

(a) 表面点火　　　(b) 边缘点火

1—织物试验样品；2—名义上的火焰点火点；3—固定针；4—安装框

图 7-7　点火方式（单位：mm）

10 s 或者按照 GB/T 8746 中的临界点火时间进行测试、观察和记录；从点火开始到第一条标记线被烧断的时间(s)；从点火开始到第二条标记线被烧断的时间(s)；从点火开始到第三条标记线被烧断的时间(s)。

（二）45°法

45°法的测试原理是在规定的条件下，对 45°角放置的试样表面点火，根据火焰蔓延时间评定试样的燃烧速率。采用的试验箱如图 7-8 所示。

试样夹由两块 U 形钢板组成，试样固定于两板中间。试样尺寸为 160 mm×50 mm，取 5 块试样，并以燃烧速率最快的方向作为试样的长度方向。将已装好试样的试样夹平放在 105 ℃的烘箱内，30 min 后取出，置于干燥器中冷却 30 min。

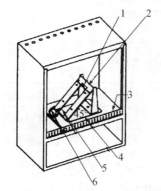

1—标志线；2—试样夹；3—通风条；
4—试样架；5—位置指示器；6—点火器
图 7-8　燃烧试验箱

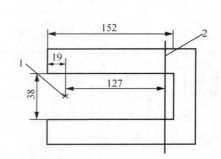

1—点火处；2—标志线位置
图 7-9　试样夹(单位:mm)

将已装好试样的试样夹置于试样架上，火焰垂直作用于试样表面，从点火处到标志线的距离为 127 mm，如图 7-9 所示。将标志线穿过试样架平板的导丝钩，然后在标志线下方挂一个 30 g 左右的重锤，点着燃烧器，使火焰与试样表面接触 1 s，观察试样的燃烧状态，开启计时器，当火焰烧到标志线时，重锤因线被烧断而下落，计时器停止计时，记录火焰蔓延时间及燃烧状态。根据表 7-3 对织物燃烧性能进行相关计算和分级。

表 7-3　织物燃烧性能的分级

试样数量		火焰蔓延时间(t_i)		燃烧等级
5 块 ($1 \leqslant i \leqslant 5$)	非绒面纺织品	无		1 级(正常可燃性)
		仅有 1 个	$t_i \geqslant 3.5$ s	1 级(正常可燃性)
			$t_i < 3.5$ s	另增加 5 块试样，按 10 块试样评级
		2 个及以上	$\bar{t} \geqslant 3.5$ s	1 级(正常可燃性)
			$\bar{t} < 3.5$ s	另外增加 5 块试样，按 10 块试样评级
		不考虑火焰蔓延时间，基布未点燃		1 级(正常可燃性)
	绒面纺织品	无		1 级(正常可燃性)

（续表）

试样数量		火焰蔓延时间（t_i）		燃烧等级
5块 （$1 \leqslant i \leqslant 5$）	绒面 纺织品	仅有1个	$t_i < 4$ s，基布未点燃 $t_i \geqslant 4$ s，不考虑基布	1级（正常可燃性）
			$t_i < 4$ s，同时1块基布点燃	另外增加5块试样，按10块试样评级
		2个及以上	0 s $< \bar{t} < 7$ s，仅有1块表面闪燃 $\bar{t} > 7$ s，不考虑基布 4 s $\leqslant \bar{t} \leqslant 7$ s，1块基布点燃 $\bar{t} < 7$ s，不考虑基布	1级（正常可燃性）
			4 s $\leqslant \bar{t} \leqslant 7$ s，大于等于2块基布点燃	2级（中等可燃性）
			$\bar{t} < 4$ s，大于等于2块基布点燃	另外增加5块试样，按10块试样评级
10块 （$1 \leqslant i \leqslant 10$）	非绒面 纺织品	仅有1个		1级（正常可燃性）
		2个及以上	$\bar{t} \geqslant 3.5$ s	1级（正常可燃性）
			$\bar{t} < 3.5$ s	3级（快速剧烈）
	绒面 纺织品	仅有1个		1级（正常可燃性）
		2个及以上	$\bar{t} < 4$ s，小于等于2块基布点燃 4 s $\leqslant \bar{t} \leqslant 7$ s，小于等于2块基布点燃	1级（正常可燃性）
			4 s $\leqslant \bar{t} \leqslant 7$ s，大于等于3块基布点燃	2级（中等可燃性）
			$\bar{t} < 4$ s，大于等于3块基布点燃	3级（快速剧烈）

（三）水平法

水平法的测试原理是在规定条件下，对水平放置的试样底边中心点火，在一定的点火时间后，测量试样的火焰蔓延距离及火焰蔓延时间，计算燃烧速率。所用的燃烧试验箱如图7-10所示。

试样尺寸为 340 mm $\times 100$ mm，沿织物的经（纵）纬（横）向各取5块。试样夹的上夹板上有3条标记线，分别距离试样夹底边38 mm、138 mm和292 mm。点火火焰高度为38 mm，火焰与试样表面接触15 s。火焰根部蔓延至第一标记线时开始计时，火焰根部蔓延至第三根标记线时停止计时，记录火焰蔓延时间，并记录火焰蔓延距离为254 mm；如果试验时火焰至第三标记线前熄灭，则测量第一标记线至火焰熄灭处的最大距离；如果试样长度不足340 mm，则测量火焰从第一标记线蔓延至第二标记线的时

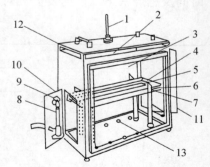

1—温度计；2—通风槽；3—观察窗；
4—U形试样夹；5—试样；6—试样夹导轨；
7—标记线指示板；8—点火器；
9—焰高标尺；10—左侧门；11—右侧门；
12—顶盖；13—通风孔

图7-10 燃烧试验箱

间,并记录火焰蔓延距离为 100 mm。最后根据燃烧时火焰的蔓延距离和蔓延时间计算试样的燃烧速率。

四、试样易点燃性测试

持续燃烧是指续燃时间大于或等于 5 s,或者在 5 s 内续燃到达顶部或垂直边缘;最小点燃时间是指在规定的试验条件下,材料暴露于点火源中获得持续燃烧所需的最短时间。

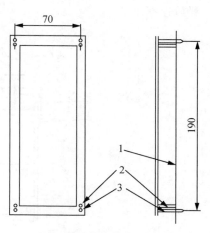

1—试样;2—定位圆柱;3—固定针
图 7-11　试样框架(单位:mm)

易点燃性的测试原理是采用规定点火器产生的火焰,对垂直方向的试样表面或底边点火,测定从火焰施加到试样上至试样被点燃所需的时间。试样框架如图 7-11 所示,四角有支撑试样的固定针,试样尺寸为 200 mm×80 mm,因需要进行重复试验,每个方向至少准备 10 块试样,保证试验时获得至少 5 块试样点燃和 5 块试样未点燃的结果。将试样放置在试样框架的固定针上,使固定针穿过试样上通过模板作的标记点,并使试样的背面距框架至少 20 mm,然后将试样框架装在支承架上,使试样呈垂直状态,表面点火和边缘点火时的火焰位置如图 7-7 所示,记录点火时间及试样是否被点燃。

五、燃烧烟释放和热释放性能测试

热辐照度是指试样表面在单位时间内单位面积所受到的热辐射能量;引燃时间是指在一定的热辐照度下,用电弧点火器点火,试样从暴露于热辐射源开始到出现火焰为止的时间;平均质量损失速率是指试样在燃烧期间单位时间的质量损失与暴露面积之比;热释放速率是指试样单位时间燃烧释放的热量与暴露面积之比;总热释放量是指试样从开始引燃至熄灭期间释放的总热量与暴露面积之比;烟释放速率是指试样单位时间燃烧释放的烟量与暴露面积之比;总烟释放量是指试样从开始引燃至熄火期间释放的总烟量与暴露面积之比。

燃烧烟和热释放的测试原理是在规定的试验环境中,在预定的热辐照度($0\sim100$ kW/m^2)下,用电弧点火器点火并引燃试样。通过纺织品燃烧时所产生的烟对光强度的衰减作用,测定激光束在烟中的透过率,计算得出试样的烟释放性能;根据纺织品燃烧时消耗的氧气质量与释放热量之间的比例关系(每消耗 1 kg 氧气释放的热量大约为 13.10×10^3 kJ),通过测定耗氧量,计算得出试样的热释放性能。

试样尺寸为 100 mm×100 mm 的正方形,厚度在 $4\sim50$ mm,试样安装架如图 7-12 所示。

燃烧设备结构如图 7-13 所示。试验时称取调湿平衡后的试样质量,调整热辐射锥底部

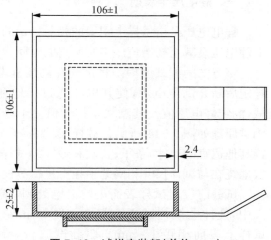

图 7-12　试样安装架(单位:mm)

与试样表面的距离为 25 mm,开启热辐射锥,待其加热至设定热辐照度对应的温度后,设置取样时间间隔,插入辐射防护板,移去保护称重装置的隔热层,将安装试样的试样架放到称重装置上,插入电弧点火器,移去辐射防护板,记录引燃时间和火焰熄灭时间,计算续燃时间,计算质量损失速率、热释放速率、总热释放量、平均热释放速率、烟释放速率、总烟释放量和平均烟释放速率。

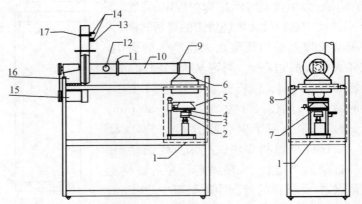

1—试验环境舱;2—称重装置;3—试样;4—点火装置;5—热辐射锥;6—集烟罩;7—辐射防护板;
8—橡胶减震器;9—孔板;10—导管;11—气体取样装置;12—烟雾减光测量系统;
13—热电偶(位于烟道中心线);14—压力计;15—风机的电机;16—风机;17—孔板

图 7-13　燃烧设备结构示意

第二节　纺织品抗静电性能检测

纤维材料本身的比电阻较高,容易在摩擦后产生电荷集聚,当织物相互分离或人体遇到可放电端时,电荷在静电压的作用下快速转移和释放,形成电火花及噼啪声和高能量电子流的释放与电击。评价织物抗静电性能的指标有静电压半衰期、电荷面密度、电荷量等。

一、静电压半衰期

静电电压是指试样上积聚的相对稳定的电荷所产生的对地电位;静电压半衰期是指试样上静电压衰减至初始值一半时所需的时间。

该方法的测试原理是将试样在高压静电场中带电至稳定后断开高压电源,使其电压通过接地金属后自然衰减,测定静电压值及其衰减至初始值一半时所需的时间,测试原理如图 7-14 所示。试样尺寸为 45 mm×45 mm 或其他适宜的尺寸,条子、长丝和纱线等试样可以均匀、密实地绕在与试样尺寸相同的平板上进行测试。

试验前应对试样表面进行消电处理,试样夹于试验夹中,使针电极与试样上表面相距20 mm,感应电极与试样上表面相距 15 mm。驱动试验台,待其转动平稳后,在针电极上加 10 kV 高压,30 s 后断开高压,试验台

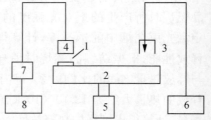

1—试样;2—转动平台;3—针电极;
4—圆板状感应电极;5—电机;
6—高压直流电源;7—放大器;
8—示波器或记录仪

图 7-14　静电压半衰期测试原理

继续旋转直至静电电压衰减至 1/2 以下时停止试验，记录高压断开瞬间试样静电电压（V）及其衰减至 1/2 所需要的时间即静电压半衰期（s）。根据静电压半衰期对试样进行分级，如表 7-4 所示。

表 7-4　静电压半衰期评价

等级	A 级	B 级	C 级
要求	≤2.0 s	≤5.0 s	≤15.0 s

二、电荷面密度

电荷面密度是指试样单位面积上所带的电量。

该方法的测试原理是将经过摩擦装置摩擦的试样投入法拉第筒，测量试样的电荷面密度。沿织物经（纵）或纬（横）向各取 3 块试样，尺寸为 250 mm×400 mm，按图 7-15 将长向一端缝制为套状，未缝部分长度为 270 mm（有效摩擦长度 260 mm）。将绝缘棒插入缝好的套内，放置于垫板上，勿使其产生折皱。

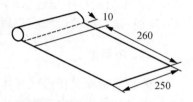

图 7-15　试样尺寸（单位：mm）

试验时双手持缠有标准布的摩擦棒两端，由前端向体侧一方摩擦试样，如图 7-16 所示（不应使摩擦棒转动），约 1 s 摩擦 1 次，连续 5 次。握住绝缘棒的一端，如图 7-17 所示，使棒与垫板保持平行地由垫板上揭离试样，并在 1 s 内迅速将试样投入法拉第筒，读取静电压或电量值，根据式（7-1）计算电荷面密度。

$$\sigma = \frac{Q}{A} = \frac{C \cdot V}{A} \tag{7-1}$$

式中：σ 为电荷面密度（$\mu C/m^2$）；Q 为电荷量测定值（μC）；C 为法拉第系统总电容量（F）；V 为电压值（V）；A 为试样摩擦面积（m^2）。

1—试样；2—垫板
图 7-16　摩擦示意

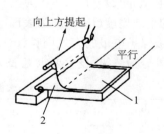

向上方提起

平行

1—试样；2—垫板
图 7-17　揭离试样示意

对于非耐久型抗静电纺织品，洗前电荷面密度应不超过 7.0 $\mu C/m^2$；对于耐久型抗静电纺织品，洗前、洗后电荷面密度均应不超过 7.0 $\mu C/m^2$。

三、电荷量

电荷量是指试样与标准布摩擦一定时间后所带的电荷。

该方法主要用于服装的抗静电性能测试,测试仪器如图7-18 所示,用摩擦装置模拟试样摩擦带电的情况,然后将试样投入法拉第筒,测量其带电电荷量。

将试样在模拟穿用状态下(扣上纽扣或合上拉链)放入摩擦装置,运转 15 min。运转完毕,将试样从摩擦装置取出(须戴绝缘手套)并投入法拉第筒。对于带衬里的纺织制品,应将衬里翻转朝外,再次测试。对于非耐久型抗静电纺织品,洗前电荷量应不超过 $0.6\ \mu C/$件;对于耐久型抗静电纺织品,洗前、洗后电荷量均应不超过 $0.6\ \mu C/$件。

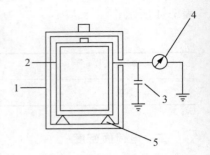

1—外筒;2—内筒;3—电容器;
4—静电电压表;5—绝缘支架
图 7-18　测试用法拉第筒

四、电阻率

体积电阻率是指沿试样体积电流方向的直流电场强度与稳态电流密度的比值;表面电阻率是指沿试样表面电流方向的直流电场强度与单位长度的表面传导电流之比。

试验前先测量试样及电极的尺寸、表面间隙的宽度 w(两电极之间距离),通过测量装置将两个测量电极之间短路,逐步增加电流测量装置的灵敏度到符合要求,同时观察短路电流的变化,直到短路电流达到相当恒定的值为止。

当短路电流变得基本恒定时,记下电流的值和方向。然后加上规定的直流电压并开始计时,使用一个固定的电化时间如 1 min 后的电流值,按式(7-2)计算体积电阻率。施加规定的直流电压,测定试样表面的两个测量电极之间的电阻,在1 min的电化时间后测量电阻,按式(7-3)计算表面电阻率。

$$\rho_V = R_V \times \frac{A}{h} \tag{7-2}$$

$$\rho_S = R_S \times \frac{L}{w} \tag{7-3}$$

式中:ρ_V 为体积电阻率($\Omega \cdot m$);R_V 为测得的体积电阻(Ω);A 为被保护电极的有效面积(m^2);h 为试样的平均厚度(m);ρ_S 为表面电阻率(Ω);R_S 为测得的表面电阻(Ω);L 为特定使用电极装置中被保护电极的有效周长(m);w 为两电极之间的距离(m)。

表面电阻率可分为三级,技术要求见表 7-5。

表 7-5　表面电阻率技术要求

等级	A 级	B 级	C 级
要求(Ω)	$<1\times10^7$	$\geqslant1\times10^7$,$<1\times10^{10}$	$\geqslant1\times10^{10}$,$\leqslant1\times10^{13}$

五、摩擦带电电压

摩擦带电电压是指在一定的张力条件下,试样与标准布摩擦所产生的电压。

该方法的测试原理是在一定的张力条件下,使试样与标准布相互摩擦,以规定时间内产生的最高电压对试样摩擦带电情况进行评价,测试装置如图 7-19 所示。

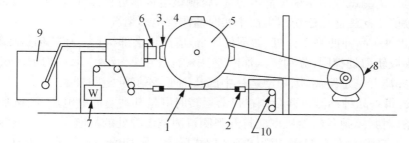

1—标准布;2—标准布夹;3—试样框;4—试样夹框;5—金属转鼓;6—测量电极;
7—负载;8—电机;9—放大器及记录仪;10—立柱导轮

图 7-19　测试装置示意

试样尺寸为 40 mm×80 mm,沿织物经(纬)或纵(横)向各取 2 块。将调湿后的试样夹入转鼓上的试样夹,对夹于标准布夹间的锦纶摩擦标准布消电,调节其位置,使之在 500 g 负载下与转鼓上的试样进行切线方向的摩擦。测试时转鼓的转速为 400 r/min,测量并记录1 min 内试样带电的最大值。试样正、反面差异较大时,应对两个面进行测量。可根据需要对试样的测试结果进行等级划分,如表 7-6 所示。

表 7-6　摩擦带电电压技术要求

等级	A 级	B 级	C 级
摩擦带电电压(V)	<500	≥500,<1 200	≥1 200,≤2 500

六、纤维泄露电阻

纤维泄漏电阻以不同容量的电容对纤维及其表面附着的抗静电油剂等物质组成的电阻的放电时间 t 乘电阻指数 10^n 即 $t \times 10^n (\Omega)$ 表示。

该方法的测试原理是利用阻容充放电原理,用不同纤维跨接于充以电荷的固定电容两端,通过其放电速度测量纤维电阻值。纤维试样容器如图 7-20 所示。

测试时采用多点取样法抽有代表性的纤维试样 2 g。如果样品为纺纱中的条卷,可随机取样,现场测试。将试样均匀地放入试样筒内,置入压碗,轻轻按实,记录仪表指针从零点移至满刻度的时间 t。由 t 及预选档级指数 10^n,按式(7-4)计算试样的泄漏电阻 R。

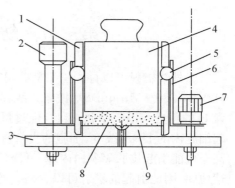

1—试样筒;2—触点插头;3—底板;4—压砣;
5—钢珠;6—弹簧片;7—接线柱;8—纤维试样;
9—电极

图 7-20　纤维试样容器

$$R = t \times 10^n \qquad (7-4)$$

七、动态静电压

动态静电压的测试原理是根据静电感应,将测试电极靠近被测体,经电子电路放大推动仪表而显示出数值。此法适用于纺织生产中实时监测静电压情况。

(1)梳棉:每一品种抽测 5 台机,如不足 5 台,应测试全部机台。在梳棉机运转时,测试部位靠近剥棉辊或斩刀处棉网,分别测试棉网左、中、右各点 3~5 处,取平均值。仪器测量筒口垂直于棉网,并离开一定距离,因棉网运行中凹凸不平,不必插定距杆。

(2)并条:每一品种抽测一两台。在机器运转时测量其动态静电电压,测试部位为皮辊罗拉牵出的须条(对封闭须条的新机型应打开观测口测试皮辊处的静电压)。仪器测量筒垂直于须条,并离开一定距离,左右扫测,得出单眼值,然后计算平均值。做工艺分析时,逐眼记录。

(3)粗纱:每一面车按车头、车中和车尾各处测量不少于 5 锭,测量部位靠近皮辊罗拉出口处的须条。仪器测量筒口垂直须条一定距离,结果取平均值。

(4)细纱:每一面车由车头、车中和车尾选测不少于 10 锭,测试部位靠近前皮辊罗拉钳口处,仪器测量筒口垂直于纱条一定距离。测试结果取平均值。

(5)络筒:一面车抽测 5 锭,仪器测量筒口分别对准运转中的槽筒和筒纱,以及塑料筒管两端裸露部位,左右扫测。结果取平均值。做工艺分析时,可单锭分别记录,并不受锭数限制。

(6)整经:测试部位在伸缩箱和导纱辊、大轴之间,仪器测量筒口垂直于纱排。每一面车左、中、右抽测 3~5 点取平均值,也可分别记录。测量瓷牙至导纱杆(玻璃棒或金属棒)之间区域电场时,仪器测量筒可伸入纱排层间测量该区域内场电压的分布情况。其他部位可自选,分别记录测量值。

(7)浆纱:测量部位为烘房送出的纱排在导纱辊前后各分绞杆之间和伸缩箱前后等处。仪器测量筒口垂直于纱排,选测各点分别记录。

(8)织造:测试部位在打纬区间内,应预先将仪器工作点调好,做好准备工作。停车快速测量,时间掌握在 3 s 以内。如测试综丝附近其他部位,可在机台运转时测量其动态静电压。测量各点电压,分别记录。

第三节 纺织品防紫外线性能检测

紫外线辐射可以分为三个部分:长波紫外线辐射(UVA,315~400 nm);中波紫外线辐射(UVB,280~315 nm);短波紫外线辐射(UVC,200~280 nm)。适量吸收 UVA 可促进维生素 D 的生成,有利于钙的吸收,但过量会使皮肤老化,容易引起皮肤癌。过量吸收 UVB 会引起细胞内的 DNA 改变,细胞的自身修复功能减弱,导致免疫机制减退,引起皮肤红肿和灼伤,甚至可能引起皮肤癌和白内障。UVC 的危害堪比 UVB,但由于大部分被臭氧层吸收,很少到达地面,因此引起的辐射可以忽略。纺织品的防紫外线性能主要测试的是防 UVA 和 UVB 的能力。

GB/T 18830 规定了织物的防日光紫外线性能的试验方法及防护水平的表示、评定和标识,适用于评定在规定条件下织物防护日光紫外线的性能。

纺织品防紫外线性能可以用紫外线防护系数(Ultraviolet Protection Factor,简称 UPF)表示,其定义是皮肤无防护时计算出的紫外线辐射平均效应与皮肤有织物防护时计算出的紫外线辐射平均效应的比值,也可认为是采用纺织品时紫外线辐射使皮肤达到一定损伤程度(如红斑、眼损伤、致癌临界剂量)所需时间阈值和不用纺织品时达到同样伤害程度的时间阈值之比。因此,根据着眼点不同,以及人体皮肤的差异,纺织品会有许多 UPF 值,但一般以导致红斑的 UPF 值为代表。红斑是指由各种各样的物理或化学作用引起的皮肤变红。

防紫外线性能的测试原理是用单色或多色的 UV 射线辐射试样,收集总的光谱透射射线,测定出总的光谱透射比,并计算试样的 UPF 值。可采用平行光束照射试样,用积分球收集所有透射光线;也可采用光线半球照射试样,收集平行的透射光线。

按照标准的要求,测试时,对于匀质样品,每种取 4 块试样,距布边 5 cm 以内的织物应舍去;对于具有不同色泽或结构的非匀质样品,每种颜色或结构至少取 2 块试样,试样尺寸应保证充分覆盖住仪器的孔眼。按照测试的光谱透射比分别计算 UVA、UVB 平均透射比和平均 UPF 值。无论试样是均质还是非均质材料,以试验中最低的 UPF 值作为试样的 UPF 值。被测试的纺织品满足下列条件时,才可标注为防紫外线产品:UPF>40 且 $T(\text{UVA})_{\text{平均值}}<5\%$。UPF 和 $T(\text{UVA})$ 分别按式(7-5)和式(7-6)计算。

$$\text{UPF} = \frac{\sum\limits_{290}^{400} E(\lambda)\varepsilon(\lambda)\Delta\lambda}{\sum\limits_{290}^{400} E(\lambda)\varepsilon(\lambda)T_i(\lambda)\Delta\lambda} \tag{7-5}$$

$$T(\text{UVA})_i = \frac{1}{m}\sum_{\lambda=315}^{400} T_i(\lambda) \tag{7-6}$$

式中:$E(\lambda)$ 为日光光谱辐照度[$\text{W}/(\text{m}^2 \cdot \text{nm})$];$\varepsilon(\lambda)$ 为相对的红斑效应;$T_i(\lambda)$ 为试样 i 在波长为 λ 时的光谱透射比;$\Delta\lambda$ 为波长间隔(nm)。

当 40<UPF≤50 时,纺织品上标注 UPF 40+;当 UPF>50 时,则标注 UPF 50+。此标准适用于任何织物,但要求注明长期使用及在拉伸状态或潮湿态下使用会降低防紫外线性能。

目前,提高纺织品防紫外线性能的途径有四个:一是直接选用具有较好抗紫外线性能的纤维为原料来生产纺织品,如亚麻、腈纶纤维等;二是改变织物的组织结构,如增加面料的厚度、密度等;三是在纺织纤维纺丝时添加含有防紫外线功能的添加剂,达到防紫外线的作用;四是对织物进行防紫外线后整理,如将织物浸染紫外线吸收剂或阻断剂,或在织物表面进行防紫外线涂层整理等。

第四节　纺织品抗菌性能检测

抗菌性能是指产品所具有的抑制细菌繁殖的性能。有些纺织制品本身具有抗菌功能,如汉麻、竹纤维等。如果纺织制品本身不具有抗菌功能,可采用抗菌剂进行后整理,使其具备这种功能。纺织品抗菌性能的测试方法一般是培养专门的菌种,计算制品针对各种细菌的抑菌率和杀菌率。

一、琼脂平皿扩散法

该方法主要对纺织品抗菌性能进行定性评价。如果制品上的抗菌剂在试验琼脂上完全不扩散,或者抗菌剂与琼脂起反应,则不能使用该方法。其测试原理是在平皿内注入两层琼脂培养基(下层为无菌培养基,上层为接种培养基),试样放在两层培养基上,培养一定时间后,根据培养基和试样接触处细菌繁殖程度,定性评定试样的抗菌性能。

(一)试验菌液的制备

用接种环取保存菌(金黄色葡萄球菌或肺炎克雷伯氏菌或大肠杆菌),以划线法接种到琼脂培养基平皿上,37 ℃下培养 24 h。取营养肉汤 20 mL 放入 100 mL 的三角烧瓶内,用接种环取平皿上的典型菌落接种在肉汤内培养。用蒸馏水 20 倍稀释营养肉汤,用其调节培养后的菌浓度为 $1×10^8～5×10^8$ CFU/mL,作为试验菌液。

(二)试验方法

采用圆形试样,其直径为 25 mm,每种菌试验 4 块(正面 2 块,反面 2 块),试样没有进行灭菌。取 1 块与试样材质相同但未经抗菌整理的材料作为对照样,尺寸与试样相同,也可以取不经任何处理的 100% 棉织物作为对照样。

向无菌平皿中倾注 10 mL 琼脂培养基,并使其凝结,作为下层无菌培养基;取 45 ℃ 的琼脂培养基 150 mL 放入烧瓶,加入 1 mL 试验菌液,振荡烧瓶,使细菌分布均匀,向下层无菌培养平皿中倾注 5 mL,并使其凝结,作为上层接种培养基;用无菌镊子将试样和对照样分别放于平皿中央,均匀地按压在琼脂培养基上,直到试样和琼脂培养基之间很好地接触。将试样放在琼脂培养基上后,立即放入 37 ℃ 的培养箱中培养 18～24 h,确保在整个培养期中试样和琼脂培养基保持接触。测试完毕,按式(7-7)计算试样的抑菌带宽度。

$$H=(D-d)/2 \tag{7-7}$$

式中:H 为抑菌带宽度(mm);D 为抑菌带外径的平均值(mm);d 为试样直径(mm)。

根据细菌繁殖的有无和抑菌带宽度,按表 7-7 评价试样的抗菌效果。

表 7-7　抗菌效果评价

抑菌带宽度(mm)	试样下面的细菌繁殖情况	描述	评价
>1	无	抑菌带大于 1 mm,没有繁殖	效果好
0～1	无	抑菌带在 1 mm 之内,没有繁殖	
0	无	没有抑菌带,没有繁殖	
0	轻微	没有抑菌带,仅有少量菌落,繁殖几乎被抑制	效果较好
0	中等	没有抑菌带,与对照样相比,繁殖减少至一半	效果有限
0	大量	没有抑菌带,与对照样相比,繁殖没有减少或仅有轻微减少	没有效果

二、吸收法

吸收法是对纺织品抗菌性能进行定量评价的方法,其测试原理是将试样与对照样分别用试验菌液接种,分别进行立即洗脱和培养后洗脱,测定洗脱液中的细菌数并计算抑菌值或抑菌率,以此评价试样的抗菌效果。

（一）试验菌液的制备

（1）培养 A 的制备。用接种环取保存菌（金黄色葡萄球菌或肺炎克雷伯氏菌或大肠杆菌），以划线法接种计数培养基平皿上，37 ℃下培养 24 h。

（2）培养 B 的制备。取营养肉汤或大豆蛋白胨肉汤 20 mL 放入 100 mL 的锥形烧瓶内，用接种环取培养 A 的典型菌落接种在肉汤内培养，用营养肉汤调节菌液浓度为 $1 \times 10^8 \sim 3 \times 10^8$ CFU/mL。

（3）培养 C 的制备。取营养肉汤或大豆蛋白胨肉汤 20 mL 放入 100 mL 的锥形烧瓶内，从培养 B 取0.4 mL菌液加入瓶内培养，培养后的菌浓度为 10^7 CFU/mL。

（4）试验菌液的制备。用水对营养肉汤进行 20 倍稀释，调节培养 C 的菌液浓度为 $1 \times 10^5 \sim 3 \times 10^5$ CFU/mL，作为试验菌液。

（二）试验方法

把剪成适当大小的制品称取 0.40 g 作为 1 个试样，分别取 3 个待测抗菌性能试样和 6 个对照样。如果考核抗菌耐洗性能，需要先对尺寸为 100 mm×100 mm 的试样按 GB/T 12490 中的试验条件进行洗涤，将处理好的试样放在小玻璃瓶中。采用高压锅灭菌法对试样进行灭菌处理。

用移液器准确取试验菌液 0.2 mL，分散接种在每个小瓶内的试样上。在已接种试验菌液的 3 个对照样小瓶中，分别加入 SCDLP 液体培养基 20 mL，盖紧瓶盖，摇晃 30 s 或振荡 5 次后将细菌洗下。将接种试验菌液的其余 6 个小瓶（3 个对照样和 3 个试样）在 37 ℃下培养 18～24 h，之后加入 SCDLP 液体培养基 20 mL，盖紧瓶盖，摇晃 30 s 或振荡 5 次后将细菌洗下。

测定菌落数的时候，需要对洗脱液进行 10 倍稀释，用新的移液器从稀释系列的各试管中取1 mL溶液注入平皿内，再加入 45～46 ℃的计数培养基约 15 mL，待培养基凝固后，将平皿倒置，37 ℃下培养 24～48 h。培养后，计数出现 30～300 个菌落平皿上的菌落数（CFU）。若最小稀释倍数的菌落数＜30，则按实际数量记录；若无菌落生长，则菌落数记为"＜1"。分别记录 3 个对照样接种后立即洗脱的菌落数，以及 3 个待测抗菌性能试样和 3 个对照样培养后洗脱液的菌落数。

根据两个平皿得到的菌落数，按式(7-8)计算细菌数，按式(7-9)计算细菌增长值 F，当 $F \geqslant 1.5$ 时，试验判断为有效；否则试验无效，重新试验。对于有效试验，按式(7-10)计算抑菌值，按式(7-11)计算抑菌率。

$$M = Z \times R \times 20 \tag{7-8}$$

$$F = \lg C_t - \lg C_0 \tag{7-9}$$

$$A = \lg C_t - \lg T_t \tag{7-10}$$

$$抑菌率 = [(C_t - T_t)/C_t] \times 100\% \tag{7-11}$$

式中：M 为每个试样的细菌数；Z 为两个平皿菌落数（CFU）的平均值；R 为稀释倍数；20 为洗脱液的用量（mL）；F 为对照样的细菌增长值；C_t 为 3 个对照样接种并培养 18～24 h 后测得的细菌数的平均值；C_0 为 3 个对照样接种后立即测得的细菌数的平均值；A 为抑菌值；T_t 为 3 个试样接种并培养 18～24 h 后测得的细菌数的平均值。

当抑菌值或抑菌率计算值为负数时,表示为"0";当抑菌率计算值>99%时,表示为">99%"。当抑菌值>1或抑菌率>90%时,样品具有抗菌效果;当抑菌值>2或抑菌率>99%时,样品具有良好的抗菌效果。

三、振荡法

振荡法可以对纺织品抗菌性能进行定量评价,其测试原理是将试样与对照样分别放入装有一定浓度的试验菌液的三角烧瓶中,在规定的温度下振荡一定时间,测定三角烧瓶内的菌液中在振荡前及振荡一定时间后的活菌浓度,计算抑菌率,以此评价试样的抗菌效果。

(一)试验菌液的准备

(1)细菌菌液的培养和准备。从保存菌种的试管斜面中取一接种环,在营养琼脂平板上划线,于37 ℃下培养18~24 h。用接种环从平板中挑出一个典型菌落,接种于20 mL营养肉汤中,制成接种菌悬液,其中活菌浓度应达到1×10^9~5×10^9 CFU/mL。用吸管从细菌悬液中吸取2~3 mL,移入装有9 mL营养肉汤的试管中,充分混合后吸取1 mL,移入另一支装有9 mL营养肉汤的试管中,充分混匀。吸取1 mL,移入装有9 mL 0.03 mol/L磷酸盐缓冲液的试管中,充分混匀;吸取5 mL,移入装有45 mL 0.03 mol/L磷酸盐缓冲液的三角烧瓶中。稀释后的活菌浓度应在3×10^5~4×10^5 CFU/mL,用来对试样接种。

(2)白色念珠菌菌液的培养和准备。从保存白色念珠菌菌种的试管斜面中取一接种环,在沙氏琼脂平板上划线,于37 ℃下培养18~24 h。用接种环从平板中挑出典型的菌落,接种于沙氏琼脂培养基试管斜面,在试管中加入5 mL 0.03 mol/L磷酸盐缓冲液,反复吹吸洗下新鲜菌苔,移至另一支无菌试管中,经振荡使其充分混匀,制成接种菌悬液,其中活菌浓度应达到1×10^8~5×10^8 CFU/mL。用吸管从菌悬液中吸取2~4 mL,移入装有9 mL 0.03 mol/L磷酸盐缓冲液的试管中,进行10倍系列稀释。吸取5 mL,移入装有45 mL 0.03 mol/L磷酸盐缓冲液的烧瓶中,稀释至活菌浓度为2.5×10^5~3×10^5 CFU/mL,用来对试样接种。

(二)试验方法

将抗菌织物试样及对照样剪成5 mm×5 mm的碎片,称取0.75 g作为一份试样。试样如需洗涤,应从抗菌织物大样中取3个小样,尺寸为10 mm×10 mm,按GB/T 12490中的试验条件进行洗涤,采用高压锅灭菌法对试样进行灭菌处理。

(1)试样及试剂装瓶。取3个烧瓶各加入对照样0.75 g,另取3个烧瓶各加入抗菌织物试样0.75 g,再取3个烧瓶不加试样作为空白对照。然后在每个烧瓶中各加入70 mL 0.03 mol/L PBS缓冲液。

(2)"0"接触时间制样。用吸管往3个对照样烧瓶和3个对照烧瓶中各加入5 mL接种菌液。放在恒温振荡器上振荡1 min,进行下一步即"0"接触时间取样。

(3)"0"接触时间取样。用吸管从"0"接触时间制样的6个烧瓶中各吸取1 mL溶液,移入装有9 mL 0.03 mol/L磷酸盐缓冲液的试管中,充分混匀。吸取10倍稀释后的1 mL溶液,移入灭菌的平皿,加入营养琼脂培养基或沙氏琼脂培养基约15 mL。从每个稀释倍数10^2的试管中分别吸液,制作两个平板作为平行样。室温下凝固,倒置平板,37 ℃下培养24~48 h(白色念珠菌48~72 h)。

(4)定时振荡接触。用吸管往3个抗菌织物试样烧瓶中各加入5 mL接种菌液,盖好瓶塞。已完成"0"接触时间取样且盖好瓶塞的 6 个烧瓶中不需加接种液。将 9 个烧瓶置于恒温振荡器上振荡 18 h。

（5）稀释培养及菌落数的测定。到规定时间后，从每个烧瓶中吸取 1 mL 试液，移入装有 9 mL 0.03 mol/L 磷酸盐缓冲液的试管中，充分混匀。稀释至合适倍数后，用吸管从每个试管中吸取 1 mL，移入灭菌的平皿，加入营养琼脂培养基或沙氏琼脂培养基约 15 mL。从每个试管中分别吸液，制作两个平板作为平行样。室温下凝固，倒置平板，37 ℃下培养 24～48 h（白色念珠菌 48～72 h）。选择菌落数在 30～300 的合适稀释倍数的平板进行计数。若最小稀释倍数平板中的菌落数<30，则按实际数量记录；若无菌落生长，则菌落数记为"<1"。两个平行平板上的菌落数相差应在 15％以内，否则此数据无效。

根据两个平板得到的菌落数，按式（7-12）计算每个试样烧瓶内的活菌浓度；按式（7-13）计算试验菌增长值 F。对于金黄色葡萄球菌及大肠杆菌等细菌，$F \geqslant 1.5$；对于白色念珠菌，$F \geqslant 0.7$，且空白对照烧瓶中的活菌浓度比接种时的活菌浓度增加时，试验判定为有效。否则试验无效，需重新试验。振荡 18 h 后，比较对照样与抗菌织物（或未经抗菌处理织物）试样烧瓶内的活菌浓度，按式（7-14）计算抑菌率。

$$K = Z \times R \tag{7-12}$$

$$F = \lg W_t - \lg W_0 \tag{7-13}$$

$$Y = [(W_t - Q_t)/W_t] \times 100\% \tag{7-14}$$

式中：K 为每个试样烧瓶内的活菌浓度（CFU/mL）；Z 为两个平板上菌落数的平均值；R 为稀释倍数；F 为对照样的试验菌增长值；W_t 为振荡 18 h 后 3 个对照样烧瓶内活菌浓度的平均值（CFU/mL）；W_0 为"0"接触时间 3 个对照样烧瓶内活菌浓度的平均值（CFU/mL）；Y 为试样的抑菌率；Q_t 为振荡 18 h 后 3 个抗菌织物（或 3 个未经抗菌处理织物）试样烧瓶内活菌浓度的平均值（CFU/mL）。

当抑菌率计算值为负数时，表示为"0"；当抑菌率计算值≥0 时，表示为"≥0"。对金黄色葡萄球菌及大肠杆菌的抑菌率≥70％，或对白色念珠菌的抑菌率≥60％，样品具有抗菌效果。

第五节　纺织品防污性能检测

防污性能是指材料抵抗沾污的性能，即材料具有不易沾附污物，或即使沾污也易去除的性能，以耐沾污性和易去污性表征。耐沾污性是指材料与液态或固态污物接触后，不易沾附污物的性能。

GB/T 30159.1 规定了两种测定纺织品耐沾污性的试验方法，分别为液态沾污法和固态沾污法，并给出了耐沾污性的评价指标，根据产品种类和用途可选择一种或两种方法。其测试原理是在试样表面施加一定量的液态或固态污物，根据污物对试样的沾附程度，评价试样的耐沾污性。

一、液态沾污法

液态沾污法是将规定的液态污物滴加在水平放置的试样表面，观察液滴在试样表面的润湿、芯吸情况和接触角,评定试样耐液态污物的沾污程度。该方法采用的液态污物符合 GB/T 1534 中的一级压榨成品油或符合 GB/T 18186 中的高盐稀态发酵酱油(老抽)的规定。

液态沾污法取 2 块试样,尺寸满足试验要求即可。将 2 层滤纸置于光滑的水平面上,将调湿后的试样正面朝上平整地放置在滤纸上,选择试样的 3 个部位,用滴管分别在每个部位滴加约 0.05 mL(1 滴)污液(1 种或 2 种),各液滴间距至少 50 mm,静置 30 s 后,以约 45°视角观察每个液滴在试样表面的状态,依据表 7-8 中给出的级数对每处液滴进行评级,如果介于两级之间,记录半级。同一试样中如果有 2 处或 3 处级数相同,则以该级数作为该试样的级数;如果 3 处级数均不相同,则以中间值作为该试样的级数。

表 7-8　沾污等级

沾污等级	沾污状态描述
5 级	液滴清晰,具有大接触角的完好弧形,液滴与试样接触表面没有润湿
4 级	液滴与试样接触表面部分或全部发暗,约四分之三液滴量保留在试样表面
3 级	液滴与试样接触表面部分或全部发暗,约二分之一液滴量保留在试样表面
2 级	液滴与试样接触表面部分或全部发暗,约四分之一液滴量保留在试样表面
1 级	液滴消失在试样表面,全部润湿

二、固态沾污法

固态沾污法是将试样固定在装有规定的固态污物的试验筒中,翻转试验筒,使试样与污物充分接触,通过变色用灰色样卡比较试样沾污部位与未沾污部位的色差,评定试样耐固态污物的沾污程度。固态污物由粉尘和高色素炭黑按质量比 72∶25 均匀混合而成,其中粉尘的主要成分为二氧化硅(72%)、三氧化二铝(14%)、氧化铁(5%)、氧化钙(9%),粒径≤60 μm;高色素炭黑符合 GB/T 7044 的规定,规格为 C111 粉体。

固态沾污法取 2 块试样,尺寸约为 300 mm×220 mm。将调湿后的试样测试面朝上平整地放置在试样固定片(由弹性橡胶制成,长度与试验筒外径周长相同,上面有 3 个长方体凸起部位),覆盖住 3 个凸起部位。用试样固定片包合筒身,使试样固定在试验筒上。试验筒如图 7-21 所示。再用胶带将试样固定片的两端封合。向试验筒底部加入 40 mg 的固态污物,盖好筒盖,装入防护袋。将防护袋放入翻转箱中,使筒身的轴向平行于翻转箱的水平轴,启动翻转箱转动 200 次,停止后用吹风机吹去附在试样表面的污物,用变色用灰色样卡评定试样沾污区中央部位与未沾污部位的色差。如果有 2 处或 3 处沾污区的级数相同,则该级数为该试样的级数;如果 3 个沾污区级数均不相同,则取中间值作为该试样的级数。

图 7-21　试验筒

第六节　纺织品色牢度检测

色牢度是指纺织品的颜色对加工和后续使用过程中不同作用因素的抵抗力,包括不变色、不褪色和不沾色等。由于不同原料制成的纺织品使用的染料不同,对于不同用途的印染织物的染色牢度要求也不同,因此色牢度试验方法标准做了不同的规定。

一、色牢度仪器评定

该方法采用仪器测量经过色牢度试验的试样(测试样)颜色和未经过色牢度试验的相同试样(参比样)颜色,确定两块试样的明度 L^*、彩度 C_{ab}^* 和色调 h_{ab} 的 CIELAB 坐标值,由以下公式计算出 ΔL^*、ΔC_{ab}^* 和 ΔH_{ab}^* 的 CIELAB 差值,再转化为灰色样卡级数:

$$\Delta E_F = \left[(\Delta L^*)^2 + (\Delta C_F)^2 + (\Delta H_F)^2\right]^{\frac{1}{2}} \tag{7-15}$$

$$\Delta H_F = \Delta H_K / \left[1 + (10 \cdot C_M / 1\,000)^2\right] \tag{7-16}$$

$$\Delta C_F = \Delta C_K / \left[1 + (20 \cdot C_M / 1\,000)^2\right] \tag{7-17}$$

$$\Delta H_K = \Delta H_{ab}^* - D \tag{7-18}$$

$$\Delta C_K = \Delta C_{ab}^* - D \tag{7-19}$$

$$D = (\Delta C_{ab}^* \cdot C_M \cdot e^{-x}) / 100 \tag{7-20}$$

$$C_M = (C_{ab,\,S}^* + C_{ab,\,R}^*) / 2 \tag{7-21}$$

$$若 \mid h_M - 280 \mid \leqslant 180, \ x = \left[(h_M - 280)/30\right]^2 \tag{7-22}$$

$$若 \mid h_M - 280 \mid > 180, \ x = \left[(360 - \mid h_M - 280 \mid)/30\right]^2 \tag{7-23}$$

$$若 \mid h_{ab,\,S} - h_{ab,\,R} \mid \leqslant 180, \ h_M = (h_{ab,\,S} + h_{ab,\,R})/2 \tag{7-24}$$

$$若 \mid h_{ab,\,S} - h_{ab,\,R} \mid > 180 \ 和 \mid h_{ab,\,S} + h_{ab,\,R} \mid < 360, \ h_M = (h_{ab,\,S} + h_{ab,\,R})/2 + 180 \tag{7-25}$$

$$若 \mid h_{ab,\,S} - h_{ab,\,R} \mid > 180 \ 和 \mid h_{ab,\,S} + h_{ab,\,R} \mid \geqslant 360, h_M = (h_{ab,\,S} + h_{ab,\,R})/2 - 180 \tag{7-26}$$

式中:$C_{ab,\,S}^*$ 和 $h_{ab,\,S}$ 为测试样的彩度和色调;$C_{ab,\,R}^*$ 和 $h_{ab,\,R}$ 为参比样的彩度和色调;ΔL^*、ΔC_{ab}^* 和 ΔH_{ab}^* 分别按照 GB/T 8424.3 中的"3.2"计算;下脚标 S 和 R 代表测试样和参比样;下脚标 M 代表测试样和参比样的彩度、色调的平均值;下脚标 K 代表彩度、色调的修正函数;下脚标 F 代表特定的色度值,为了与其他 CIELAB 色度值区分开。

用上述公式计算获得 ΔE_F,再从表 7-9 中查找,得到试样的变色灰卡色牢度级别。

表 7-9　变色牢度级数

ΔE_F 的范围	GS_C	ΔE_F 的范围	GS_C
$\Delta E_F < 0.40$	5	$4.10 \leqslant \Delta E_F < 5.80$	2-3
$0.40 \leqslant \Delta E_F < 1.25$	4-5	$5.80 \leqslant \Delta E_F < 8.20$	2
$1.25 \leqslant \Delta E_F < 2.10$	4	$8.20 \leqslant \Delta E_F < 11.60$	1-2
$2.10 \leqslant \Delta E_F < 2.95$	3-4	$11.60 \leqslant \Delta E_F$	1
$2.95 \leqslant \Delta E_F < 4.10$	3	—	—

除了查表,还可以根据以下公式,由 ΔE_F 计算 GS_C 值:

$$若 \Delta E_F > 3.40, \quad GS_C = 5 - \lg(\Delta E_F / 0.85) / \lg 2 \tag{7-27}$$

$$若 \Delta E_F \leqslant 3.40, \quad GS_C = 5 - \Delta E_F / 1.7 \tag{7-28}$$

二、色牢度目测评定

（一）贴衬织物

纺织品试样是在经受设定因素作用下进行试验的，如果需要评定沾色程度的等级，则试样上需要另附贴衬织物进行试验。贴衬织物是由单种纤维或多种纤维制成的一小块未染色织物，在试验中用以评定沾色程度。贴衬织物有单纤维和多纤维两种。

单纤维贴衬织物指单位面积质量为中等水平的平纹织物，不含化学损伤的纤维、整理后残留的化学物质、染料或荧光增白剂。单纤维贴衬织物主要有棉和粘纤贴衬、毛贴衬、聚酯贴衬和苎麻贴衬。使用两块单纤维贴衬织物时，第一块贴衬织物的纤维应与被测试纺织品或与混合物中的主要成分属于同类纤维，第二块贴衬织物应按各个试验方法的规定选用，或另作规定。贴衬织物应与试样尺寸相同。

多纤维贴衬织物由几种不同纤维的纱线制成，每种纤维形成一条至少1.5 cm宽且厚度均匀的织条。GB/T 6151中规定有两种多纤维贴衬织物：一种是DW型（聚酯纤维-羊毛），由醋酯纤维、漂白棉、聚酰胺纤维、聚酯纤维、聚丙烯腈纤维、羊毛组成；另一种是TV型（三醋酯纤维-粘胶纤维），由三醋酯纤维、漂白棉、聚酰胺纤维、聚酯纤维、聚丙烯腈纤维、粘胶纤维组成。使用多纤维贴衬织物时，不可同时有其他纤维的贴衬织物，否则会影响多纤维贴衬织物的沾色程度。

（二）试样制备

从织物上剪取规定尺寸的试样，其表面应无折皱；如果试样是纱线，可将纱线平行卷绕，例如绕在U形金属框上；如果试样是散纤维，可将其梳压成薄层后进行试验；上油粗纺毛材料上的油可能会被染料污染，在色牢度试验前，需要进行洗涤，使其含油率小于0.5%。

使用两块单纤维贴衬织物制备组合试样时，通常将织物夹于两块贴衬织物之间并沿一短边缝合；如果试样两面的纤维成分不同，各以不同纤维为主，将试样夹于两块贴衬织物之间，使主要纤维面与相同纤维贴衬织物接触。印花织物的组合试样应排列成试样正面与两块贴衬织物中每块的一半相接触，可能需要多个组合试样；如果试样是纱线或散纤维，取质量约等于两块贴衬织物总质量的一半，均匀铺放在一块贴衬织物上，再用另一块贴衬织物覆盖，沿四边缝合。

使用一块多纤维贴衬织物制备组合试样时，将织物正面与多纤维贴衬织物接触，并沿一短边缝合；如果试样两面的纤维成分不同，各以不同纤维为主，应制备两个组合试样进行两次单独的试验；如果试样是多色或印花织物，所有不同的颜色都应与多纤维贴衬织条的6种成分接触进行试验；如果试样是纱线或散纤维，取质量约等于多纤维贴衬织物的质量，均匀铺放在多纤维贴衬织物上，并且纱线与各个纤维贴衬织条垂直，然后用一块同样大小且抗沾色的轻薄型聚丙烯织物覆盖，沿四边缝合。

（三）色牢度评定

色牢度是根据试样的变色和贴衬织物的沾色分别评定的，5级表示无色差，1级表示较大色差,只有当试后样和原样之间无色差时,才能评为 5 级。在评定耐光色牢度试验结果时,将曝晒过的试样与同时曝晒的 8 个蓝色羊毛标样进行对比,试验过程中用评定变色用灰卡确定褪色应达到的程度。

1. 变色用灰色样卡

基本灰色样卡(即五档灰色样卡)由五对无光的灰色卡片(或灰色布片)组成,根据观感色差分为五个档次,即 5、4、3、2、1,在每两个档次间再补充一个半级档次,即 4-5、3-4、2-3、1-2,就扩编为九档卡。每对的第一组成均是中性灰色,第二组成只有色牢度是 5 级的与第一组成相一致,其他各对的第二组成依次变浅,色差逐级增大,各级观感色差均经色度确定,如表 7-10 所示。

表 7-10　评定变色用灰色样卡色度值

色牢度等级	各级每对样卡		第一组成与第二组成的色差与容差
	第一组成	第二组成	
5			0　0.2
(4-5)			0.8　±0.2
4			1.7　±0.3
(3-4)			2.5　±0.35
3	中性灰色,三刺激值为 12±1	由 5～1 逐渐变浅	3.4　±0.4
(2-3)			4.8　±0.5
2			6.8　±0.6
(1-2)			9.6　±0.7
1			13.6　±1.0

评定时将纺织品原样和试后样按同一方向并列紧靠置于同一平面上,灰色样卡也靠近置于同一平面上。北半球用北空光照射,南半球用南空光照射,或采用 600 lx 及以上等效光源,入射角约 45°,观察方向垂直于纺织品表面,按照变色用灰色样卡的级差,目测评定原样和试后样之间的色差。

2. 沾色用灰色样卡

基本灰色样卡(即五档灰色样卡)由五对无光的灰色或白色卡片(或灰色或白色布片)组成,根据观感色差分为五个档次,即 5、4、3、2、1,在每两个档次之间补充一个半级档次,即 4-5、3-4、2-3、1-2,就扩编为九档卡。每对的第一组成均是白色,第二组成只有色牢度是 5 级的与第一组成相一致。其他各对的第二组成依次变深,色差逐级增大,各级观感色差均经色度确定。整个色度规定如表 7-11 所示,用法和变色用灰色样卡相似。

3. 蓝色羊毛标样

蓝色羊毛标样适合纺织品耐光和耐气候色牢度的试验,标样以规定深度的八种染料对羊毛织物进行染色,分为八个色牢度档次,即 8、7、6、5、4、3、2、1,代表八个色牢度等级,8 级最好,1 级褪色最严重。每一级蓝色羊毛标样的耐光色牢度大约是前一级的两倍,即:如果 4 级在光的照射下,需要一定时间达到某种程度褪色,则在同样条件下产生同等程度的褪色,3

级约需一半的时间,而 5 级约需增加一倍的时间。欧洲研制和生产的蓝色羊毛标样 1~8 符合 GB/T 730;L2~L9 是美国研制和生产的蓝色羊毛标样,编号为 2~9,数字前有字母 L。

表 7-11 评定沾色用灰色样卡色度值

色牢度等级	各级每对样卡		第一组成与第二组成的色差与容差
	第一组成	第二组成	
5			0　0.2
(4-5)			2.2　±0.3
4			4.3　±0.3
(3-4)			6.0　±0.4
3	白色,三刺激值应不低于 85	由 5 级白色~1 级逐渐变深至浅灰色	8.5　±0.5
(2-3)			12.0　±0.7
2			16.9　±1.0
(1-2)			24.0　±1.5
1			34.1　±2.0

三、色牢度目光评定试验方法

(一)耐摩擦色牢度

耐摩擦色牢度的测试有干摩擦和湿摩擦两种,其测试原理是在试验时将试样分别与一块干摩擦布和一块湿摩擦布摩擦,评定摩擦布沾色程度,采用沾色用灰色样卡评定。耐摩擦色牢度试验仪有两种可选尺寸的摩擦头,用于绒类织物的长方形摩擦头尺寸为 19 mm×25.4 mm,用于单色织物或大面积印花织物的摩擦头为直径 16 mm 的圆柱体,均施以 9 N 的压力,直线往复动程为 104 mm。

如果试样是织物或地毯,尺寸为 50 mm×140 mm,每组各两块试样,分别测试织物的经(纵)向和纬(横)向。若被测纺织品是纱线,可将其编织成织物,或将纱线平行缠绕于与试样尺寸相同的纸板上,均匀地铺成一层。棉摩擦布符合 GB/T 7568.2 的规定,剪成 50 mm×50 mm 的正方形用于包裹圆形摩擦头,剪成 25 mm×100 mm 的长方形用于包裹长方形摩擦头。

干摩擦时将调湿后的摩擦布平放在摩擦头上,使摩擦布的经向与摩擦头的运行方向一致,摩擦 10 次,取下摩擦布。湿摩擦时称量调湿后的摩擦布,将其完全浸入蒸馏水中,重新称量摩擦布以确保摩擦布的含水率达到 95%~100%,摩擦结束后将湿摩擦布晾干。评定时,在每块被评摩擦布的背面放置三层摩擦布,在适宜的光源下,用沾色用灰色样卡评定摩擦布的沾色级数。

(二)耐洗色牢度

耐洗色牢度的测试原理是把试样与一块或两块规定的贴衬织物缝合在一起,置于皂液或肥皂和无水碳酸钠混合液中,在规定时间和温度条件下进行机械搅动,再经清洗和干燥,以原样作为参照样,用灰色样卡或仪器评定试样变色和贴衬织物沾色程度。

取两块单纤维贴衬织物,符合国标要求。第一块由试样的同类纤维制成,第二块由表 7-12

规定的纤维制成。如试样为混纺品或交织品,则第一块由主要含量的纤维制成,第二块由次要含量的纤维制成。

表 7-12　单纤维贴衬织物(耐洗色牢度试验)

第一块	第二块	
	40 ℃和 50 ℃的试验	60 ℃和 95 ℃的试验
棉	羊毛	粘纤
羊毛	棉	—
丝	棉	—
麻	羊毛	粘纤
粘纤	羊毛	棉
醋纤	粘纤	粘纤
聚酰胺纤维	羊毛或棉	棉
聚酯纤维	羊毛或棉	棉
聚丙烯腈纤维	羊毛或棉	棉

试样尺寸为 40 mm×100 mm。将制备好的试样及规定数量的不锈钢珠放在容器内,依据表 7-13 注入预热至试验温度的皂液中,浴比为 50∶1,盖上容器,依据表 7-13 中规定的温度和时间进行操作,并开始计时。

表 7-13　耐洗色牢度的试验条件

试验方法编号	温度(℃)	时间	钢珠数量	碳酸钠
A(1)	40	30 min	0	—
B(2)	50	45 min	0	—
C(3)	60	30 min	0	+
D(4)	95	30 min	10	+
E(5)	95	4 h	10	+

洗涤结束后取出组合试样,放在三级水中清洗两次,在流动水下冲洗干净,挤去过量的水分,悬挂在不超过 60 ℃的空气中干燥,用灰色样卡或仪器评定试样的变色和贴衬织物的沾色等级。

(三) 耐汗渍色牢度

耐汗渍色牢度的测试原理是将试样与贴衬织物缝合在一起,置于含有组氨酸的酸性、碱性试液中分别处理,去除试液后,放在试验装置中的两块平板间,使之受到规定的压强,再分别干燥试样和贴衬织物,用灰色样卡或仪器评定试样的变色和贴衬织物的沾色。

试验用酸、碱试液配制所用试剂为化学纯,用符合 GB/T 6682 的三级水。碱性试液每升含有 L-组氨酸盐酸盐-水合物 0.5 g、氯化钠 5.0 g、磷酸氢二钠十二水合物 5.0 g 或磷酸氢二钠二水合物 2.5 g,用 0.1 mol/L 的氢氧化钠溶液调整试液 pH 值至 8.0。酸性试液每升含有

L-组氨酸盐酸盐-水合物 0.5 g、氯化钠 5.0 g、磷酸二氢钠二水合物 5.0 g,用 0.1 mol/L 的氢氧化钠溶液调整试液 pH 值至 5.5。

两块单纤维贴衬织物中,第一块应由试样的同类纤维制成,第二块由表 7-14 规定的纤维制成;如试样为混纺或交织品,则第一块由主要含量的纤维制成,第二块由次要含量的纤维制成。

表 7-14　单纤维贴衬织物(耐汗渍色牢度试验)

第一块	第二块	第一块	第二块
棉	羊毛	粘胶纤维	羊毛
羊毛	棉	聚酰胺纤维	羊毛或棉
丝	棉	聚酯纤维	羊毛或棉
麻	羊毛	聚丙烯腈纤维	羊毛或棉

试样尺寸为 40 mm×100 mm。将制备好的试样平放在平底容器内,注入碱性或酸性试液使之完全润湿,浴比约为 50∶1。在室温下放置 30 min,之后取出试样并夹去过多的试液,置于两块玻璃板或丙烯酸树脂板之间,放入已预热到试验温度的试验装置(图 7-22),试样所受压强为 12.5 kPa。将试验装置放入 37 ℃ 的恒温箱中保持 4 h,然后取出试样并悬挂在不超过 60 ℃ 的空气中干燥。用灰色样卡评定每块试样的变色和贴衬织物的沾色等级。

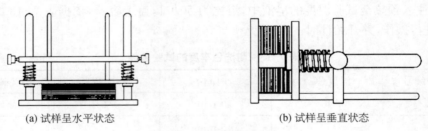

(a) 试样呈水平状态　　　　　　　(b) 试样呈垂直状态

图 7-22　试验装置

（四）耐水色牢度

耐水色牢度的测试原理是在将试样与两块规定的单纤维贴衬织物或一块多纤维贴衬织物组合在一起,浸入水中,挤去水分,置于试验装置的两块平板中间,承受规定压力,分开干燥试样和贴衬织物,用灰色样卡或分光光度仪评定试样的变色和贴衬织物的沾色。

试样尺寸为 40 mm×100 mm。在室温下,将制备好的试样平放在平底容器中,注入三级水,使之完全浸湿,浴比为 50∶1。放置 30 min 后取出试样,置于两块玻璃板或丙烯酸树脂板之间,使其受压 12.5 kPa,放入已预热到试验温度的试验装置(图 7-22)。把试验装置放入 37 ℃ 的恒温箱内保持 4 h,然后取出试样并悬挂在不超过 60 ℃ 的空气中干燥,试样和贴衬织物分开,仅在缝纫线处连接。用灰色样卡或分光光度仪评定试样的变色和贴衬织物的沾色。

（五）耐唾液色牢度

耐唾液色牢度的测试原理是将试样与规定的贴衬织物贴合在一起,于人造唾液中处理后去除多余的试液,放在试验装置内两块平板之间并施加规定压强,保持一定时间后将试样和贴衬织物分别干燥,用灰色样卡或仪器评定试样的变色和贴衬织物的沾色。

人造唾液试液用三级水配制,每升溶液中含六水合氯化镁 0.17 g、二水合氯化钙 0.15 g、三水合磷酸氢二钾 0.76 g、碳酸钾 0.53 g、氯化钠 0.33 g、氯化钾 0.75 g,用质量分数为 1% 的盐酸溶液调节试液 pH 值至 6.8。

试样尺寸为 40 mm×100 mm。把制备好的试样放入浴比 50:1 的人造唾液里,在室温下放置 30 min。取出试样,去除多余的试液,夹在两块试样板中间,使试样受压 12.5 kPa。把试验装置放在(37±2)℃的恒温箱里 4 h,然后取出试样并悬挂在温度不超过 60 ℃的空气中干燥。用灰色样卡或仪器评定试样的变色和贴衬织物与试样接触一面的沾色。

（六）耐热压（熨烫）色牢度

该方法用于测试各类纺织材料和纺织品的颜色耐热压和耐热滚筒加工的能力,可在干态、湿态和潮态下进行试验。干压是指干试样在规定温度和规定压力的加热装置中受压一定时间;潮压是指干试样用一块湿的棉贴衬织物覆盖后,在规定温度和规定压力的加热装置中受压一定时间;湿压是指湿试样用一块湿的棉贴衬织物覆盖后,在规定温度和规定压力的加热装置中受压一定时间。

试样尺寸为 40 mm×100 mm。试验时,加压温度根据纤维类型和织物组织结构确定,通常选择 110 ℃、150 ℃或 200 ℃。干压时,把干试样置于覆盖羊毛法兰绒衬垫的棉布上,放下加热装置的上平板,使试样在规定温度下受压 15 s;潮压时,把干试样置于覆盖羊毛法兰绒衬垫的棉布上,取一块棉贴衬织物浸在三级水中,经挤压或甩水使之含有自身质量的水分,然后将这块湿织物放在干试样上,放下加热装置的上平板,使试样在规定温度下受压 15 s;湿压时,将试样和一块棉贴衬织物浸在三级水中,经挤压或甩水使之含有自身质量的水分后,把湿试样置于覆盖羊毛法兰绒衬垫的棉布上,再把湿的棉贴衬织物放在试样上,放下加热装置的上平板,使试样在规定温度下受压 15 s。

对经过热压的试样,立即用相应的灰色样卡评定试样的变色,然后将试样在标准大气中调湿4 h,再做一次评定,用相应的灰色样卡评定棉贴衬织物沾色较重的一面的沾色等级。

（七）耐干洗色牢度

测试原理是将纺织品试样与规定的贴衬织物贴合在一起,和不锈钢片一起放入棉布袋,置于四氯乙烯内搅动,然后将试样和贴衬织物挤压或离心脱液,干燥后以原样作为参照样,用灰色样卡或仪器评定试样的变色和贴衬织物的沾色。

试样尺寸为 40 mm×100 mm。试验时,水浴锅的温度为(30±2)℃,将一个试样和 12 块不锈钢圆片放入 100 mm×100 mm 的未染色正方形棉斜纹布袋,缝合袋口;将布袋放入干燥的不锈钢容器内,向不锈钢容器中加入 200 mL 的四氯乙烯;放入试验装置中处理 30 min,取出试样,夹于吸水纸或布之间,去除多余的溶剂;将试样悬挂于通风设备中干燥。以原样和原贴衬织物作为参照样,用灰色样卡或仪器评定试样的变色和贴衬织物的沾色。

（八）耐日光色牢度

测试原理是将试样与八个蓝色羊毛标样一起,在不受雨淋的规定条件下进行日光曝晒,然后将试样与八个蓝色羊毛标样进行对比,评定耐日光色牢度。

日晒有四种方法,方法一的试样尺寸不小于 10 mm×60 mm,方法二的试样尺寸不小于 10 mm×100 mm。将试样和同样尺寸的蓝色羊毛标样都固定在硬卡上,按图 7-23(a)或(b)所示排列,试样的尺寸和形状与蓝色羊毛标样相同。

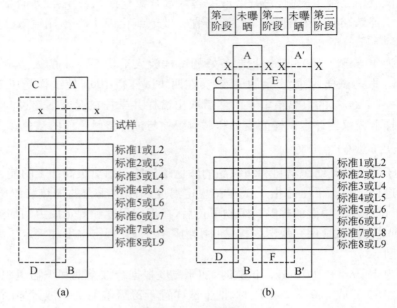

图 7-23　日晒装样方式

1. 日晒方法一

该方法在评级有争议时采用,其特点是通过检查试样来控制曝晒周期,因此在试验中每个试样需配备一套蓝色羊毛标样。测试时将试样和蓝色羊毛标样按图7-23(a)所示排列,用遮盖物 AB 交叉放在试样和蓝色羊毛标样中段的三分之一,日光曝晒直到试样曝晒和未曝晒部分之间的色差达到灰色样卡 4 级,再用另一个遮盖物 CD 遮盖试样和蓝色羊毛标样的第二个三分之一,继续曝晒至试样的曝晒和未曝晒部分间的色差达到灰色样卡 3 级。如果蓝色羊毛标样 7 的褪色比试样先达到灰色样卡 4 级,曝晒即可终止。

2. 日晒方法二

该方法适用于大量试样同时测试,其特点是通过检查蓝色羊毛标样来控制曝晒周期,只需用一套蓝色羊毛标样对一批不同的试样进行试验。试样和蓝色羊毛标样按图7-23(b)所示排列,AB 和 A′B′是遮盖物,分别遮盖试样和蓝色羊毛标样总长度的五分之一,曝晒至蓝色羊毛标样 3 的变色达到灰色样卡 4 级;按图7-23(b)所示的位置,放上遮盖物 CD,继续曝晒至蓝色羊毛标样 4 的变色达到灰色样卡 4 级;按图7-23(b)所示的位置,放上遮盖物 EF,同时其他三个遮盖物保留在原处,曝晒至蓝色羊毛标样 7 的变色达到灰色样卡 4 级,或最耐日光试样的变色达到灰色样卡 3 级,即终止曝晒。

3. 其他方法

如果要核对试样的某种性能与要求是否一致,可允许试样只与两块蓝色羊毛标样一起曝晒,一块是按规定为最低允许牢度的蓝色羊毛标样和另一块更低的蓝色羊毛标样;连续曝晒,直到后一块蓝色羊毛标样的色差达到灰色样卡 4 级(第一阶段)和 3 级(第二阶段),即终止曝晒。

如果要核对试样是否符合商定的参比样,允许试样仅与参比样一起曝晒,直至该参比样的变色达到灰色样卡 4 级和/或 3 级。如果要核对试样是否符合认可的辐射能,允许单独将试样曝晒,或与蓝色羊毛标样一起曝晒,直至达到规定辐射能量为止,最后按相关规定评定。

　　曝晒结束后,试样的耐日光色牢度即为显示相似变色(试样曝晒和未曝晒部分间的目测色差)的蓝色羊毛标样号数。如果试样所显示的变色,不是接近于任两个相邻蓝色羊毛标样中的一个,而是更接近它们的中间值,则应评定为中间级数,如 3-4;如试样比蓝色羊毛标样 1 更易褪色,则评为 1 级。

（九）耐人造光色牢度

　　测试原理是将试样与一组蓝色羊毛标样在人造光源下按照规定条件曝晒,然后将试样与蓝色羊毛标样进行变色对比,评定色牢度。

　　采用氙弧灯测试色牢度的曝晒方法有四种,曝晒条件如表 7-15 所示,按照各方法,在不同曝晒阶段对变色进行评定,方法一、三和四需要评定二次,方法二需要评定三次。试验选择的曝晒设备应有放置试样和传感器的空间,并使光源辐照均匀。光源为氙弧灯,色温为 5 500～6 500 K,试样上的辐照量（单位面积辐照能）为 42 W/m² （波长在 300～400 nm）或 1.1 W/(m²·nm)(波长在 420 nm)。试样尺寸按照试样数量和试样设备夹的形状和尺寸确定。将试样和相同尺寸的蓝色羊毛标样按图 7-24～图 7-27 所示方式置于一张或多张白纸卡上。

表 7-15　耐人造光色牢度曝晒条件

项目	曝晒循环 A1	曝晒循环 A2	曝晒循环 A3	曝晒循环 B
条件	通常条件	低湿极限条件	高湿极限条件	—
对应气候条件	温带	干旱	亚热带	—
蓝色羊毛标样	1～8			L2～L9
黑标温度	(47±3)℃	(62±3)℃	(42±3)℃	(65±3)℃
黑板温度	(45±3)℃	(60±3)℃	(40±3)℃	(63±3)℃
有效湿度	大约 40% 有效湿度(注:当蓝色羊毛标样 5 的变色达到灰色样卡 4 级时,可实现该有效湿度)	低于 15% 有效湿度(注:当蓝色羊毛标样 6 的变色达到灰色样卡 3-4 级时,可实现该有效湿度)	大约 85% 有效湿度(注:当蓝色羊毛标样 3 的变色达到灰色样卡 4 级时,可实现该有效湿度)	低湿(湿度控制标样的色牢度为 L6～L7)
仓内相对湿度	符合有效湿度要求			(30±5)%

1. 方法一

　　该方法被认为是最精确的,宜在评级有争议时采用。如图 7-24 所示,将试样和蓝色羊毛标样排列在白纸卡上,用遮盖物 ABCD 遮盖试验卡中间的三分之一,将装好的试验卡放入试验仓内,在一定条件下进行曝晒,当蓝色羊毛标样 2 的变色达到灰色样卡 3 级(或蓝色羊毛标样 L2 的变色达到灰色样卡 4 级)时,对照蓝色羊毛标样 1、2、3 或 L2 上所呈现的变色情况,初步评定试样的耐光色牢度。继续曝晒,直到试样的曝晒和未曝晒部分的色差等于灰色样卡 4 级(第一阶段),取出试验卡。对于白色(漂白或荧光增白)试样,可终止曝晒,进行耐光色牢度级数的评定;对于其他试样,用另外一个遮盖物 FBCE 遮盖试样和蓝色羊毛标样,继续曝晒试验卡的右三分之一,直到试样的曝晒和未曝晒部分的色差等于灰色样卡的 3 级(第二阶段),其间如果蓝色羊毛标样 7(或 L7)的变色比试样先达到灰色样卡 4 级,曝晒即可终止,之后进行耐光色牢度级数的评定。

2. 方法二

该方法适用于大量试样同时测试,通过检查蓝色羊毛标样来控制曝晒周期,只需要一套蓝色羊毛标样对一批具有不同耐光色牢度的试样试验。如图 7-25 所示,曝晒时用遮盖物 ABCD 遮盖试样和蓝色羊毛标样最左边的四分之一部分,将装好的试验卡放在一定条件下曝晒,当蓝色羊毛标样 2 的变色达到灰色样卡 3 级(或者蓝色羊毛标样 L2 的变色达到灰色样卡 4 级)时,对照蓝色羊毛标样 1、2、3 或 L2 上所呈现的变色情况,初步评定试样的耐光色牢度;将遮盖物 ABCD 重新准确地放在原先位置,继续曝晒,直到蓝色羊毛标样 4 或 L3 的变色达到灰色样卡 4 级(第一阶段),此时用遮盖物 AEFD 遮盖试样和蓝色羊毛标样,继续曝晒直到蓝色羊毛标样 6 或 L5 的曝晒部分 EGHF 与未曝晒部分 ABCD 的色差等于灰色样卡 4 级(第二阶段),用遮盖物 AGHD 遮盖试样和蓝色羊毛标样,曝晒至蓝色羊毛标准 7 或 L7 的曝晒与未曝晒部分的色差等于灰色样卡的 4 级或者最耐光试样曝晒与未曝晒部分的色差等于灰色样卡 3 级(对于白色纺织品,最耐光试样的曝晒与未曝晒部分的色差等于灰色样卡 4 级)(第三阶段),即终止曝晒,最后进行耐光色牢度的评定。

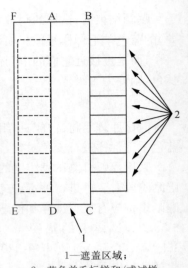

1—遮盖区域;
2—蓝色羊毛标样和/或试样

图 7-24　耐人造光色牢度试验方法一装样方式

3. 方法三

该方法与方法一相似,适用于核对试样的某种性能与要求是否一致。如图 7-26 所示,将一个或多个试样和蓝色羊毛标样排列在白纸卡上,用遮盖物 ABCD 遮盖试验卡中间的三分之一,将装好的试验卡放入试验仓内,在一定条件下曝晒至蓝色羊毛标样的未曝晒和曝晒部分的色差达到灰色样卡 4 级(第一阶段),移开原遮盖物,用另一个遮盖物遮盖 FBCE 区域,曝晒试验卡的右边三分之一部分,直到目标蓝色羊毛标样曝晒和未曝晒部分的色差达到灰色样卡 3 级(第二阶段)。

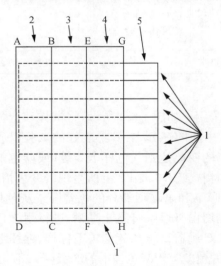

1—蓝色羊毛标样和/或试样;2—未曝晒;3—第一阶段;
4—第二阶段;5—第三阶段

图 7-25　耐人造光色牢度试验方法二装样方式

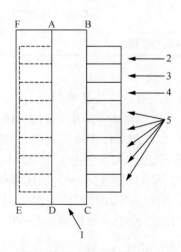

1—遮盖区域;2—蓝色羊毛标样$(n-2)$;
3—蓝色羊毛标样$(n-1)$;4—目标蓝色羊毛标样;5—试样

图 7-26　耐人造光色牢度试验方法三装样方式

4．方法四

该方法与方法一相似，适用于核对试样是否符合商定的参比样。如图 7-27 所示，将一个或多个试样与相关参比样排列在白纸卡上，用遮盖物 ABCD 遮盖试验卡中间三分之一部分，将装好的试验卡放入试验仓内，在一定条件下曝晒至商定参比样的未曝晒和曝晒部分的色差达到灰色样卡 4 级，移开原遮盖物，用另一个遮盖物遮盖FBCE 区域，曝晒试验卡右边的三分之一部分，直到参比样的曝晒和未曝晒部分的色差达到灰色样卡 3 级。

对于使用蓝色羊毛标样的方法，试样的耐光色牢度即为显示相似变色（试样曝晒与未曝晒部分的目测色差）蓝色羊毛标样的号数，如果试样所显示的变色更接近两个相邻蓝色羊毛标样的中间级数，则评定为中间级数，如 3-4 或 L2-L3。

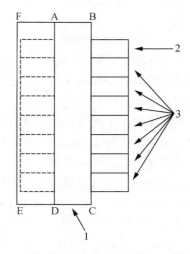

1—遮盖区域；2—商定参比样；3—试样
图 7-27　耐人造光色牢度试验方法四装样方式

（十）耐大气污染色牢度

1．耐氧化氮色牢度

氧化氮由天然气、煤炭、石油等燃烧产生，通过受热金属丝网后作用于纺织品。测试时，把试样放置在一个充满氧化氮气体的密闭容器中，当一块或三块与试样同时试验的控制标样的颜色褪色至规定程度时停止，使用灰色样卡评定每块试样的变色。

试样尺寸为 40 mm×100 mm，从控制标样上裁取一块同尺寸的试样，从未染色织物上裁取若干块同尺寸的试样。使用黏合剂或夹子将 12 块试样的短边固定在设备框架的放射臂上，如图 7-28 所示，由罩顶一侧的塞孔将夹有控制标样的架子放入，安装风扇后将转速调节至 200～300 r/min，每升仓容向仓罩内注入 0.65 mL 一氧化氮气体。

（1）单周期试验。观察到控制标样褪色到褪色标准的颜色时，将试样、控制标样和未经处理的原样浸入尿素缓冲溶液中，5 min 后挤干、冲洗，在不超过 60 ℃ 的空气中悬挂干燥，对照经缓冲溶液浸渍、未经处理的原样，用灰色样卡评定每块试样的变色。如试样的变色大于 4 级，结束试验；如果变色等于或小于 4 级，则对该试样进行三周期试验。

（2）三周期试验。观察到控制标样褪色到褪色标准的颜色时，将其浸入尿素缓冲溶液中，用另一块控制标样替换，并按试验仓的容积，每升再注入 0.2 mL 一氧化氮。当第二块控

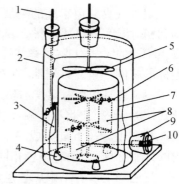

1—不锈钢杆；2—钟罩；
3—控制标样；4—橡胶或玻璃支脚；
5—不锈钢或塑料扇叶；
6—不锈钢架；7—玻璃筒；8—试样；
9—磨口不锈钢塞；
10—螺纹联接插件内的硅橡胶薄膜
图 7-28　试验仓

制标样的褪色达到褪色标准的颜色时，将其浸入尿素缓冲溶液中，用第三块控制标样替换，再次按试验仓的容积，每升注入0.2 mL 一氧化氮。当第三块控制标样的褪色达到褪色标准的颜色时，将试样、控制标样和未经处理的原样一起浸入尿素缓冲溶液中，5 min 后挤干、冲洗，在不超过 60 ℃ 的空气中悬挂干燥。检查三块控制标样中每一块褪色后的颜色是否与褪色标准

的颜色相同,如果都相同,对照经缓冲溶液浸渍、未经处理的原样,用灰色样卡评定每块试样的变色。

2. 耐燃气烟熏色牢度

该方法用于测试除散纤维之外的纺织品的耐燃气烟熏色牢度。其测试原理是将试样和控制标样同时放置在燃气烟中,当控制标样的颜色变化到相当于褪色标准的颜色时结束,使用灰色样卡评定试样的变色。如果一个试验周期结束时观察不到试样变色,可继续进行规定次数或者使试样产生规定变色的试验。

试样尺寸为 40 mm×100 mm,可以是织物原样,也可以是按规定的干洗和水洗方法洗涤后的织物。将试样和控制标样自由悬挂在烟熏试验仓内,相互不接触,点燃气体燃烧器,气体采用化学纯丁烷气或城市人工煤气,仲裁试验须使用丁烷气。调节火焰和试验仓通风装置,使试验仓内的温度不高于 60 ℃。试样在试验仓内受到烟熏,直至在日光或等效的人造照明下对比,控制标样的颜色褪至与褪色标准相同时结束。

从烟熏试验仓中取出试样,使用变色用灰色样卡对试样的变色进行初评。将颜色有变化的试样、原样和控制标样投入尿素缓冲溶液中浸渍 5 min,取出后浸入水中洗涤,并在温度不超过 60 ℃的空气中干燥。对照经尿素缓冲溶液处理的原样,使用灰色样卡评定试样的变色。

在第一周期试验结束后,将没有变色因而也没有经过尿素缓冲溶液处理的试样,连同一个新的控制标样一起放入烟熏试验仓,继续试验,直到第二块控制标样的颜色褪至褪色标准的颜色。试验可以重复至规定的周期数,或试样达到指定程度的变色时为止。

3. 耐大气臭氧色牢度

耐大气臭氧色牢度的测试方法有两种试验条件,分别是室温和相对湿度不超过 65% 及高温和相对湿度不超过 80%。其测试原理是在室温和相对湿度不超过 65%(或相对湿度 85%、温度 40 ℃)的大气中,将试样和控制标样同时放置在臭氧试验仓内,直至控制标样的颜色褪至与褪色标准相同。重复该周期,直至试样达到规定的变色,或者达到预定的周期数。

(1)室温和相对湿度不超过 65%。试样尺寸为 60 mm×100 mm。把试样和控制标样悬挂在试验仓内,彼此不接触,试验环境为温度 18~28 ℃、相对湿度不超过 65% 的室内,臭氧浓度控制在 1.5~6 h 能完成一个褪色周期。在自然北光或标准光源下,用褪色标准对照试验仓内的控制标样,当两者颜色相同时,试样完成一个褪色周期,将每块试样与其原样对比。去掉一个褪色周期试验结束后颜色已有变化的试样,挂上一块新的控制标样,剩下的试样进行第二个褪色周期的试验。如有必要可试验多个褪色周期。每个褪色周期结束时,立即从试验仓中取出试样并与其原样进行比较,在完成规定的褪色周期数后,用灰色样卡评定试样的变色。

(2)高温和相对湿度不超过 85%。把试样和控制标样悬挂在试验仓内,彼此不接触,试验仓内保持相对湿度 85%、温度 40 ℃,臭氧浓度控制在(10~35)×10⁻⁸,能使 6~24 h 内完成一个褪色周期的试验。试验方法与室温和相对湿度不超过 65% 时相同。

4. 耐高湿氧化氮色牢度

耐高湿氧化氮色牢度的测试原理是将试样和控制标样同时暴露在充有氧化氮气体,以及相对湿度为 87.5%、温度为 40 ℃ 的恒定环境中,直到控制标样的变色程度与褪色标准一致,重复循环直到试样达到预定的变色程度,或至预定的循环次数。

试样尺寸不小于 60 mm×60 mm。将试样和控制标样悬挂在试验仓内,5~15 h 完成一个褪色周期,直到仓内控制标样的变色程度和褪色标准一致,或者当控制标样呈现变色为 16.5

个 CIELAB 单位时,即结束一个褪色周期。每增加一个褪色周期,都重新悬挂一块控制标样,直到完成所要求的褪色周期数。试验结束后取出试样并浸入尿素缓冲溶液 5 min,使试样颜色稳定不变;挤干试样,放入清水中清洗,并在不超过 60 ℃的空气中干燥。对于需要放回试验仓继续褪色的试样,不要用尿素处理。每个褪色周期结束时,立刻将试样与其原样比较,用变色用灰色样卡评定试样变色;完成规定的褪色周期数后,用变色用灰色样卡评定试样变色级别。

第七节　纺织品生理舒适性检测

一、防水透湿性能

（一）防水性能检测

防水性能是指织物抵抗被水润湿和渗透的能力。织物防水性能的表征指标有沾水等级、抗静水压等级、水渗透量等。

1. 静水压法

抗静水压等级是指织物抵抗被水渗透的程度。可以采用静水压法对织物的防水性能进行检测。其测试原理是以织物承受的静水压来表示水透过织物所遇到的阻力,在标准大气条件下,试样的一面承受持续上升的水压,直到另一面出现三处渗水点为止,记录第三处渗水点出现时的压力值,并以此评价试样的防水性能。

在织物不同部位至少取 5 块试样,尺寸能满足试验面积的要求。如需测定接缝处静水压,使接缝位于试样的中间位置。

试验用水为洁净的蒸馏水或去离子水。试验前擦净夹持装置表面的试验用水,经过调湿的试样正面(或反面)与水面接触。以 6.0 kPa/min(60 cmH$_2$O/min)的速率对试样施加持续递增的水压,可得试样上第三处水珠刚出现时的静水压值(在织物同一处渗出的连续性水珠不累计)。如果试验时出现织物破裂水柱喷出或复合织物出现充水鼓起现象,记录此时的压力值。按照表 7-16 对织物的防水性能进行评价。

表 7-16　抗静水压等级和防水性能评价

抗静水压等级	静水压 P(kPa)	防水性能评价
0 级	$P<5$	抗静水压性能差
1 级	$4\leqslant P<13$	具有抗静水压性能
2 级	$13\leqslant P<20$	具有抗静水压性能
3 级	$20\leqslant P<35$	具有较好的抗静水压性能
4 级	$35\leqslant P<50$	具有优异的抗静水压性能
5 级	$50\leqslant P$	具有优异的抗静水压性能

2. 沾水法

沾水等级是指织物表面抵抗被水润湿的程度。其测试原理是将试样安装在环形夹持器上,保持夹持器与水平面成 45°,试样中心位置距喷嘴下方一定的距离,用一定量的蒸馏水或去离子水喷淋试样。喷淋后,通过试样外观与沾水现象描述及图片的比较,确定织物的沾水等级,并以此评价织物的防水性能。

喷淋装置如图 7-29 所示,由一个垂直夹持的直径为 150 mm 的漏斗和一个金属喷嘴组成,漏斗与喷嘴由 10 mm 口径的橡胶皮管连接。漏斗顶部到喷嘴底部的距离为 195 mm。

取 3 块试样,尺寸至少为 180 mm×180 mm。用夹持器夹紧调湿后的试样,放在支座上,试样正面朝上,织物经向或长度方向与水流方向平行。将 250 mL 试验用水迅速而平稳地倒入漏斗,持续喷淋 25～30 s。喷淋停止后,将试样夹持器拿开,使织物正面向下成水平,对着固体硬物轻轻敲打一下夹持器,水平旋转夹持器 180°后再次轻轻敲打一下夹持器。敲打结束后,根据表 7-17 立即对夹持器上的试样正面润湿程度进行评级,也可根据表 7-18 对织物的防水等级进行评价。

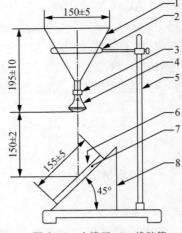

1—漏斗;2—支撑环;3—橡胶管;
4—淋水喷嘴;5—支架;6—试样;
7—试样夹持器;8—底座

图 7-29　喷淋装置(单位:mm)

表 7-17　沾水等级描述

沾水等级	沾水现象描述
0 级	整个试样表面完全润湿
1 级	受淋表面完全润湿
1-2 级	试样表面超出喷淋点处润湿,润湿面积超出受淋表面一半
2 级	试样表面超出喷淋点处润湿,润湿面积约为受淋表面一半
2-3 级	试样表面超出喷淋点处润湿,润湿面积少于受淋表面一半
3 级	试样表面喷淋点处润湿
3-4 级	试样表面等于或少于半数的喷淋点处润湿
4 级	试样表面有零星的喷淋点处润湿
4-5 级	试样表面没有润湿,有少量水珠
5 级	试样表面没有水珠或润湿

表 7-18　防水性能评价

沾水等级	防水性能评价
0 级	不具有抗沾湿性能
1 级	
1-2 级	抗沾湿性能差
2 级	

（续表）

沾水等级	防水性能评价
2-3 级	抗沾湿性能较差
3 级	具有抗沾湿性能
3-4 级	具有较好的抗沾湿性能
4 级	具有很好的抗沾湿性能
4-5 级	具有优异的抗沾湿性能
5 级	

（二）透湿性能检测

表示透湿性能的指标有透湿率、透湿度和透湿系数。透湿率（Water-vapour Transmission Rate,简称 WVT）是指在试样两面保持规定的温湿度条件下,规定时间内垂直通过单位面积试样的水蒸气质量,以克每平方米小时$[g/(m^2 \cdot h)]$或克每平方米 24 小时$[g/(m^2 \cdot d)]$为单位。透湿度（Water-vapour Permeance,简称 WVP）是指在试样两面保持规定的温湿度条件下,单位水蒸气压差下,规定时间内垂直通过单位面积试样的水蒸气质量,以克每平方米帕斯卡小时$[g/(m^2 \cdot Pa \cdot h)]$为单位。透湿系数（Water-vapour Permeability,简称 PV）是指在试样两面保持规定的温湿度条件下,单位水蒸气压差下,单位时间内垂直透过单位厚度、单位面积试样的水蒸气质量,以克厘米每平方厘米秒帕斯卡$[g \cdot cm/(cm^2 \cdot s \cdot Pa)]$为单位。

1. 吸湿法

该方法的测试原理是把盛有干燥剂并封以织物试样的透湿杯放置于规定温度和相对湿度的密封环境中,根据一定时间内透湿杯质量的变化计算试样透湿率、透湿度和透湿系数,适用于厚度在 10 mm 以内的织物,不适用于透湿率大于 29 000 $g/(m^2 \cdot d)$的织物。

取三块直径为 70 mm 的圆形试样,如果试验精确度要求较高,则另取一个试样用于空白试验,按规定进行调湿。试验用透湿杯如图 7-30 所示,装入规定的干燥剂约 35 g,使干燥剂表面距试样下表面 4 mm 左右,空白试验的杯中不加干燥剂。

将试样测试面朝上放置在透湿杯上,装好后迅速水平放置在规定试验条件的试验箱（室）内,平衡 1 h 后取出,盖上对应杯盖,放在 20 ℃ 左右的硅胶干燥器中平衡 30 min,按编号逐一称量。除去杯盖,将试样再次放入试验箱内,1 h 后取出,按规定称量,称量顺序和前一次一致。干燥剂吸湿总增量不得超过 10%。

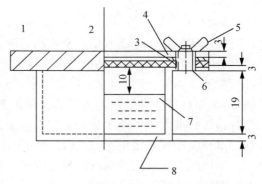

1—乙烯胶黏带；2—试样；3—垫圈；
4—压环；5—螺母；6—螺栓；7—水；8—透湿杯
图 7-30　透湿杯及附件

试样透湿率按式（7-29）计算,透湿度按式（7-30）计算,透湿系数按式（7-31）计算。

$$WVT = \frac{\Delta m - \Delta m'}{A \times t} \tag{7-29}$$

$$WVP = \frac{WVT}{P_{CB}(R_1 - R_2)} \tag{7-30}$$

$$PV = 2.778 \times 10^{-8} WVP \times d \tag{7-31}$$

式中:WVT 为透湿率$[g/(m^2 \cdot h)]$或$[g/(m^2 \cdot d)]$;Δm 为同一试验组合体两次称量之差(g);$\Delta m'$ 为空白试样的同一试验组合体两次称量之差(g);A 为有效试验面积(m^2);t 为试验时间(h);WVP 为透湿度$[g/(m^2 \cdot Pa \cdot h)]$;$P_{CB}$ 为试验温度下的饱和水蒸气压(Pa);R_1 为试验时试验箱的相对湿度(%);R_2 为透湿杯内的相对湿度(%);PV 为透湿系数$[g \cdot cm/(cm^2 \cdot s \cdot Pa)]$;$d$ 为试样厚度(cm)。

2. 蒸发法

蒸发法有正杯法和倒杯法,其中倒杯法仅适用于防水透气性织物的测试。其测试原理是把盛有一定温度的蒸馏水并封以织物试样的透湿杯放置于规定温度和相对湿度的密封环境中,根据一定时间内透湿杯质量的变化计算出试样透湿率、透湿度和透湿系数。

试样尺寸和制备方法与吸湿法相同。

(1) 正杯法。量取蒸馏水 34 mL,注入透湿杯内,使水面距离试样下表面 10 mm 左右。将试样测试面朝下放置在透湿杯上,迅速将试样水平放置在已达到规定试验条件的试验箱内,1 h 平衡后,按编号在箱内逐一称量。再经过 1 h 后,按同一顺序称量。

(2) 倒杯法。量取蒸馏水 34 mL,注入透湿杯内,将试样测试面朝上放置在透湿杯上,迅速将透湿杯倒置后水平放置在已达到规定试验条件的试验箱内(要保证试样下表面处有足够的空间),1 h 平衡后,按编号在试验箱内逐一称量。再经过 1 h,按相同顺序在试验箱内逐一称量。

分别按式(7-29)、式(7-30)和式(7-31)计算透湿率、透湿度和透湿系数。

二、吸湿快干性能

(一) 单项组合试验法

吸水率是指试样在水中完全浸润后取出至无滴水时,试样所吸取的水分对试样原始质量的百分率;滴水扩散时间是指将水滴在试样上,从水滴接触试样至其完全扩散并渗透至织物内部所需要的时间;蒸发速率是指将一定量的水滴在试样上后悬挂在标准大气中自然蒸发,其时间-蒸发量曲线上线性区间内单位时间的蒸发质量;蒸发时间是指将一定量的水滴在试样上后悬挂在标准大气中至水分全部蒸发所需时间;芯吸高度是对试样毛细效应的度量,即垂直悬挂的试样一端被水浸湿时,水通过毛细管作用,在一定时间内沿试样上升的高度。

单项组合试验法的测试原理是以织物对水的吸水率、滴水扩散时间和芯吸高度表征织物对液态汗的吸附能力;以织物在规定空气状态下的水分蒸发速率和透湿量表征织物在液态汗状态下的速干性。

1. 吸水率的测试

取尺寸至少为 100 mm×100 mm 的试样 5 块,调湿平衡后称取原始质量。将试样放入盛有三级水的容器内,试样吸水后自然下沉(如试样不能自然下沉,可将试样压至水中后抬起,反复两三次)。试样在水中完全浸润 5 min 后取出,自然平展地垂直悬挂,观察试样不再滴水时(两滴水之时间间隔不少于 30 s),立即称取试样质量。按式(7-32)计算试样的吸水率。

$$A = \frac{m - m_0}{m_0} \times 100 \tag{7-32}$$

式中：A 为吸水率(%)；m_0 为试样原始质量(g)；m 为试样浸湿并滴水后的质量(g)。

2. 滴水扩散时间的测试

取尺寸至少为 100 mm×100 mm 的试样 5 块，在规定条件下调湿平衡。将试样平放在试验平台上(使用时贴近人体皮肤的一面朝上)，用滴定管将约 0.2 mL 的三级水轻轻地滴在试样上，滴管口距试样表面不超过 1 cm，记录水滴接触试样表面至完全扩散(不再呈现镜面反射)所需时间。

3. 水分蒸发速率和蒸发时间的测试

该试验在滴水扩散时间测试之后进行，试验前先对试样称取其质量 m_0。将完成滴水扩散时间试验的试样立即称取质量后平展垂直悬挂在标准大气中，每隔 5 min 称取一次质量。直至连续两次称取质量的变化率不超过 1%，可结束试验。按式(7-33)和式(7-34)计算试样在每个称取时刻的水分蒸发量或水分蒸发率，然后绘制"时间-蒸发量曲线"或"时间-蒸发率曲线"。

$$\Delta m_i = m - m_i \tag{7-33}$$

$$E_i = \frac{\Delta m_i}{m_0} \times 100 \tag{7-34}$$

式中：Δm_i 为水分蒸发量(g)；m_0 为试样原始质量(g)；m 为试样滴水润湿后的质量(g)；m_i 为试样在滴水润湿后某一时刻的质量(g)；E_i 为水分蒸发率(%)。

正常的时间-蒸发量曲线通常在某点后蒸发量变化会明显趋缓，在该点之前的曲线上作最接近直线部分的切线，求切线的斜率，即水分蒸发速率。从吸水后试样悬挂于标准大气中开始，至连续两次称取质量的变化率不超过 1% 且称取质量与试样原始质量之差不高于 2% 时所需时间(min)，即蒸发时间。

4. 芯吸高度的测试

沿织物经(纵)向纬(横)向各裁取 3 块试样，记录 30 min 时芯吸高度的最小值，分别计算洗涤前和洗涤后两个方向各 3 块试样芯吸高度最小值的平均值。

5. 透湿量的测试

按 GB/T 12704.1 即吸湿法执行。

按表 7-19 或表 7-20 评定产品的吸湿速干性能。产品洗涤前和洗涤后的各项指标均达到技术要求的，可明示为吸湿速干产品，否则不应称为吸湿速干产品。对于吸湿产品，仅考核吸湿性的三项指标；对于速干产品，仅考核速干性的两项指标。

表 7-19 针织类产品技术要求

项目		要求
吸湿性	吸水率(%)	≥200
	滴水扩散时间(s)	≤3
	芯吸高度(mm)	≥100

（续表）

项目		要求
速干性	蒸发速率(g/h)	≥0.18
	透湿率[g/(m²·d)]	≥10 000

表 7-20　机织类产品技术要求

项目		要求
吸湿性	吸水率(%)	≥100
	滴水扩散时间(s)	≤5
	芯吸高度(mm)	≥90
速干性	蒸发速率(g/h)	≥0.18
	透湿率[g/(m²·d)]	≥8 000

（二）动态水分传递法

浸湿时间是指从液体接触织物表面到织物开始吸收水分所需时间,织物开始吸收水分所需时间定义为含水率曲线(含水量与时间的关系曲线)上第一次出现斜率大于或等于 tan 15°时的时间;吸水速率是指织物单位时间含水量的增加率,在含水率曲线上表现为测试时间内的曲线斜率平均值;最大浸湿半径是指织物开始浸湿到规定时间结束时润湿区域的最大半径,在含水率曲线上,从曲线的斜率第一次出现大于或等于 tan 15°到测试时间结束时润湿区域的最大半径;液态水扩散速度是指织物表面浸湿后扩散到最大浸湿半径时液态水沿半径方向的累计传递速度;单向传递指数是指液态水从织物浸水面传递到渗透面的能力,以织物两面吸水量的差值与测试时间之比表示。

动态水分传递法的测试原理是将织物试样水平放置,测试液与其浸水面接触后,液态水会沿织物的浸水面扩散,并从织物的浸水面向渗透面传递,同时在织物的渗透面扩散,含水量的变化过程是时间的函数。当试样浸水面滴入测试液后,利用与试样紧密接触的传感器,测定液态水动态传递状况,计算得出一系列性能指标,以此评估纺织品的吸湿速干、排汗等性能。

裁取两大块样品用于洗前和洗后试验,按 GB/T 8629 中 A 型洗衣机 4N 程序连续洗涤 5次。试验时取洗前和洗后试样各 5 块,试样尺寸为 90 mm×90 mm。

用干净的镊子轻轻夹起待测试样的一角,将试样平整地置于仪器的两个传感器之间,如图 7-31所示,通常实际穿着中贴近身体的一面作为浸水面,对着测试液滴下的方向放置。在规定时间内向试样的浸水面滴入 0.22 g 测试液,并开始记录时间与含水量变化状况,测试时间为120 s。测试结束后,取出试样,仪器自动计算并显示相应的测试结果。

按式(7-35)计算浸水面平均吸水速率 A_T 和渗透面平均吸水速率 A_B,按式(7-36)计算液态水扩散速度 S,按式(7-37)计算单向传递指数 O。

$$A = \sum_{i=T}^{t_p}\left(\frac{U_i - U_{i-1}}{t_i - t_{i-1}}\right)/[(t_p - T) \times f] \tag{7-35}$$

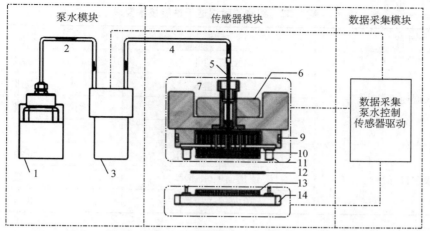

1—测试液容器；2,4—测试液导管；3—泵水装置；5—测试液输送针管；6—配重块；
7—上传感器组件；8—下传感器组件；9—上传感器基板；10—上传感器探针；11—定位结构；12—测试样品；
13—下传感器探针；14—下传感器基板

图 7-31　动态水分传递测试仪器结构示意

$$S = \sum_{i=1}^{N} \left(\frac{r_i}{t_i - t_{i-1}} \right) \tag{7-36}$$

$$O = \frac{\int U_B - \int U_T}{t} \tag{7-37}$$

式中：A 为平均吸水速率（分为浸水面平均吸水速率 A_T 和渗透面平均吸水速率 A_B）（%/s）（若 $A < 0$，取 $A = 0$）；U 为浸水面或渗透面含水率（%）；T 为浸水面或渗透面浸湿时间（s）；t_p 为进水时间（s）；U_i 为浸水面或渗透面含水率变化曲线在时间 i 时的含水量（g）；f 为数据采样频率；S 为液态水扩散速度（分为浸水面液态水扩散速度 S_T 和渗透面液态水扩散速度 S_B）（mm/s）；r 为测试环的半径（mm）；t_i 和 t_{i-1} 为液态水从环 $i-1$ 到环 i 的时间；N 为浸水面或渗透面最大浸湿测试环数；O 为单向传递指数；t 为测试时间（s）；$\int U_T$ 为浸水面的吸水量（g）；$\int U_B$ 为渗透面的吸水量（g）。

按照表 7-21 对试样的吸湿速干性能进行评级，5 级最好，1 级最差。如果需要，可按表 7-22 评定产品相应性能。

表 7-21　吸湿速干性能指标分析

指标	1 级	2 级	3 级	4 级	5 级
浸湿时间（s）	＞120.0	20.1～120.0	6.1～20.0	3.1～6.0	≤3.0
吸水速率（%/s）	0～10.0	10.1～30.0	30.1～50.0	50.1～100.0	＞100.0
最大浸湿半径（mm）	0～7.0	7.1～12.0	12.1～17.0	17.1～22.0	＞22.0
液态水扩散速度（mm/s）	0～1.0	1.1～2.0	2.1～3.0	3.1～4.0	＞4.0
单向传递指数	＜−50.0	−50.0～100.0	100.1～200.0	200.1～300.0	＞300.0

表 7-22　织物的吸湿速干性能技术要求

性能	项目	要求
吸湿速干性	浸湿时间	≥3 级
	吸水速率	≥3 级
	渗透面最大浸湿半径	≥3 级
	渗透面液态水扩散速度	≥3 级
吸湿排汗性	渗透面浸湿时间	≥3 级
	渗透面吸水速率	≥3 级
	单向传递指数	≥3 级

第八节　纺织品保健功能检测

一、远红外性能

远红外纺织品是指通过在成纤高聚物和印染后浆料里科学地添加远红外发射体（如远红外陶瓷微粉），从而提高远红外功能的一种新型纺织品。远红外线是一种波长在 $2.5\sim1\,000$ μm 的电磁波。远红外发射率是指试样与同温度标准黑体板在规定条件下的法向远红外辐射强度之比。

远红外性能的评价是通过测试远红外发射率和温度升高值来实现的。远红外发射率的测试原理是将标准黑体板与试样先后置于热板上，依次调节热板表面温度，使之达到规定温度，用光谱响应范围覆盖 $5\sim14$ μm 波段的远红外辐射测量系统，分别测定标准黑体板和试样覆盖在热板上达到稳定后的辐射强度，通过计算试样与标准黑体板的辐射强度之比，求出试样的远红外发射率，如图 7-32 所示。温度升高值的测试原理是远红外辐射源以恒定辐照强度辐照试样一定时间后，测定试样测试面表面的温度升高值，如图 7-33 所示。

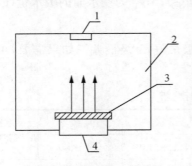

1—红外接收装置；2—黑体罩；
3—试样；4—试验热板

图 7-32　远红外发射率测试原理

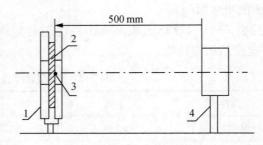

1—试样架；2—试样
3—温度传感器触点；4—远红外辐射源

图 7-33　远红外辐射温升测试原理

如果试样为纤维，测定远红外发射率时，取 0.5 g 开松后的纤维完全填充到直径为 60 mm、高度为 30 mm 的敞口圆柱形金属容器中；测定温升时，将蓬松状态的纤维均匀地铺成厚度约为 30 mm、直径大于 60 mm 的均匀圆柱形絮片。如果试样为纱线,将纱线单层紧密平铺并固定于边长不小于 60 mm 的正方形金属试样框上,测定远红外发射率时,试样框能完全覆盖热板;测定温升时,将试样框竖直固定于温升装置试样架上,试样框的中心正对试样架开孔的中心。如果试样为织物等片状样品,试样尺寸为直径大于 80 mm 的圆形。

测试远红外发射率时,将试验热板升温至 34 ℃,将标准黑体板放置在试验热板上,待温度稳定后记录标准黑体远红外辐射强度;将调湿后的试样放置在试验热板上,待温度稳定后记录试样的远红外辐射强度。在测试远红外辐射温升时,调节辐射源至试样的距离为 500 mm;将调湿后的试样待测试面朝向红外辐射源,夹在试样架中,将测温仪传感器触点固定在试样受辐射的区域表面中心位置,记录试样表面初始温度,开启远红外辐射源,记录试样辐照 30 s 时的表面温度,两者的差值即试样的温升值。

对于一般样品,若试样的远红外发射率不低于 0.88,且远红外辐射温升不低于 1.4 ℃,样品具有远红外性能。对于絮片类、非织造类、起毛绒类等疏松样品,远红外发射率不低于0.83,且远红外辐射温升不低于 1.7 ℃,样品具有远红外性能。

二、负离子性能

负离子是指大气中的分子或原子捕获电子后形成的带负电荷的离子,如 $OH^-(H_2O)_n$ 和 $O_2^-(H_2O)_n$ 等。负离子发生量是指纺织品受机械摩擦作用时激发出负离子的个数,以个每立方厘米($个/cm^3$)为单位。

摩擦法测试负离子发生量的测试原理是在一定体积的测试仓中,将试样安装在上、下两摩擦盘上,在规定条件下进行摩擦,用负离子测试仪测定试样与试样本身相互摩擦时在单位体积空间内激发出负离子的个数,并记录试样负离子发生量随时间变化的曲线。

取三组各两块试样,尺寸与上、下两摩擦盘的尺寸适应,且能完全覆盖两摩擦盘表面,一块安装在上摩擦盘上,另一块安装在下摩擦盘上。将负离子测试仪放置于测试仓内,测试口距摩擦盘 50 mm,关闭测试仓后测定未摩擦前测试仓内空气负离子浓度,时间至少为 1 min。启动摩擦装置摩擦试样,开始测定试样摩擦时的负离子发生量至少 3 min,记录试样负离子发生量随时间变化的曲线。

从记录的负离子发生量-时间关系曲线上 30 s 以后选择并读取除异常峰值外的前 5 个最大有效峰值并计算平均值,即试样的负离子发生量。根据表 7-23 对样品的负离子发生量进行评价。

表 7-23　负离子发生量评价

负离子发生量($个/cm^3$)	>1 000	550~1 000	<550
评价	负离子发生量较高	负离子发生量中等	负离子发生量偏低

第九节　纺织品中的有害物质及检测

一、纺织品中的有害物质

在我国境内生产、销售的服用、装饰用和家用纺织产品需按照 GB 18401 中的要求严格执行。该标准对纺织产品中的甲醛含量、pH 值、染色牢度、异味等提出了限量和分级要求,并禁止在生产过程中使用可分解致癌芳香胺染料。纺织产品按照最终用途可分为三类:A 类(婴幼儿纺织产品)、B 类(直接接触皮肤的纺织产品)和 C 类(非直接接触皮肤的纺织产品)。具体的安全技术要求如表 7-24 所示,其中婴幼儿纺织产品必须在使用说明上标明"婴幼儿产品"字样,其他产品应在使用说明上标明所符合的基本安全技术要求类别(如 A 类、B 类或 C 类)。

表 7-24　我国纺织产品的基本安全技术要求

项目		A 类	B 类	C 类
甲醛含量(mg/kg)　　　　　　　　　　　　≤		20	75	300
pH 值[a]		4.0～7.5	4.0～8.5	4.0～9.0
染色牢度[b](级)　　≥	耐水(变色、沾色)	3～4	3	3
	耐酸汗渍(变色、沾色)	3～4	3	3
	耐碱汗渍(变色、沾色)	3～4	3	3
	耐干摩擦	4	3	3
	耐唾液(变色、沾色)	4	—	—
异味		无		
可分解致癌芳香胺染料[c](mg/kg)		禁用		

a 后续加工中必须经过湿处理的非最终产品,pH 值可放宽至 4.0～10.5。

b 对需经洗涤褪色工艺的非最终产品、本色及漂白产品不要求;扎染、蜡染等传统的手工着色产品不要求;耐唾液色牢度仅考核婴幼儿纺织产品。

c 致癌芳香胺限量值≤20 mg/kg。

生态纺织品标准(Oeko-Tex Standard 100)对有害物质的定义是存在于纺织产品或辅料中,并超出最大限量,在正常或特定的使用条件下,根据现有的科学知识水平推断,会损害人体健康的物质。依据 GB/T 18885 规定,生态纺织品是指采用对环境无害或少害的原料和生产过程所生产的,对人体健康和环境无害或少害的纺织品,其技术要求如表 7-25 所示。

表 7-25　生态纺织品技术要求

项目		婴幼儿用品	直接接触皮肤用品	非直接接触皮肤用品	装饰用品
pH 值[a]		4.0～7.5	4.0～7.5	4.0～9.0	4.0～9.0
甲醛含量(mg/kg)<	游离	20	75	150	300
可萃取的重金属(mg/kg)<	锑	30.0	30.0	30.0	—
	砷	0.2	1.0	1.0	1.0
	铅	0.2	1.0	1.0	1.0
	镉	0.1	0.1	0.1	0.1
	铬	1.0	2.0	2.0	2.0
	铬(六价)	0.5			

（续表）

项目		婴幼儿用品	直接接触皮肤用品	非直接接触皮肤用品	装饰用品
可萃取的重金属(mg/kg)<	钴	1.0	4.0	4.0	4.0
	铜	25.0	50.0	50.0	50.0
	镍	1.0[b]	4.0[c]	4.0[c]	4.0[c]
	汞	0.02	0.02	0.02	0.02
总铅[d](mg/kg)<		90.0	90.0[e]	90.0[e]	90.0[e]
总镉[d](mg/kg)<		40.0	40.0[e]	40.0[e]	40.0[e]
镍释放[f][μg/(cm² · 周)]<		0.5	0.5	—	—
杀虫剂总量[g,h](mg/kg)<		0.5	1.0	1.0	1.0
有害染料[g]	可分解致癌芳香胺染料	禁用[i]			
	苯胺				
	致癌染料				
	致敏染料				
	其他禁用染料				
邻苯二甲酸酯[g,j](%)<	总量	0.1	0.1	0.1	—
	总量(DINP除外)	—	—	—	0.1
有机锡化合物[g](mg/kg)<	三丁基锡(TBT)	0.5	1.0	1.0	1.0
	三苯基锡(THhT)	0.5	1.0	1.0	1.0
	其他(单项)	1.0	2.0	2.0	2.0
氯化苯和氯化甲苯总量[g](mg/kg)<		1.0	1.0	1.0	1.0
含氯苯酚[g](mg/kg)<	五氯苯酚(PCP)	0.05	0.5	0.5	0.5
	四氯苯酚(TeCP)总量	0.05	0.5	0.5	0.5
	三氯苯酚(TrCP)总量	0.2	2.0	2.0	2.0
	二氯苯酚(DCP)总量	0.5	3.0	3.0	3.0
	一氯苯酚(MCP)总量	0.5	3.0	3.0	3.0
多环芳烃[g,k](mg/kg)<	苊	0.5	1.0	1.0	1.0
	苯并[a]芘	0.5	1.0	1.0	1.0
	苯并[e]芘	0.5	1.0	1.0	1.0
	苯并[a]蒽	0.5	1.0	1.0	1.0
	苯并[b]荧蒽	0.5	1.0	1.0	1.0

（续表）

项目		婴幼儿用品	直接接触皮肤用品	非直接接触皮肤用品	装饰用品
多环芳烃[g,k]（mg/kg）<	苯并[j]荧蒽	0.5	1.0	1.0	1.0
	苯并[k]荧蒽	0.5	1.0	1.0	1.0
	二苯并[a,h]蒽	0.5	1.0	1.0	1.0
	24种总量	5.0	10.0	10.0	10.0
全氟及多氟化合物[g,l]（μg/m²）<	全氟辛烷磺酸和磺酸盐、全氟辛烷磺酰胺、全氟辛烷磺酰氟、N-甲基全氟辛烷磺酰胺、N-乙基全氟辛烷磺酰胺、N-甲基全氟辛烷磺酰胺乙醇、N-甲基全氟辛烷磺酰胺乙醇；总量	1.0	1.0	1.0	1.0
	全氟辛酸及其盐	1.0	1.0	1.0	1.0
全氟及多氟化合物[g,l]（mg/kg）<	全氟庚酸及其盐	0.05	0.1	0.1	0.5
	全氟壬酸及其盐	0.05	0.1	0.1	0.5
	全氟癸酸及其盐	0.05	0.1	0.1	0.5
	全氟十一烷酸及其盐	0.05	0.1	0.1	0.5
	全氟十二烷酸及其盐	0.05	0.1	0.1	0.5
	全氟十三烷酸及其盐	0.05	0.1	0.1	0.5
	全氟十四烷酸及其盐	0.05	0.1	0.1	0.5
	全氟羧酸	0.05	—	—	—
	全氟磺酸	0.05	—	—	—
	部分氟化羧酸/磺酸	0.05	—	—	—
	部分氟化线性醇	0.5	—	—	—
	氟化醇与丙烯酸的酯	0.5	—	—	—
残余溶剂[g,m]（%）<	N,N-二甲基甲酰胺（DMF）[n]	0.05[o]	0.05[o]	0.05[o]	0.05[o]
	N,N-二甲基乙酰胺（DMAc）[n]	0.05[o]	0.05[o]	0.05[o]	0.05[o]
	N-甲基吡咯烷酮（NMP）[n]	0.05[o]	0.05[o]	0.05[o]	0.05[o]
	甲酰胺	0.02	0.02	0.02	0.02

（续表）

项目		婴幼儿用品	直接接触皮肤用品	非直接接触皮肤用品	装饰用品
残余表面活性剂、润湿剂[g]（mg/kg）<	壬基酚、辛基酚、庚基酚、戊基酚（总量）	10.0	10.0	10.0	10.0
	壬基酚、辛基酚、庚基酚、戊基酚、辛基酚聚氧乙烯醚、壬基酚聚氧乙烯醚（总量）	100.0	100.0	100.0	100.0
其他化学残余[g]	邻苯基苯酚（OPP）（mg/kg）<	10	25	25	25
	富马酸二甲酯（mg/kg）<	0.1	0.1	0.1	0.1
	致癌芳香胺	禁用[i]			
	苯胺				
	双酚 A（%）	0.1	0.1	0.1	0.1
抗菌整理剂		通过安全认证的可使用[p]			
阻燃整理剂	普通	通过安全认证的可使用[p]			
	其他[g]	禁用[i]			
紫外光稳定剂[g]（%）<	UV320	0.1	0.1	0.1	0.1
	UV327	0.1	0.1	0.1	0.1
	UV328	0.1	0.1	0.1	0.1
	UV350	0.1	0.1	0.1	0.1
色牢度（沾色）（级）≥	耐水	3～4	3	3	3
	耐酸汗渍	3～4	3～4	3～4	3～4
	耐碱汗渍	3～4	3～4	3～4	3～4
	耐干摩擦[q]	4	4	4	4
	耐湿摩擦	3[r]	2～3[s]	—	—
	耐唾液	4	—		
异常气味[t]		无			
石棉纤维		禁用			

a 后续加工中应经过湿处理的产品，pH 值可放宽至 4.0～10.5；发泡材料，pH 值允许在 4.0～9.0。
b 表面金属化的材料限量为 0.5 mg/kg。
c 表面金属化的材料限量为 1.0 mg/kg。
d 仅考核含有涂层和涂料印染的织物（指标为铅、镉总量占涂层或涂料质量的比值）及塑料、金属等附件。
e 对于玻璃材质的附件不考核。
f 适用于直接或长期接触皮肤的金属附件。
g 具体物质名单见 GB/T 18885 中附录 A～附录 K。
h 仅适用于天然纤维。
i 合格限量值：每种可分解的致癌芳香胺和可能以化学残留物形式存在的致癌芳香胺总量为 20 mg/kg；致癌、致敏和其他禁用染料为 50 mg/kg；可分解的苯胺和可能以化学残留物形式存在的游离苯胺总量，婴幼儿用品为 20 mg/kg，其他三类为 50 mg/kg；禁用阻燃剂限量值为 10 mg/kg，且短链氯化石蜡限量值为 50 mg/kg。

j 仅考核含有涂层和涂料染色的织物、泡沫和塑料材质辅料。

k 适用于合成纤维、合成纤维纱线、缝纫线及塑料材料。

l 适用于所有做过防水、防污或防油后整理和涂层处理的材料。

m 适用于在生产过程中使用溶剂的纤维、纱线、织物、涂层制品（如人造革）及泡沫（EVA、PVC）。

n 应经过进一步工业加工（湿热/干热后整理，或其他处理）的产品限量值为 3.0%。

o 对于丙烯酸、氨纶/聚氨酯和芳纶制成的材料及（PU、PVC、PVC 增塑溶胶、PVDC、PVC 共聚物）涂层纺织品，限量值为 0.1%。

p 可提供安全认证证书或通过毒理性试验的报告作为证明文件。

q 对需经洗涤褪色工艺的非最终产品，本色及漂白产品无要求；扎染、蜡染等传统的手工着色产品不要求；对颜料、还原染料和硫化染料，除婴幼儿用品外，其最低的耐干摩擦色牢度允许为 3 级。

r 对于深色产品可放宽至 2～3 级。

s 仅考核直接接触皮肤的儿童产品。

t 针对除纺织地板覆盖物以外的所有制品，异味种类为香味、霉味、高沸程石油味（如汽油、煤油味）、鱼腥味、芳香烃气味中的一种或几种。

二、纺织品中有害物质的检测

（一）水萃取液 pH 值

水萃取液 pH 值的测试原理是在室温下，用带有玻璃电极的 pH 计测定纺织品水萃取液的 pH 值。

试验时，将试样剪成约 5 mm×5 mm 的碎片并称取 2.00 g，避免污染和用手直接接触样品。在三个烧瓶中分别加入一份试样和 100 mL 蒸馏水或去离子水，充分摇动，使样品完全湿润，将烧瓶置于机械振荡器上振荡 2 h，获得三份萃取液。将第一份萃取液倒入烧杯，电极浸没到液面下至少 10 mm 的深度，用玻璃棒轻轻地搅拌溶液直到 pH 示值稳定（本次测定值不记录）；分别将第二份和第三份萃取液倒入烧杯，把电极（不清洗）浸没到液面下至少 10 mm 的深度，静置直到 pH 示值稳定并记录，第二份和第三份萃取液的 pH 值作为测量值。如果两个 pH 测量值之间差异大于 0.2，则另取试样重新测试，直到得到两个有效的测量值。

（二）禁用偶氮染料含量

禁用偶氮染料含量的测试原理是将试样在柠檬酸盐缓冲溶液介质中用连二亚硫酸钠还原分解以产生可能存在的致癌芳香胺，用适当的液-液分配柱提取溶液中的芳香胺，浓缩后，用合适的有机溶剂定容，用配有质量选择检测器的气相色谱仪（GC/MSD）进行测定。必要时，选用另外一种或多种方法对异构体进行确认。用配有二极管阵列检测器的高效液相色谱仪（HPLC/DAD）或气相色谱/质谱仪进行定量分析。

称取剪成 5 mm×5 mm 小片的试样 1.0 g，置于反应器中，加入 17 mL 预热到 70 ℃ 的柠檬酸盐缓冲溶液，用力振摇，使所有试样浸于液体中，置于已恒温至 70 ℃ 的水浴中保温 30 min，使所有的试样充分润湿。打开反应器，加入 3.0 mL 连二亚硫酸钠溶液，并立即密闭振摇，将反应器再于 70 ℃ 水浴中保温 30 min，取出后 2 min 内冷却到室温。将提取的反应液倒入提取柱内，任其吸附 15 min，用 4×20 mL 乙醚分四次洗提反应器中的试样，每次需混合乙醚和试样，然后将乙醚洗液灌入提取柱中，收集乙醚提取液于圆底烧瓶中，置于真空旋转蒸发器上，于 35 ℃ 左右温度的低真空下浓缩至近 1 mL，再用缓氮气流驱除乙醚溶液，使其浓缩至近干。

取 1.0 mL 甲醇或其他合适的溶剂加入浓缩至近干的圆底烧瓶中，混匀静置，取 1 μL 标准工作溶液与试样溶液注入色谱仪,通过比较试样与标样的保留时间及特征离子进行定性分析。采用 HPLC/DAD 进行定量分析时,取 10 μL 标准工作溶液与试样溶液注入色谱仪。采用 GC/MSD 进行定量分析时,取 1.0 mL 内标溶液加入浓缩至近干的圆底烧瓶中,混匀静置,取 1 μL 混合标准工作溶液与试样溶液注入色谱仪。

（三）甲醛含量

1. 水萃取法

水萃取法适用于游离甲醛含量为 20～3 500 mg/kg 的纺织品,它的测试原理是将试样在 40 ℃水浴中萃取一定时间,萃取液用乙酰丙酮显色后,在 412 nm 波长下,用分光光度计测定显色液中甲醛的吸光度,对照标准甲醛工作曲线,计算出样品中游离甲醛的含量。

样品不需要进行调湿,但在测试前需密封保存。从样品上取两块试样剪碎,称取 1 g。如果甲醛含量过低,增加试样量至 2.5 g。将每个试样放入 250 mL 的碘量瓶或具塞三角烧瓶中,加 100 mL 水,放入 40 ℃水浴中振荡 60 min,用过滤器过滤至另一碘量瓶或三角烧瓶中,供分析用。

用移液管吸取 5 mL 过滤后的样品溶液放入试管,各吸取 5 mL 标准甲醛溶液分别放入试管中,分别加 5 mL 乙酰丙酮溶液,把试管放在 40 ℃水浴中显色 30 min,取出后常温下避光冷却 30 min,用 5 mL 蒸馏水加等体积的乙酰丙酮作为空白对照,用 10 mm 的吸收池在分光光度计 412 nm 波长处测定吸光度。

2. 蒸汽吸收法

蒸汽吸收法的测试原理是将一定质量的织物试样悬挂于密封瓶中的水面上,如图 7-34 所示,置于恒定温度的烘箱内一定时间,释放的甲醛用水吸收,经乙酰丙酮显色后,用分光光度计比色法测定显色液中的吸光度。对照标准甲醛工作曲线,计算出样品中释放甲醛的含量。

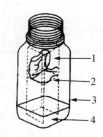

1—织物；2—网篮；
3—广口瓶；4—水

图 7-34　密封瓶

3. 高效液相色谱法

高效液相色谱法适用于甲醛含量为 5～1 000 mg/kg 的纺织品,特别适用于深色萃取液的样品。其测试原理是将试样经水萃取或蒸汽吸收处理后,以 2,4-二硝基苯肼为衍生化试剂,生成 2,4-二硝基苯腙,用高效液相色谱-紫外检测器（HPLC/UVD）或二极管阵列检测器（HPLC/DAD）测定,对照标准工作曲线,计算出样品的甲醛含量。

（四）重金属含量

1. 原子吸收分光光度法

原子吸收分光光度法可测定纺织品中可萃取重金属镉(Cd)、钴(Co)、铬(Cr)、铜(Cu)、镍(Ni)、铅(Pb)、锑(Sb)、锌(Zn)八种元素。其测试原理是将试样用酸性汗液萃取,在对应的原子吸收波长下,用石墨炉原子吸收分光光度计测量萃取液中镉、钴、铬、铜、镍、铅、锑的吸光度,用火焰原子吸收分光光度计测量萃取液中铜、锑、锌的吸光度,对照标准工作曲线确定相应重金属离子的含量,计算出纺织品中酸性汗液可萃取重金属含量。

将样品剪碎至 5 mm×5 mm,从中称取 4 g 试样两份（供平行试验）,置于具塞三角烧瓶中。加入 80 mL 酸性汗液,将纤维充分浸湿,放入恒温水浴振荡器中振荡 60 min 后取出,静置冷却至室温,过滤后作为样液供分析用。

　　将标准工作溶液用水逐级稀释成适当浓度的系列工作溶液。分别在 228.8 nm(Cd)、240.7 nm(Co)、357.9 nm(Cr)、324.7 nm(Cu)、232.0 nm(Ni)、283.3 nm(Pb)、217.6 nm(Sb)、213.9 nm(Zn)波长下,用石墨炉原子吸收分光光度计,按浓度由低至高的顺序,测定系列工作溶液中镉、钴、铬、铜、镍、铅、锑的吸光度;或用火焰原子吸收分光光度计,按浓度由低至高的顺序,测定系列工作溶液中铜、锑、锌的吸光度。然后以吸光度为纵坐标,元素浓度(μg/mL)为横坐标,绘制工作曲线。按所设定的仪器及相应波长,测定空白溶液和样液中各待测元素的吸光度,从工作曲线上计算出各待测元素的浓度。该方法的测定低限见表 7-26。

表 7-26　可萃取重金属元素测定低限

元素	测定低限(mg/kg)	
	石墨炉原子吸收分光光度法	火焰原子吸收分光光度法
镉(Cd)	0.02	—
钴(Co)	0.16	—
铬(Cr)	0.06	—
铜(Cu)	0.26	1.03
镍(Ni)	0.48	—
铅(Pb)	0.16	—
锑(Sb)	0.34	1.10
锌(Zn)		0.32

2. 电感耦合等离子体原子发射光谱法

　　该方法采用等离子体原子发射光谱仪(ICP)对纺织品中可萃取重金属砷(As)、镉(Cd)、钴(Co)、铬(Cr)、铜(Cu)、镍(Ni)、铅(Pb)、锑(Sb)八种元素同时进行测定。其测试原理是将试样用酸性汗液萃取后,用电感耦合等离子体原子发射光谱仪在相应分析波长下测定萃取液中铅、镉、砷、铜、钴、镍、铬、锑八种重金属元素的发射强度,对照标准工作曲线确定各重金属离子的浓度,计算出试样中可萃取重金属含量。

　　试样制备同原子吸收分光光度法。试验时,将标准工作溶液用水逐级稀释成适当浓度的系列工作溶液,点燃等离子体焰炬,待焰炬稳定后,在相应波长下,按浓度由低至高的顺序,测定系列工作溶液中各待测元素的光谱强度。以光谱强度为纵坐标,元素浓度(μg/mL)为横坐标,绘制工作曲线。按所设定的仪器条件,测定空白溶液和样液中各待测元素的光谱强度,从工作曲线上计算出各待测元素的浓度。该方法的测定低限见表 7-27。

表 7-27　可萃取重金属元素测定低限

元素	测定低限(mg/kg)	元素	测定低限(mg/kg)
砷(As)	0.20	铜(Cu)	0.06
镉(Cd)	0.01	镍(Ni)	0.05
钴(Co)	0.02	铅(Pb)	0.23
铬(Cr)	0.12	锑(Sb)	0.09

3. 六价铬分光光度法

采用分光光度计测定纺织品萃取溶液中可萃取六价铬[Cr(Ⅵ)]含量。其测试原理是把试样用酸性汗液萃取,将萃取液在酸性条件下用二苯基碳酰二肼显色,用分光光度计测定显色后的萃取液在 540 nm 波长下的吸光度,计算出纺织品中六价铬的含量,测定低限为 0.20 mg/kg。

试样制备同原子吸收分光光度法。试验时,移取 20 mL 样液,加入 1 mL 磷酸溶液,再加入 1 mL 显色剂混匀;另取 20 mL 水,加 1 mL 显色剂和 1 mL 磷酸溶液,作为空白参比溶液。室温下放置 15 min,在 540 nm 波长下测定显色后样液的吸光度,该吸光度记为 A_1。考虑到样品溶液的不纯和褪色,取 20 mL 的样液加 2 mL 水混匀,水作为空白参比溶液,在 540 nm 波长下测定空白样液的吸光度,该吸光度记为 A_2。两者之差为校正后的吸光度,通过工作曲线查出六价铬的浓度,根据相关公式计算六价铬含量。

4. 砷汞原子荧光分光光度法

采用原子荧光分光光度仪(AFS)测定纺织品中可萃取砷(As)、汞(Hg)含量时,砷的测试原理是用酸性汗液萃取试样后,加入硫脲-抗坏血酸将五价砷转化为三价砷,再加入硼氢化钾使其还原成砷化氢,由载气带入原子化器中并在高温下分解为原子态砷,在 193.7 nm 荧光波长下,对照标准曲线确定砷含量;汞的测试原理是用酸性汗液萃取试样后,加入高锰酸钾将汞转化为二价汞,再加入硼氢化钾使其还原成原子态汞,由载气带入原子化器中,在 253.7 nm 荧光波长下,对照标准曲线确定汞含量。该方法中,砷测定低限为 0.1 mg/kg,汞测定低限为 0.005 mg/kg。

试样制备同原子吸收分光光度法。进行砷含量试验时,以硼氢化钾溶液作为还原剂,同时以硝酸溶液作为洗液,在规定条件下进行仪器测定,在 193.7 nm(砷)、253.7 nm(汞)处测定标准系列溶液的荧光强度。以浓度为横坐标,荧光强度为纵坐标绘制标准曲线。同样条件下测量砷和汞试液的荧光强度,与标准工作曲线比较定量。

(五)异味

测试纺织品上异常气味的原理是将纺织品试样置于规定环境中,利用人的嗅觉来判定其带有的气味。

织物试样尺寸不小于 200 mm×200 mm,纱线和纤维试样质量不少于 50 g。试样获取后应立即放入洁净无气味的密闭容器内保存,并在 24 h 内完成试验。试验环境要求洁净,无异常气味。将试样放于试验台上,操作者事先应洗净双手,戴上手套,双手拿起试样靠近鼻腔,仔细嗅闻试样所带有的气味,如检测出下列气味中的一种或几种,即判为不合格:霉味、高沸程石油味(如汽油、煤油味)、鱼腥味、芳香烃气味和香味。

(六)其他有害物质

1. 农药残留

甲胺磷等 77 种农药的测试原理是将试样经正己烷-乙酸乙酯(1+1)超声波提取,提取液浓缩后,经氟罗里硅土固相柱净化,洗脱液经浓缩并定容后,用气相色谱-质谱(GC-MS)测定和确证,外标法定量。

有机氯农药的测试原理是将试样经丙酮-正己烷(1+8)超声波提取,提取液浓缩定容后,用配有电子俘获检测器的气相色谱仪(GC-ECD)测定,外标法定量,或用气相色谱-质谱(GC-

MS)测定和确证,外标法定量。

有机磷农药的测试原理是将试样经乙酸乙酯超声波提取,提取液浓缩定容后,用配有火焰光度检测器的气相色谱仪(GC-FPD)测定,外标法定量,或用气相色谱-质谱(GC-MS)测定和确证,外标法定量。

拟除虫菊酯农药的测试原理是将试样经丙酮-正己烷(1+4)超声波提取,提取液浓缩定容后,用配有电子俘获检测器的气相色谱仪(GC-ECD)测定,外标法定量,或用气相色谱-质谱(GC-MS)测定和确证,外标法定量。

有机氮农药的测试原理是将试样用甲醇经超声波提取两次,提取液合并浓缩定容后,用液相色谱-质谱/质谱(LC-MS/MS)测定和确证,外标法定量。

苯氧羧酸类农药的测试原理是用酸性丙酮水溶液提取试样,提取液经二氯甲烷液-液分配提取后,再用甲醇-三氟化硼乙醚溶液甲酯化,经正己烷提取,用气相色谱-质谱(GC-MS)测定和确证,外标法定量。

毒杀芬的测试原理是将试样经正己烷超声波提取,提取液浓缩定容后,用配有电子俘获检测器的气相色谱仪(GC-ECD)测定,外标法定量,或采用气相色谱-质谱(GC-MS)测定和确证,外标法定量。

2. 含氯苯酚

气相色谱-质谱法测试含氯苯酚的原理是用碳酸钾溶液提取试样,提取液经乙酸酐乙酰化后以正己烷提取,用配有质量选择检测器的气相色谱仪(GC-MSD)测定,采用选择离子检测进行确证,外标法定量。

气相色谱法测试含氯苯酚的原理是用丙酮提取试样,提取液浓缩后用碳酸钾溶液溶解,经乙酸酐乙酰化后以正己烷提取,用配有电子俘获检测器的气相色谱仪(GC-ECD)测定,外标法定量。

3. 致癌染料

致癌染料的测试原理是将试样经甲醇萃取后,用高效液相色谱-二极管阵列检测器法(HPLC-DAD)对萃取液进行定性、定量测定。

4. 致敏性分散染料

致敏性分散染料的测试原理是将试样经甲醇萃取后,用高效液相色谱-质谱(HPLC-MS)对萃取液进行定性、定量测定;或用高效液相色谱-二极管阵列检测器法(HPLC-DAD)进行定性、定量测定,必要时辅以薄层层析法(TLC)、红外光谱法(IR)对萃取物进行定性分析。

5. 多氯联苯

多氯联苯的测试原理是用正己烷在超声波浴中萃取试样上可能残留的多氯联苯,用配有质量选择检测器的气相色谱仪(GC-MSD)进行测定,采用选择离子检测进行确证,外标法定量。

6. 2-萘酚残留量

2-萘酚残留量的测试原理是将试样经丙酮-石油醚(1+4)超声波提取,浓缩定容后,用配有质量选择检测器的气相色谱仪(GC-MSD)测定,外标法定量,采用选择离子检测进行确证。

7. 氯化苯和氯化甲苯残留量

氯化苯和氯化甲苯残留量的测试原理是用二氯甲烷在超声波浴中萃取试样上可能残留的氯化苯和氯化甲苯,采用气相色谱-质谱(GC-MS)对萃取物进行定性、定量测定。

8. 邻苯二甲酸酯

邻苯二甲酸酯的测试原理是以四氢呋喃为溶剂,采用超声波发生器,将试样中的塑化聚合物全部或部分溶解,使用合适的溶剂(乙腈、正己烷等)对溶解的聚合物进行沉淀,萃取邻苯二甲酸酯。萃取液经离心分离和稀释定容后,用气相色谱–质谱(GC-MS)测定邻苯二甲酸酯,采用内标法定量。

9. 邻苯基苯酚

邻苯基苯酚的测试可以采用两种方法:方法1的测试原理是将试样经甲醇超声波提取,提取液浓缩定容后,用配有质量选择检测器的气相色谱仪(GC-MSD)测定,采用选择离子检测进行确证,外标法定量;方法2的测试原理是将试样用甲醇超声波提取,提取液浓缩后,在碳酸钾溶液介质下经乙酸酐乙酰化后以正己烷提取,用配有质量选择检测器的气相色谱仪(GC-MSD)测定,采用选择离子检测进行确证,外标法定量。

10. 有机锡化合物

有机锡化合物的测试原理是用酸性汗液萃取试样,在 pH=4.0 的酸度下,以四乙基硼化钠为衍生化试剂,正己烷为萃取剂,对萃取液中的三丁基锡(TBT)、二丁基锡(DBT)和单丁基锡(MBT)直接萃取衍生化。用配有火焰光度检测器的气相色谱仪(GC-FPD)或气相色谱–质谱(GC-MS)测定,外标法定量。

思 考 题

1. 阻燃织物怎么分类? 表达指标有哪些? 织物阻燃性的测试方法有哪些?

2. 织物的抗静电性能有哪几种测试方法? 说明其测试原理。

3. 织物的防紫外线和抗菌性能如何实现? 如何评价这两种性能?

4. 织物的的耐沾污性测试有几种方法? 其测试原理如何?

5. 采用仪器评定色牢度时如何进行?

6. 简述灰色样卡和蓝色羊毛标样,说明色牢度目测评定的方法和原理。

7. 简述织物防水透湿和吸湿快干性能的测试原理。

8. 什么是远红外纺织品? 说明织物的远红外和负离子功能的测试原理。

9. 纺织品中存在的有害物质有哪些? 如何进行检测?

参 考 文 献

［1］张一心.纺织材料(第 3 版)［M］.北京:中国纺织出版社,2017.

［2］李汝勤,宋钧才,黄新林.纤维和纺织品测试技术(4 版)［M］.上海:东华大学出版社,2015.

［3］蒋耀兴.纺织品检验学(第 3 版)［M］.北京:中国纺织出版社,2017.

［4］翟亚丽,张海霞.纺织品检验学［M］.北京:化学工业出版社,2009.

［5］张毅.纺织商品检验学［M］.上海:东华大学出版社,2009.

［6］安徽省质量技术监督局,安徽省质量和标准化研究院.标准化知识与实务(第 2 版)［M］.
北京:中国质检出版社,中国标准出版社,2018.

［7］潘志娟.纤维材料近代测试技术［M］.北京:中国纺织出版社,2005.